航空发动机关键材料断口图谱

刘新灵　刘德林　陶春虎　于慧臣　何玉怀　编著

国防工业出版社

·北京·

内 容 简 介

全书共 4 章。第一章航空发动机用变形高温合金断口特征,第二章航空发动机用定向凝固和单晶高温合金断口特征,第三章航空发动机用钛合金断口特征,第四章航空发动机用合金钢断口特征。全书共 23 种材料牌号,包括 7 种变形高温合金,1 种粉末高温合金,DZ125、IC10、DD3、DD6 共 4 种定向凝固和单晶高温合金,8 种钛合金,3 种结构钢。

本书可为从事失效分析与预防的科技人员、从事高温合金、钛合金、结构钢研制与工程应用科技人员、从事设计等科技人员提供借鉴和帮助。

图书在版编目(CIP)数据

航空发动机关键材料断口图谱/刘新灵等编著.—北京:
国防工业出版社,2013.7
  ISBN 978-7-118-08766-6

Ⅰ.①航… Ⅱ.①刘… Ⅲ.①航空发动机—金属材料
—断口形貌—图谱 Ⅳ.①V252-64

中国版本图书馆 CIP 数据核字(2013)第 140504 号

※

国防工业出版社出版发行
(北京市海淀区紫竹院南路 23 号   邮政编码 100048)
三河市腾飞印务有限公司印刷
新华书店经售

*

开本 787×1092 1/16 印张 34 字数 813 千字
2013 年 7 月第 1 版第 1 次印刷 印数 1—2000 册 定价 188.00 元

(本书如有印装错误,我社负责调换)

国防书店:(010)88540777   发行邮购:(010)88540776
发行传真:(010)88540755   发行业务:(010)88540717

编辑委员会

前　言

新型高性能发动机的设计和制造,对材料的要求越来越高,从而推动着航空材料的发展。同时,各种新型材料的出现和工艺、测试技术的进步,又促进了新的设计方案的实现和制造技术的变革。例如,根据发动机原理,只有在增压比和涡轮前温度相匹配提高的条件下,才能获得发动机的最大单位推力,以达到提高推力和降低燃油消耗的目的。这一事实促进高温合金不断发展及钛合金的扩大应用。最终导致定向凝固及单晶合金叶片、粉末冶金涡轮盘及钛合金等新材料、新工艺的诞生,从而为高推重比发动机的研制奠定了基础。

高温合金、钛合金以及结构钢、不锈钢是发动机上应用的典型材料。高温合金主要用于制造航空、舰艇和工业用燃气轮机的涡轮叶片、导向叶片、涡轮盘、高压压气机盘和燃烧室等高温部件,还用于制造航天飞行器、火箭发动机、核反应堆、石油化工设备以及煤的转化等能源转换装置。钛合金主要用于制作飞机发动机压气机部件,其次为火箭、导弹和高速飞机的结构件。20 世纪 60 年代中期,钛及其合金已在一般工业中应用,用于制作电解工业的电极,发电站的冷凝器,石油精炼和海水淡化的加热器以及环境污染控制装置等。钛及其合金已成为一种耐蚀结构材料。此外还用于生产贮氢材料和形状记忆合金等。

高温合金按基体元素主要可分为铁基高温合金、镍基高温合金和钴基高温合金。按制备工艺可分为变形高温合金、铸造高温合金和粉末冶金高温合金。按强化方式有固溶强化型、沉淀强化型、氧化物弥散强化型和纤维强化型等。变形高温合金在航空发动机上主要用于制作热端部件,如高压压气机叶片、涡轮盘、主燃烧室和加力燃烧室、机匣等部件,涡轮叶片一般都采用铸造高温合金。

对于合金化程度较高、不易变形的高温合金,目前广泛采用精密铸造成形,例如,铸造涡轮叶片和导向叶片。20 世纪 60 年代,精密铸造法成为制造高温合金涡轮叶片的主要方法。60 年代中期以后,发展了定向凝固高温合金技术,定向凝固技术使得合金的晶粒沿热流流失方向定向排列,基本消除了垂直于应力轴的薄弱的横向晶界,使得铸造高温合金的力学性能大为提高。

单晶是定向凝固技术的进一步发展。美国 Pratt & Whitney 及 TRW 开发出单晶叶片,现在单晶合金已经发展到了第 4 代。单晶合金完全消除了作为高温断裂特征的晶界,从而达到很高的蠕变及持久强度。经过几十年的发展,已经开发出了 4 代单晶合金。每一代单晶合金的耐温能力都比上一代提高约 30℃,其中第 2 代和第 3 代单晶合金的主要特征是分别添加了 3% 和 6% 的 Re。

随着发动机推重比的提高,涡轮前温度也不断升高,从而使涡轮盘承受的温度越来越高,所以涡轮盘材料和成形工艺经历了一个不断发展的过程。早期由于使用温度较低,曾用低合金钢与铁基合金。随着使用温度的提高,逐渐采用真空熔炼以及镍基合金等。为了提高涡轮盘材料的使用温度,需要添加更多的强化元素,期间遇到两个严重的问题:一是高含量合金元素引起铸锭严重偏析,导致显微组织和力学性能不均匀,特别是像涡轮盘这样的大型件,更为严重;二是高强度致使合金难以加工变形。高纯预合金粉末经热等静压成形的新型粉末冶金工艺,解决了这两个问题,推动了高温合金的发展,使粉末冶金涡轮盘成为继非真空熔炼和真空熔炼后的新一代即第三代涡轮盘材料。

粉末高温合金材料采用预合金粉末、热等静压、挤压、等温锻造、热处理等粉末冶金方法制造成盘件,解决了很多传统工艺不能解决的问题,引起了人们的极大兴趣。由于粉末高温合金具有组织均匀、晶粒细小、屈服强度和抗拉强度高、疲劳性能好等优点,近三十年来已经从第一代高强粉末高温合金发展到第二代损伤容限型粉末高温合金,最近又出现了损伤容限+高强型的第三代粉末高温合金。粉末高温合金已成为先进航空发动机涡轮盘的首选材料。

钛是20世纪50年代发展起来的一种重要的结构金属,钛合金是以钛为基础加入其他元素组成的合金。钛有两种同质异晶体:882℃以下为密排六方结构α钛,882℃以上为体心立方的β钛。钛合金因具有强度高、耐蚀性好、耐热性高等特点而被广泛用于各个领域。世界上许多国家都认识到钛合金材料的重要性,相继对其进行研究开发,并得到了实际应用。20世纪50~60年代,主要是发展航空发动机用的高温钛合金和机体用的结构钛合金,70年代开发出一批耐蚀钛合金,80年代以来,耐蚀钛合金和高强钛合金得到进一步发展。钛合金主要用于制作飞机发动机压气机部件,其次为火箭、导弹和高速飞机的结构件。

用在航空发动机上的钛合金主要有高强钛合金、高温钛合金和阻燃钛合金。高强钛合金一般是指抗拉强度在1000MPa以上的钛合金。高性能航空发动机的发展需求牵引着高温钛合金的发展,钛合金的使用温度逐步提高,从20世纪50年代以Ti6Al4V为代表的350℃,经过IMI679和IMI829提高到了以IMI834合金为代表的600℃。目前,代表国际先进的高温钛合金有美国的Ti-6242S,Ti-1100,英国的IMI834,俄罗斯的BT36以及中国的Ti-60。

由于普通钛合金在作为航空发动机材料使用时,可能会产生钛燃烧的事故,为了解决这个问题并满足高推重比航空发动机的需要,各国开展了对阻燃钛合金的研制。美国和俄罗斯从20世纪70年代就积极开展钛燃烧问题的研究,并先后研制成功各自的阻燃钛合金,而我国在此方面的研究与国外还有一定差距。

航空结构钢具有高强度、良好的塑性、韧性、抗疲劳性能和工艺性能,且价格低,在航空工业中广泛地用于制造承力结构件、连接件、紧固件和弹性件等。不锈钢和结构钢是航空发动机上典型用钢,不锈钢是指耐大气、水、海水、酸及其他腐蚀介质的腐蚀,具有高度化学稳定性的钢种系列。其耐腐蚀性主要取决于铬含量。只有当铬含量高于约12%时钢的化学稳定性才产生质变,钝化而不锈。结构钢主要特点是具有很高的强度和足够的韧性,用于制造承受很高应力和减重设计的重要构件。

经验和科学研究过程表明,凡是在材料的研制过程中,比较系统地分析了材料各方面性能数据,并同时对材料的损伤特征、断裂机理以及材料断裂失效机理与宏观力学行为之间的关系进行过系统研究并形成一系列基础数据汇编的,都对发动机研制的顺利进行,并对发动机的寿命评估、安全评定和使用起到重要的作用。

本书共分3部分:高温合金、钛合金和结构钢,共23种材料牌号,包括7种变形高温合金,1种粉末高温合金,DZ125、IC10、DD3、DD6共4种定向凝固和单晶高温合金,8种钛合金,3种结构钢。其主要内容是分析材料的组织结构以及在不同试验条件下的典型断口特征。断口典型特征分析采用宏微观结合分析的方法,宏观特征包括断口源区、扩展区和瞬断区的描述,断口微观分析涉及对断口三个特征区的微观特征进行描述,并对不同试验条件下的断裂特征进行总结分析。上述材料在不同试验条件下的断裂特征研究结果,对合金的工程应用,失效分析与预防具有重要的指导作用。

2007 年出版的《航空发动机用材料断裂分析及断口图谱》已对 GH141、GH188、GH4169、FGH95、GH536、DZ125、TA12、TC4、TC11、TC17、ZTC4 等合金的断裂特征进行了研究,本书对上述材料在不同试验条件下的断裂特征进行了进一步研究。另外,本书新增了 GH3030、GH3044、GH909、IC10、DD3、DD6、1Cr11Ni2W2MoV、16Cr3NiWMoVNbE、35Ni4Cr2MoA 这几种材料的断裂特征。其中 IC10、DD3、DD6 为最先进的发动机用定向和单晶高温合金。本书与 2007 年出版的《航空发动机用材料断裂分析及断口图谱》共同应用,能更全面地了解航空发动机关键材料的断裂行为。

本书是集体智慧的结晶,是在"十五"、"十一五"期间航空发动机设计用材料性能数据测试完成的基础上开展的。第一章由北京航空材料研究院的白明远、胡春燕、顾玉丽、刘德林,中科院金属研究所的王威,北京航空航天大学的陈赤囡,南昌航空大学的苏倩,中国民航科学技术研究院的李春光等共同完成;第二章由北京航空材料研究院的胡春燕、范映伟、王祺,中国民航科学技术研究院的李春光等完成;第三章由北京航空材料研究院的顾玉丽,中科院金属研究所的王威,北京航空航天大学的李君、陈赤囡,南昌航空大学的苏倩等完成;第四章由北京航空材料研究院的陈星、胡春燕,北京航空航天大学的李君等完成。在技术实施方案论证以及断口分析与研究以及编写过程中,力学性能研究室的于慧臣、李影、李骋、张仕朝、李旭东等提供了试验数据和断口实物。本书的统稿及文字和图谱的编辑工作由刘德林、刘新灵、胡春燕和陈星共同完成,总体技术方案以及审核由刘新灵和陶春虎完成,审订工作由陶春虎、于慧臣、刘昌奎、何玉怀完成。

由于作者水平有限,书中的不足在所难免,恳请读者批评指正。愿本书的出版能对我国先进发动机关键材料的工程应用及其失效分析与预防提供有益的帮助。

编辑委员会

2012 年 10 月

目　录

第一章　航空发动机用变形高温合金断口特征

1.1　GH141

1.1.1　概述

GH141是沉淀硬化型镍基变形高温合金,在650℃~900℃范围内,具有高的拉伸和持久强度及良好的抗氧化性能,适用于制造在870℃以下要求高强度和980℃以下要求抗氧化的航空、航天发动机的涡轮盘、高压叶片、燃烧室板材承力件、涡轮转子、高压器、紧固件、高温弹簧等零部件。由于合金中铝、钛、钼含量较高,铸件开坯比较困难,但变形后的材料具有较好的塑性,在退火状态下可以冷成形,也可进行焊接,焊接部件热处理时易产生应变时效裂纹。

1.1.2　组织结构

该合金的标准热处理工艺为:在热处理后的组织除 γ 基体外,还存在有 γ'、M_6C、$M_{23}C_6$、MC,长期时效后有 μ 相析出。金相组织形貌见图1.1-1。

图 1.1-1　GH141 合金的金相组织

1.1.3　断口特征

1. 光滑拉伸

(1) 宏观特征。3个拉伸断口的宏观特征基本相同,断面较粗糙,呈颗粒状,断口表面可见反光小刻面。500℃拉伸断口表面呈浅黄色,700℃拉伸断口表面呈灰黄色,850℃拉伸断口表面呈深蓝色(见图1.1-2)。

(2) 微观特征。3个拉伸断口的微观特征基本相同,均为韧性沿晶断裂,晶界面上为细小韧窝,断口局部区域可见沿晶二次裂纹,见图1.1-3。

(a)　　　　　　　　　　　　　　　　　　　(b)

(c)

图 1.1-2　缺口拉伸断口宏观形貌

(a)500℃,σ_{bH}＝1163MPa；(b)700℃,σ_{bH}＝1269MPa；(c)850℃,σ_{bH}＝1139MPa。

(a)　　　　　　　　　　　　　　　　　　　(b)

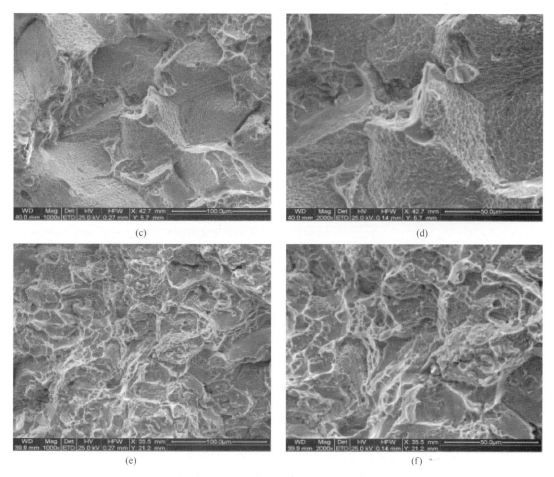

(c)　　　　　　　　　　　　　　　　　　(d)

(e)　　　　　　　　　　　　　　　　　　(f)

图 1.1-3　缺口拉伸断口微观形貌

(a)500℃断口韧性沿晶断裂;(b)500℃断口晶界上的韧窝断裂;

(c)700℃断口韧性沿晶断裂;(d)700℃断口晶界上的韧窝断裂;

(e)850℃断口韧性沿晶断裂;(f)850℃断口晶界上的韧窝断裂。

2. 光滑持久

1) 700℃

(1) 宏观特征。断口比较粗糙,呈颗粒状,见图 1.1-4。应力为 711MPa 和 850MPa 的持久断口从试样边缘一侧起始,起始区为蓝紫色,瞬断区为浅蓝色;应力为 815MPa 的持久断口呈浅蓝色。

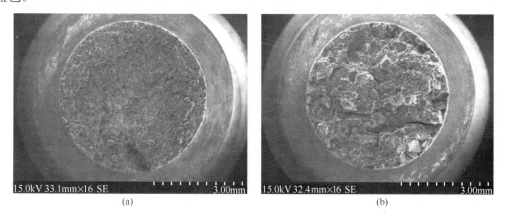

(a)　　　　　　　　　　　　　　　　　　(b)

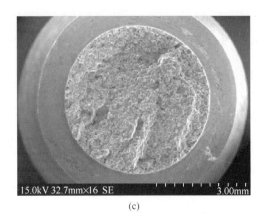

(c)

图 1.1-4　700℃光滑持久断口宏观形貌

(a)试样 A,700℃/711MPa,t=619.08h;(b)试样 B,700℃/815MPa,t=545.16h;

(c)试样 C,700℃/850MPa,t=66.08h。

(2) 微观特征。 三个应力水平下的断口微观特征基本相同:断口均主要以沿晶断裂为主,见图 1.1-5(a)、(c)、(e),可见典型的沿晶特征及二次裂纹。晶界断面上可见细小的韧窝形貌,见图 1.1-5(b)、(d)、(f)。

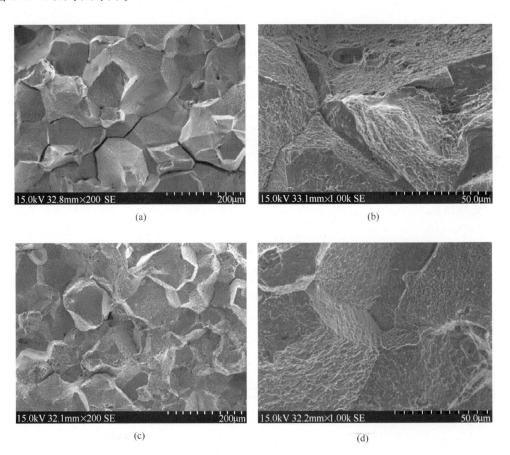

(a)   (b)

(c)   (d)

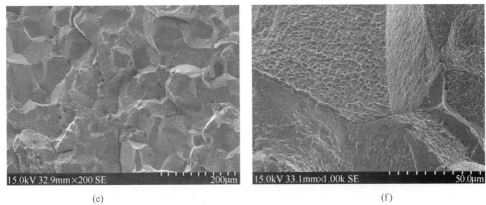

(e)　　　　　　　　　　　　　　　　(f)

图 1.1-5　700℃光滑持久断口微观形貌

(a)试样 A 断口沿晶断裂;(b)试样 A 断口晶界上的韧窝;

(c)试样 B 断口沿晶断裂;(d)试样 B 断口晶界上的韧窝;

(e)试样 C 断口沿晶断裂;(f)试样 C 断口晶界上的韧窝。

2) 760℃

(1) 宏观特征。三个应力水平下的断口宏观特征基本相同:断口比较粗糙,高差较大,呈颗粒状,裂纹从试样边缘局部起始,在裂纹起始边缘的相对一侧边缘存在剪切唇形貌,见图 1.1-6。断口均呈深蓝色。

图 1.1-6　760℃光滑持久断口宏观形貌

(a)试样 A,760℃/510MPa,t=55.00h,δ=25.52%,ψ=31.19%;　(b)试样 B,760℃/470MPa,t=128.84h,δ=16.40%,ψ=32.24%;

(c)试样 C,760℃/420MPa,t=232.58h,δ=27.76%,ψ=36.76%。

（2）微观特征。 三个应力水平下的断口微观特征基本相同:断口均主要以沿晶断裂为主,见图 1.1-7(a)、(c)、(e),可见沿晶特征及二次裂纹。晶界断面上可见细小的韧窝形貌,见图 1.1-7(b)、(d)、(f)。

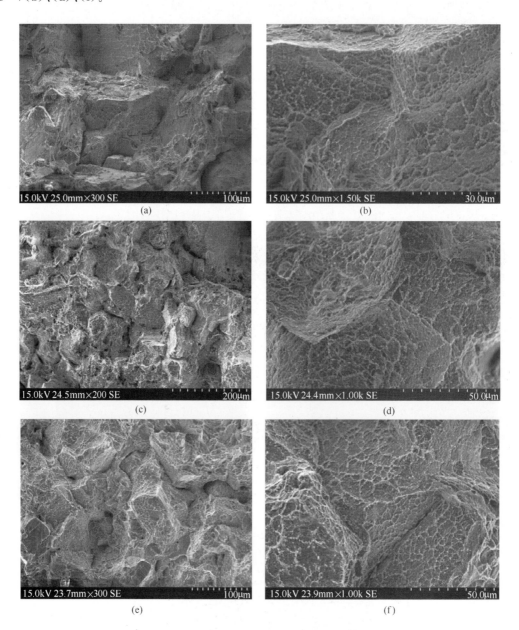

图 1.1-7 760℃持久断口微观形貌

(a)试样 A 断口韧性沿晶断裂;(b)试样 A 断口晶界上的韧窝;
(c)试样 B 断口韧性沿晶断裂;(d)试样 B 断口晶界上的韧窝;
(e)试样 C 断口韧性沿晶断裂;(f)试样 C 断口晶界上的韧窝。

3）850℃

（1）宏观特征。 断口比较粗糙,高差较大,呈颗粒状,断裂起始于四周,起始区氧化严重,瞬断区在断口中部,其中应力为 420MPa 的持久断口由于断裂时间相对较短,氧化程度较轻,见图

1.1-8。断口起始区为深灰色,瞬断区为浅灰色。

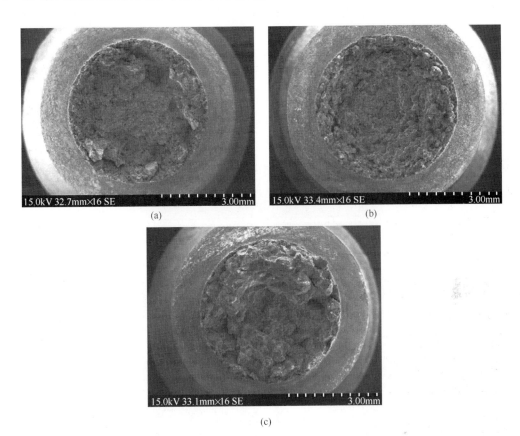

(a)

(b)

(c)

图 1.1-8　850℃光滑持久断口宏观形貌

(a)850℃/300MPa,t=274.75h;(b)850℃/340MPa,t=177.67h;

(c)850℃/420MPa,t=83.75h。

(2) 微观特征。三个应力水平下的断口微观特征基本相同:断口均主要以沿晶断裂为主,见图 1.1-9(a)、(b)。起始区氧化严重,见图 1.1-9(c)。瞬断区晶界上可见细小的韧窝形貌,见图 1.1-9(d)。

(a)

(b)

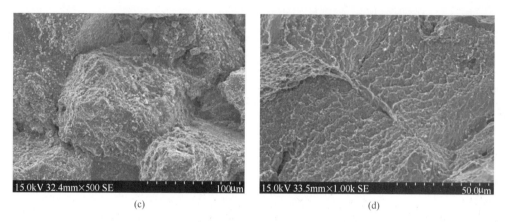

(c)   (d)

图 1.1-9 850℃光滑持久断口微观形貌
(a)起始区沿晶断裂特征;(b)瞬断区沿晶断裂特征;
(c)起始区沿晶及氧化物颗粒;(d)瞬断区晶界上的韧窝形貌。

4)900℃

(1)宏观特征。断面粗糙,氧化严重,高差较大,颈缩明显,断口有两区特征:中部纤维区和周边剪切区,断面可见明显的孔洞,见图 1.1-10。断口附近试样表面呈橘皮状,并有一些微小裂纹,断口呈深蓝色。

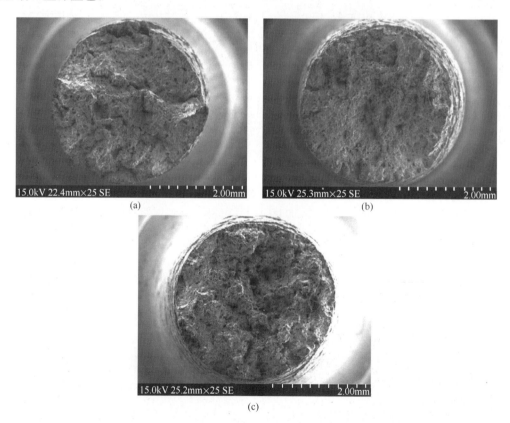

(a)   (b)

(c)

图 1.1-10 900℃光滑持久断口宏观形貌
(a)900℃/190MPa,$t=31.50$h,$\delta=43.20\%$,$\psi=59.37\%$;(b)900℃/170MPa,$t=49.33$h,$\delta=40.08\%$,$\psi=59.12\%$;
(c)900℃/160MPa,$t=55.33$h,$\delta=30.80\%$,$\psi=57.05\%$。

（2）微观特征。断口中部纤维区为等轴韧窝形貌，可见许多较深的孔洞，断口周边剪切区韧窝较小，主要为剪切韧窝形貌，见图 1.1-11(a)～(c)。断面局部也可见沿晶韧窝，见图 1.1-11(d)。

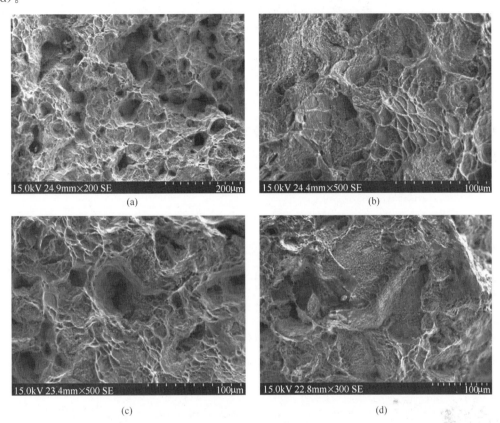

(a)

(b)

(c)

(d)

图 1.1-11　900℃持久断口微观形貌

(a)中心等轴韧窝；(b)边缘剪切韧窝；(c)纤维区深的孔洞；(d)沿晶韧窝。

3. 缺口持久

1）700℃

（1）宏观特征。断口比较粗糙，呈颗粒状，且随施加应力的增加，颗粒增大，见图 1.1-12。应力为 800MPa 和 830MPa 的持久断口从试样边缘一侧起始，起始区为紫色，瞬断区为浅蓝色；应力为 860MPa 的持久断口呈浅蓝色，有金属光泽。

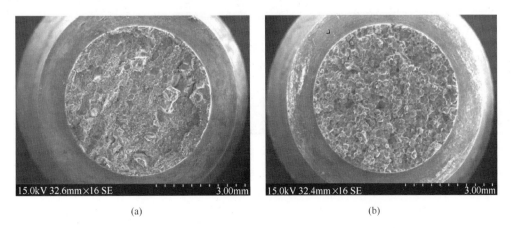

(a)

(b)

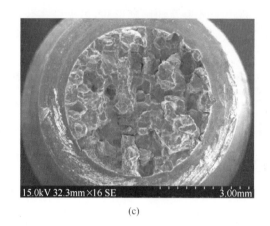

(c)

图 1.1 - 12　700℃缺口持久断口宏观形貌

(a)试样 A,700℃/800MPa,t=306.50h;(b)试样 B,700℃/830MPa,t=131.58h;

(c)试样 C,700℃/860MPa,t=44.50h。

(2) 微观特征。三个应力水平下的断口微观特征基本相同:断口均主要以沿晶断裂为主,见图 1.1 - 13(a)、(c)、(e),可见沿晶特征及其二次裂纹。晶界断面上可见细小的韧窝形貌,见图 1.1 - 13(b)、(d)、(f)。

2) 850℃

(1) 宏观特征。断口比较粗糙,高差较大,呈颗粒状,断裂起始于四周,起始区氧化严重,有较多的裂纹,瞬断区在断口中部,见图 1.1 - 14。断口起始区为深灰色,瞬断区为蓝灰色。

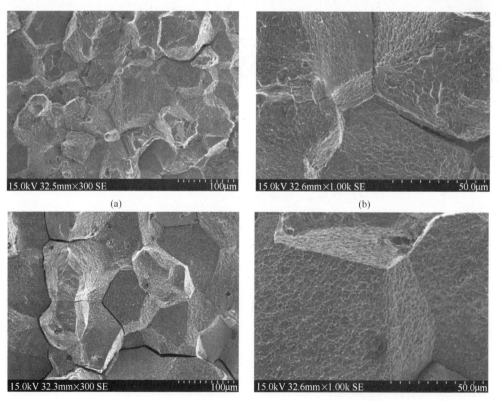

(a)　　　　　　　　　　　　　　　　　　　　(b)

(c)　　　　　　　　　　　　　　　　　　　　(d)

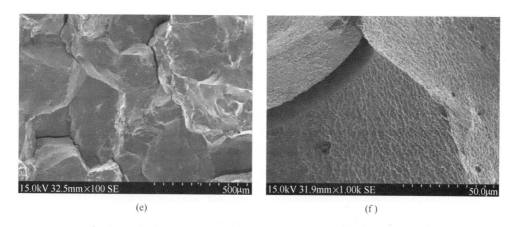

(e)   (f)

图 1.1-13　700℃缺口持久断口微观形貌

(a)试样 A 断口沿晶断裂；(b)试样 A 断口晶界上的韧窝；
(c)试样 B 断口沿晶断裂；(d)试样 B 断口晶界上的韧窝；
(e)试样 C 断口沿晶断裂；(f)试样 C 断口晶界上的韧窝。

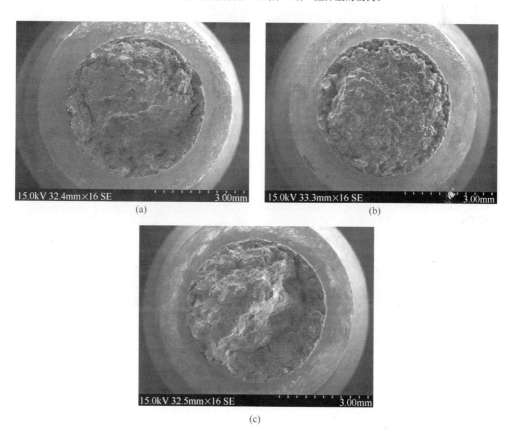

(a)   (b)

(c)

图 1.1-14　850℃缺口持久断口宏观形貌

(a)试样 A,850℃/270MPa,t=501.16h；(b)试样 B,850℃/370MPa,t=136.50h；
(c)试样 C,850℃/460MPa,t=48.50h。

（2）微观特征。三个应力水平下的断口微观特征基本相同：断口均主要以沿晶断裂为主，起始区氧化严重，裂纹较多，瞬断区晶界上可见细小的韧窝形貌，见图 1.1-15。

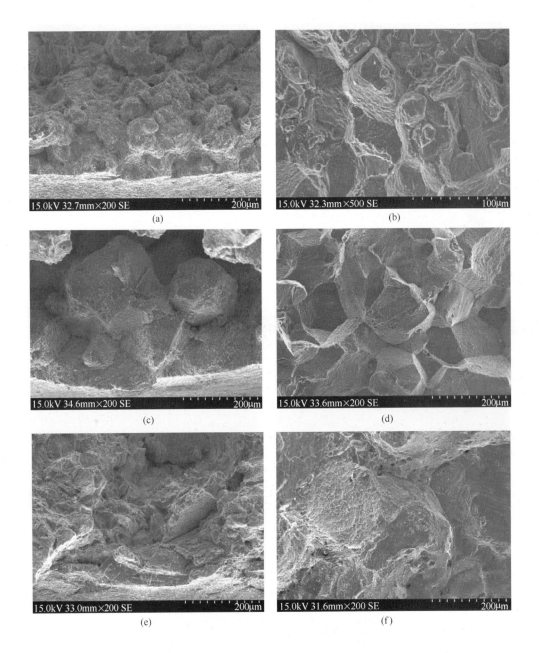

图 1.1-15　850℃缺口持久断口微观形貌

(a)试样 A 起始区沿晶断裂特征；(b)试样 A 瞬断区沿晶断裂特征；

(c)试样 B 起始区沿晶断裂特征；(d)试样 B 瞬断区沿晶断裂特征；

(e)试样 C 起始区沿晶断裂特征；(f)试样 C 瞬断区沿晶断裂特征及晶界上的韧窝。

4. 高周光滑疲劳

1）500℃，$R=0.1$

（1）宏观特征。三种应力条件下的断口宏观特征基本相同，疲劳扩展区呈浅灰色，瞬断区呈暗灰色。疲劳裂纹从试样表面一侧起源，为单源特征，瞬断区位于另一侧。随着疲劳应力减小，扩展区面积逐渐增大，从占断口面积的 40％增大至 60％，见图 1.1-16。

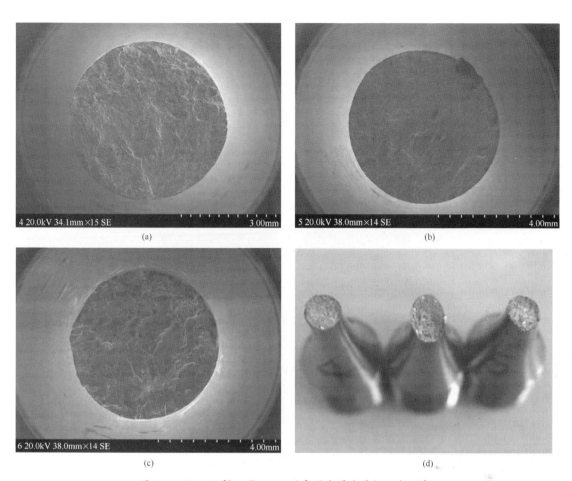

(a)   (b)

(c)   (d)

图 1.1-16   500℃下 $R=0.1$ 时高周光滑疲劳断口宏观特征

（2）微观特征。源区呈单源特征,有明显的放射棱线,见图 1.1-17(a)。起源处可见疲劳裂纹扩展第一阶段的类解理特征,裂纹扩展初期疲劳条带细密平直,见图 1.1-17(b)。随着裂纹扩展,到疲劳扩展的中后期,疲劳条带间距逐渐加宽,见图 1.1-17(c)、(d)。瞬断区呈快速滑移形成的小刻面与韧窝混合特征,见图 1.1-17(e)。由三种应力条件下的断口观察结果可知,随着疲劳应力增大,疲劳扩展区各扩展阶段处的疲劳条带间距逐渐加宽。

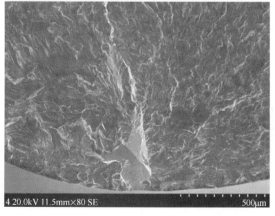

(a)

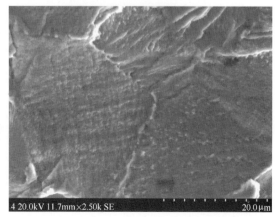

(b)

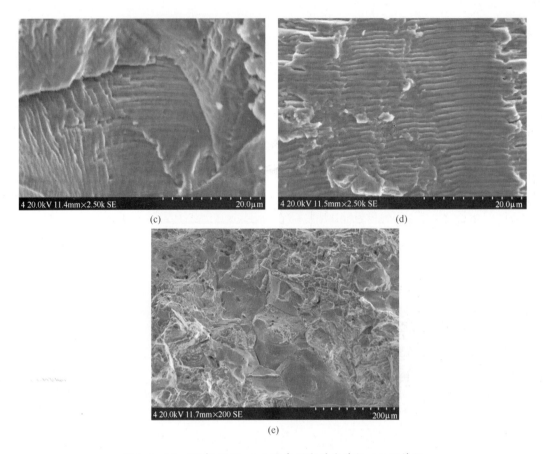

(c)   (d)

(e)

图 1.1-17　500℃下 $R=0.1$ 时高周光滑疲劳断口微观特征

2）500℃,$R=-1$

（1）宏观特征。整个断口呈银灰色,疲劳源为单一点源特征,断口较粗糙,断面高差不大,根据断口特征,可将断口分为疲劳源区、扩展区和瞬断区三个区域,疲劳扩展区面积较大,断口的边缘部分为瞬断区,见图 1.1-18。

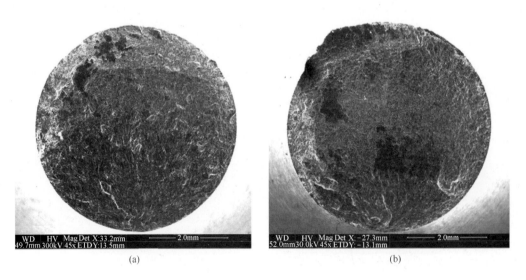

(a)   (b)

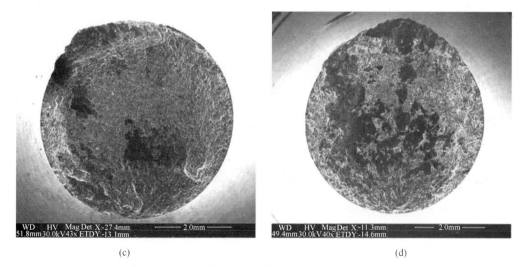

(c)　　　　　　　　　　　　　　　　　(d)

图 1.1-18　500℃，$R=-1$ 高周光滑疲劳断口宏观形貌

(a)$\sigma_{max}=260MPa$，$N_f=7.47\times10^5$；(b)$\sigma_{max}=380MPa$，$N_f=4.05\times10^5$；

(c)$\sigma_{max}=420MPa$，$N_f=1.73\times10^5$；(d)$\sigma_{max}=520MPa$，$N_f=8.6\times10^4$。

（2）微观特征。源区呈点源特征，裂纹起源于表面，可见类解理平面和放射棱线特征，见图 1.1-19(a)、(b)。疲劳区可见二次裂纹，扩展前期疲劳条带特征不明显，随着裂纹扩展，在扩展中后期疲劳条带逐渐变宽，见图 1.1-19(c)、(d)、(e)。瞬断区为韧窝和快速滑移形成的类解理形貌，见图 1.1-19(f)。

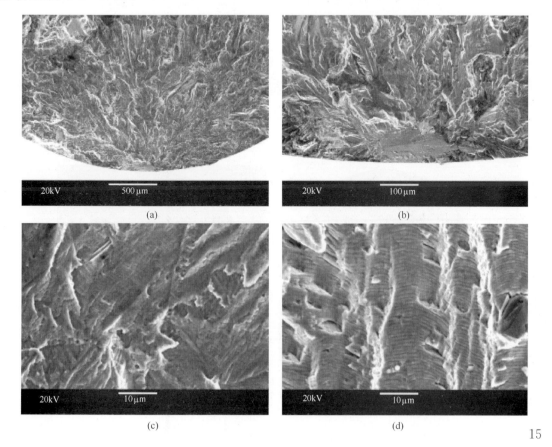

(a)　　　　　　　　　　　　　　　　　(b)

(c)　　　　　　　　　　　　　　　　　(d)

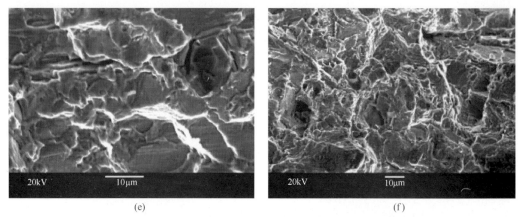

(e)   (f)

图 1.1-19　500℃,$R=-1$ 高周光滑疲劳断口微观特征

(a)疲劳源区特征;(b)疲劳源区高倍特征;(c)扩展前期疲劳条带特征;

(d)扩展中期疲劳条带特征;(e)扩展后期特征;(f)瞬断区韧窝形貌。

3) 850℃,$R=0.1$

(1) 宏观特征。断口呈暗灰色。断口源区呈点源特征,断口有明显的疲劳源区、扩展区和瞬断区,中间为疲劳扩展区,较平坦,断口的边缘部分的瞬断区则比较粗糙,见图 1.1-20。扩展区面积较大,随着应力增加瞬断区面积有所增大。

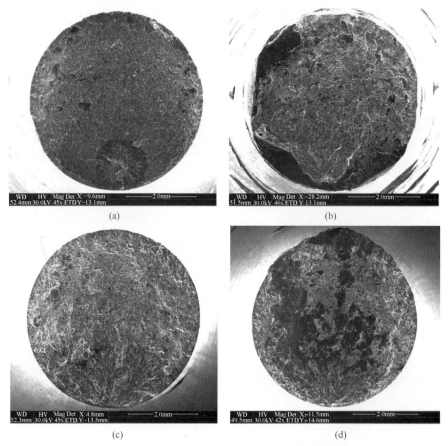

(a)   (b)

(c)   (d)

图 1.1-20　850℃,$R=0.1$ 轴向拉伸疲劳断口宏观形貌

(a)$\sigma_{max}=520MPa$,$N_f=3.016\times10^6$;(b)$\sigma_{max}=600MPa$,$N_f=9.49\times10^5$;(c)$\sigma_{max}=680MPa$,$N_f=3.89\times10^5$;(d)$\sigma_{max}=760MPa$,$N_f=5.0\times10^4$。

（2）微观特征。 断口呈点源特征,应力较低时,疲劳起始于试样次表面,源区放射棱线清晰可见,见图 1.1-21(a)、(b)。当应力较大时,疲劳起源于表面,见图 1.1-22(a)、(b)。疲劳区可见二次裂纹,扩展前期、中期、后期条带特征分别见图 1.1-21(c)、(d)、(e)和图 1.1-22(c)、(d)。随着裂纹的扩展,在扩展中期疲劳条带增多并变宽,扩展后期疲劳条带逐渐消失,出现快速滑移形成的类解理平面特征,见图 1.1-22(e)。瞬断区为韧窝形貌,见图 1.1-21(f)和图 1.1-22(f)。

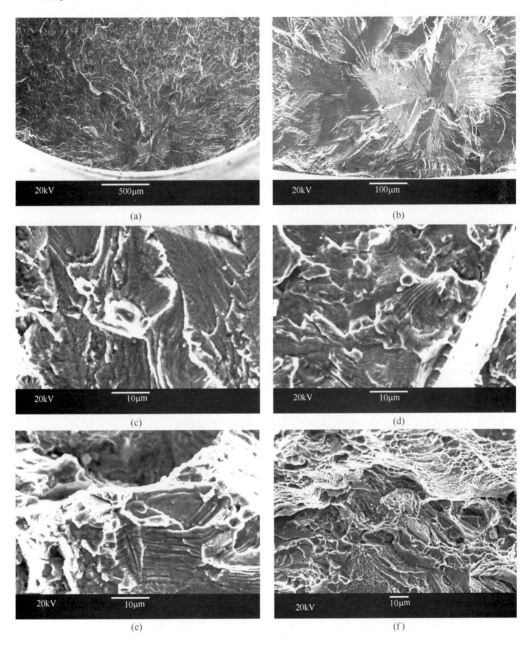

图 1.1-21　850℃,$R=0.1$ 高周光滑疲劳断口微观特征(应力较低时)
(a)疲劳源区低倍特征;(b)源区类解理特征;(c)扩展区前期特征;
(d)扩展中期疲劳条带特征;(e)扩展后期特征;(f)瞬断区韧窝形貌。

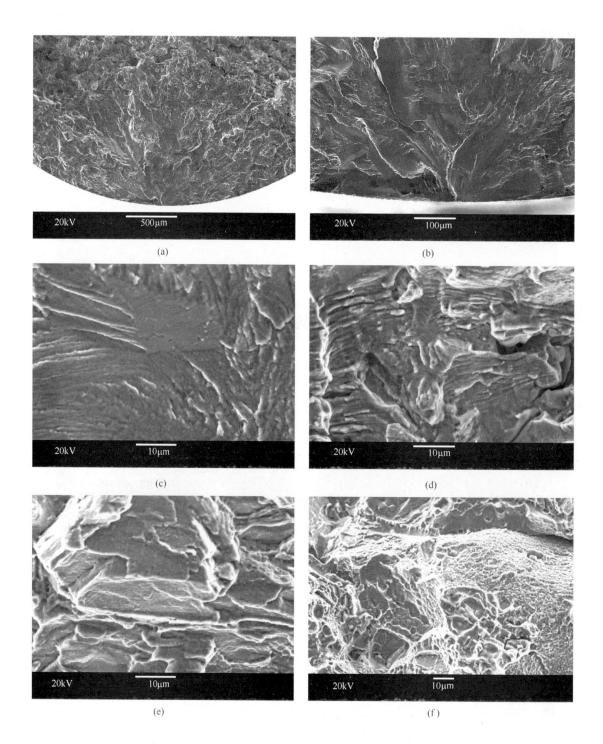

图 1.1-22　850℃,$R=0.1$ 高周光滑疲劳断口微观特征(应力较大时)
(a)疲劳源区低倍特征;(b)源区类解理特征;(c)扩展区前期特征;
(d)扩展中期疲劳条带特征;(e)扩展后期特征;(f)瞬断区韧窝形貌。

随温度升高,断口颜色由灰色变成暗灰色,随着应力增大,点源由亚表面移向表面,瞬断区面积有所增大。

4) 850℃,$R=-1$

(1) 宏观特征。断口呈暗灰色,源区呈点源特征,断口粗糙,断面高差较小,根据断口特征,可将断口分为疲劳源区、扩展区和瞬断区三个区域,中间为疲劳扩展区,断口的边缘部分为瞬断区,见图1.1-23。扩展区面积较大,随着应力增加瞬断区面积有所增大。

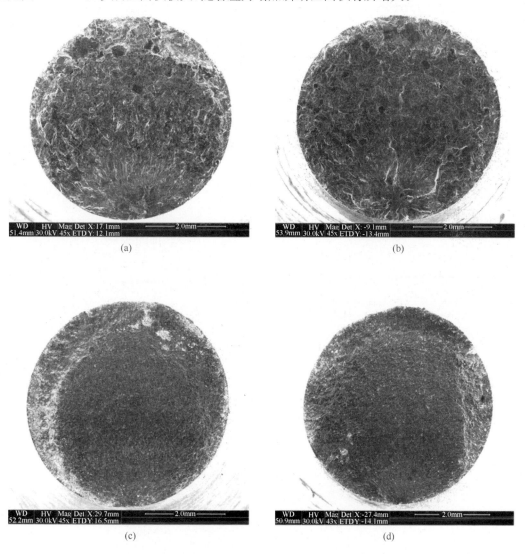

(a)

(b)

(c)

(d)

图 1.1-23 850℃,$R=-1$高周光滑疲劳断口宏观形貌

(a)$\sigma_{max}=260MPa$,$N_f=8.378\times10^6$;(b)$\sigma_{max}=350MPa$,$N_f=9.64\times10^5$;

(c)$\sigma_{max}=400MPa$,$N_f=1.06\times10^5$;(d)$\sigma_{max}=500MPa$,$N_f=2.5\times10^4$。

(2) 微观特征。断口呈点源特征,应力较低时,疲劳起始于试样次表面,源区放射棱线清晰可见,见图1.1-24(a)。当应力较大时,疲劳起源于表面,见图1.1-25(a)、(b)。疲劳区可见二次裂纹,扩展前期、中期、后期条带特征分别见图1.1-24(b)、(c)和图1.1-25(c)、(d)、(e)。随着裂纹扩展,在扩展中期疲劳条带增多并变宽,扩展后期疲劳条带逐渐消失,出现较多的快速滑移形成的类解理平面特征,并出现韧窝,见图1.1-24(d)。瞬断区为韧窝形貌,见图1.1-24(e)和图1.1-25(f)。

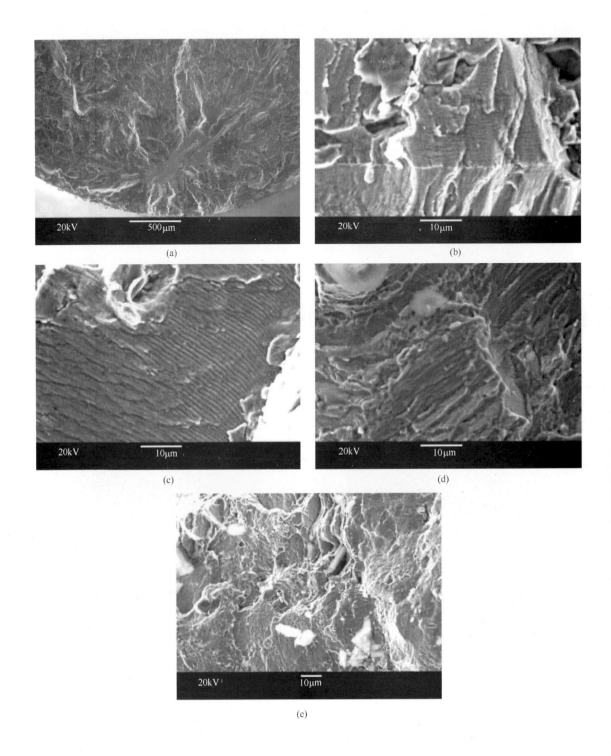

图 1.1-24 850℃，R=-1 高周光滑疲劳断口微观特征（应力较低时）

(a)疲劳源区低倍特征；(b)扩展前期疲劳条带特征；

(c)扩展中期疲劳条带特征；(d)扩展后期类解理特征；(e)瞬断区韧窝形貌。

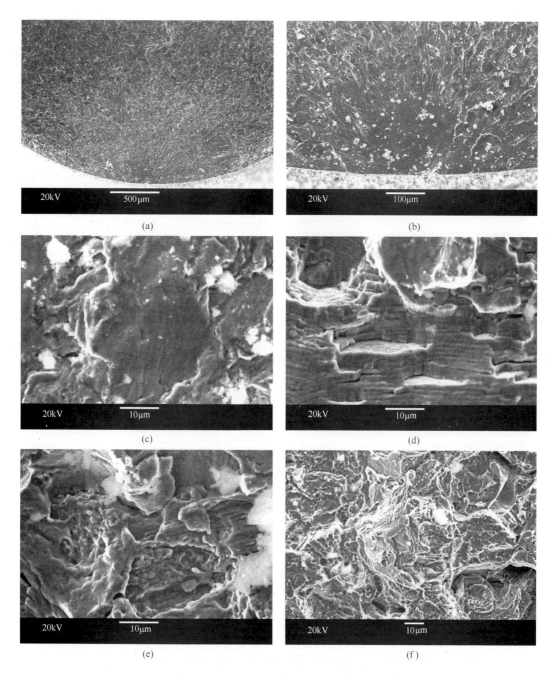

图 1.1-25 850℃，$R=-1$ 轴向拉伸疲劳断口微观特征（应力较大时）

(a)疲劳源区低倍特征；(b)源区高倍形貌；(c)扩展前期疲劳条带特征；

(d)扩展中期疲劳条带特征；(e)扩展后期疲劳条带特征；(f)瞬断区韧窝形貌。

5. 高周缺口疲劳

500℃，$k_t=3$，$R=0.1$

（1）宏观特征。三种应力条件下的断口宏观特征基本相同，断口疲劳扩展区呈浅灰色，瞬断区呈银灰色。疲劳裂纹从缺口根部一侧起源，为多源特征，瞬断区位于另一侧。随着疲劳应力减小，扩展区面积逐渐增大，从占断口面积的 40% 增大至 60%，见图 1.1-26。

图 1.1 - 26 500℃高周缺口疲劳断口宏观特征

(a)$\sigma_{max}=530MPa$；$N_f=5\times10^4$；(b)$\sigma_{max}=450MPa$，$N_f=1.62\times10^5$；

(c)$\sigma_{max}=375MPa$，$N_f=6.36\times10^5$；(d)断口宏观照片。

(2) 微观特征。源区呈线源特征，有明显的放射棱线，见图 1.1 - 27(a)。裂纹扩展初期疲劳条带细密平直，见图 1.1 - 27(b)。随着裂纹的扩展，到疲劳扩展的中后期，疲劳条带间距逐渐加宽，见图 1.1 - 27(c)、(d)。瞬断区呈沿晶断裂与韧窝混合特征，见图 1.1 - 27(e)。由三种应力条件下的断口观察结果可知，随着疲劳应力增大，疲劳扩展区各扩展阶段处的疲劳条带间距逐渐加宽。

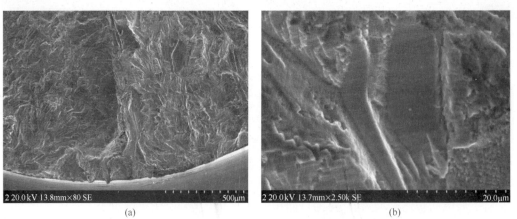

(a)   (b)

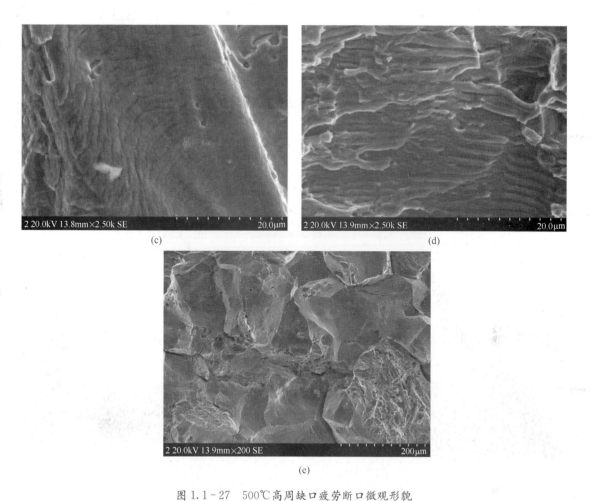

(c)   (d)

(e)

图 1.1 - 27   500℃高周缺口疲劳断口微观形貌

(a)源区特征；(b)扩展前期条带特征；(c)扩展中期条带特征；(d)扩展后期条带特征；(e)瞬断区特征。

6. 低周疲劳

1）室温，$R=-1$

（1）宏观特征。 断口呈多源特征，无塑性变形，断口粗糙，疲劳源区、扩展区和瞬断区分界不明显，见图 1.1 - 28。断口呈暗灰色。

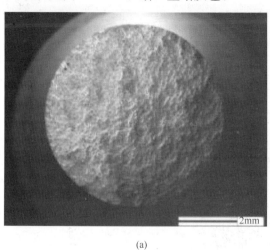

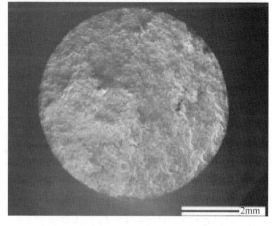

(a)   (b)

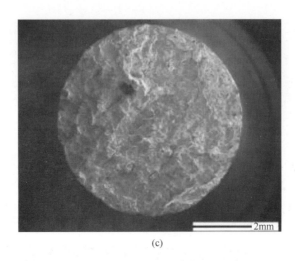

(c)

图 1.1-28 室温,$R=-1$ 时低周疲劳断口宏观形貌

(a)$\Delta\varepsilon/2=0.4\%$,$N_f=9184$;(b)$\Delta\varepsilon/2=0.7\%$,$N_f=1448$;(c)$\Delta\varepsilon/2=0.9\%$,$N_f=612$。

(2) 微观特征。断口多源起裂,裂纹起源于表面,见图 1.1-29(a)、(b)。疲劳区较小,扩展区前期疲劳条带较细密,随着裂纹扩展,在扩展中、后期疲劳条带逐渐变宽,见图 1.1-29(c)、(d)、(e)。瞬断区为沿晶断裂特征,见图 1.1-29(f)。

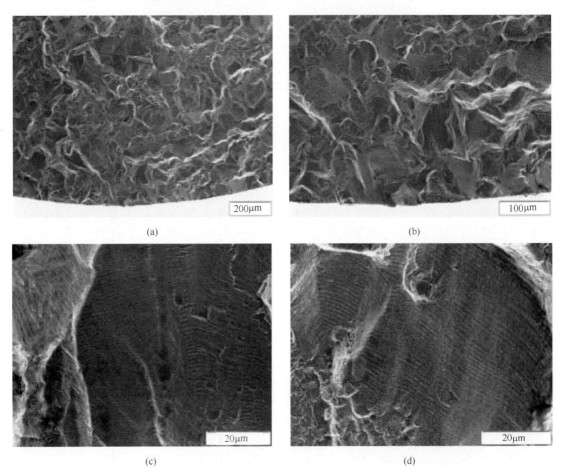

(a)

(b)

(c)

(d)

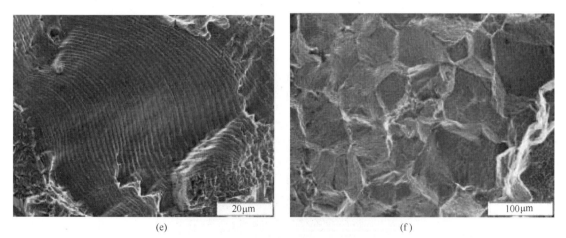

(e) (f)

图 1.1-29 $\Delta\varepsilon/2=0.7\%$,室温低周疲劳断口微观特征

(a)疲劳源区特征;(b)疲劳源区高倍特征;(c)扩展前期疲劳条带特征;
(d)扩展中期疲劳条带特征;(e)扩展后期疲劳条带特征;(f)瞬断区沿晶形貌。

2) 760℃

(1) 宏观特征。断口 A 和断口 B 断面粗糙,断面呈淡黄色和淡蓝色;断口 C 和断口 D 断面呈线源,可见约 50%面积的颜色较深,呈金黄色和蓝色,另外 50%区域呈灰色;断口 E 断面呈两个小线源,可见 30%区域断面平坦,呈金黄色,另外 70%区域呈蓝色,见图 1.1-30。

(a) (b)

(c) (d)

25

(e)

图 1.1-30　760℃低周疲劳断口宏观特征

(a)断口 A：$\Delta\varepsilon/2=0.814\%$，$N_f=231$；(b)断口 B：$\Delta\varepsilon/2=0.656\%$，$N_f=231$；(c) 断口 C：$\Delta\varepsilon/2=0.51\%$，$N_f=1385$；
(d)断口 D：$\Delta\varepsilon/2=0.542\%$，$N_f=1404$；(e)断口 E：$\Delta\varepsilon/2=0.362\%$，$N_f=4591$。

(2) 微观特征。断口 A 和断口 B 断口呈线源，低倍形貌见图 1.1-31(a)；临界裂及长度约为 0.2mm，扩展前、中、后期疲劳条带宽度约为 1.015μm、0.432μm 和 0.4μm，见图 1.1-31(b)～(d)。瞬断区呈沿晶断裂特征，见图 1.1-31(e)。随着疲劳裂纹的逐渐扩展，疲劳扩展区各扩展阶段处的疲劳条带间距逐渐变窄。

断口 C 和断口 D 断口呈线源，低倍形貌见图 1.1-32(a)。临界裂及长度约为 1mm，扩展前、中、后期疲劳条带宽度约为 0.387μm、0.826μm 和 2.4μm，见图 1.1-32(b)～(d)。瞬断区呈沿晶断裂特征，见图 1.1-32(e)。随着疲劳裂纹的逐渐扩展，疲劳扩展区各扩展阶段处的疲劳条带间距逐渐变宽。

断口 E 断口呈两个线源，低倍形貌见图 1.1-33(a)。临界裂及长度约为 2mm，扩展前、中、后期疲劳条带宽度约为 0.3μm、0.55μm 和 0.712μm，见图 1.1-33(b)～(d)。瞬断区呈沿晶断裂特征，见图 1.1-33(e)。随着疲劳裂纹的逐渐扩展，疲劳扩展区各扩展阶段处的疲劳条带间距逐渐变宽。

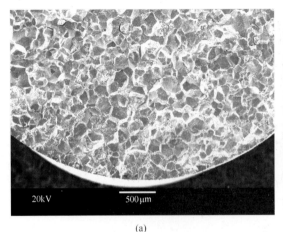

(a)

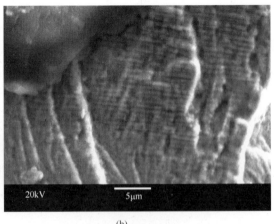

(b)

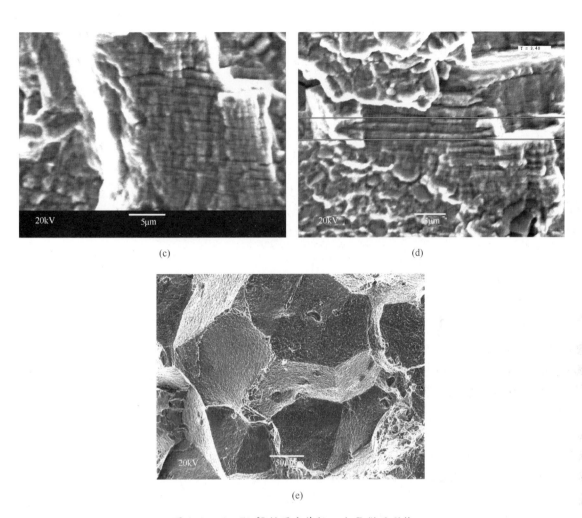

(c)

(d)

(e)

图 1.1-31　760℃低周疲劳断口 A、B 微观形貌

(a)源区特征；(b)扩展前期条带特征；(c)扩展中期条带特征；
(d)扩展后期条带特征；(e)瞬断区特征。

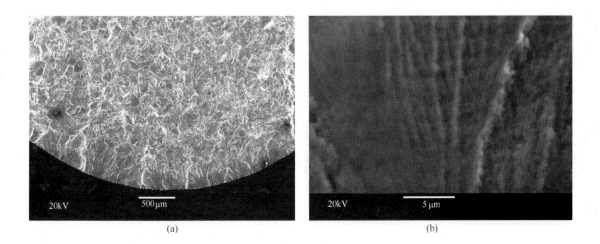

(a)

(b)

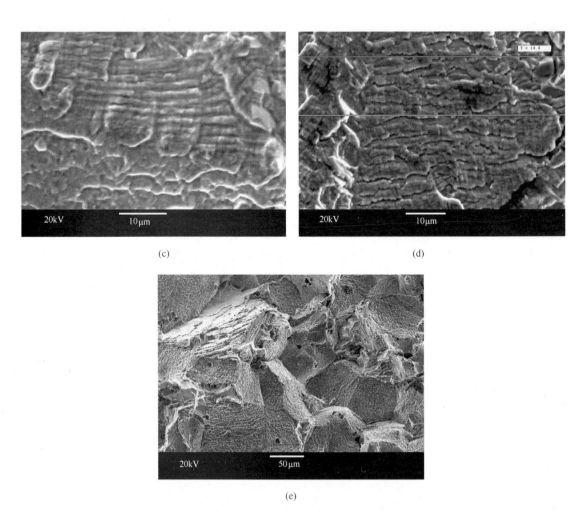

(c)　　　　　　　　　　　　　　　　(d)

(e)

图 1.1-32　760℃低周疲劳断口 C、D 微观形貌

(a)源区特征；(b)扩展前期条带特征；(c)扩展中期条带特征；

(d)扩展后期条带特征；(e)瞬断区的沿晶特征。

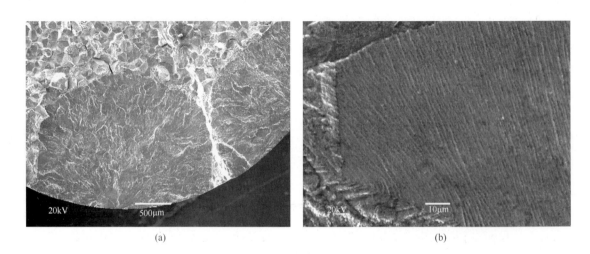

(a)　　　　　　　　　　　　　　　　(b)

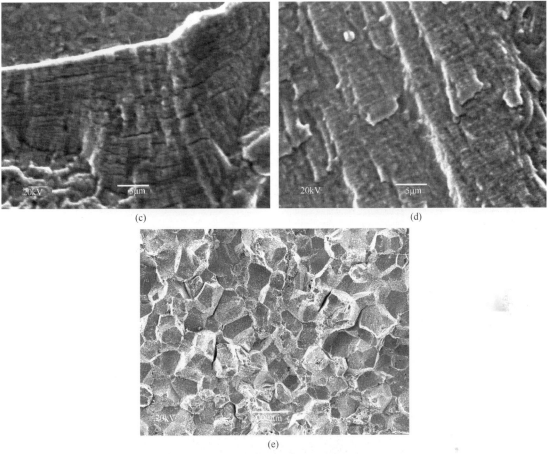

(c)   (d)

(e)

图 1.1-33　760℃低周疲劳断口 E 微观形貌

(a)源区特征；(b)扩展前期条带特征；(c)扩展中期条带特征；

(d)扩展后期条带特征；(e)瞬断区的沿晶特征。

3) 850℃

(1) 宏观特征。随着应变范围的减小,寿命的增加,断面的颜色从淡蓝色逐渐过渡到深蓝色＋淡灰色疲劳区;断面的疲劳区面积也逐渐增加,从宏观未见疲劳平坦区域过渡到约 1/3 面积的疲劳区,见图 1.1-34。

(a)   (b)

(c)   (d)

(e)

图 1.1-34　850℃轴向应变疲劳断口宏观特征

(a)$\Delta\varepsilon/2=0.65\%$，$N_f=139$；(b)$\Delta\varepsilon/2=0.5\%$，$N_f=380$；(c)$\Delta\varepsilon/2=0.404\%$，$N_f=1009$；

(d)$\Delta\varepsilon/2=0.354\%$，$N_f=3486$；(e)$\Delta\varepsilon/2=0.318\%$，$N_f=14424$。

(2) 微观特征。随着应变范围的逐渐减小，寿命的逐渐增加，源区形貌由线源向多个点源过渡，源区形貌见图 1.1-35(a)、(b)。疲劳扩展区深度也逐渐增加，且随着裂纹逐渐扩展，疲劳扩展区各扩展阶段处的疲劳条带间距逐渐变宽，见图 1.1-35(c)～(e)。瞬断区呈沿晶断裂特征，见图 1.1-35(f)。

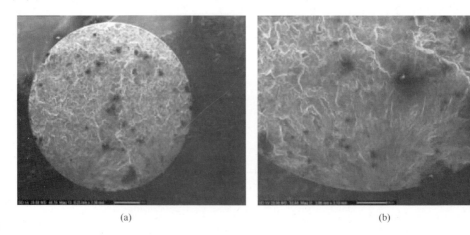

(a)   (b)

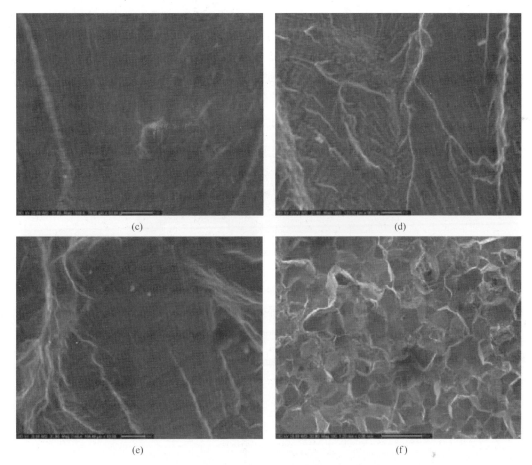

(c)   (d)

(e)   (f)

图 1.1-35 850℃轴向应变疲劳断口微观形貌

(a)断口低倍形貌；(b)源区低倍特征；(c)扩展前期条带特征；

(d)扩展中期条带特征；(e)扩展后期条带特征；(f)瞬断区的沿晶特征。

7. 旋转弯曲光滑疲劳

1）600℃

（1）宏观特征。三种应力下的断口宏观特征基本相同，见图 1.1-36，裂纹源从表面起裂，为点源特征。在较小的应力变化范围内，扩展区的面积无明显变化，约占断口面积的 70%；临界裂纹长度也无明显变化，约为 2mm。

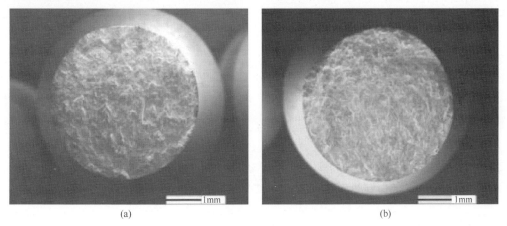

(a)   (b)

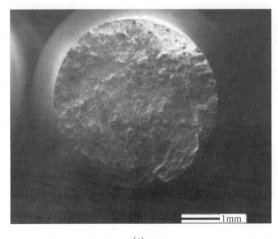

(c)

图 1.1 - 36　600℃下疲劳断口宏观形貌

(a)$\sigma_{max}=420MPa,N_f=1.88\times10^6$；(b)$\sigma_{max}=480MPa,N_f=5.7\times10^5$；(c)$\sigma_{max}=580MPa,N_f=5.0\times10^4$。

（2）微观特征。源区为点源，有明显的放射棱线，见图 1.1 - 37(a)。裂纹扩展初期疲劳条带细密，见图 1.1 - 37(b)。随着裂纹扩展，疲劳扩展中后期的疲劳条带间距逐渐加宽，见图 1.1 - 37(c)、(d)。瞬断区的断裂特征主要为沿晶，有少量韧窝，见图 1.1 - 37(e)。在疲劳裂纹扩展区内有二次裂纹。

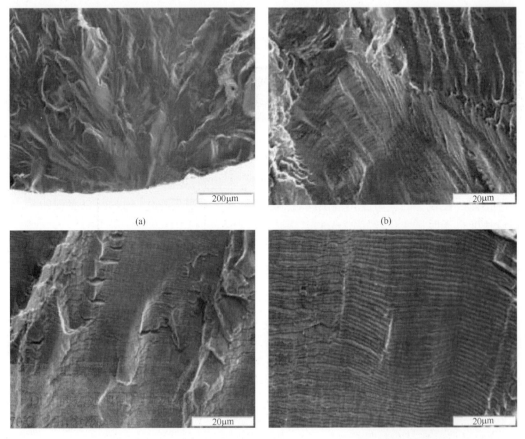

(a)

(b)

(c)

(d)

(e)

图 1.1 - 37 600℃疲劳断口微观形貌

(a)源区特征;(b)扩展前期条带特征;(c)扩展中期条带特征;(d)扩展后期条带特征;

(e)瞬断区主要为沿晶特征+少量韧窝。

2) 700℃

(1) 宏观特征。两种应力下的断口宏观特征基本相同,见图 1.1 - 38,裂纹从表面起裂,为点源特征。在应力变化不大范围内,扩展区的面积无明显变化,约占断口面积的 70%;临界裂纹长度也无明显变化,约为 2.3mm。

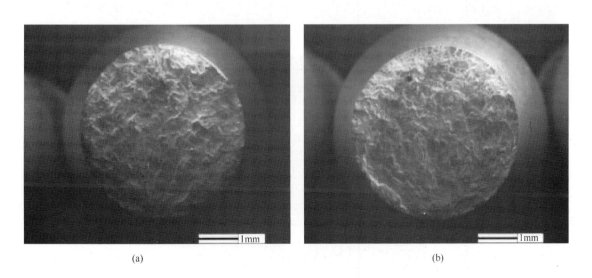

(a)   (b)

图 1.1 - 38 疲劳断口宏观形貌

(a)σ_{max}=490MPa,N_f=1.67×10⁶;(b)σ_{max}=520MPa,N_f=5.0×10⁴。

(2) 微观特征。源区为点源,有明显的放射棱线,见图 1.1 - 39(a)。裂纹扩展初期疲劳条带细密,见图 1.1 - 39(b)。随着裂纹扩展,疲劳扩展中后期的疲劳条带间距逐渐加宽,见图 1.1 -39(c)、(d)。瞬断区的断裂特征主要为沿晶,有少量韧窝,见图 1.1 - 39(e)。在疲劳裂纹扩展区内有二次裂纹。由两种应力条件下的断口观察结果可知,随着疲劳应力增大,疲劳扩展区的面积和临界裂纹长度无明显变化,各扩展阶段处的疲劳条带间距加宽。

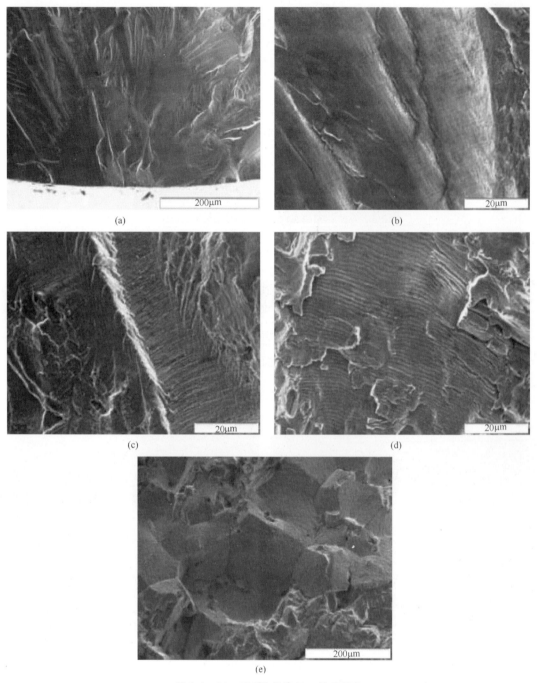

图 1.1-39　700℃疲劳断口微观形貌

(a)源区特征;(b)扩展前期条带特征;(c)扩展中期条带特征;

(d)扩展后期条带特征;(e)瞬断区主要为沿晶特征+少量韧窝。

3) 800℃

（1）宏观特征。三种应力下的断口宏观特征基本相同,见图 1.1-40,裂纹从表面起始,为点源特征。应力水平变化不大时,扩展区面积无明显变化,约占断口面积的 60%;临界裂纹长度也无明显变化,约为 2.1mm。

(a)

(b)

(c)

图 1.1-40 疲劳断口宏观形貌

$(a)\sigma_{max}=400MPa, N_f=1.03\times10^7$；$(b)\sigma_{max}=440MPa, N_f=1.65\times10^6$；$(c)\sigma_{max}=490MPa, N_f=5.53\times10^4$。

(2) 微观特征。源区为点源，有明显的放射棱线，见图 1.1-41(a)。裂纹扩展初期疲劳条带细密，见图 1.1-41(b)。随着裂纹扩展，疲劳扩展中后期的疲劳条带间距逐渐加宽，见图 1.1-41(c)、(d)。瞬断区的断裂特征为沿晶，并有少量韧窝特征，见图 1.1-41(e)。在疲劳裂纹扩展区内有二次裂纹。由三种应力条件下的断口观察结果可知，随着疲劳应力增大，疲劳扩展区面积和临界裂纹长度无明显变化，各扩展阶段处的疲劳条带间距加宽；在 400MPa 及 490MPa 下的瞬断区的断裂特征主要为沿晶，有少量韧窝，在 440MPa 应力下，瞬断区的断裂特征主要为韧窝，局部有沿晶特征。

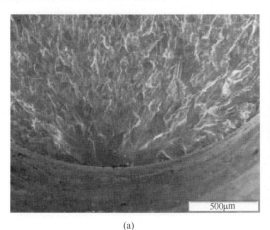

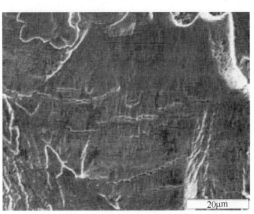

(a)

(b)

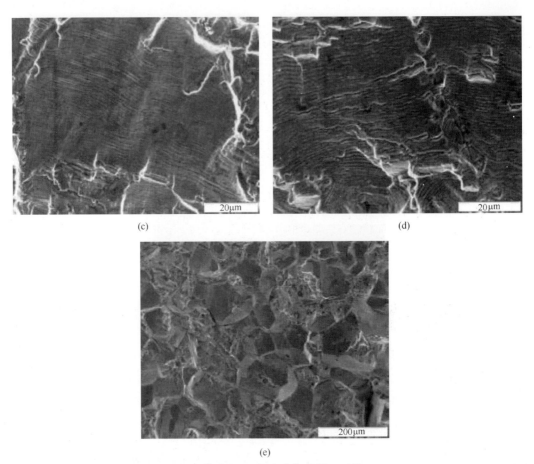

(c)　　　　　　　　　　　　　　　　(d)

(e)

图 1.1-41　800℃疲劳断口微观形貌

(a)源区特征;(b)扩展前期条带特征;(c)扩展中期条带特征;(d)扩展后期条带特征;

(e)瞬断区主要为沿晶特征+少量韧窝。

8. 旋转弯曲缺口疲劳

1) 600℃

(1) 宏观特征。三种应力下的断口宏观特征基本相同,见图 1.1-42,裂纹沿圆周起裂,为多源特征。随着应力的增大,扩展区的面积无明显变化,约占断口面积的 90%;临界裂纹长度也无明显变化,约为 2.3mm。

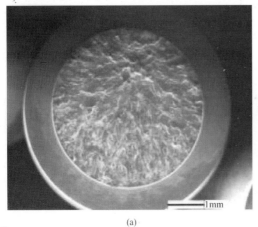

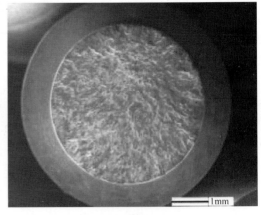

(a)　　　　　　　　　　　　　　　　(b)

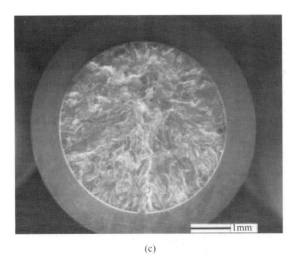

(c)

图 1.1 - 42　600℃疲劳断口宏观形貌

(a)$\sigma_{max}=240MPa$,$N_f=1.75\times10^5$;(b)$\sigma_{max}=260MPa$,$N_f=2\times10^5$;(c)$\sigma_{max}=300MPa$,$N_f=6\times10^4$。

(2) 微观特征。源区为线源,有明显的放射棱线,见图 1.1 - 43(a)。裂纹扩展初期疲劳条带细密,见图 1.1 - 43(b)。随着裂纹扩展,疲劳扩展中后期的疲劳条带间距逐渐加宽,见图 1.1 - 43(c)、(d)。瞬断区的断裂特征主要为沿晶,有少量韧窝,见图 1.1 - 43(e)。在疲劳裂纹扩展区内有二次裂纹。由三种应力条件下的断口观察结果可知,随着疲劳应力增大,疲劳扩展区的面积和临界裂纹长度无明显变化,各扩展阶段对应的疲劳条带间距加宽。

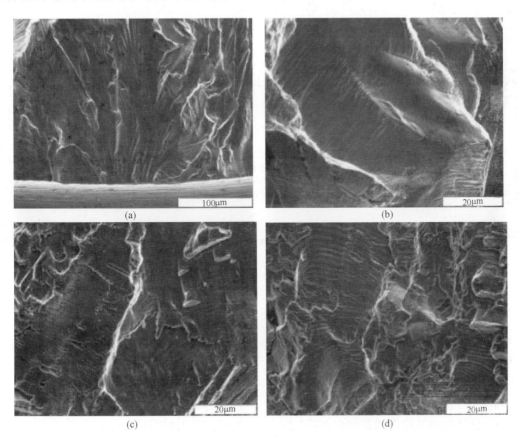

(a)　　　　　　　　　　(b)

(c)　　　　　　　　　　(d)

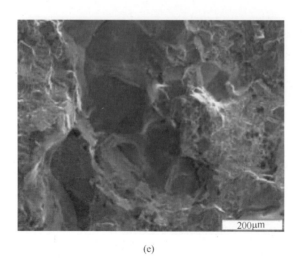

(e)

图 1.1-43 600℃疲劳断口微观形貌

(a)源区特征；(b)扩展前期条带特征；(c)扩展中期条带特征；

(d)扩展后期条带特征；(e)瞬断区主要为沿晶特征+少量韧窝。

2）700℃

（1）宏观特征。两种应力下的断口宏观特征基本相同，见图 1.1-44，裂纹沿圆周起裂，为多源特征。随着应力的增大，扩展区面积无明显变化，约占断口面积的 80%；临界裂纹长度也无明显变化，约为 2.5mm。

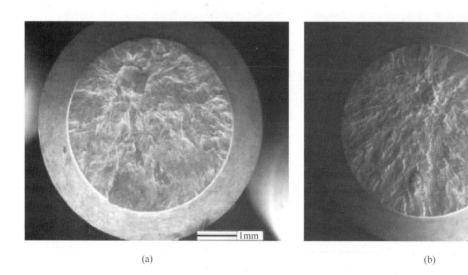

(a)   (b)

图 1.1-44 700℃疲劳断口宏观形貌

(a)$\sigma_{max}=250$MPa，$N_f=1.75\times10^5$；(b)$\sigma_{max}=260$MPa，$N_f=6.62\times10^4$。

（2）微观特征。源区为线源，有明显的放射棱线，见图 1.1-45（a）。裂纹扩展初期疲劳条带细密，见图 1.1-45（b）。随着裂纹扩展，疲劳扩展中后期的疲劳条带间距逐渐加宽，见图 1.1-45（c）、（d）。瞬断区的断裂特征主要为沿晶，有少量韧窝，见图 1.1-45（e）。在疲劳裂纹扩展区内有二次裂纹。由两种应力条件下的断口观察结果可知，随着疲劳应力增大，疲劳扩展区面积和临界裂纹长度无明显变化，各扩展阶段处的疲劳条带间距加宽。

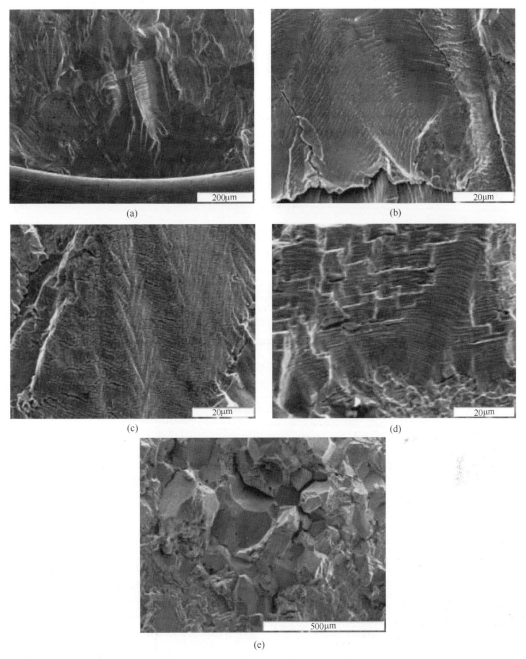

图 1.1-45　700℃疲劳断口微观形貌

(a)源区特征;(b)扩展前期条带特征;(c)扩展中期条带特征;(d)扩展后期条带特征;

(e)瞬断区主要为沿晶特征+少量韧窝。

3) 800℃

(1) 宏观特征。三种应力下的断口宏观特征基本相同,见图 1.1-46,裂纹沿圆周起裂,为多源特征。随着应力由 210MPa 增大到 230MPa,扩展区的面积由占断口面积的 90% 减小到 80%,临界裂纹长度也由 2.3mm 减小到约 1.7mm;当应力增大到 250MPa 时,扩展区的面积约占断口面积的 70%。

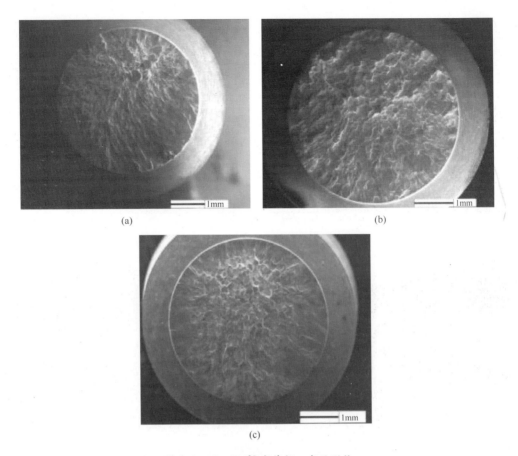

图 1.1-46　800℃疲劳断口宏观形貌

(a)$\sigma_{max}=210MPa$，$N_f=1.16\times10^5$；(b)$\sigma_{max}=230MPa$，$N_f=1.95\times10^4$；(c)$\sigma_{max}=250MPa$，$N_f=6.47\times10^4$。

(2) 微观特征。 源区为线源，有明显的放射棱线，见图 1.1-47(a)。裂纹扩展初期疲劳条带细密，见图 1.1-47(b)。随着裂纹扩展，疲劳扩展中后期的疲劳条带间距逐渐加宽，见图 1.1-45(c)、(d)。瞬断区的断裂特征主要为沿晶，有少量韧窝，见图 1.1-47(e)。在疲劳裂纹扩展区内有二次裂纹。

(a)　　　　　　　　　　　　　　　　　　　(b)

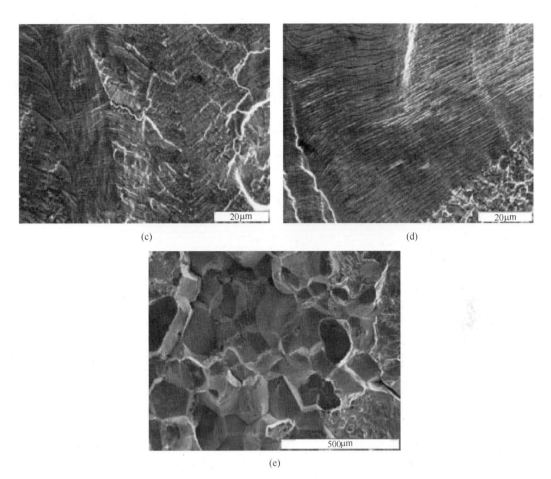

图 1.1－47　800℃疲劳断口微观形貌

(a)源区特征;(b)扩展前期条带特征;(c)扩展中期条带特征;

(d)扩展后期条带特征;(e)瞬断区主要为沿晶特征＋少量韧窝。

1.2　GH188

1.2.1　概述

　　GH188 是固溶强化型钴基高温合金。加入 14％的钨固溶,使合金具有优良的高温热强性,添加高含量的铬和微量镧,使合金具有良好的高温抗氧化性。该合金具有满意的成形、焊接工艺性能。主要用于航空发动机 980℃以下要求高强度和 1100℃以下要求抗氧化的零件。

1.2.2　合金的组织结构

　　该合金锻件的热处理工艺为:1180℃±10℃,空冷。

　　合金在固溶态的组织为奥氏体基体及一次碳化物 MC,少量的 M_6C 与富镧化合物结合形成 La_xM_y 相,极少量的 M_3B_2 和 TiC。高温长期暴露后 M_6C 分解析出 $M_{23}C_6$,亦可分解析出 Laves 相,但该相在 1180℃固溶或 870℃～980℃长期暴露后重溶于基体。

　　合金热处理后的金相组织见图 1.2－1。

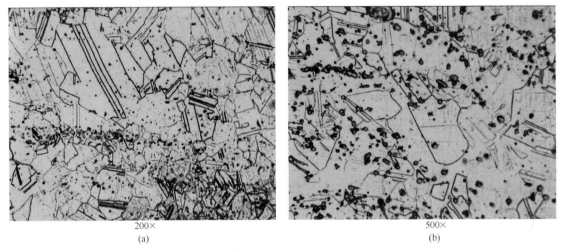

200×   500×

(a)   (b)

图 1.2-1　GH188 环形件的金相组织特征

1.2.3　断口特征

1. 裂纹扩展试样

(1) 宏观特征。 裂纹起始于预制裂纹处,扩展区平坦,可见放射棱线和疲劳扩展弧线,约占整个断口的 2/3,瞬断区较为粗糙且可见塑性变形,约占整个断口的 1/3,见图 1.2-2。室温断口预制裂纹区和扩展区为亮灰色,瞬断区为暗灰色;700℃断口预制裂纹区和扩展区前期为灰黑色,扩展区后期为淡黄色,瞬断区为蓝色;900℃断口起始区和扩展区为灰黑色,瞬断区为深灰色。

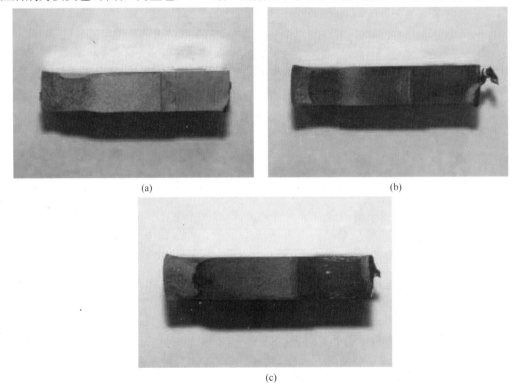

(a)   (b)

(c)

图 1.2-2　R=0.1 裂纹扩展速率断口的宏观特征

(a)室温;(b)700℃;(c)900℃。

(2)微观特征。裂纹起源于预制裂纹处,疲劳源可见放射棱线,源区附近可见细密的疲劳条带,疲劳条带与放射棱线垂直,随着裂纹的扩展,疲劳条带逐渐变宽,并出现二次裂纹,瞬断区为韧窝特征,不同温度和应力条件的微观特征,见图1.2-3~图1.2-5。

室温下裂纹扩展前、中、后期疲劳条带宽度分别约为$0.375\mu m$、$0.55\mu m$、$1\mu m$,700℃下裂纹扩展前、中、后期疲劳条带宽度分别约为$0.5\mu m$、$0.7\mu m$、$0.844\mu m$,900℃下裂纹扩展前、中、后期疲劳条带宽度分别约为$0.705\mu m$、$0.75\mu m$、$1\mu m$。从以上疲劳条带数据可知,温度对GH188疲劳裂纹扩展的前期影响较大,到了疲劳扩展后期裂纹扩展速率相近,受温度的影响较小。900℃下,源区和扩展区微观上可见明显的氧化特征。

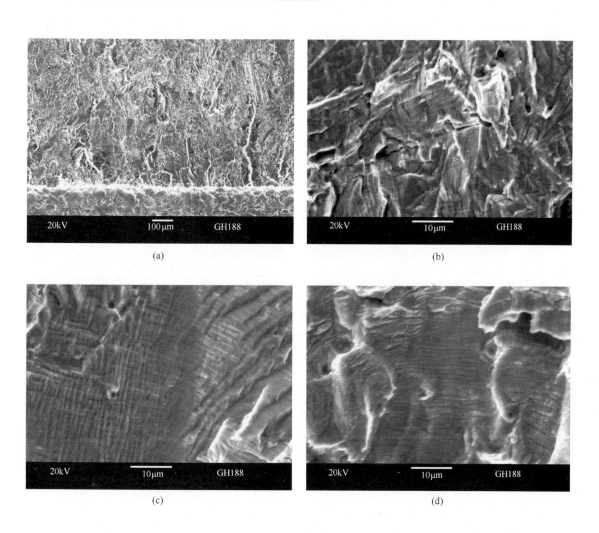

(a)　　　　　　　　　　　　　　　　　(b)

(c)　　　　　　　　　　　　　　　　　(d)

图1.2-3　室温$R=0.1$时的裂纹扩展速率断口微观形貌

(a)源区特征;(b)距起裂区3mm疲劳特征;(c)距起裂区7mm疲劳特征;(d)距起裂区14mm疲劳特征。

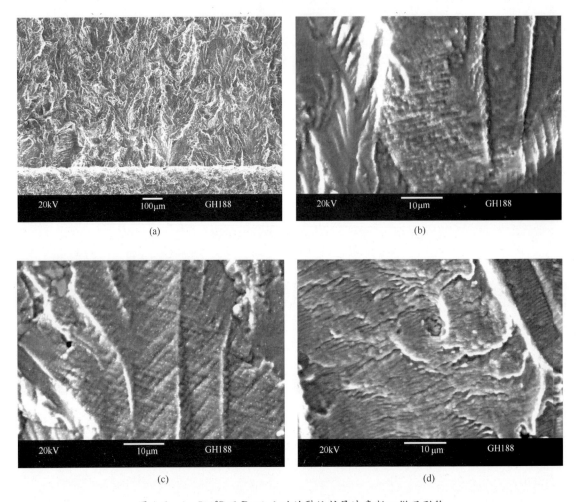

图 1.2-4　700℃下 $R=0.1$ 时的裂纹扩展速率断口微观形貌
(a)源区特征;(b)距起裂区 3mm 疲劳特征;(c)距起裂区 7mm 疲劳特征;
(d)距起裂区 14mm 疲劳特征。

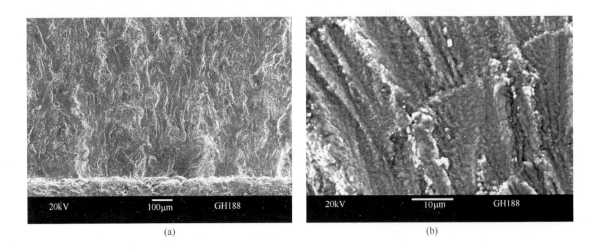

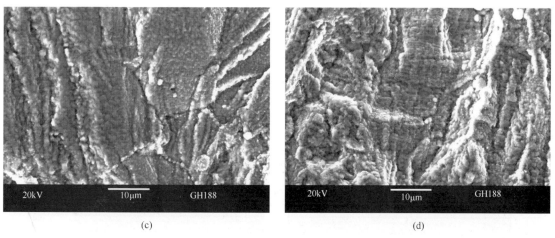

(c)   (d)

图 1.2-5　900℃下 R=0.1 时的裂纹扩展速率断口微观形貌

(a)源区特征;(b)距起裂区 3mm 疲劳特征;(c)距起裂区 7mm 疲劳特征;(d)距起裂区 14mm 疲劳特征。

1.3　GH3030

1.3.1　概述

GH3030 是早期发展的 80Ni-20Cr 固溶强化高温合金,化学成分简单,在 800℃以下具有满意的热强性和高的塑性,并具有良好的抗氧化、热疲劳、冷冲压和焊接工艺性能。合金经固溶处理后为单相奥氏体,使用过程中组织稳定。主要产品是冷轧薄板,也可以供应棒材、环件、丝材和管材等变形产品。主要用于 800℃以下工作的涡轮发动机燃烧室部件和 1100℃以下要求抗氧化但承受载荷很小的其他高温部件。

1.3.2　组织结构

GH3030 的热处理制度为:固溶温度为 980℃～1020℃,冷却方式对热轧板、冷轧薄板和环坯均为空冷,冷镦用丝材和冷拉棒材为水冷或空冷,管材为水冷。

经 1000℃固溶处理后为单相奥氏体组织,并有少量 TiC 和 Ti(CN)。700℃～800℃长期时效后,析出 Cr_7C_3 型碳化物,析出量少,对合金性能影响不大,其金相组织见图 1.3-1。

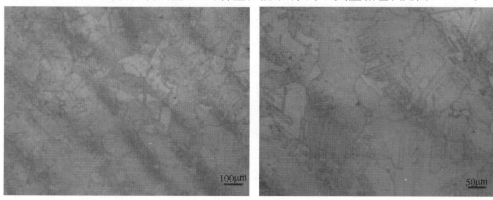

图 1.3-1　GH3030 金相组织形貌

1.3.3 断口特征

1. 光滑持久

1) 600℃

(1) 宏观特征。三个应力水平下的断口宏观特征基本相同:断口均较粗糙,呈颗粒状,裂纹从试样边缘起始,随应力增大颈缩明显,见图1.3-2。断口呈深褐色。

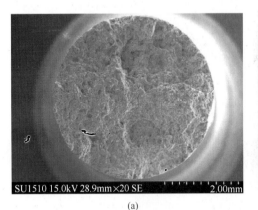
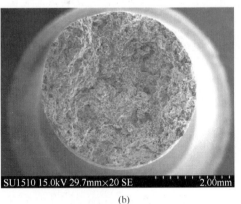

(a)　　　　　　　　　　　　　　　　(b)

(c)

图 1.3-2　600℃持久断口宏观形貌

(a)试样 A,600℃/340MPa,t=19.42h,δ=18.96%,ψ=21.85%;
(b)试样 B,600℃/280MPa,t=64.58h,δ=31.28%,ψ=31.58%;
(c)试样 C,600℃/220MPa,t=223.33h,δ=46.08%,ψ=36.51%。

(2) 微观特征。断口为韧性沿晶断口,低倍下的形貌为沿晶断裂特征,高倍下可见晶界上均为韧窝断裂形貌,断面上可见孔洞特征,见图1.3-3。

2) 700℃

(1) 宏观特征。断口粗糙,主要为颗粒状断口,随应力增大颈缩明显,见图1.3-4。断面呈蓝紫色。

(2) 微观特征。断口主要为韧窝形貌,有较多较深的孔洞,见图1.3-5(a)、(b)。部分区域存在剪切韧窝,见图1.3-5(c)。随应力减小,持久时间显著增加,断口氧化更加严重,见图1.3-5(d)。

46

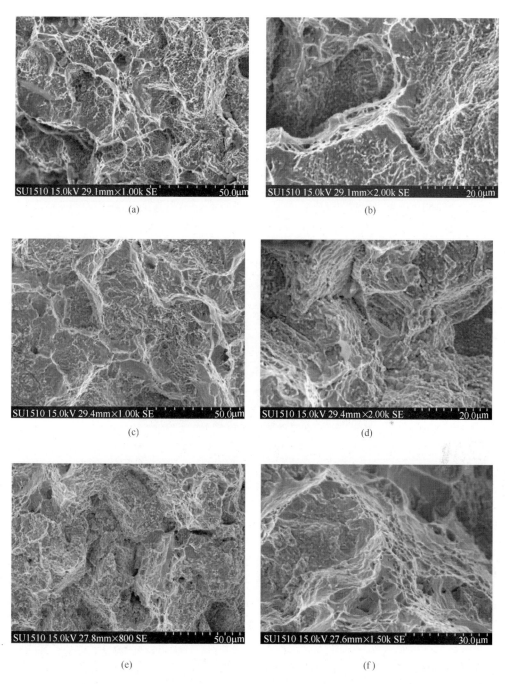

图 1.3-3　600℃持久断口微观形貌

(a)试样 A 断口上的沿晶和韧窝;(b)试样 A 断口晶界上的韧窝;

(c)试样 B 断口上的沿晶和韧窝;(d)试样 B 断口晶界上的韧窝;

(e)试样 C 断口上的沿晶和韧窝;(f)试样 C 断口晶界上的韧窝。

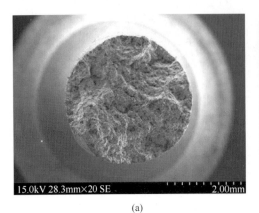

(a)

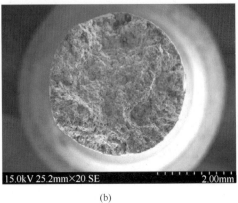

(b)

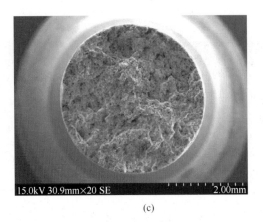

(c)

图 1.3-4　700℃持久断口宏观形貌

(a)试样 A,700℃/160MPa,t=25.08h,δ=66.67%,ψ=50.64%;

(b)试样 B,700℃/120MPa,t=172.50h,δ=52.00%,ψ=41.25%;

(c)试样 C,700℃/90MPa,t=584.25h,δ=44.40%,ψ=33.03%。

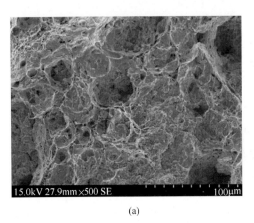

(a)

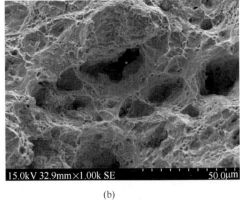

(b)

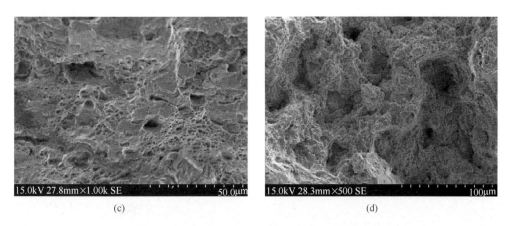

(c)   (d)

图 1.3-5　700℃持久断口微观形貌
(a)韧窝形貌;(b)韧窝及孔洞特征;(c)部分剪切韧窝;(d)氧化物覆盖的韧窝。

3）800℃

(1) 宏观特征。 断口粗糙,主要为颗粒状断口,颈缩不明显,见图 1.3-6。较大应力下的持久断口呈深蓝色,较小应力下的持久断口呈灰绿色。

(a)   (b)

(c)

图 1.3-6　800℃持久断口宏观形貌
(a)800℃/75MPa,t=29.67h,δ=54.40%,ψ=41.75%;(b)800℃/62MPa,t=110.00h,δ=41.68%,ψ=34.71%;
(c)800℃/44MPa,t=280.33h,δ=28.00%,ψ=30.25%。

(2) 微观特征。断口主要为韧窝形貌,有较多较深的孔洞,见图 1.3 – 7(a)。断口氧化严重,部分韧窝特征被氧化物覆盖,见图 1.3 – 7(b)。

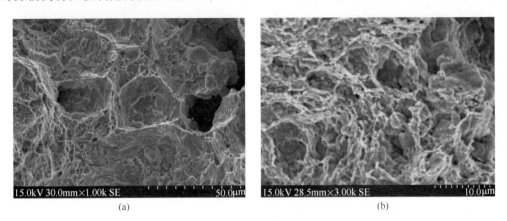

图 1.3 – 7　800℃持久断口微观形貌

(a)韧窝形貌;(b)氧化物覆盖的韧窝。

2. 缺口持久

1) 600℃,K_t＝3

(1) 宏观特征。断口高差较大,断裂起始于试样四周,源区为颗粒状,较粗糙,呈深蓝色;瞬断区明显,位于中部,与轴向约呈 45°,颜色为黄褐色,且随施加应力减小颜色越深,见图 1.3 – 8。

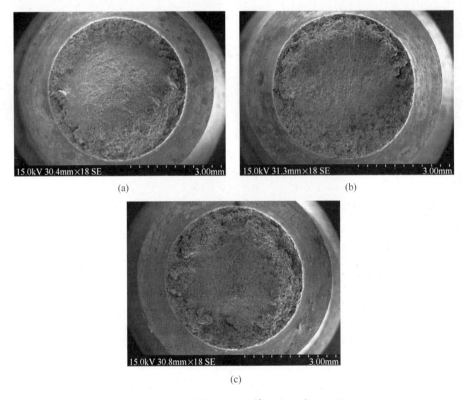

图 1.3 – 8　600℃,K_t＝3 持久断口宏观形貌

(a)600℃/380MPa,t＝71.84h;(b)600℃/350MPa,t＝84.42h;

(c)600℃/320MPa,t＝153.08h。

（2）微观特征。源区为沿晶断裂特征，可见较深的裂纹，且氧化严重，见图 1.3-9(a)、(b)、(c)。瞬断区以剪切韧窝形貌为主，有大小韧窝混合的特征，见图 1.3-9(d)、(e)、(f)。

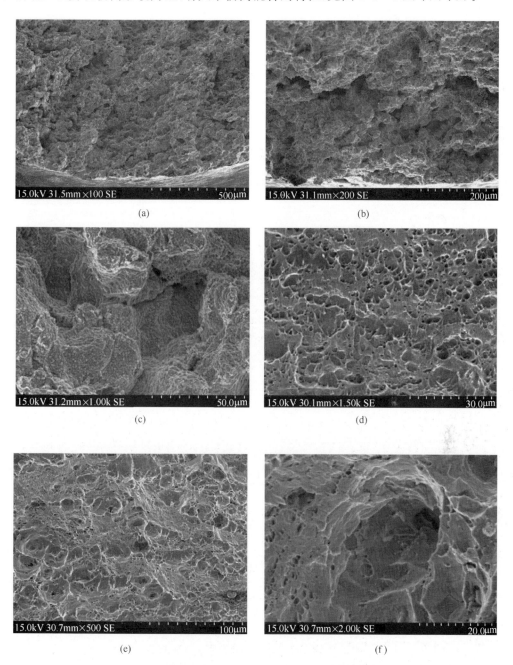

图 1.3-9　600℃，K_t＝3 持久断口微观形貌

(a)断口源区沿晶断裂特征；(b)断口源区裂纹形貌；

(c)源区沿晶及氧化物颗粒；(d)瞬断区剪切韧窝；

(e)瞬断区大小不同的韧窝形貌；(f)瞬断区的深韧窝。

2）700℃，K_t＝3

（1）宏观特征。三个应力水平下的断口宏观特征基本相同：断口比较粗糙，高差较大，断裂

51

起始于四周,源区呈颗粒状,颜色为深蓝色,随施加应力降低面积减小;瞬断区在断口中部,存在剪切唇形貌,呈蓝紫色,见图1.3-10。

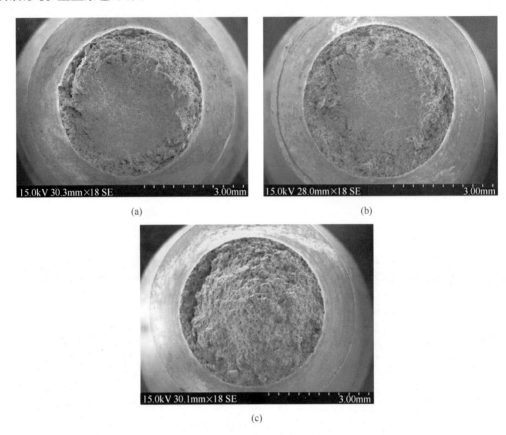

图 1.3-10　700℃,K_t＝3 持久断口宏观形貌

(a)700℃/240MPa,t＝14.75h;(b)700℃/180MPa,t＝75.00h;

(c)700℃/140MPa,t＝278.50h。

(2) 微观特征。 断裂起始区为沿晶断裂特征,可见较深的二次裂纹,且氧化严重,见图1.3-11(a)、(b)。瞬断区以剪切韧窝形貌为主,有大小韧窝混合的特征,孔洞较多,见图1.3-11(c)、(d)。

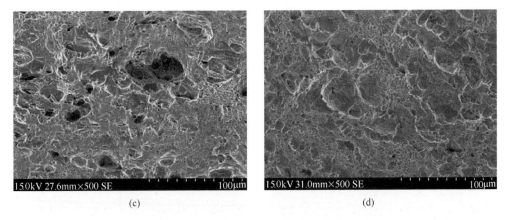

(c)   (d)

图 1.3 - 11 700℃, K_t＝3 持久断口微观形貌

(a)断口源区沿晶断裂特征及裂纹；(b)源区沿晶及氧化物颗粒；

(c)瞬断区剪切韧窝及孔洞形貌；(d)瞬断区大小不同的韧窝形貌。

3) 800℃, K_t＝3

（1）宏观特征。 断口比较粗糙,高差较大,断裂从试样外表面四周起始,向中部扩展,断面呈锥状,起始区为粗糙的颗粒状。断口呈深蓝色,氧化严重,见图 1.3 - 12。

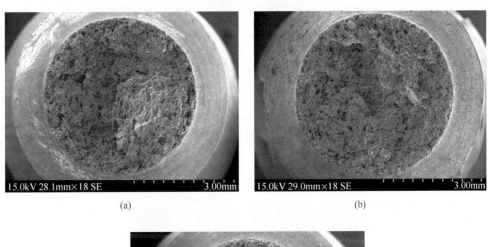

(a)   (b)

(c)

图 1.3 - 12 800℃, K_t＝3 持久断口宏观形貌

(a)800℃/105MPa, t＝29.33h；(b)800℃/75MPa, t＝198.00h；(c)800℃/55MPa, t＝615.50h。

（2）微观特征。 断裂起始区为沿晶断裂特征，可见较多的孔洞，且氧化严重，见图 1.3-13 (a)、(b)。瞬断区位于中部一侧锥形面，以剪切韧窝形貌为主，为韧窝加沿晶混合特征，见图 1.3-13(c)、(d)。

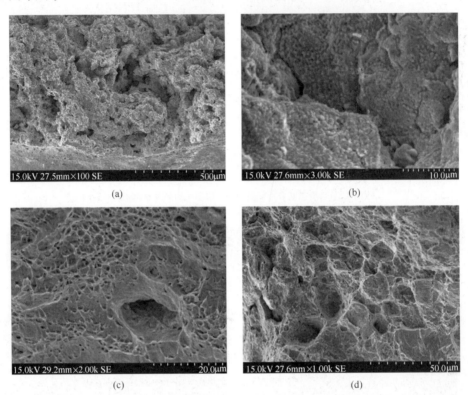

图 1.3-13　800℃，K_t＝3 持久断口微观形貌

(a)断口源区沿晶断裂特征及孔洞；(b)源区沿晶及氧化物颗粒；

(c)中部剪切韧窝；(d)中部沿晶、韧窝及孔洞。

3．低周疲劳

1）室温，R＝0.1

（1）宏观特征。 断口呈银灰色，可见明显的疲劳源区、扩展区和瞬断区；断口呈多源特征，可见明显疲劳台阶；疲劳区较平坦，随着应变幅的增大，疲劳区逐渐减小；瞬断区与轴向呈约 45°，断面较粗糙，随着应变幅的增大，瞬断区面积逐渐增大，见图 1.3-14。

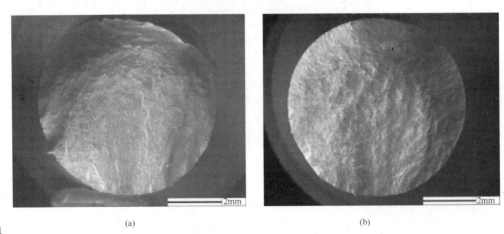

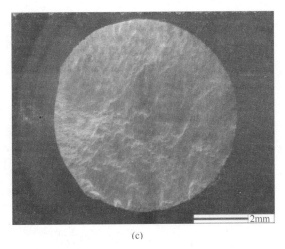

(c)

图 1.3 - 14　室温,$R=0.1$ 低周疲劳断口宏观形貌

(a)$\Delta\varepsilon/2=0.315\%$,$N_f=14560$;(b)$\Delta\varepsilon/2=0.675\%$,$N_f=1538$;(c)$\Delta\varepsilon/2=0.99\%$,$N_f=523$。

(2) 微观特征。 源区呈多源特征,裂纹起源于试样表面,源区放射棱线清晰可见,见图 1.3 - 15(a)、(b)。扩展区疲劳条带明显可见,前期疲劳条带细密,随着裂纹的扩展,在扩展中后期疲劳条带逐渐变宽,见图 1.3 - 15(c)、(d)、(e)。瞬断区为韧窝形貌,见图 1.3 - 15(f)。随着应变幅的逐渐增加,断口疲劳条带间距逐渐变宽。

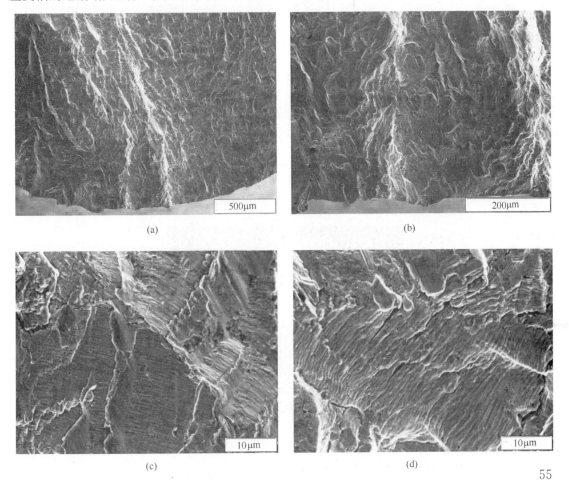

(a)

(b)

(c)

(d)

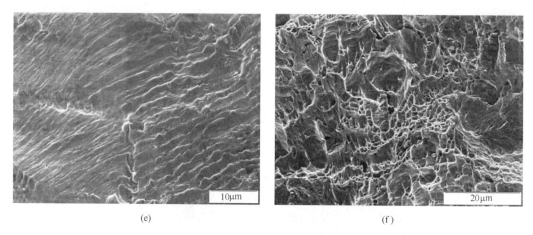

(e)   (f)

图 1.3-15　$\Delta\varepsilon/2=0.315\%$，室温下低周疲劳断口微观特征

(a)疲劳源区特征；(b)疲劳源区高倍特征；(c)扩展区前期疲劳条带特征；
(d)扩展中期疲劳条带特征；(e)扩展后期疲劳条带特征；(f)瞬断区韧窝形貌。

2）室温，$R=-1$

(1) 宏观特征。断口呈银灰色，可见明显的疲劳源区、扩展区和瞬断区；断口呈多源特征，疲劳区较平坦，随着应变幅增大，扩展面积由占整个断面的约 80% 减小到约 50%；瞬断区与轴向呈约 45°，断面较粗糙，随着应变幅增大，瞬断区逐渐增大，断面高差增大，见图 1.3-16。

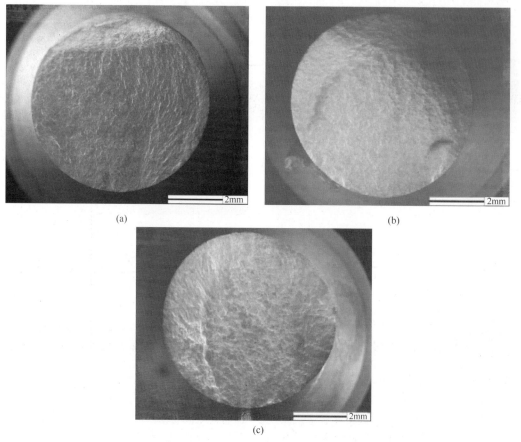

(a)   (b)

(c)

图 1.3-16　室温，$R=-1$ 低周疲劳断口宏观形貌

(a)$\Delta\varepsilon/2=0.3\%$，$N_f=12234$；(b)$\Delta\varepsilon/2=0.7\%$，$N_f=1570$；(c)$\Delta\varepsilon/2=1\%$，$N_f=532$。

（2）微观特征。疲劳起始于试样表面，源区可见类解理断裂特征，见图 1.3 - 17(a)、(b)。疲劳扩展区疲劳条带清晰可见，前期条带较细，随着裂纹的扩展，疲劳条带间距逐渐加宽，如图 1.3 - 17(c)、(d)、(e)。瞬断区为韧窝形貌，见图 1.3 - 17(f)。随着应变幅的逐渐增加，断口疲劳条带宽度逐渐变宽。

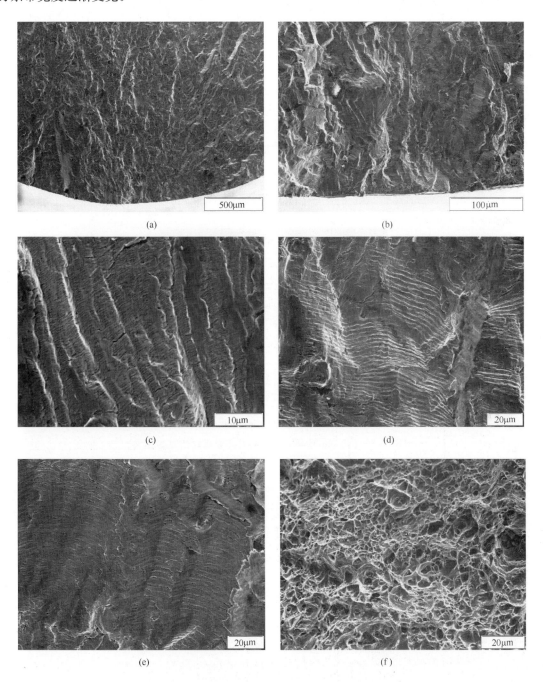

(a)   (b)

(c)   (d)

(e)   (f)

图 1.3 - 17　$\Delta \varepsilon / 2 = 0.3\%$，室温，$R = -1$ 低周疲劳断口微观特征

(a)疲劳源区低倍特征；(b)源区高倍形貌；(c)扩展前期疲劳条带特征；
(d)扩展中期疲劳条带特征；(e)扩展后期疲劳条带特征；(f)瞬断区韧窝。

3）600℃，$R=0.1$

（1）宏观特征。断口可见明显的疲劳源区、扩展区和瞬断区；断口呈多源特征，起源于圆周；疲劳区较平坦，呈蓝紫色，随着应变幅增大，扩展面积由占整个断面的约 60% 减小到约 40%；瞬断区与轴向呈约 $45°$，断面较粗糙，随着应变幅增大，瞬断区逐渐增大，断面高差增大，见图 1.3-18。

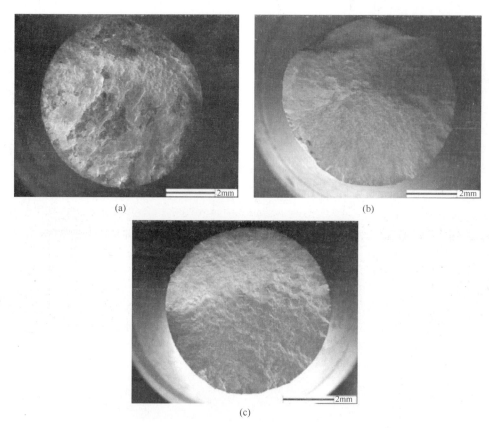

(a)

(b)

(c)

图 1.3-18　600℃，$R=0.1$ 低周疲劳断口宏观形貌

(a)$\Delta\varepsilon/2=0.255\%$，$N_f=11255$；(b)$\Delta\varepsilon/2=0.495\%$，$N_f=1035$；(c)$\Delta\varepsilon/2=0.72\%$，$N_f=630$。

（2）微观特征。疲劳起始于试样表面，源区放射棱线清晰可见，见图 1.3-19(a)、(b)。疲劳扩展区疲劳条带清晰可见，随着裂纹的扩展，疲劳条带间距不断加宽，见图 1.3-19(c)、(d)、(e)。瞬断区为韧窝特征，见图 1.3-19(f)。随着应变幅的逐渐增加，断口疲劳条带间距逐渐变宽。

(a)

(b)

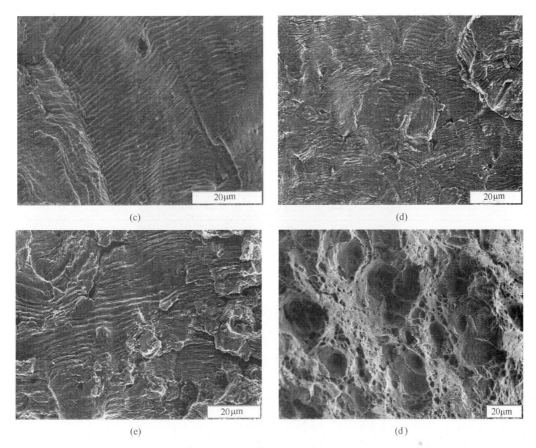

(c)　　　　　　　　　　　　　　　　(d)

(e)　　　　　　　　　　　　　　　　(d)

图 1.3-19　600℃,R＝0.1 低周疲劳断口微观特征

(a)疲劳源区低倍特征;(b)源区高倍形貌;(c)扩展前期疲劳条带特征;

(d)扩展中期疲劳条带特征;(e)扩展后期疲劳条带特征;(f)瞬断区韧窝。

4) 600℃,R＝-1

(1) 宏观特征。断口无明显塑性变形,可见明显的疲劳源区、扩展区和瞬断区;断口为多源特征,呈蓝紫色,疲劳区较平坦,呈蓝色,随着应变幅增大,扩展面积由占整个断面的约 70％减小到约 40％;瞬断区与轴向呈约 45°,断面较粗糙,随着应变幅增大,瞬断区逐渐增大,断面高差增大,见图 1.3-20。

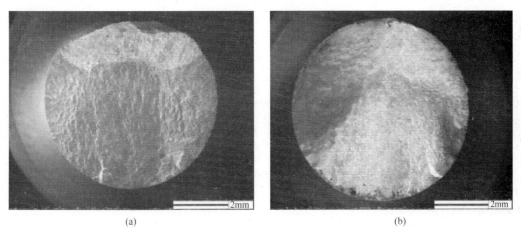

(a)　　　　　　　　　　　　　　　　(b)

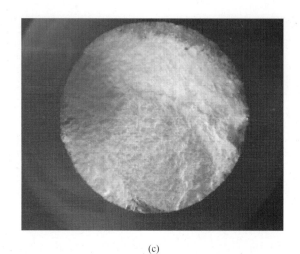

(c)

图 1.3 - 20　600℃,R＝-1 低周疲劳断口宏观形貌

(a)$\Delta\varepsilon/2＝0.2\%$,$N_f＝20555$;(b)$\Delta\varepsilon/2＝0.49\%$,$N_f＝1113$;(c)$\Delta\varepsilon/2＝0.7\%$,$N_f＝594$。

(2) 微观特征。 裂纹起源于试样表面,源区可见类解理断裂特征,见图 1.3 - 21(a)、(b)。扩展区前期疲劳条带较细,随着裂纹的扩展,在扩展后期疲劳条带逐渐变宽,见图 1.3 - 21(c)、(d)、(e)。瞬断区为韧窝形貌,见图 1.3 - 21(f)。随着应变幅的逐渐增加,断口疲劳条带间距逐渐变宽。

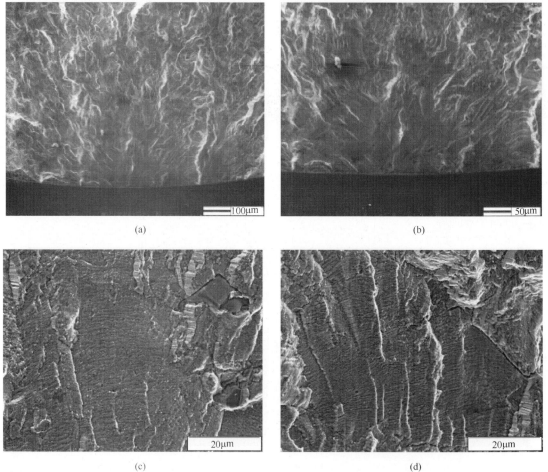

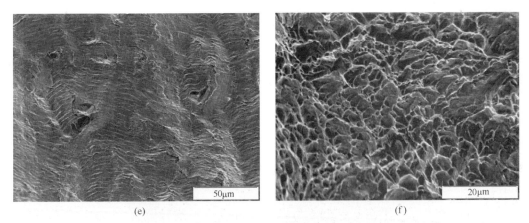

| (e) | (f) |

图 1.3 - 21　600℃,$R=-1$ 低周疲劳断口微观特征

(a)疲劳源区特征;(b)源区类解理特征;(c)扩展前期疲劳条带特征;

(d)扩展中期疲劳条带特征;(e)扩展后期疲劳条带特征;(f)瞬断区韧窝。

5) 700℃,$R=0.1$

(1)宏观特征。断口呈蓝绿色,无塑性变形;断口呈多源特征,随着应变幅的增加,疲劳扩展区面积逐渐减小,瞬断区与轴向呈约 45°,断面较粗糙,随着应变幅增大,瞬断区逐渐增大,断面高差增大,见图 1.3 - 22。

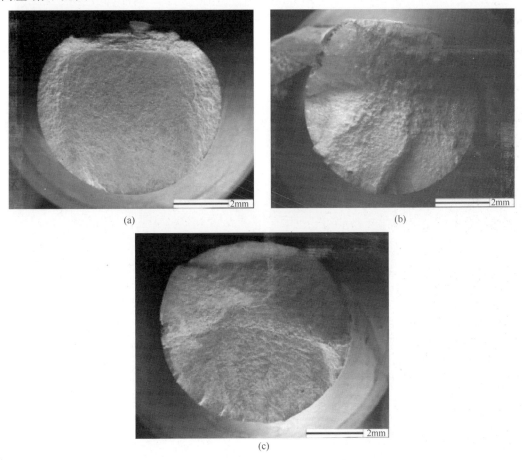

| (a) | (b) |
| (c) | |

图 1.3 - 22　700℃,$R=0.1$ 低周疲劳断口宏观形貌

(a)$\Delta\varepsilon/2=0.18\%$,$N_f=15784$;(b)$\Delta\varepsilon/2=0.405\%$,$N_f=1035$;(c)$\Delta\varepsilon/2=0.585\%$,$N_f=380$。

（2）微观特征。源区呈多源特征，裂纹起源于试样表面，源区放射棱线清晰可见，见图1.3-23（a）、（b）。扩展区前期疲劳条带较细，可见二次裂纹，随着裂纹的扩展，在扩展中后期疲劳条带逐渐变宽，见图1.3-23（c）、（d）、（e）。瞬断区为韧窝形貌，见图1.3-23（f）。随着应变幅的逐渐增加，断口疲劳条带间距逐渐变宽。

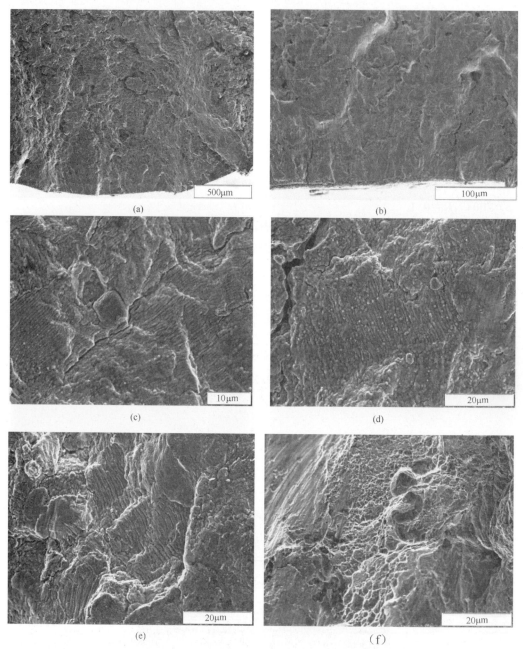

图 1.3-23　700℃，R=0.1时低周疲劳断口微观特征
(a)疲劳源区特征；(b)疲劳源区高倍特征；(c)扩展区疲劳条带特征；
(d)扩展中期疲劳条带特征；(e)扩展后期疲劳条带特征；(f)瞬断区韧窝形貌。

6）700℃，R=-1

（1）宏观特征。断口呈蓝绿色，断口呈多源特征，随着应变幅的增加，疲劳扩展区面积逐渐减小,扩展面积由占整个断面的约 60% 减小到约 40%,瞬断区与轴向呈约 45°,断面较粗糙,随着应变幅增加,瞬断区逐渐增大,断面高差增大,见图 1.3-24。

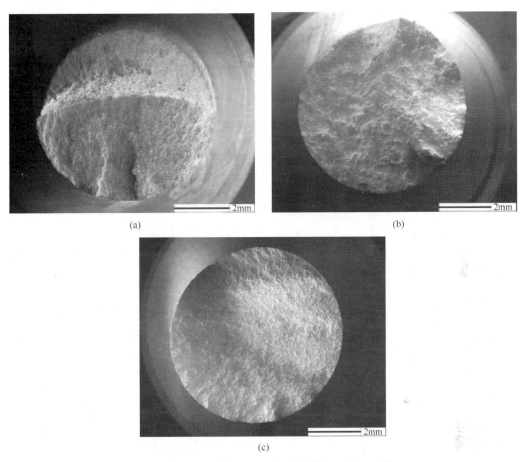

(a)

(b)

(c)

图 1.3-24　700℃,R=-1 低周疲劳断口宏观形貌
(a)Δε/2=0.19%,N_f=10035;(b)Δε/2=0.39%,N_f=1463;(c)Δε/2=0.59%,N_f=681。

(2) 微观特征。疲劳起始于试样表面,源区可见类解理断裂特征,见图 1.3-25(a)、(b)。疲劳扩展区可见疲劳条带和二次裂纹,扩展前期条带较细,随着裂纹的扩展,疲劳条带间距逐渐加宽,见图 1.3-25(c)、(d)、(e)。瞬断区为韧窝形貌,见图 1.3-25(f)。随着应变幅的逐渐增加,断口疲劳条带间距逐渐变宽。

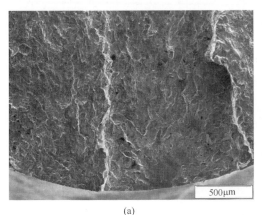

(a)

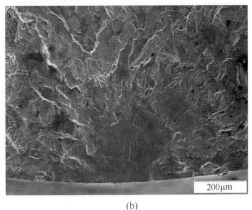

(b)

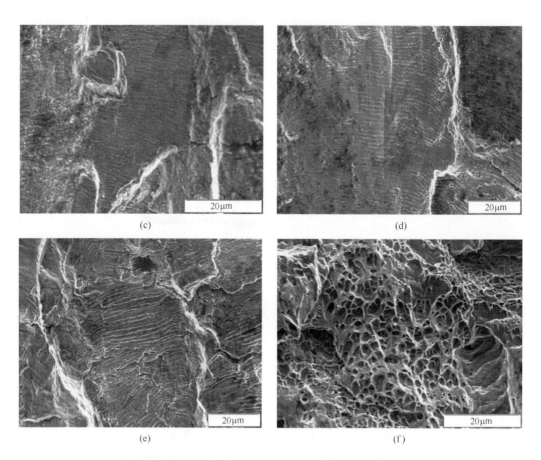

图 1.3 - 25　700℃,R=0.1 低周疲劳断口微观特征

(a)疲劳源区低倍特征;(b)源区高倍形貌;(c)扩展前期疲劳条带特征;
(d)扩展中期疲劳条带特征;(e)扩展后期疲劳条带特征;(f)瞬断区韧窝形貌。

7) 800℃,R=-1

(1) 宏观特征。断口呈多源特征,可见疲劳源区、扩展区和瞬断区。整个断面较粗糙,可见明显疲劳台阶,随着应变幅的增加,疲劳扩展区面积逐渐减小,扩展面积由占整个断面的约70%减小到约30%,瞬断区与轴向呈约45°,断面较粗糙,随着应变幅增大,瞬断区逐渐增大,断面高差增大,见图 1.3 - 26。

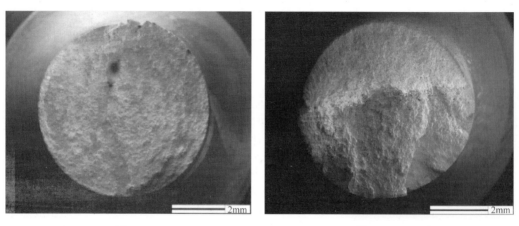

(a)　　　　　　　　　　　　　　　　(b)

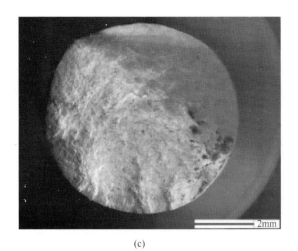

(c)

图 1.3 - 26　800℃,$R=-1$低周疲劳断口宏观形貌

(a)$\Delta\varepsilon/2=0.15\%$,$N_f=30022$;(b)$\Delta\varepsilon/2=0.35\%$,$N_f=1119$;(c)$\Delta\varepsilon/2=0.45\%$,$N_f=421$。

（2）微观特征。疲劳起始于试样表面,断口氧化物较多,见图 1.3 - 27(a)、(b)。扩展区可见二次裂纹,疲劳条带较少,前期条带较细,随着裂纹的扩展,疲劳条带间距逐渐加宽,见图 1.3 - 27(c)、(d)、(e)。瞬断区为韧窝形貌,见图 1.3 - 27(f)。随着应变幅的逐渐增加,断口疲劳条带宽度逐渐变宽。

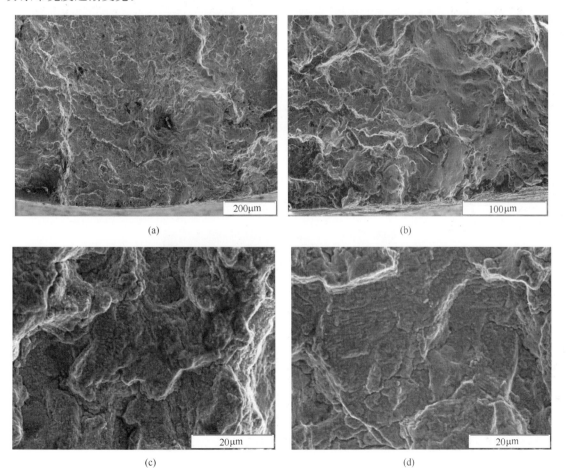

(a)

(b)

(c)

(d)

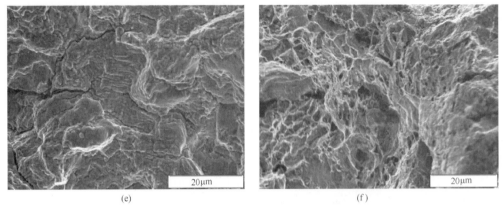

(e)　　　　　　　　　　　(f)

图 1.3-27　800℃,R=-1 低周疲劳断口微观特征

(a)疲劳源区低倍特征;(b)源区高倍形貌;(c)扩展前期疲劳条带特征;
(d)扩展中期疲劳条带特征;(e)扩展后期疲劳条带特征;(f)瞬断区韧窝形貌。

8) 800℃,R=0.1

(1) 宏观特征。疲劳区较平坦,瞬断区较粗糙,最后形成近 45°的剪切唇区,见图 1.3-28。断口无塑性变形,可见明显的疲劳源区、扩展区和瞬断区,随着应变幅增大,断面颜色从黄色变为褐色;断口呈多源特征,可见明显疲劳台阶,随着应变幅的增加,疲劳扩展区面积逐渐减小,扩展面积由占整个断面的约 90% 减小到约 60%;瞬断区位于断口一侧,断面较粗糙,见图 1.3-28。

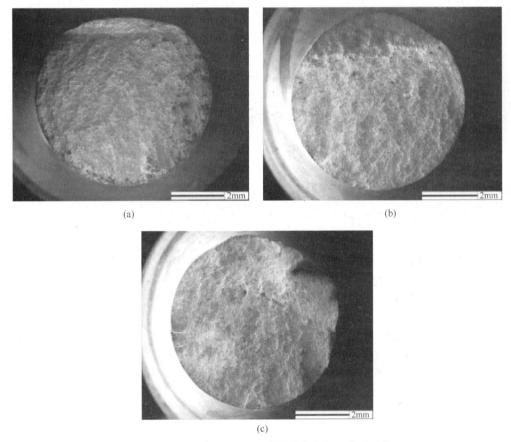

(a)　　　　　　　　　　　(b)

(c)

图 1.3-28　800℃,R=0.1 时低周疲劳断口宏观形貌

(a)$\Delta\varepsilon/2=0.18\%$,$N_f=8920$;(b)$\Delta\varepsilon/2=0.27\%$,$N_f=2107$;(c)$\Delta\varepsilon/2=0.36\%$,$N_f=1010$。

(2) 微观特征。 裂纹起源于试样表面,断口从一侧起裂向另一侧扩展,见图 1.3 - 29(a)、(b)。疲劳条带较少,条带浅、细、碎,条带表面有氧化物,随着裂纹的扩展,在扩展区中后期疲劳条带逐渐变宽,见图 1.3 - 29(c)、(d)、(e)。瞬断区有局部沿晶断裂特征,见图 1.3 - 29(f)。随

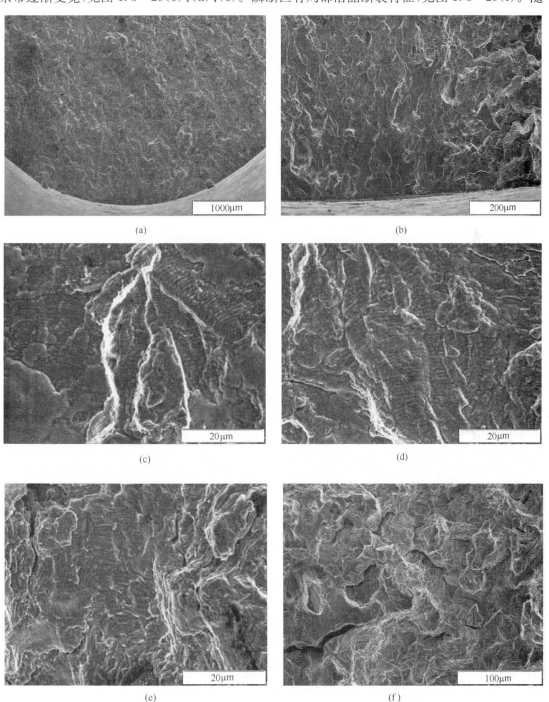

图 1.3 - 29   800℃,$R=0.1$ 低周疲劳断口微观特征
(a)源区特征;(b)源区类解理特征;(c)扩展前期疲劳条带特征;
(d)扩展中期疲劳条带特征;(e)扩展后期疲劳条带特征;(f)瞬断区沿晶与韧窝形貌。

着应变幅的逐渐增加,断口疲劳条带宽度逐渐变宽。

4. 裂纹扩展试样

(1) 宏观特征。疲劳裂纹从缺口表面起裂,为多源特征。疲劳扩展区占断口面积的40%。临界裂纹长度为12mm,断口呈灰色(见图1.3-30)。

图 1.3-30 疲劳断口的宏观形貌

(2) 微观特征。源区为线源特征,有明显的放射棱线,见图1.3-31(a)。裂纹扩展初期疲劳条带细密,疲劳条带间距为0.39μm,见图1.3-31(b)。随着裂纹扩展,疲劳扩展中后期的疲劳条带间距逐渐加宽,疲劳条带间距分别为0.65μm和1.7μm,见图1.3-31(c)、(d)。瞬断区的断裂特征为韧窝,见图1.3-31(e)。在疲劳裂纹扩展区内有二次裂纹。

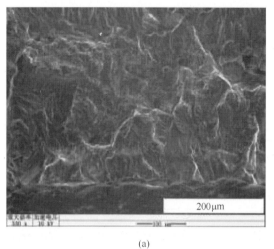

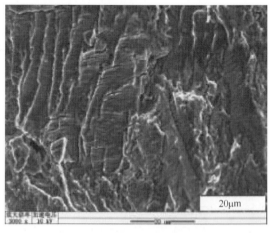

(a)   (b)

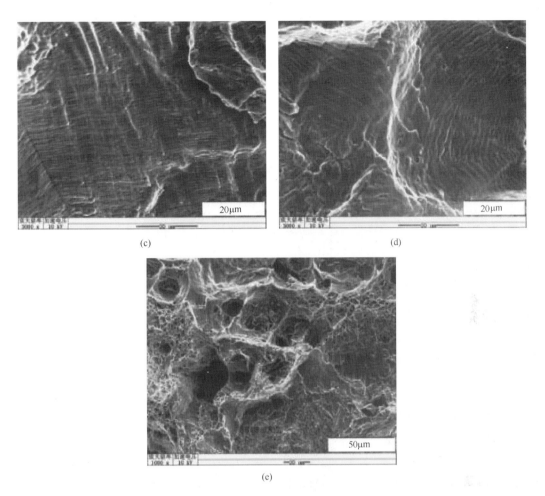

(c)   (d)

(e)

图 1.3 - 31　疲劳断口的微观形貌

(a)源区特征;(b)扩展前期条带特征;(c)扩展中期条带特征;(d)扩展后期条带特征;(e)瞬断区韧窝特征。

1.4　GH3044

1.4.1　概述

GH3044 合金是以 W、Cr 为主要强化元素的固溶强化型镍基高温合金。该合金在 900℃以下具有较高的强度、良好的塑性以及较好的持久、蠕变和疲劳性能,同时还具有良好的冲压和焊接工艺性能,主要用于制造航空发动机中的主燃烧室、高压导向叶片和燃油导管等零部件。

1.4.2　合金的组织结构

在 600℃时效后,合金组织发生明显变化,随着时效时间的延长,合金中颗粒状的析出相数量增多,特别是富 W 的 α 相($W_{20}Ni_{15}Cr_8$)和 β 相($Ni_{14}W_2Cr_7$)的数量明显增多,孪晶数量明显减少。经 800℃时效后合金中的颗粒状析出相比在 600℃下,相同时效时间的析出数量有明显的增加。在晶界上 $M_{23}C_6$ 相呈链状分布,时效 1000h 后,晶界上局部的 $M_{23}C_6$ 相已连成一线,由于碳化物相的补充析出,使得强度有所提高,但塑性随之下降。GH3044 金相组织形貌见图 1.4 - 1。

(a) 200×　　　　　　　　　　　　　　　　(b) 500×

图 1.4-1　GH3044 金相组织形貌

1.4.3　断口特征

1. 光滑持久

1) 800℃

(1) 宏观特征。三个应力水平下的断口宏观特征基本相同:断口较粗糙,裂纹从试样边缘一侧起始,呈颗粒状,在裂纹起始边缘的相对一侧边缘为最后断裂区,见图 1.4-2。断口起始区为灰褐色,最后断裂区为深蓝色。

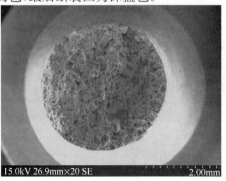 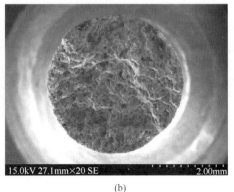

(a)　　　　　　　　　　　　　　　　(b)

(c)

图 1.4-2　800℃持久断口宏观形貌

(a)800℃/150MPa,t=18.58h,δ=65.12%,ψ=45.61%;(b)800℃/100MPa,t=146.75h,δ=2.27%,ψ=40.52%;
(c)800℃/70MPa,t=1008.50h,δ=37.76%,ψ=29.83%。

（2）微观特征。三个应力水平下的断口微观特征基本相同：断裂起始于试样边缘，主要以沿晶断裂为主，见图1.4-3(a)。局部晶界上可见细小的韧窝形貌，见图1.4-3(b)。持久断裂区与瞬断区交界处为沿晶加韧窝特征，见图1.4-3(c)。瞬断区为韧窝形貌，见图1.4-3(d)。

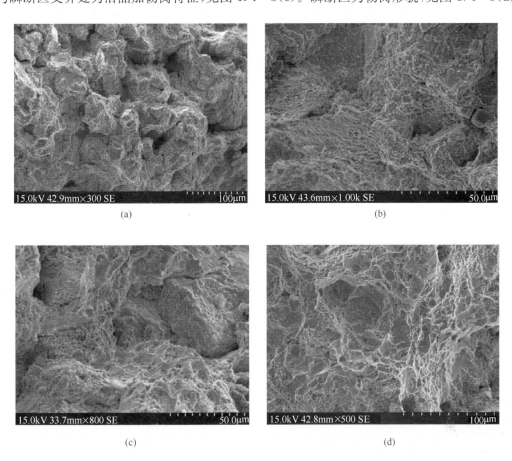

(a)   (b)

(c)   (d)

图1.4-3　800℃持久断口微观形貌

(a)沿晶断裂特征；(b)局部晶界上的韧窝形貌；(c)沿晶与韧窝混合特征；(d)瞬断区的韧窝形貌。

2）1000℃

（1）宏观特征。断口粗糙，颈缩明显，见图1.4-4。断口均呈灰色，氧化严重。

(a)   (b)

(c)

图 1.4-4　1000℃持久断口宏观形貌

(a)1000℃/50MPa,t=4.25h,δ=55.76%,ψ=42.73%;

(b)1000℃/40MPa,t=7.25h,δ=55.30%,ψ=42.50%;

(c)1000℃/15MPa,t=106.58h,δ=31.84%,ψ=35.61%。

(2) 微观特征。断口主要以沿晶断裂为主,见图 1.4-5(a);局部可见韧窝形貌,见图 1.4-5(b)、(c)。断面氧化严重,有较多颗粒状氧化特征,见图 1.4-5(d)。

图 1.4-5　1000℃持久断口微观形貌

(a)沿晶断裂特征;(b)沿晶与韧窝混合特征;(c)局部韧窝及孔洞;(d)氧化物颗粒特征。

3) 1100℃

(1) 宏观特征。断面粗糙,氧化严重,随施加应力的减小颈缩明显,伸长率增大,试样侧表面呈橘皮状,并有许多微小裂纹,见图1.4-6。断口呈黑灰色。

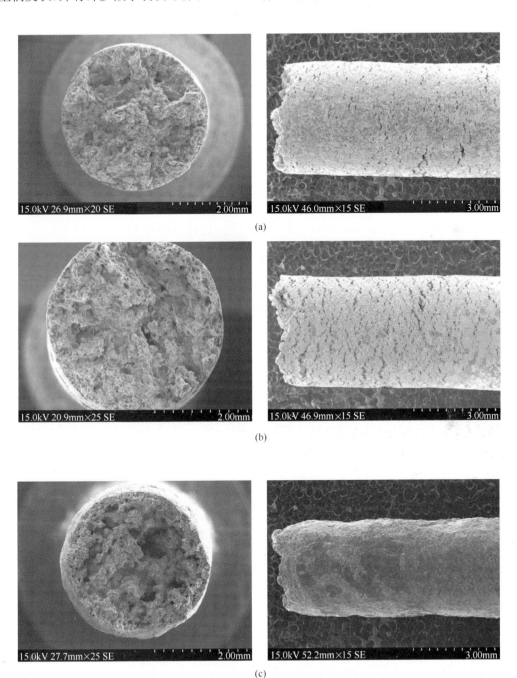

(a)

(b)

(c)

图1.4-6 1100℃持久断口宏观形貌和侧表面的微裂纹
(a)试样A,1100℃/17MPa,t=33.67h,δ=52.88%,ψ=32.35%;
(b)试样B,1100℃/10MPa,t=37.75h,δ=74.08%,ψ=39.66%;
(c)试样C,1100℃/5MPa,t=1835.00h,δ=158.80%,ψ=57.40%。

（2）微观特征。断口主要以沿晶断裂为主，见图 1.4 - 7(a)、(c)、(e)。断面氧化严重，有较多颗粒状氧化特征，见图 1.4 - 7(b)、(d)、(f)。

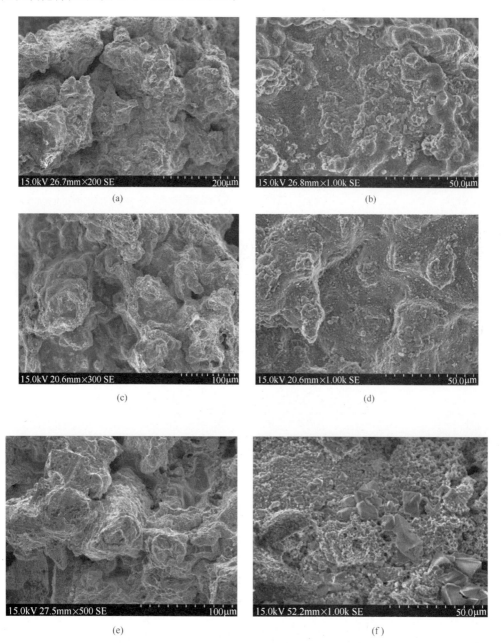

图 1.4 - 7　1100℃持久断口微观形貌
(a)试样 A 断口上的沿晶特征；(b)试样 A 断口上的氧化物颗粒；
(c)试样 B 断口上的沿晶特征；(d)试样 B 断口上的氧化物颗粒；
(e)试样 C 断口上的沿晶特征；(f)试样 C 断口上的氧化物颗粒。

2. 低周疲劳

1）室温，$R = -1$

（1）宏观特征。断口呈银灰色，可见明显的疲劳源区、扩展区和瞬断区；断口呈多源特征，可见明显疲劳台阶。疲劳区较平坦,随着应变幅的增大,疲劳区占整个断口的面积由约80%变为约40%;瞬断区与轴向方向呈约45°,断面较粗糙,随着应变幅的增大,瞬断区面积逐渐增大,见图1.4-8。

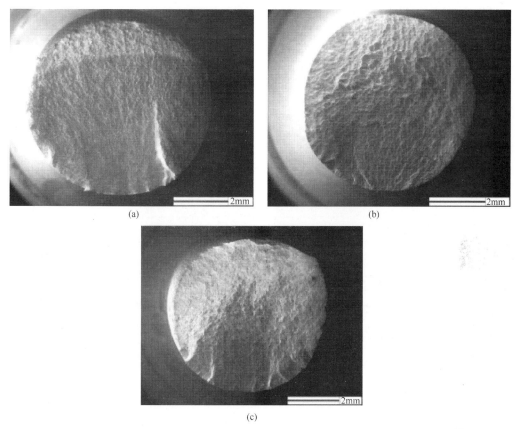

图1.4-8 室温,$R=-1$低周疲劳断口宏观形貌

(a)$\Delta\varepsilon/2=0.4\%$,$N_f=18426$;(b)$\Delta\varepsilon/2=0.8\%$,$N_f=1289$;(c)$\Delta\varepsilon/2=1\%$,$N_f=929$。

(2) 微观特征。断口多源起裂,裂纹起源于表面,源区放射棱线清晰可见,见图1.4-9(a)、(b)。疲劳区较小,扩展区前期疲劳条带较浅、细,随着裂纹扩展,疲劳条带间距逐渐加宽,见图1.4-9(c)、(d)、(e)。瞬断区为韧窝形貌,见图1.4-9(f)。随着应变幅的逐渐增加,断口疲劳条带宽度逐渐变宽。

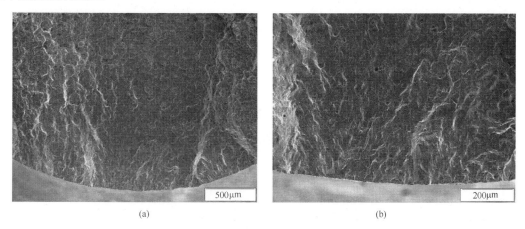

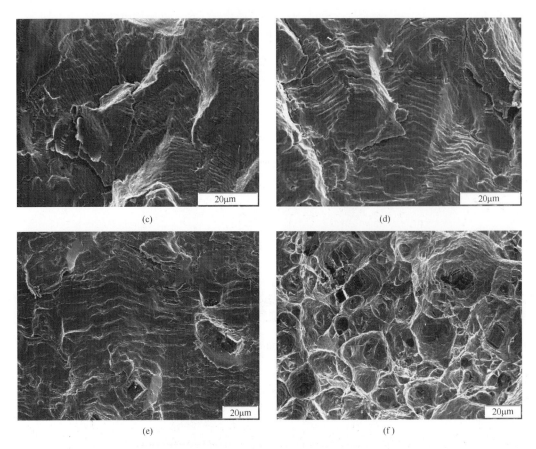

图 1.4 - 9 　Δε/2＝1‰,室温低周疲劳断口微观特征

(a)疲劳源区特征;(b)疲劳源区高倍特征;(c)扩展区前期疲劳条带特征;

(d)扩展中期疲劳条带特征;(e)扩展后期疲劳条带特征;(f)瞬断区韧窝形貌。

2) 600℃,R＝-1

(1)宏观特征。断口可见明显的疲劳源区、扩展区和瞬断区,随着应变幅的增大,断面颜色从黄色变为褐色;断口多源呈蓝紫色,裂纹起源于试样表面,疲劳区较平坦,随着应变幅的增大,疲劳区占整个断口的面积由约 90％变为约 40％;瞬断区断面较粗糙,随着应变幅的增大,瞬断区面积逐渐增大,见图 1.4 - 10。

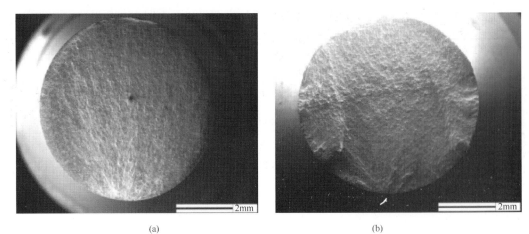

(a) 　　　　　　　　　　　　　　　　(b)

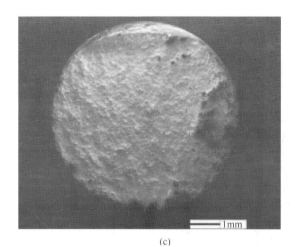

(c)

图 1.4 - 10　600℃，$R=-1$ 低周疲劳断口宏观形貌

(a)$\Delta\varepsilon/2=0.3\%$，$N_f=18614$；(b)$\Delta\varepsilon/2=0.5\%$，$N_f=2193$；(c)$\Delta\varepsilon/2=\%0.8$，$N_f=636$。

(2) 微观特征。疲劳起始于试样表面，源区可见放射棱线，见图 1.4 - 11(a)、(b)。扩展区疲劳条带清晰可见，疲劳扩展前期疲劳条带较细，随着裂纹的扩展，疲劳条带间距有所加宽，扩展后期条带较粗，见图 1.4 - 11(c)、(d)、(e)。瞬断区为韧窝形貌，见图 1.4 - 11(f)。随着应变幅的逐渐增加，断口疲劳条带宽度逐渐变宽。

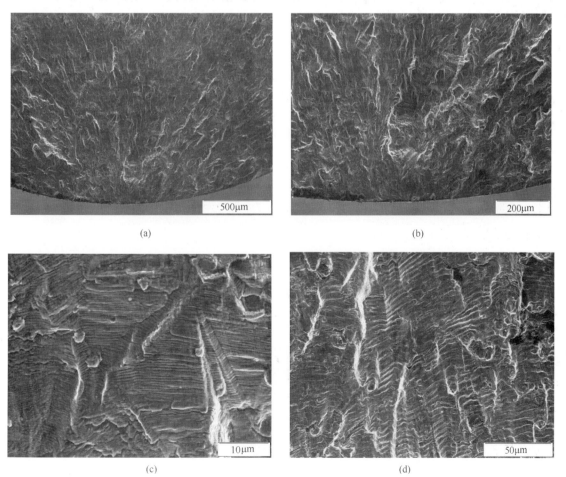

(a)　　　　　　　　　　　　　　　　(b)

(c)　　　　　　　　　　　　　　　　(d)

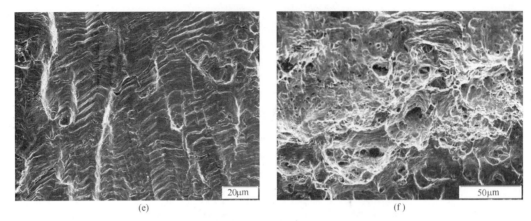

(e)   (f)

图 1.4-11 $\Delta\varepsilon/2=0.3\%$,600℃低周疲劳断口微观特征
(a)疲劳源区低倍特征;(b)源区高倍形貌;(c)扩展前期疲劳条带特征;
(d)扩展中期疲劳条带特征;(e)扩展后期疲劳条带特征;(f)瞬断区韧窝形貌。

3. 旋转弯曲光滑疲劳

1）室温

（1）宏观特征。 当疲劳应力为 360MPa 和 440MPa 时,断口宏观特征基本相同,裂纹从表面萌生,为点源特征;当疲劳应力为 580MPa 时,裂纹沿圆周萌生,为线源特征。随着应力的增大,扩展区的面积逐渐减小,由占断口面积的 90% 减小到 60%;临界裂纹长度也逐渐减小,由 3.7mm 减小到 2.1mm,见图 1.4-12。

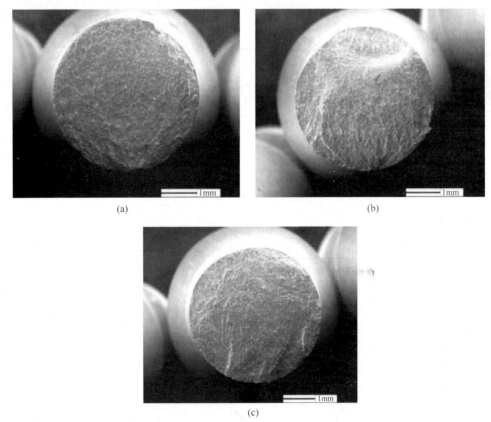

(a)   (b)

(c)

图 1.4-12 旋弯疲劳断口宏观形貌
(a)360MPa;(b)440MPa;(c)580MPa。

（2）微观特征。源区为线源特征,可见明显的放射棱线,见图 1.4－13(a)。裂纹扩展初期疲劳条带细密,见图 1.4－13(b)。随着裂纹扩展,疲劳扩展中后期的疲劳条带间距逐渐加宽,见图 1.4－13(c)、(d)。瞬断区为韧窝断裂特征,见图 1.4－13(e)。在疲劳裂纹扩展区内可见二次裂纹。由三种应力条件下的断口观察结果可知,随着疲劳应力增大,疲劳扩展区的面积和临界裂纹长度逐渐减小,各扩展阶段处的疲劳条带间距加宽。

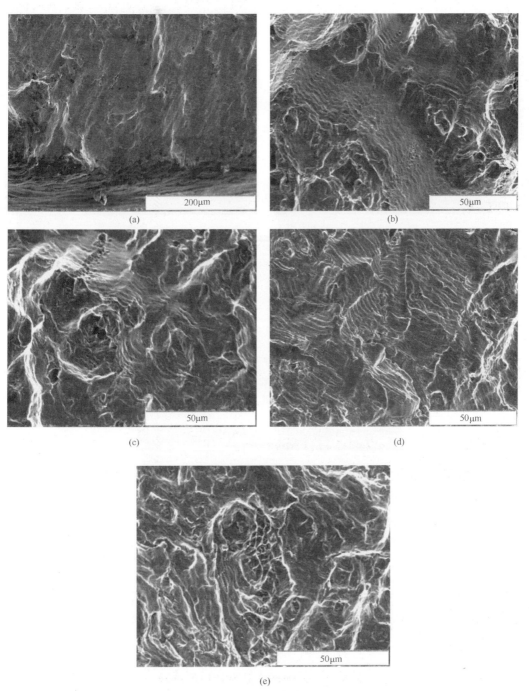

图 1.4－13　580MPa 下疲劳断口微观形貌

(a)源区特征；(b)扩展前期条带特征；(c)扩展中期条带特征；(d)扩展后期条带特征；(e)瞬断区韧窝特征。

2) 700℃

(1) 宏观特征。当疲劳应力为 370MPa 和 400MPa 时,断口宏观特征基本相同,裂纹源从下表面起裂,为点源特征,瞬断区在另一侧;当疲劳应力为 500MPa 时,裂纹源沿圆周起裂,瞬断区在试样中心。随着应力的增大,临界裂纹长度逐渐减小,由 2.7mm 到 1.5mm(图 1.4－14)。

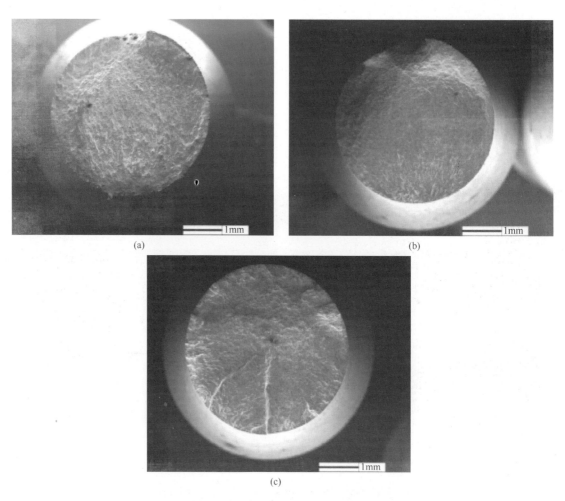

图 1.4－14　旋弯疲劳断口宏观形貌

(a)370MPa;(b)400MPa;(c)500MPa。

(2) 微观特征。源区为线源,可见明显的放射棱线,见图 1.4－15(a)。裂纹扩展初期疲劳条带细密,见图 1.4－15(b)。随着裂纹扩展,疲劳扩展中后期的疲劳条带间距逐渐加宽,见图 1.4－15(c)、(d)。瞬断区为韧窝断裂特征,见图 1.4－15(e)。在疲劳裂纹扩展区内可见二次裂纹。由三种应力条件下的断口观察结果可知,随着疲劳应力增大,疲劳源由点源变为线源,疲劳扩展区的面积无明显变化,临界裂纹长度逐渐减小,各扩展阶段处的疲劳条带间距加宽。

3) 800℃

(1) 宏观特征。三种应力下的断口宏观特征基本相同,裂纹从表面起裂,为点源特征。随着应力的增大,扩展区的面积逐渐减小,由占断口面积的 80% 减小到 60%;临界裂纹长度也逐渐减小,由 3.4mm 减小到 2.7mm,见图 1.4－16。

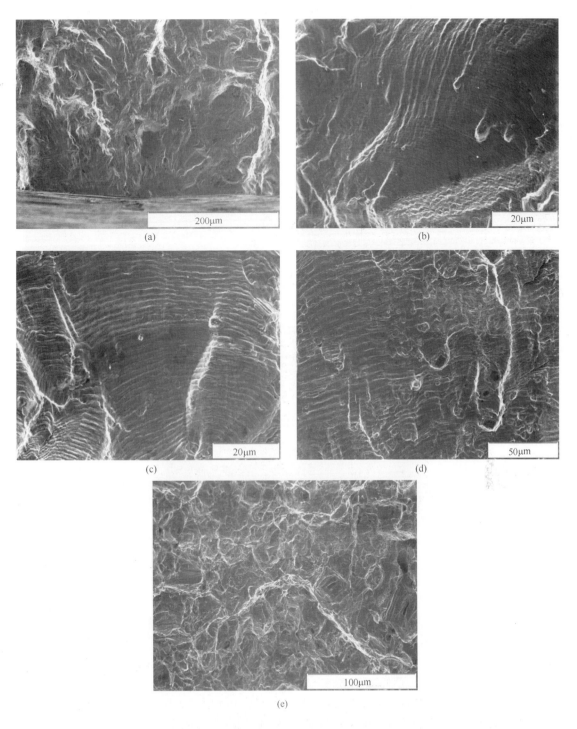

图 1.4 - 15　500MPa 旋弯疲劳断口微观形貌

(a)源区特征;(b)扩展前期条带特征;(c)扩展中期条带特征;

(d)扩展后期条带特征;(e)瞬断区韧窝特征。

(2) 微观特征。源区为小线源,可见明显的放射棱线,见图 1.4 - 17(a)。裂纹扩展初期疲劳条带细密,见图 1.4 - 17(b)。随着裂纹扩展,疲劳扩展中后期的疲劳条带间距逐渐加宽,见

图 1.4 - 17(c)、(d)。瞬断区为韧窝断裂特征,见图 1.4 - 17(e)。在疲劳扩展区内可见二次裂纹。由三种应力条件下的断口观察结果可知,随着疲劳应力增大,疲劳扩展区的面积和临界裂纹长度逐渐减小,各扩展阶段处的疲劳条带间距加宽。

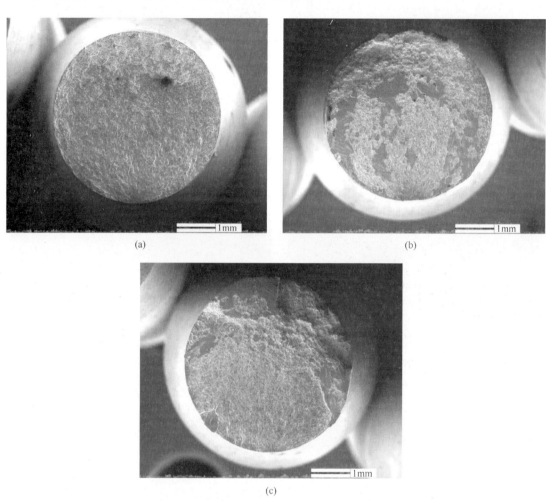

图 1.4 - 16　旋弯疲劳断口宏观形貌
(a)270MPa;(b)320MPa;(c)380MPa。

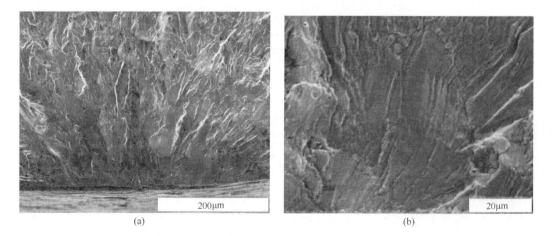

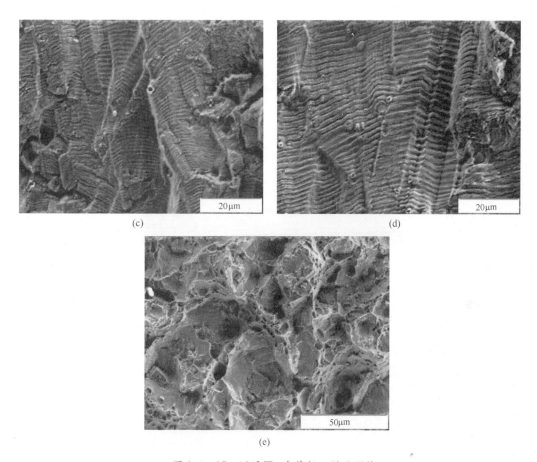

(c)

(d)

(e)

图 1.4-17 380MPa 疲劳断口微观形貌

(a)源区特征;(b)扩展前期条带特征;(c)扩展中期条带特征;(d)扩展后期条带特征;(e)瞬断区韧窝特征。

4. 旋转弯曲缺口疲劳

1) 室温,$K_t = 3$

(1) 宏观特征。三种应力下的断口宏观特征基本相同,裂纹沿圆周起裂,为多源特征。随着应力的增大,扩展区的面积逐渐减小,由占断口面积的 90% 减小到 70%;临界裂纹长度也逐渐减小,由 2.9mm 减小到 1.4mm,见图 1.4-18。

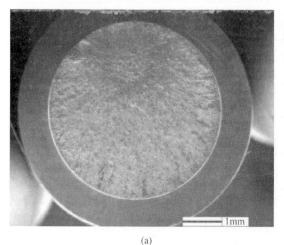

(a)

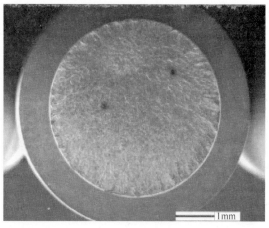

(b)

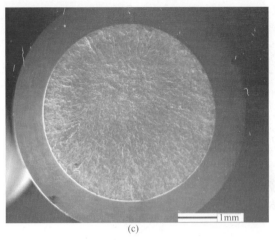

(c)

图 1.4－18　旋弯疲劳断口宏观形貌

(a)180MPa；(b)220MPa；(c)340MPa。

(2) 微观特征。 源区为线源，可见明显的放射棱线，见图 1.4－19(a)。裂纹扩展初期疲劳条带细密，见图 1.4－19(b)。随着裂纹扩展，疲劳扩展中后期的疲劳条带间距逐渐加宽，见图 1.4－19(c)、(d)。瞬断区为韧窝断裂特征，见图 1.4－19(e)。在疲劳扩展区内可见二次裂纹。由三种应力条件下的断口观察结果可知，随着疲劳应力增大，疲劳扩展区的面积和临界裂纹长度逐渐减小，各扩展阶段处的疲劳条带间距加宽。

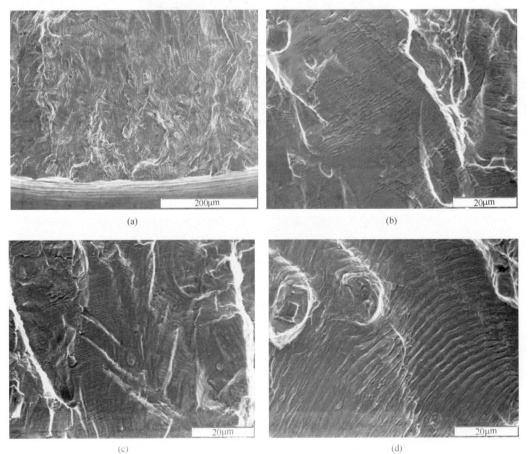

(a)

(b)

(c)

(d)

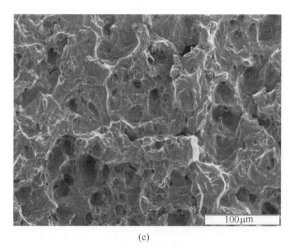

(e)

图 1.4 - 19　340MPa 下旋弯疲劳断口微观形貌

(a)源区特征;(b)扩展前期条带特征;(c)扩展中期条带特征;(d)扩展后期条带特征;(e)瞬断区韧窝特征。

2) 700℃，$K_t=3$

(1) 宏观特征。三种应力下的断口宏观特征基本相同,裂纹源沿圆周起裂,为多源特征。随着应力的增大,扩展区的面积逐渐减小,由占断口面积的 70% 减小到 40%;临界裂纹长度也逐渐减小,由 2.3mm 减小到 2mm,见图 1.4 - 20。

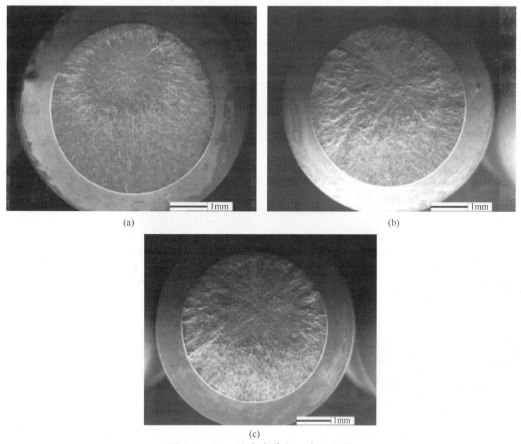

(a)　　　　　　　　　　　　　　　　　(b)

(c)

图 1.4 - 20　旋弯疲劳断口宏观形貌

(a)180MPa;(b)200MPa;(c)240MPa。

85

（2）微观特征。 断口为线源，可见明显的放射棱线，见图 1.4-21(a)。裂纹扩展初期疲劳条带细密，见图 1.4-21(b)。随着裂纹扩展，疲劳扩展中后期的疲劳条带间距逐渐加宽，见图 1.4-21(c)、(d)。瞬断区为韧窝断裂特征，见图 1.4-21(e)。在疲劳扩展区内可见二次裂纹。由三种应力条件下的断口观察结果可知，随着疲劳应力增大，疲劳扩展区的面积和临界裂纹长度逐渐减小，各扩展阶段对应的疲劳条带间距加宽。

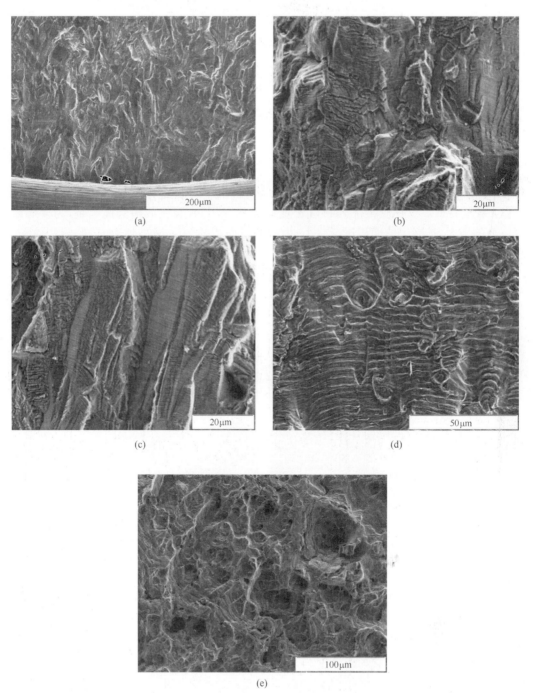

图 1.4-21　240MPa 旋弯疲劳断口微观形貌

(a)源区特征；(b)扩展前期条带特征；(c)扩展中期条带特征；(d)扩展后期条带特征；(e)瞬断区韧窝特征。

3）800℃，$K_t=3$

（1）**宏观特征**。三种应力下的断口宏观特征基本相同，裂纹沿圆周起裂，为多源特征。随着应力的增大，扩展区的面积无明显变化，约占断口面积的 60％；临界裂纹长度逐渐减小，由 2.6mm 减小到 2.2mm，见图 1.4-22。

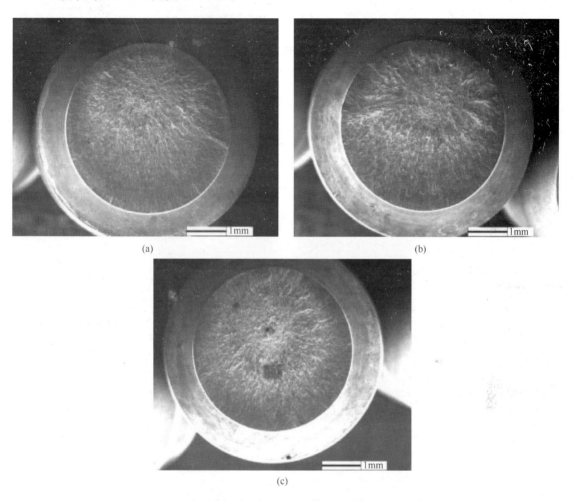

图 1.4-22　旋弯疲劳断口宏观形貌
(a)140MPa；(b)160MPa；(c)180MPa。

（2）**微观特征**。源区为线源，可见明显的放射棱线，见图 1.4-23(a)。裂纹扩展初期疲劳条带细密，见图 1.4-23(b)。随着裂纹扩展，疲劳扩展中后期的疲劳条带间距逐渐加宽，见图 1.4-23(c)、(d)。瞬断区为韧窝断裂特征，见图 1.4-23(e)。由三种应力条件下的断口观察结果可知，随着疲劳应力增大，疲劳扩展区的面积无明显变化，临界裂纹长度逐渐减小，各扩展阶段对应的疲劳条带间距加宽。

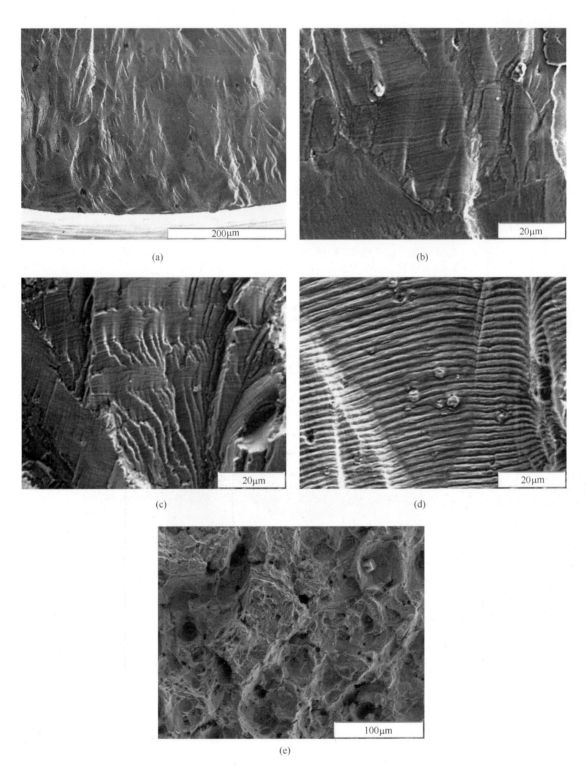

图 1.4-23　旋弯疲劳断口微观形貌

(a)源区特征;(b)扩展前期条带特征;(c)扩展中期条带特征;

(d)扩展后期条带特征;(e)瞬断区韧窝特征。

1.5　GH4169

1.5.1　概述

GH4169 是以体心四方的 γ'' 和面心立方的 γ' 沉淀强化的镍基高温合金。在 $-253℃\sim$ 700℃温度范围内具有良好的综合性能,650℃以下的屈服强度居变形高温合金的首位,并具有良好的抗疲劳性能、抗辐射、抗氧化、耐腐蚀性能,以及良好的加工性能、焊接性能和长期组织稳定性。能够制造各种形状复杂的零部件,在航空发动机的高压压气机 4~9 级转子叶片以及 4~8 级静子叶片于 200℃~600℃温度范围内获得极为广泛的应用。

GH4169 合金的化学成分分为 3 类:标准成分、优质成分、高纯成分。优质成分是在标准成分的基础上降碳增铌,从而减少碳化铌的数量,减少疲劳源和增加强化相的数量,提高抗疲劳性能和材料强度,同时减少有害杂质与气体含量。高纯成分是在优质标准基础上降低硫和有害杂质的含量,提高材料的纯度和综合性能。

该合金的另一特点是合金的组织对热加工工艺较为敏感,掌握合金中相析出的溶解规律及组织与工艺、性能间的相互关系,可针对不同使用要求制定合理、可行的工艺规程,就能获得可满足不同强度级别和使用要求的各种零件。工艺的品种主要有锻件、锻棒、轧棒、环形件等。

1.5.2　合金的组织结构

GH4169 合金具有不同的热处理制度,以控制晶粒度,控制 δ 相形貌、分布和数量,从而获得不同级别的力学性能。优质 GH4169 金相组织形貌见图 1.5-1。

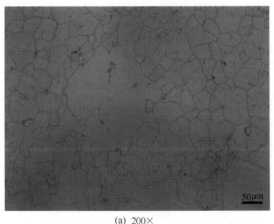
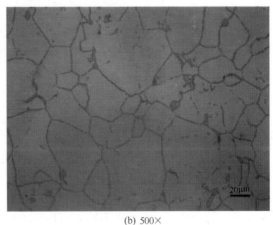

(a) 200×　　　　　　　　　　　　(b) 500×

图 1.5-1　GH41696 金相组织形貌

1.5.3　断口特征

1. 缺口持久

1) 550℃,$K_t = 3.86$

(1) 宏观特征。断口较粗糙,源区在缺口一侧。源区呈颗粒状,为蓝紫色,其中应力较低的持久断口源区可见明显的放射棱特征,应力较高的持久断口源区较平坦;瞬断区呈纤维状,有较多的孔洞,其中应力为 1040MPa 和 1220MPa 的持久断口瞬断区为浅黄色,应力为 1140MPa 的持久断口瞬断区为紫色和浅黄色相间,见图 1.5-2。

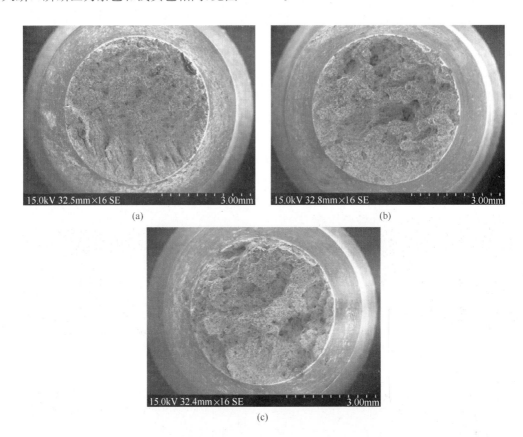

(a)

(b)

(c)

图 1.5-2　550℃,K_t=3.86 缺口持久断口宏观形貌

(a)试样 A,550℃/1040MPa,t=332.25h;(b)试样 B,550℃/1140MPa,t=81.25h;

(c)试样 C,550℃/1220MPa,t=15.16h。

(2)微观特征。 三个应力水平下的断口微观特征基本相同:源区主要为沿晶断裂,有类解理特征,可见较多的二次裂纹,见图 1.5-3(a)、(c)、(e)。瞬断区主要为韧窝断裂特征,并有较多的颗粒质点,见图 1.5-3(b)、(d)、(f)。

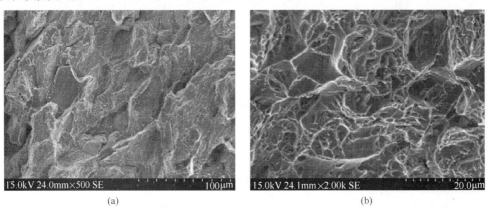

(a)

(b)

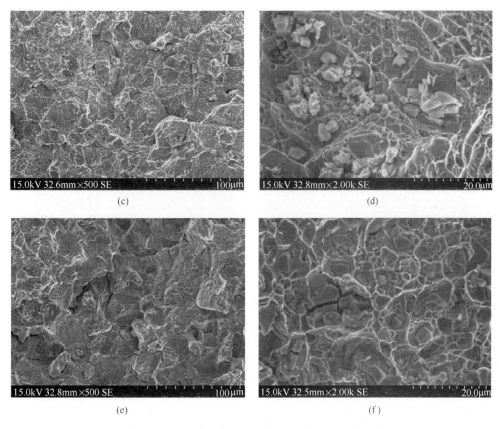

(c)   (d)

(e)   (f)

图 1.5－3　550℃，K_t＝3.86 缺口持久断口微观形貌

(a)试样 A 断口源区沿晶及二次裂纹;(b)试样 A 断口的韧窝形貌;(c)试样 B 断口源区沿晶及类解理特征;

(d)试样 B 断口的韧窝及颗粒质点;(e)试样 C 断口源区沿晶及类解理特征;(f)试样 C 断口的韧窝及颗粒质点。

2）650℃，K_t＝3.86

（1）宏观特征。两个应力水平下的断口宏观特征基本相同:断口粗糙,源区位于缺口一侧,呈颗粒状,为淡蓝色,应力越大源区面积增加;瞬断区呈纤维状,可见一些明显的孔洞,应力较小的为金黄色,应力较大的为浅黄色,见图 1.5－4。断口有氧化特征。

(a)   (b)

图 1.5－4　650℃，K_t＝3.86 缺口持久断口宏观形貌

(a)试样 A,650℃/770MPa,t＝473.50h;(b)试样 B,650℃/800MPa,t＝1.50h。

（2）微观特征。两个应力水平下的断口微观特征基本相同:源区主要为沿晶断裂,有类解理断裂特征,可见较多的二次裂纹,见图 1.5-5(a)、(b)。瞬断区主要为韧窝断裂特征,见图 1.5-5(c)、(d)。局部有较多的颗粒质点,见图 1.5-5(e)、(f)。应力较小的断口源区靠近边缘位置被氧化物颗粒覆盖,见图 1.5-5(g),应力较大的断口由于断裂时间较短氧化不明显。

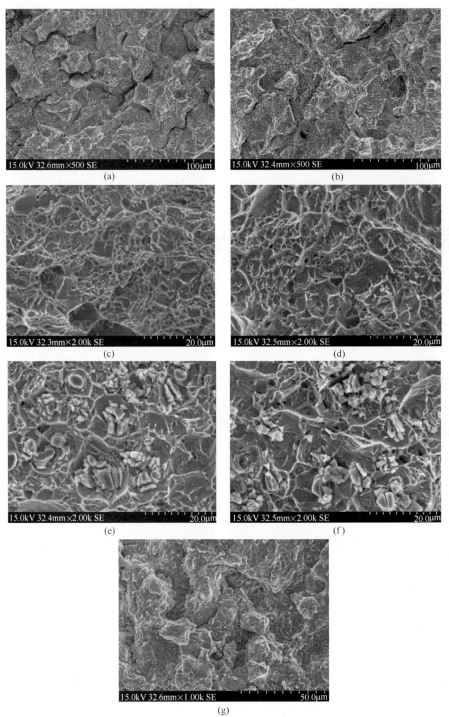

图 1.5-5　650℃,K_t＝3.86 缺口持久断口微观形貌

(a)试样 A 断口源区沿晶及类解理特征;(b)试样 B 断口源区沿晶及类解理特征;(c)试样 A 断口的韧窝形貌;(d)试样 B 断口的韧窝形貌;(e)试样 A 断口的韧窝及颗粒质点;(f)试样 B 断口的韧窝及颗粒质点;(g)试样 A 源区起裂处氧化物颗粒特征。

2. 高周光滑疲劳

1）700℃，$R=0.1$

（1）宏观特征。三种应力条件下的断口宏观特征基本相同，疲劳扩展区呈蓝色或黄褐色，瞬断区呈深褐色或浅蓝色。疲劳裂纹从试样表面一侧起源，呈单源或多源特征，瞬断区位于另一侧。随着疲劳应力减小，扩展区面积逐渐增大，从占断口面积的 10％增大至 40％，见图1.5-6。

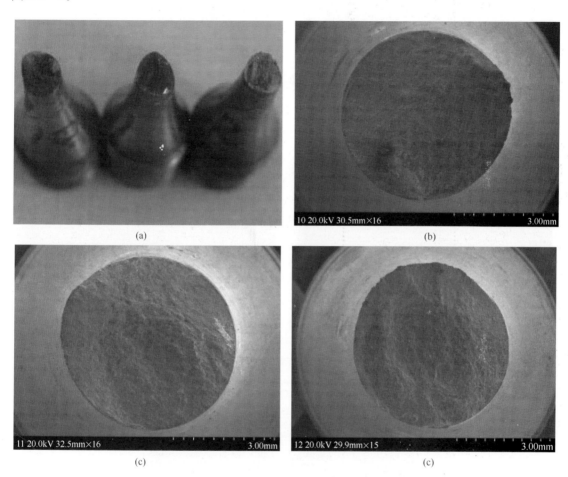

图 1.5-6　700℃高周光滑疲劳断口宏观特征

(a)断口宏观照片；(b)$\sigma_{max}=1000MPa$，$N_f=3.2\times10^4$；

(c)$\sigma_{max}=850MPa$，$N_f=2.72\times10^5$；(d)$\sigma_{max}=650MPa$，$N_f=1.156\times10^6$。

（2）微观特征。源区呈单源特征，可见明显的放射棱线，见图1.5-7(a)。裂纹扩展初期疲劳条带细密，见图1.5-7(b)。随着裂纹的扩展，到疲劳扩展的中后期，疲劳条带间距逐渐加宽，见图1.5-7(c)、(d)。瞬断区呈韧窝断裂特征，见图1.5-7(e)。由三种应力条件下的断口观察结果可知，随着疲劳应力增大，疲劳扩展区各扩展阶段对应的疲劳条带间距逐渐加宽。

2）700℃，$R=-1$

（1）宏观特征。三种应力条件下的断口宏观特征基本相同，疲劳扩展区呈蓝色，瞬断区呈黄褐色。疲劳裂纹从试样表面一侧起源，为多源特征，瞬断区位于另一侧。随着疲劳应力减小，扩展区面积逐渐增大，从占断口面积的 20％增大至 50％，见图1.5-8。

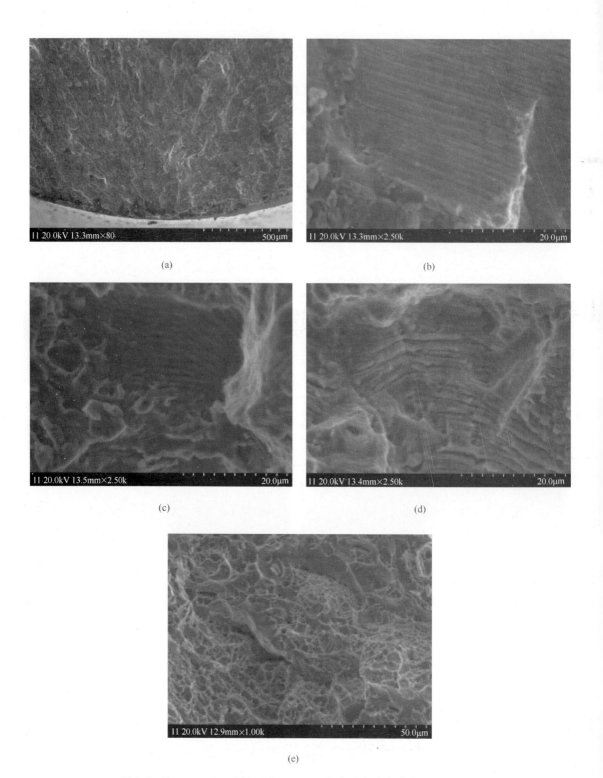

(a)

(b)

(c)

(d)

(e)

图 1.5 - 7 $\sigma_{\max}=1000\text{MPa}$，$N_{\text{f}}=3.2\times10^{4}$ 高周光滑疲劳断口微观形貌
(a)源区特征；(b)扩展前期条带特征；(c)扩展中期条带特征；
(d)扩展后期条带特征；(e)瞬断区特征。

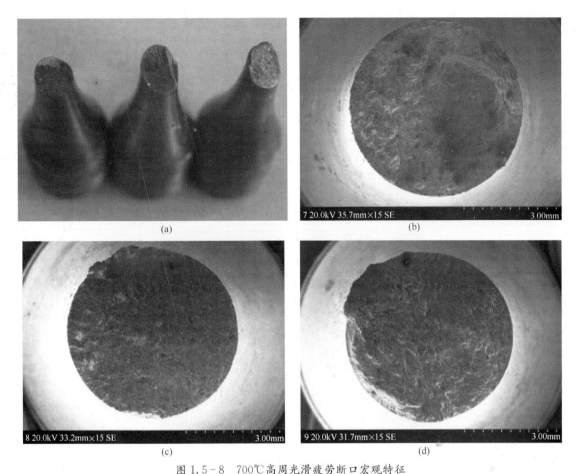

(a)

(b)

(c)

(d)

图 1.5-8 700℃高周光滑疲劳断口宏观特征

(a)断口宏观照片；(b)$\sigma_{max}=510\text{MPa}$，$N_f=4.4\times10^4$；(c)$\sigma_{max}=400\text{MPa}$，$N_f=2.34\times10^5$；(d)$\sigma_{max}=310\text{MPa}$，$N_f=5.15\times10^6$。

（2）微观特征。源区呈线源特征，可见明显的放射棱线，见图 1.5-9（a）。裂纹扩展初期疲劳条带细密，见图 1.5-9（b）。随着裂纹的扩展，到疲劳扩展的中后期，疲劳条带间距逐渐加宽，可见二次裂纹，见图 1.5-9（c）、（d）。瞬断区呈韧窝断裂特征，见图 1.5-9（e）。由三种应力条件下的断口观察结果可知，随着疲劳应力增大，疲劳扩展区各扩展阶段所对应的疲劳条带间距逐渐加宽。

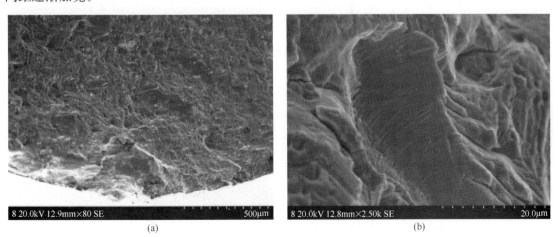

(a)

(b)

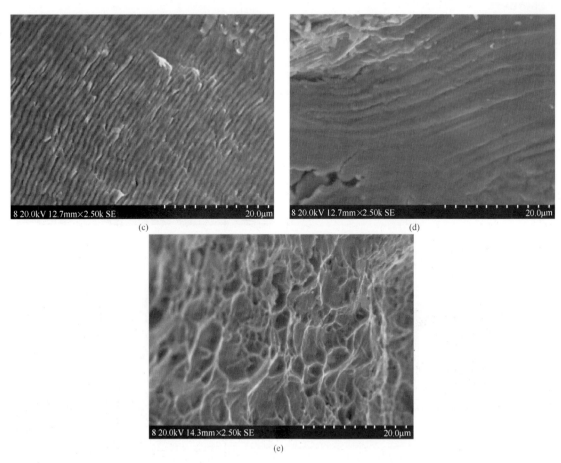

图 1.5 - 9　$\sigma_{max}=310MPa, N_f=5.15 \times 10^6$ 高周光滑疲劳断口微观形貌

(a)源区特征;(b)扩展前期条带特征;(c)扩展中期条带特征;(d)扩展后期条带特征;(e)瞬断区特征。

3. 高周缺口疲劳

1) 700℃ , $K_t=3, R=0.1$

(1) 宏观特征。 三种应力条件下的断口宏观特征基本相同,疲劳扩展区由浅蓝色向深蓝色变化,瞬断区呈黄褐色或蓝色。疲劳裂纹从缺口根部一侧起源,为多源特征,瞬断区位于另一侧。随着疲劳应力减小,扩展区面积逐渐增大,从占断口面积的 50% 增大至 80%,见图 1.5 - 10。

(a)

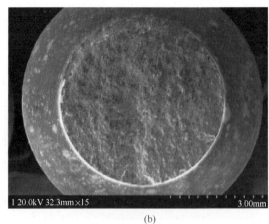

(b)

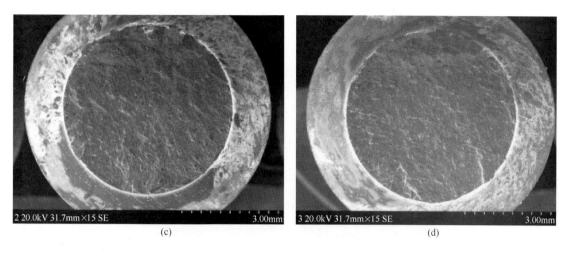

(c)   (d)

图 1.5-10 700℃高周缺口疲劳断口宏观特征

(a)断口宏观照片;(b)$\sigma_{max}=550MPa$,$N_f=2.3\times10^4$;(c)$\sigma_{max}=460MPa$,$N_f=1.84\times10^5$;(d)$\sigma_{max}=400MPa$,$N_f=6.577\times10^6$。

(2) 微观特征。源区呈线源特征,可见明显的放射棱线,见图 1.5-11(a)。裂纹扩展初期疲劳条带细密平直,见图 1.5-11(b)。随着裂纹的扩展,到疲劳扩展的中后期,疲劳条带间距逐渐加宽,见图 1.5-11(c)、(d)。瞬断区呈韧窝断裂特征,见图 1.5-11(e)。由三种应力条件下的断口观察结果可知,随着疲劳应力增大,疲劳扩展区各扩展阶段所对应的疲劳条带间距逐渐加宽。

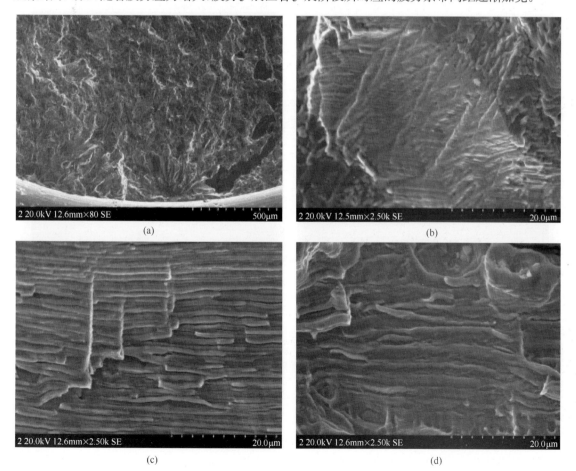

(a)   (b)

(c)   (d)

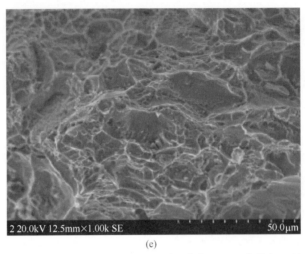

(e)

图 1.5 - 11　$\sigma_{max}=460\text{MPa}, N_f=1.84\times10^5$ 高周缺口疲劳断口微观形貌

(a)源区特征;(b)扩展前期条带特征;(c)扩展中期条带特征;(d)扩展后期条带特征;(e)瞬断区特征。

2)700℃,$K_t=3,R=-1$

(1)宏观特征。三种应力条件下的断口宏观特征基本相同,疲劳扩展区呈浅蓝色,瞬断区呈深蓝色。疲劳裂纹从缺口根部一侧起源,为多源特征,瞬断区位于另一侧。随着疲劳应力减小,扩展区面积逐渐增大,从占断口面积的 50% 增大至 90%,见图 1.5 - 12。

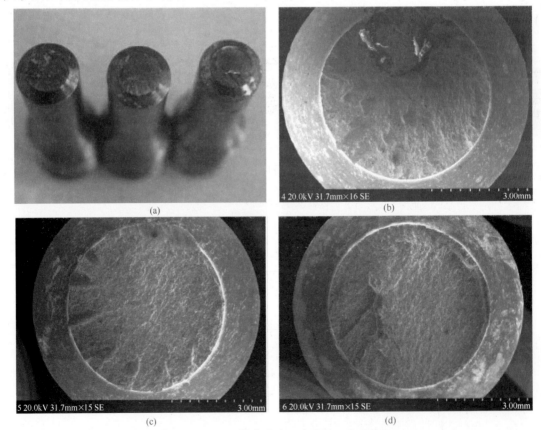

图 1.5 - 12　700℃高周缺口疲劳断口宏观特征

(a)断口宏观照片;(b)$\sigma_{max}=290\text{MPa}, N_f=2.7\times10^4$;(c)$\sigma_{max}=220\text{MPa}, N_f=1.56\times10^5$;(d)$\sigma_{max}=190\text{MPa}, N_f=6.06\times10^6$。

（2）微观特征。源区呈线源特征,可见明显的放射棱线,见图 1.5 – 13(a)。裂纹扩展初期疲劳条带细密平直,见图 1.5 – 13(b)。随着裂纹的扩展,到疲劳扩展的中后期,疲劳条带间距逐渐加宽,见图 1.5 – 13(c)、(d)。瞬断区呈韧窝断裂特征,见图 1.5 – 13(e)。由三种应力条件下的断口观察结果可知,随着疲劳应力增大,疲劳扩展区各扩展阶段所对应的疲劳条带间距逐渐加宽。

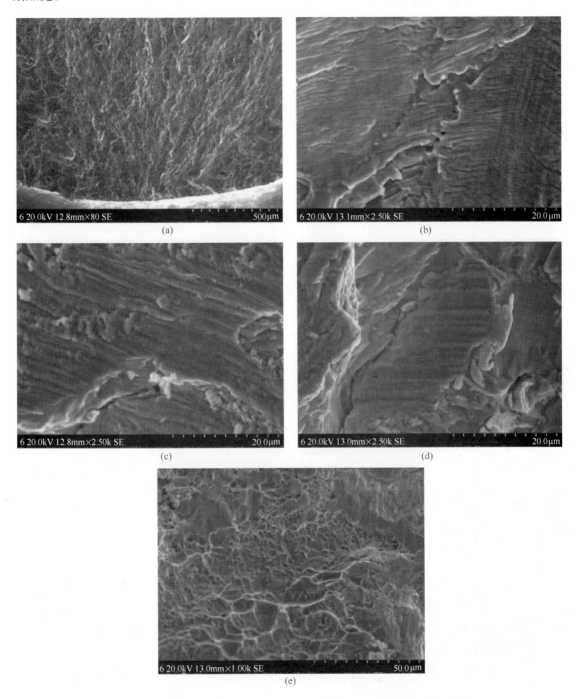

图 1.5 – 13　σ_{max}＝190MPa,N_f＝6.06×10^6 高周缺口疲劳断口微观形貌

(a)源区特征;(b)扩展前期条带特征;(c)扩展中期条带特征;(d)扩展后期条带特征;(e)瞬断区特征。

1.6 GH536

1.6.1 概述

GH536 是主要用铬和钼固溶强化的一种含铁量较高的镍基高温合金,具有良好的抗氧化和耐腐蚀性能,在 900℃ 以下有中等的持久和蠕变强度,冷、热加工成形性和焊接性能良好。适用于制造航空发动机的燃烧室部件和其他高温部件,在 900℃ 以下长期使用,短时工作温度可达 1080℃。

1.6.2 合金的组织结构

GH536 合金固熔状态的组织为奥氏体基体,还有少量的 TiN 和 M_6C 型碳化物,金相组织形貌见图 1.6-1,经过 700℃~900℃ 长期时效后主要析出相为 $M_{12}C$ 和 M_3B_2,同时也伴有微量 μ 相和 L 相。经过 700℃、200h 时效后出现少量 σ 相,但在 800℃ 时效后 σ 相不存在,而析出微量 $M_{23}C_6$,有时出现微量 L 相。因此合金在长期时效后呈现一定的时效硬化现象,使塑性下降,高温强度也有所降低。

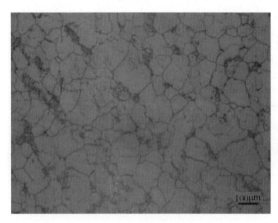

(a) 100×   (b) 500×

图 1.6-1 GH536 金相组织形貌

1.6.3 断口特征

1. 光滑拉伸

(1) 宏观特征。 3 个拉伸断口宏观特征基本相同,均为杯锥状断口,整体较粗糙,呈颗粒状;600℃ 拉伸断口表面呈金黄色,800℃ 拉伸断口表面呈蓝绿色,1000℃ 拉伸断口表面呈灰黑色,见图 1.6-2。

(2) 微观特征。 3 个拉伸断口微观特征基本相同,均呈韧性沿晶+韧窝断裂特征,见图 1.6-3(a)、(c)。韧窝内可见塑性变形痕迹,见图 1.6-3(b)、(d)。1000℃ 的拉伸断口表面覆盖了一层较厚的氧化层,断面特征不明显。

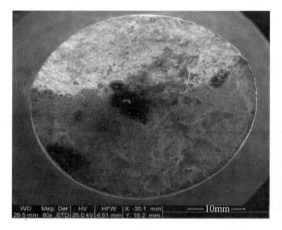

(a)

(b)

(c)

图 1.6-2　光滑拉伸断口宏观形貌

(a)600℃，σ_b=671.7MPa，δ_5=45.2%，ψ=42.7%；

(b)800℃，σ_b=370.6MPa，$\sigma_{0.2}$=175.2 MPa，δ_5=69.6%，ψ=56.8%；

(c)1000℃，σ_b=135.2MPa，$\sigma_{0.2}$=95.2 MPa，δ_5=98.0%，ψ=71.0%。

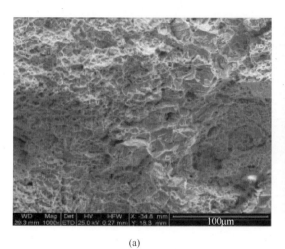

(a)

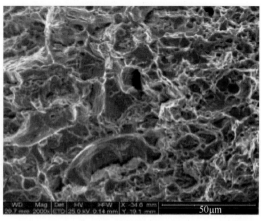

(b)

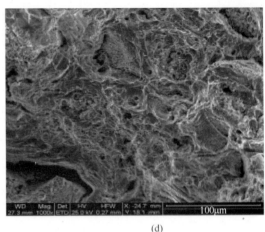

(c)   (d)

图 1.6 - 3 　光滑拉伸断口微观形貌

(a)600℃拉伸断口沿晶＋韧窝断裂特征；(b)600℃拉伸断口韧窝＋塑性变形特征；
(c)800℃拉伸断口沿晶＋韧窝断裂特征；(d)800℃拉伸断口韧窝＋塑性变形特征。

2. 缺口拉伸

(1) 宏观特征。3 个拉伸断口的宏观特征基本相同,断口较平坦,呈颗粒状,断口表面可见反光小刻面。600℃拉伸断面呈深灰色，800℃拉伸断面呈深蓝色，1000℃拉伸断口发生塑性变形,断面呈灰黑色,见图 1.6 - 4。

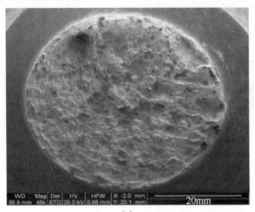

(a)   (b)

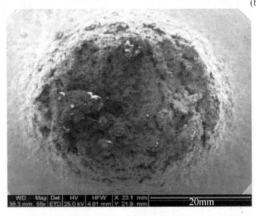

(c)

图 1.6 - 4 　缺口拉伸断口宏观形貌

(a)600℃,σ_{bH}＝824MPa；(b)800℃,σ_{bH}＝610MPa；(c)1000℃,σ_{bH}＝219.5MPa。

(2) 微观特征。 3个断口的微观特征基本相同，断口微观整体呈沿晶＋韧窝断裂特征，见图1.6-5(a)、(c)。断口局部区域可见二次裂纹特征，见图1.6-5(b)、(d)，1000℃的断口表面覆盖了一层较厚的氧化层，断面特征不明显。

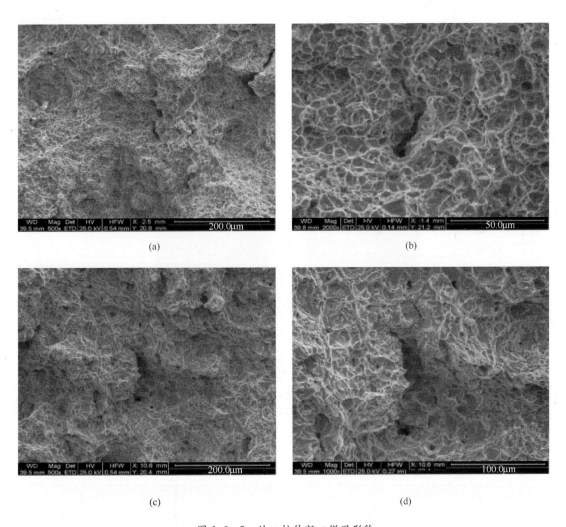

(a)

(b)

(c)

(d)

图1.6-5 缺口拉伸断口微观形貌

(a)600℃断口微观沿晶与韧窝断裂特征；(b)600℃断口微观韧窝＋二次裂纹特征；
(c)800℃断口微观沿晶与韧窝断裂特征；(d)800℃断口微观韧窝＋二次裂纹特征。

3. 光滑持久

1) 700℃

(1) 宏观特征。 宏观上断口均呈深蓝色，高差较大，断口上氧化特征均较明显，有颗粒状特征。心部为平坦区，边缘为剪切唇区。断口颈缩和变形现象明显，应力越小，颈缩越明显，见图1.6-6。

(2) 微观特征。 断口心部为源区，以韧窝特征为主，孔洞较多，并可见少量沿晶特征；断口边缘剪切唇区为瞬断区，以韧窝特征为主，断口各处氧化特征均较明显，见图1.6-7和图1.6-8。

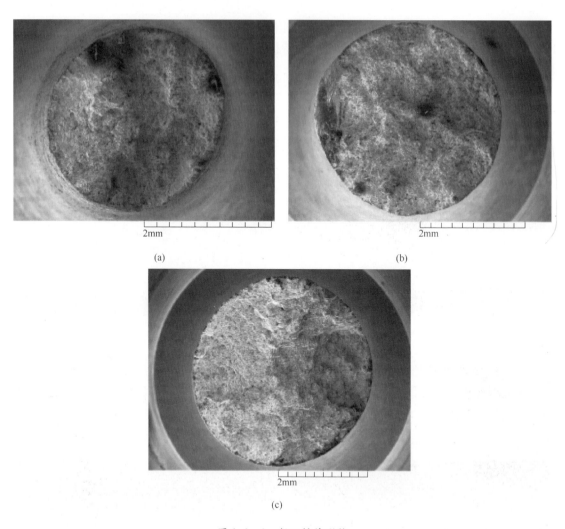

图 1.6-6　断口低倍形貌

(a)180MPa,565.5h;(b)210MPa,243.25h;(c)315MPa,25.42h。

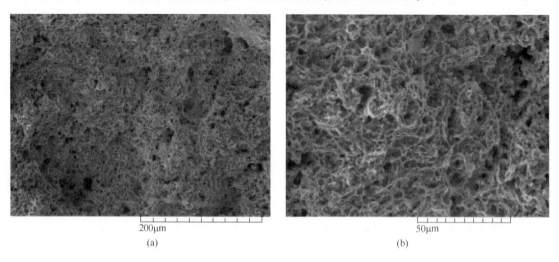

图 1.6-7　断口心部源区形貌

(a)低倍;(b)高倍。

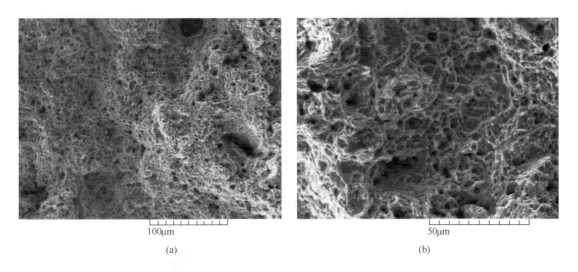

图 1.6-8　断口边缘瞬断区

(a)低倍;(b)高倍。

2)900℃

(1)宏观特征。断口呈深蓝黑色,氧化特征明显,存在一定的高差;断口表面较粗糙,有明显的颗粒状特征,可见一定数量的空洞,颈缩明显。随着应力的增大,断口中部呈灰色,高差较大,且存在一定程度的颈缩,见图 1.6-9。

图 1.6-9　断口持久低倍形貌

(a)30MPa,170.67h;(b)50MPa,43.33h。

(2)微观特征。断口边缘氧化较心部严重,颗粒较粗大,可见多条起源于断口周边的棱线特征,局部可见韧窝;心部韧窝较细小,氧化特征较边缘轻微,断口高温氧化特征明显,可见晶界的氧化开裂,见图 1.6-10 和图 1.6-11;随着应力的增大,断口周边呈沿晶+韧窝的特征。

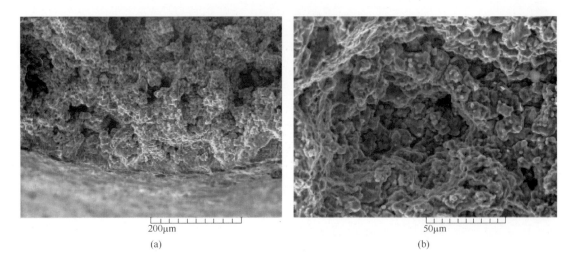

图 1.6-10　起源于周边的源区形貌

(a)低倍;(b)高倍。

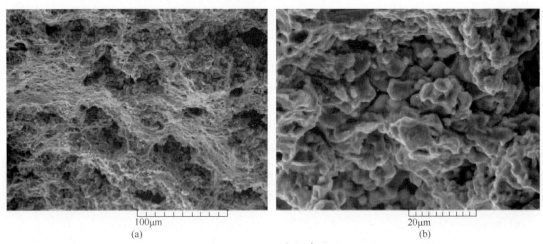

图 1.6-11　心部韧窝形貌

3) 1000℃

（1）宏观特征。 三个应力水平下的断口宏观特征基本相同:断口比较粗糙,呈颗粒状,颈缩不明显,见图 1.6-12。断口均呈黑灰色。

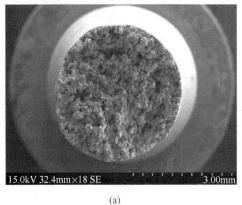

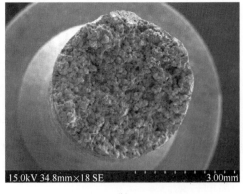

(a)

(b)

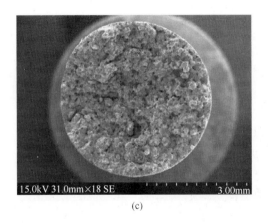

(c)

图 1.6 - 12   1000℃持久断口宏观形貌

(a)40MPa,t=16.67h,δ=46.00%,ψ=32.76%;(b)30MPa,t=88.33h,δ=35.92%,ψ=28.24%;

(c)15MPa,t=1217.00h,δ=24.40%,ψ=15.02%。

(2) 微观特征。 三个应力水平下的断口均为沿晶断裂特征,被氧化物颗粒覆盖,见图 1.6 - 13(a)、(c)、(e)。应力为 40MPa 和 30MPa 的持久断口局部晶界上可见韧窝形貌,见图 1.6 - 13 (b)、(d)。应力为 15MPa 的持久断口由于持久断裂时间较长,氧化严重,被较厚的氧化膜覆盖,晶界韧窝不明显,氧化物颗粒特征见图 1.6 - 13(f)。

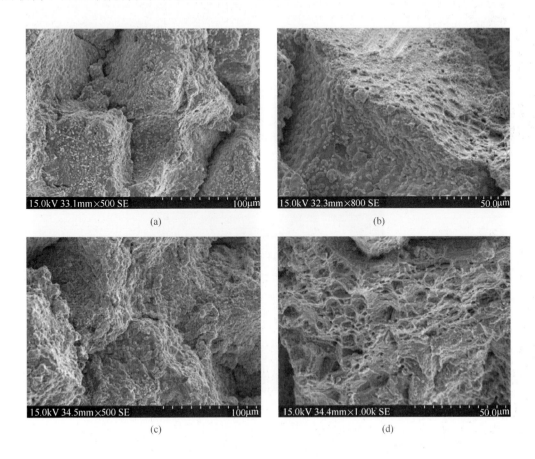

107

(e)　　　　　　　　　　　　　　　(f)

图 1.6 - 13　1000℃持久断口微观形貌

(a)试样 A 断口沿晶断裂;(b)试样 A 断口晶界上的韧窝;(c)试样 B 断口沿晶断裂;(d)试样 B 断口晶界上的韧窝;
(e)试样 C 断口沿晶断裂;(f)试样 C 断口氧化物颗粒特征。

4) 1100℃

(1) 宏观特征。三个应力水平下的断口宏观特征基本相同:断口粗糙,呈颗粒状,见图 1.6 - 14。断口呈黑灰色,随应力减小持久断裂时间显著增加,氧化越严重。

(a)　　　　　　　　　　　　　　　(b)

(c)

图 1.6 - 14　1100℃持久断口宏观形貌

(a)试样 A,1100℃/20MPa,$t=20.25$h,$\delta=42.56\%$,$\psi=32.10\%$;(b)试样 B,1100℃/12MPa,$t=120.75$h,$\delta=25.12\%$,
$\psi=17.22\%$;(c)试样 C,1100℃/10MPa,$t=216.00$h,$\delta=34.80\%$,$\psi=16.66\%$。

（2）微观特征。 三个应力水平下的断口主要为沿晶断裂特征，被氧化物颗粒覆盖，见图 1.6-15(a)、(c)、(e)。应力为 20MPa 和 12MPa 的持久断口局部晶界上可见韧窝形貌，见图 1.6-15(b)、(d)。应力为 10MPa 的持久断口断裂时间较长，氧化严重，被较厚的氧化膜覆盖，晶界韧窝不明显，氧化物颗粒特征见图 1.6-15(f)。

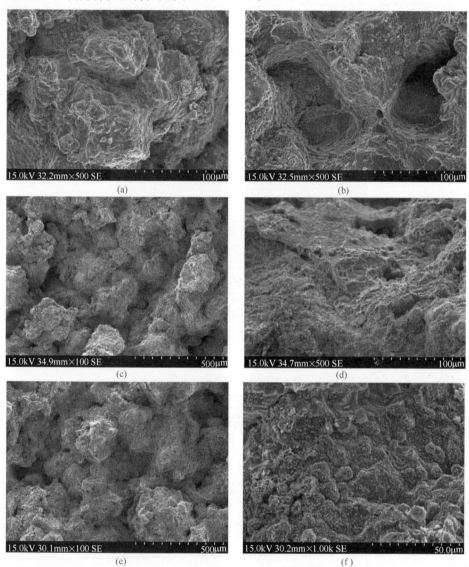

图 1.6-15 1100℃持久断口微观形貌

(a)试样 A 断口沿晶断裂；(b)试样 A 断口局部晶界韧窝形貌及孔洞；(c)试样 B 断口沿晶断裂；(d)试样 B 断口局部晶界韧窝；
(e)试样 C 断口沿晶断裂；(f)试样 C 断口氧化物颗粒特征。

4. 缺口持久

1）700℃，$K_t = 3.86$

（1）宏观特征。 断口呈深蓝色，高差不大；断口表面较粗糙，颗粒状特征，氧化特征明显，呈杯锥状，心部较平坦，边缘为剪切唇，随着应力的减小，颈缩现象逐渐明显。其中 440MPa 条件下氧化特征不明显，无明显的颈缩特征，见图 1.6-16。

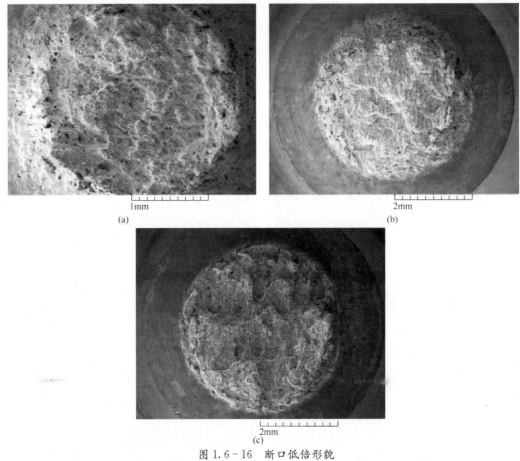

图 1.6 - 16 断口低倍形貌

(a)270MPa,691.67h;(b)360MPa,81h;(c)440MPa,16h。

(2) 微观观察。270MPa 应力下断口起源于心部,360MPa 和 440MPa 断口起源于边缘,源区为韧窝形貌,断口边缘塑性变形特征明显,可见整体的放射特征,韧窝尺寸大小不一,扩展区以韧窝特征为主,并可见数量较多的孔洞。瞬断区亦为韧窝特征,随着应力的增加,二次裂纹和类解理特征逐渐增加,见图 1.6 - 17～图 1.6 - 19。

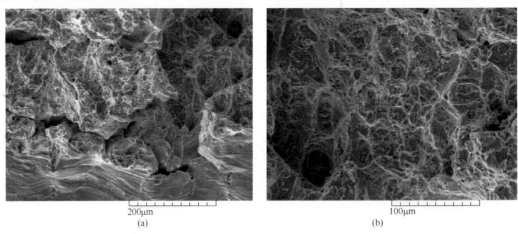

图 1.6 - 17 440MPa,16h 源区形貌

(a)低倍;(b)高倍。

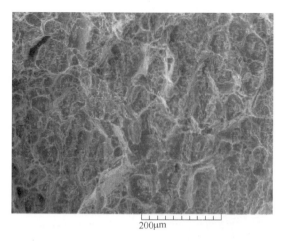

图 1.6-18　440MPa,16h断口扩展区的韧窝形貌　　图 1.6-19　440MPa,16h断口最后断裂区的特征

2) 900℃ ,K_t=3.86

(1) 宏观观察。宏观上断口均呈深蓝色,断面粗糙,高差较大,断口上氧化特征均较明显,有颗粒状特征。心部为平坦区,边缘为剪切唇,为最后断裂区。断口颈缩和变形现象明显,应力越小,颈缩越明显,见图 1.6-20。

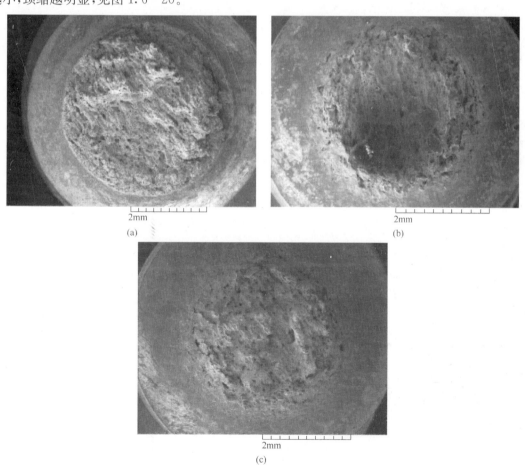

(a)

(b)

(c)

图 1.6-20　持久断口低倍形貌

(a)70MPa,385.75h;(b)110MPa,31.5h;(c)130MPa,10.58h。

(2) 微观观察。 断口边缘有明显的塑性变形特征，以韧窝特征为主，氧化特征明显，断口心部以韧窝特征为主，孔洞较多，氧化较轻微，见图 1.6-21 和图 1.6-22。

(a)　　　　　　　　　　　(b)

图 1.6-21　断口周边源区形貌
(a)低倍；(b)高倍。

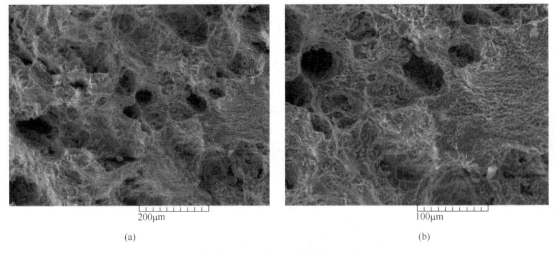

(a)　　　　　　　　　　　(b)

图 1.6-22　断口心部韧窝形貌
(a)低倍；(b)高倍。

5. 高周光滑疲劳

1) 700℃ , R＝0.1

(1) 宏观特征。 三种应力条件下的疲劳断口宏观特征基本相同，疲劳裂纹从试样表面起源，呈小线源或多源特征，疲劳应力增大到 420MPa 时变为多源特征；疲劳扩展区呈蓝色，随着疲劳应力由 360MPa 增大到 380MPa，疲劳扩展区面积从 80% 减小到 60%；瞬断区位于另一侧，呈棕黄色，见图 1.6-23。

(2) 微观特征。 源区呈点源或多源特征，有明显的放射棱线，裂纹扩展初期疲劳条带细密平直，随着裂纹扩展到疲劳扩展的中后期，疲劳条带逐渐加宽，后期为条带和韧窝的混合形貌，瞬断区呈韧窝形貌，见图 1.6-24(a)～(e)。由三种应力条件下的断口观察结果可知，随着疲劳应力增大，各疲劳扩展阶段对应的疲劳条带间距逐渐加宽。

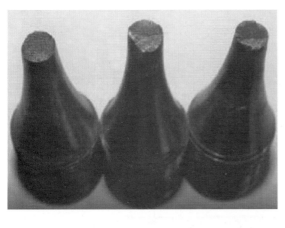

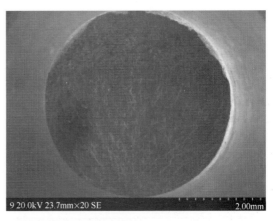

(a)   (b)

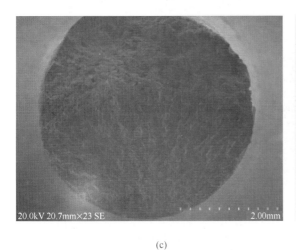

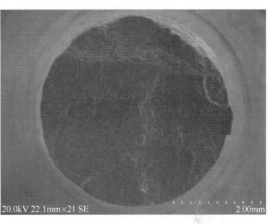

(c)   (d)

图 1.6 - 23　700℃,K_t=1,R=0.1 高周疲劳断口宏观特征

(a)宏观图片;(b)σ_{max}=360MPa,N_f=2.69×10^5;(c)σ_{max}=380MPa,N_f=8.4×10^4;(d)σ_{max}=420MPa,N_f=1.4×10^4。

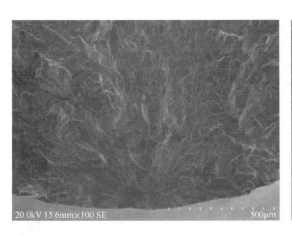

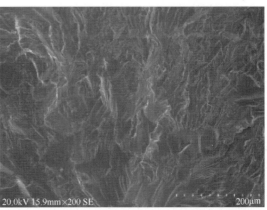

(a)   (b)

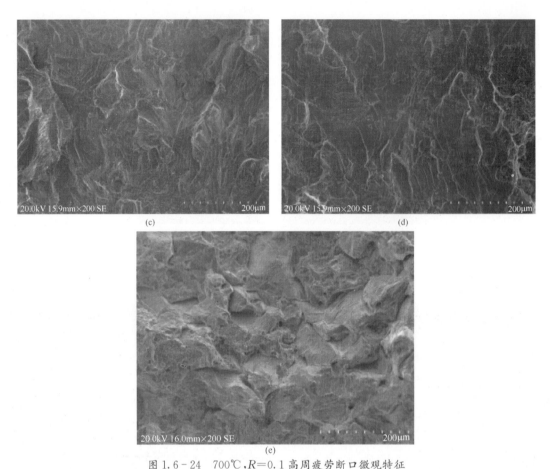

(c)   (d)

(e)

图 1.6 - 24 700℃，R＝0.1 高周疲劳断口微观特征

(a)源区特征；(b)扩展前期条带特征；(c)扩展中期条带特征；(d)扩展后期条带特征；(e)瞬断区韧窝特征。

2）700℃，R＝－1

（1）宏观特征。三种应力条件下的疲劳断口宏观特征基本相同，疲劳裂纹从试样表面起源，呈点源或多源特征，源区呈黄色，裂纹扩展区较平坦，断面呈蓝色，其中 $\sigma_{max}＝260MPa$，$N_f＝1.57×10^5$ 条件下断扩展后期呈深黄色，瞬断区位于另一侧，断面高差较大，呈淡黄色。随着疲劳应力由 240MPa 增大到 260MPa，疲劳扩展区面积从 90％减小到 80％，疲劳应力增大到 300MPa 时疲劳扩展区面积减小至 70％，且变为多源特征，见图 1.6 - 25(c)、(d)。

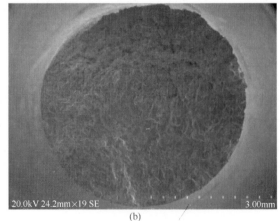

(a)   (b)

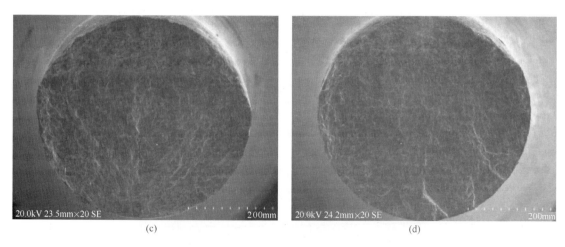

(c)

(d)

图 1.6-25　700℃,$R=-1$ 高周疲劳断口宏观特征

（a）宏观图片；（b）$\sigma_{max}=240MPa$，$N_f=7.59\times10^5$；（c）$\sigma_{max}=260MPa$，$N_f=1.57\times10^5$；（d）$\sigma_{max}=300MPa$，$N_f=2.1\times10^4$。

（2）微观特征。源区呈点源或多源特征,有明显的放射棱线,裂纹扩展初期呈类解理特征,随着裂纹扩展到疲劳扩展的中后期,疲劳条带逐渐加宽,后期为条带和韧窝的混合形貌,断面上可见大量的二次裂纹,瞬断区呈韧窝形貌,见图 1.6-26（a）～（e）。由三种应力条件下的断口观察结果可知,随着疲劳应力增大,各疲劳扩展阶段对应的疲劳条带间距逐渐加宽。

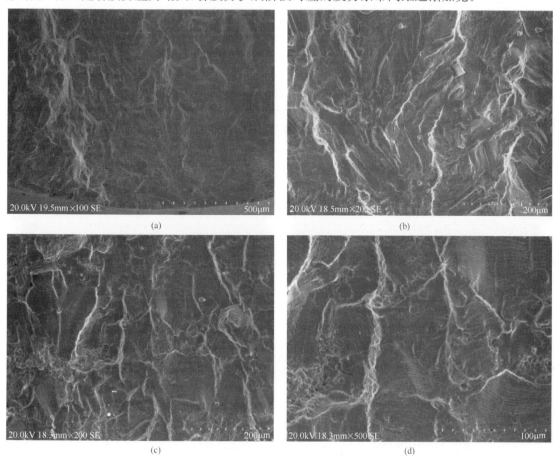

(a)

(b)

(c)

(d)

(e)

图 1.6-26 700℃,$R=-1$高周疲劳断口微观特征

(a)源区特征;(b)扩展前期类解理特征;(c)扩展中期条带特征;(d)扩展后期条带特征;(e)瞬断区韧窝特征。

6. 高周缺口疲劳

1) 700℃,$K_t=3$,$R=0.1$

(1) 宏观特征。三种应力条件下的疲劳断口宏观特征基本相同,疲劳裂纹从试样缺口根部表面起源,呈线源特征;断面疲劳扩展区呈蓝色,瞬断区位于另一侧,呈灰白色或浅棕色,见图1.6-27。

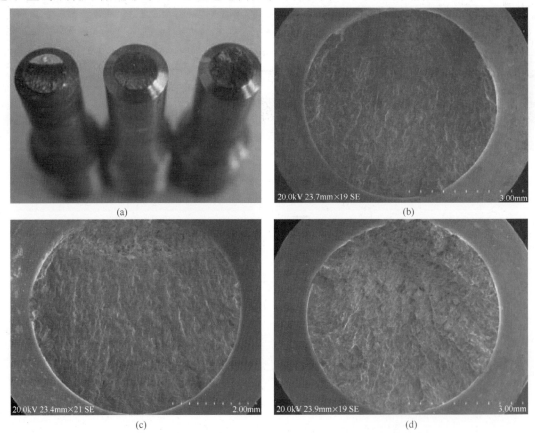

(a)

(b)

(c)

(d)

图 1.6-27 700℃,$K_t=3$,$R=0.1$高周疲劳断口宏观特征

(a)宏观图片;(b)$\sigma_{max}=250$MPa,$N_f=2.74\times10^6$;(c)$\sigma_{max}=290$MPa,$N_f=5.8\times10^4$;(d)$\sigma_{max}=330$MPa,$N_f=2.2\times10^4$。

（2）微观特征。源区呈线源特征，有明显的放射棱线，裂纹扩展初期疲劳条带细密平直，随着裂纹扩展到疲劳扩展的中后期，疲劳条带逐渐加宽，后期为条带和韧窝的混合形貌，断面上可见大量的二次裂纹，瞬断区呈韧窝形貌，见图 1.6 - 28(a)～(e)。由三种应力条件下的断口观察结果可知，随着疲劳应力增大，各疲劳扩展阶段所对应的疲劳条带间距逐渐加宽。

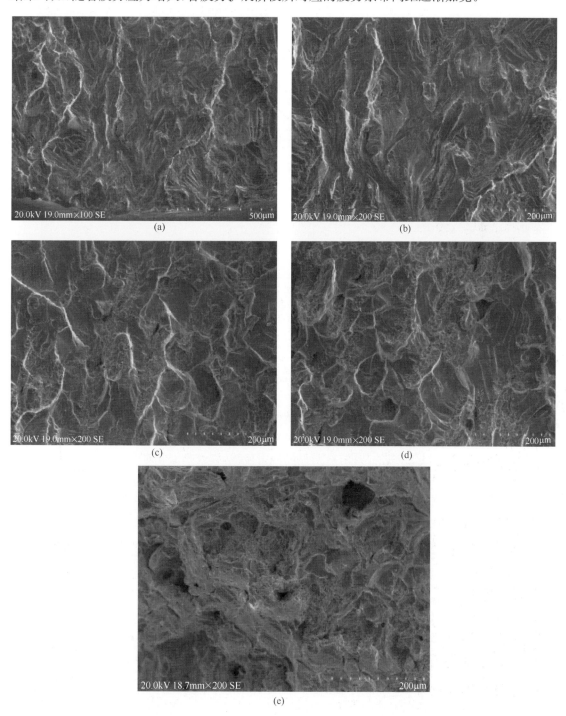

图 1.6 - 28　700℃，$K_t = 3$，$R = 0.1$ 高周疲劳断口微观特征

(a)源区特征；(b)扩展前期条带特征；(c)扩展中期条带特征；(d)扩展后期条带特征；(e)瞬断区韧窝特征。

2) 700℃,$K_t=3$,$R=-1$

(1) 宏观特征。 三种应力条件下的疲劳断口宏观特征基本相同,疲劳裂纹从试样缺口根部表面起源,呈线源特征;随着应力的逐渐增大,断面扩展区颜色从灰色、红色过渡到深蓝色,瞬断区位于心部,呈灰色。随着应力的增加,瞬断区从一侧向内部偏移,见图 1.6-29。

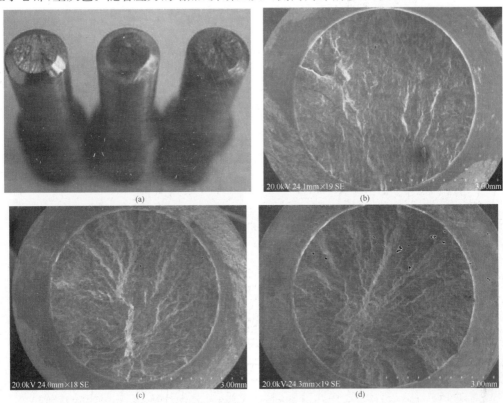

图 1.6-29　700℃,$K_t=3$,$R=-1$ 高周疲劳断口宏观特征

(a)断口宏观形貌;(b)$\sigma_{max}=135\text{MPa}$,$N_f=6.64\times10^5$;(c)$\sigma_{max}=175\text{MPa}$,$N_f=4.8\times10^4$;(d)$\sigma_{max}=250\text{MPa}$,$N_f=1.6\times10^4$。

(2) 微观特征。 源区呈多源特征,有明显的放射棱线,裂纹扩展初期疲劳条带细密平直,断面上可见大量的二次裂纹,随着裂纹扩展到中后期,疲劳条带逐渐加宽,后期为条带和韧窝的混合形貌,瞬断区呈韧窝形貌,见图 1.6-30(a)~(e)。由三种应力条件下的断口观察结果可知,随着疲劳应力增大,各疲劳扩展阶段对应的疲劳条带间距逐渐加宽。

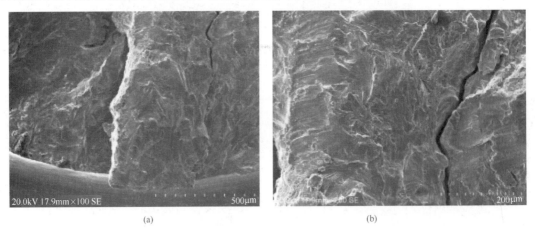

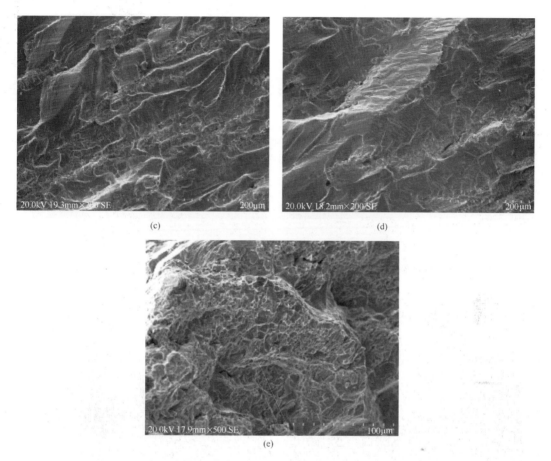

(c)   (d)

(e)

图 1.6-30 700℃,K_t=3,R=-1高周疲劳断口微观特征

(a)源区特征;(b)扩展前期条带特征;(c)扩展中期条带特征;(d)扩展后期条带特征;(e)瞬断区韧窝特征。

7. 低周疲劳

1)700℃,R=-1

(1)宏观特征。三种应变条件下的断口宏观特征基本相同,疲劳源区呈黄褐色,扩展区呈浅蓝色,瞬断区呈深蓝色。断口均呈线源,处于断面的一侧,瞬断区位于另一侧。随着应变的增大,扩展区面积逐渐减小,从占整个断面面积的80%减小至65%,见图1.6-31。

(a)   (b)

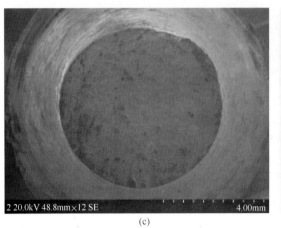
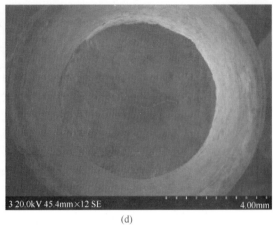

(c)　　　　　　　　　　　　　　　　(d)

图 1.6 - 31　700℃低周疲劳断口宏观特征

(a)断口宏观照片；(b)ε=±0.2％,N_f=45302；(c)ε=±0.6％,N_f=214；(d)ε=±1.0％,N_f=83。

(2)微观特征。断口均呈线源，可见明显的放射棱线，见图 1.6 - 32(a)。700℃，ε=±0.6％,N_f=214 条件下裂纹扩展初期疲劳条带细密平直，疲劳条带宽度约为 1.6μm，见图 1.6 - 32(b)。随着裂纹的扩展，到疲劳扩展的中、后期，疲劳条带间距逐渐加宽，疲劳条带间距分别约为 0.588μm 和 0.704μm，见图 1.6 - 32(c)、(d)。瞬断区呈韧窝特征，见图 1.6 - 32(e)。由三种应变条件下的断口观察结果可知，随着应变增大，疲劳扩展区各扩展阶段所对应的疲劳条带间距逐渐加宽。

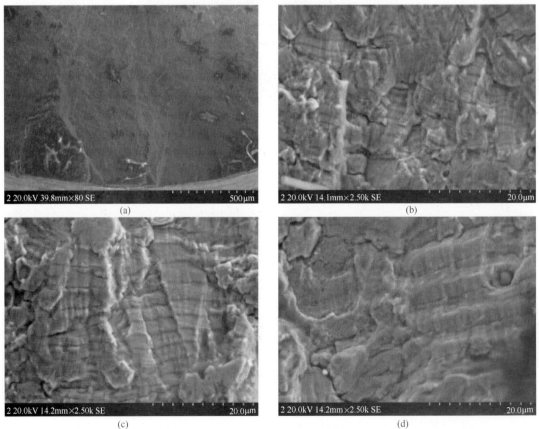

(a)　　　　　　　　　　　　　　　　(b)

(c)　　　　　　　　　　　　　　　　(d)

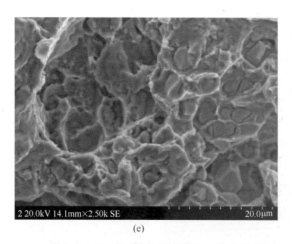

(e)

图 1.6-32 700℃低周疲劳断口微观形貌

(a)源区特征；(b)扩展前期条带特征；(c)扩展中期条带特征；(d)扩展后期条带特征；(e)瞬断区特征。

2）900℃，$R=-1$

（1）宏观特征。 三种应变条件下的断口宏观特征基本相同，疲劳裂纹从试样断面一侧起源，呈小线源和多源特征，随着应变的增大，由小线源变为多源特征；疲劳扩展区呈灰褐色，随着应变的增大，扩展区面积逐渐减小，从占整个断面面积的 80% 减小至 60%；快速扩展区呈黄褐色，瞬断区呈蓝色，见图 1.6-33。

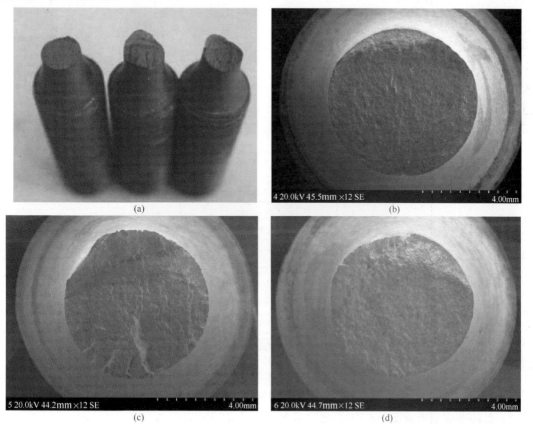

图 1.6-33 900℃低周疲劳断口宏观特征

(a)断口宏观照片；(b)$\varepsilon=\pm0.15\%$，$N_f=6222$；(c)$\varepsilon=\pm0.6\%$，$N_f=308$；(d)$\varepsilon=\pm1.0\%$，$N_f=80$。

（2）微观特征。源区呈单源或多源特征，有明显的放射棱线，见图 1.6 - 34(a)。裂纹扩展初期疲劳条带细密平直，见图 1.6 - 34(b)。随着裂纹的扩展，到疲劳扩展的中后期，疲劳条带间距逐渐加宽，见图 1.6 - 34(c)、(d)。瞬断区呈韧窝特征，见图 1.6 - 34(e)。由三种应变条件下的断口观察结果可知，随着应变增大，疲劳扩展区各扩展阶段所对应的疲劳条带间距逐渐加宽。

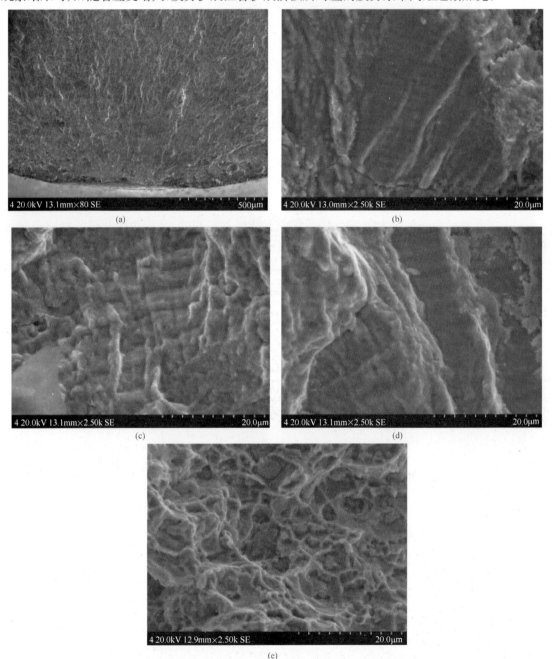

图 1.6 - 34　900℃低周疲劳断口微观形貌

(a)源区特征；(b)扩展前期条带特征；(c)扩展中期条带特征；(d)扩展后期条带特征；(e)瞬断区特征。

8. 旋转弯曲光滑疲劳

1）700℃

（1）宏观特征。不同试验应力状态下的断口特征均表现为：断口较平齐，高差不大，断面氧

122

化不明显,从试样周向表面多处萌生裂纹。随着应力增大,疲劳扩展区面积比例减小,瞬断区面积增大。

(2) 微观特征。源区呈线源特征,有明显的放射棱线,裂纹扩展阶段疲劳条带细密,瞬断区呈韧窝形貌,见图 1.6-35~图 1.6-37。由断口观察结果可知,随着疲劳应力减小,各扩展阶段条带间距逐渐变小。

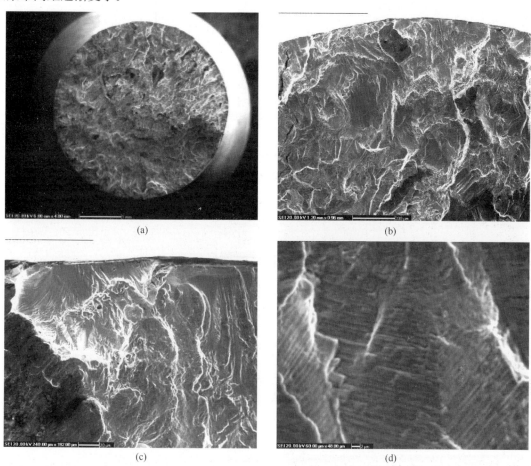

(a)　　　　　　　　　　　　　　　　(b)

(c)　　　　　　　　　　　　　　　　(d)

图 1.6-35　440MPa 断口微观形貌

(a)低倍形貌;(b)源区低倍特征;(c)源区高倍特征;(d)扩展区疲劳条带特征。

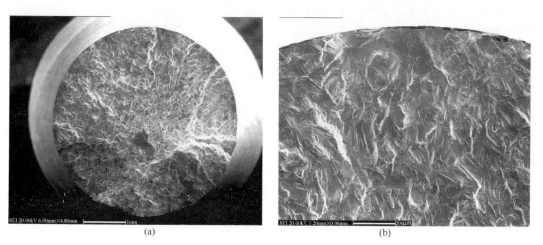

(a)　　　　　　　　　　　　　　　　(b)

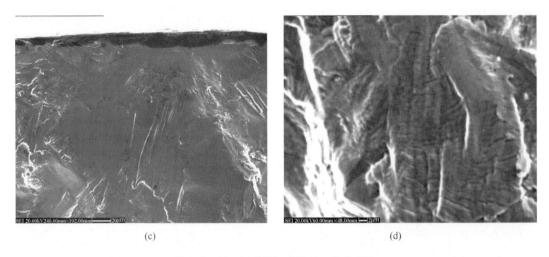

(c)   (d)

图 1.6-36   340MPa 时的断口微观形貌

(a)低倍形貌;(b)源区低倍特征;(c)源区高倍特征;(d)扩展区疲劳条带特征。

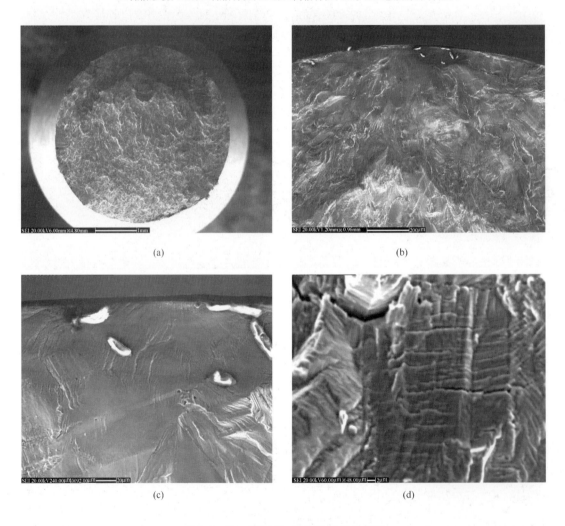

(a)   (b)

(c)   (d)

图 1.6-37   280MPa 时的断口微观形貌

(a)低倍形貌;(b)源区低倍特征;(c)源区高倍特征;(d)扩展区疲劳条带特征。

2）800℃

（1）**宏观特征。**不同试验应力状态下的断口特征均表现为：断口较平齐，高差不大，断面氧化不明显，从试样周向表面多处起源。随着应力增大，源区与扩展区减小，瞬断区面积增大。

（2）**微观特征。**源区呈线源特征，有明显的放射棱线，裂纹扩展阶段疲劳条带细密平直，瞬断区呈韧窝形貌，见图 1.6-38～图 1.6-40。由断口观察结果可知，随着疲劳应力减小，各扩展阶段条带间距逐渐减小。

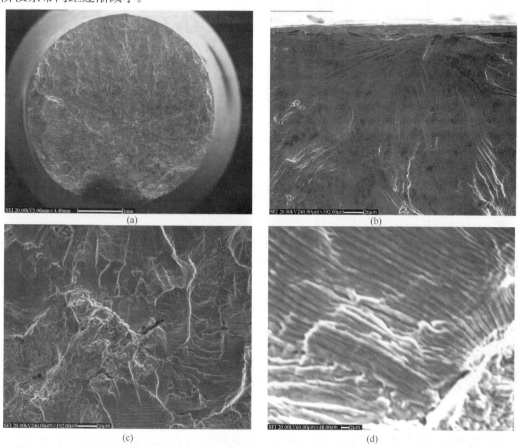

图 1.6-38　300MPa 时的断口微观特征
(a)低倍形貌；(b)源区低倍特征；(c)源区高倍特征；(d)扩展区疲劳条带特征。

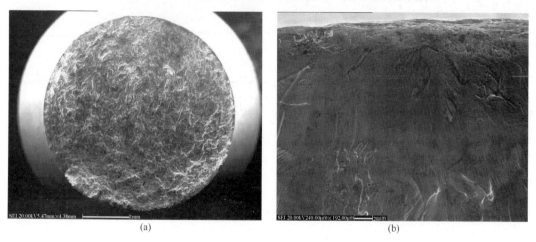

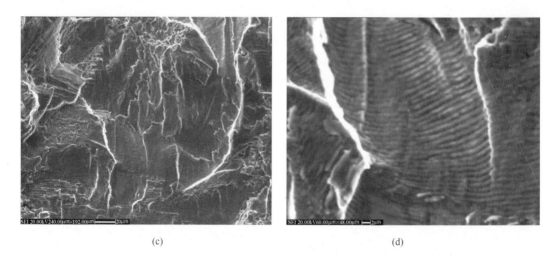

(c)   (d)

图 1.6-39   260MPa 时的断口微观特征

(a)低倍形貌;(b)源区低倍特征;(c)源区高倍特征;(d)扩展区疲劳条带特征。

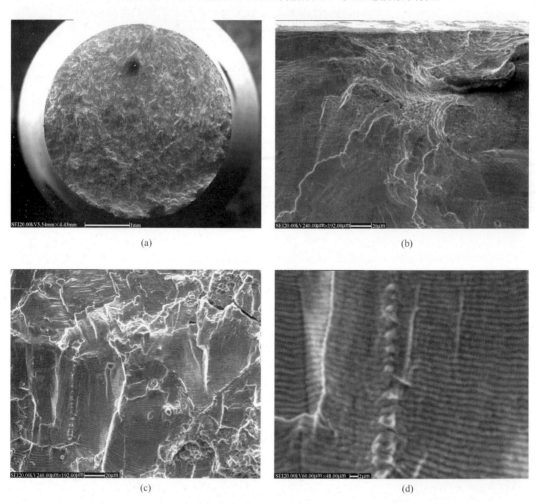

(a)   (b)

(c)   (d)

图 1.6-40   230MPa 时的断口微观特征

(a)低倍形貌;(b)源区低倍特征;(c)源区高倍特征;(d)扩展区疲劳条带特征。

9. 旋转弯曲缺口疲劳

800℃, $K_t = 3$

（1）宏观特征。不同试验应力状态下的断口特征均表现为：断口较平齐，高差不大，断面氧化不明显，从试样周向表面多处起源。随着应力增大，扩展区面积比例减小，瞬断区面积增大。

（2）微观特征。源区呈线源特征，有明显的放射棱线，裂纹扩展阶段疲劳条带细密平直，瞬断区呈韧窝形貌，见图1.6-41~图1.6-43。由断口观察结果可知，随着疲劳应力减小，各扩展阶段疲劳条带间距逐渐变小。

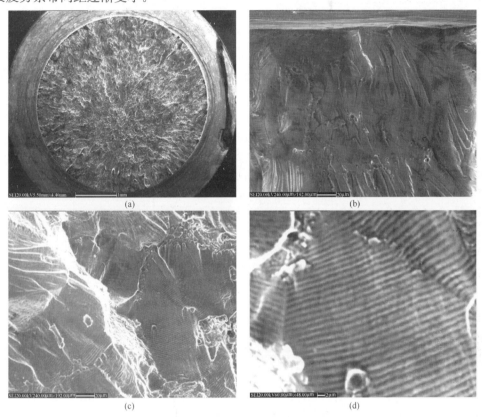

(a)　　　　　　　　　　　(b)

(c)　　　　　　　　　　　(d)

图 1.6-41　160MPa 时的断口微观特征

(a)低倍形貌；(b)源区低倍特征；(c)源区高倍特征；(d)扩展区疲劳条带特征。

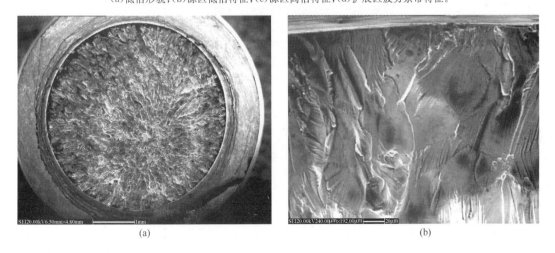

(a)　　　　　　　　　　　(b)

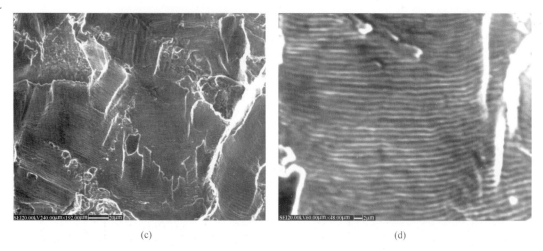

(c)   (d)

图 1.6-42　150MPa 时的断口微观特征
(a)低倍形貌;(b)源区低倍特征;(c)源区高倍特征;(d)扩展区疲劳条带特征。

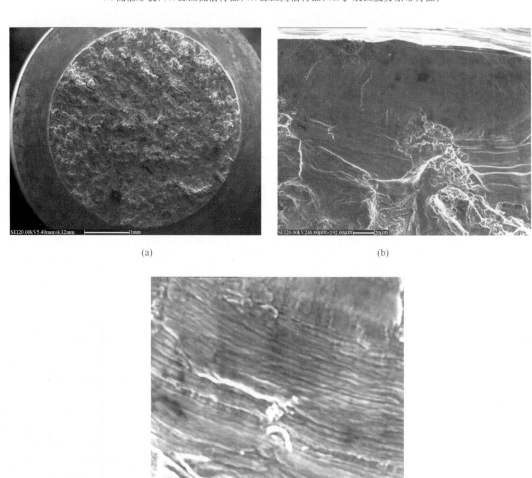

(a)   (b)

(c)

图 1.6-43　140MPa 时的断口微观特征
(a)低倍形貌;(b)源区特征;(c)扩展区疲劳条带特征。

10. 疲劳裂纹扩展

1) 700℃，R=0.1

(1) 宏观特征。700℃，R=0.1断口宏观形貌见图1.6-44，断口分为预制裂纹区、扩展区和瞬断区；断口从缺口处起源，可见明显的预置裂纹疲劳弧线形貌，该区域长度约3mm，呈灰黑色；从约3mm到约22mm为平坦疲劳裂纹扩展区，该区域呈浅黄色；从22mm到27mm区域为快速扩展区，断面较粗糙，呈淡蓝色；瞬断区面积较小，颜色新鲜，呈灰色。

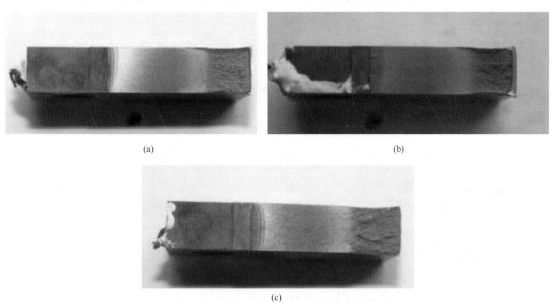

(a)　　　　　　　　　　　(b)

(c)

图1.6-44　700℃，R=0.1裂纹扩展断口宏观特征
(a)最大载荷：5.1kN；(b)最大载荷：2.7kN；(c)最大载荷：2.7kN。

(2) 微观特征。断口呈线源，可见放射棱线，见图1.6-45(a)。裂纹扩展初期和中期疲劳条带细密平直，见图1.6-45(b)、(c)，疲劳条带宽度约为0.44μm和0.5μm。随着裂纹的扩展，到疲劳扩展的后期，疲劳条带间距逐渐加宽，约为0.70μm，且可见二次裂纹，见图1.6-45(d)。瞬断区呈韧窝断裂特征，见图1.6-45(e)。随着疲劳裂纹的逐渐扩展，疲劳扩展区各扩展阶段的疲劳条带间距逐渐加宽。

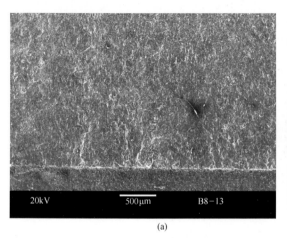

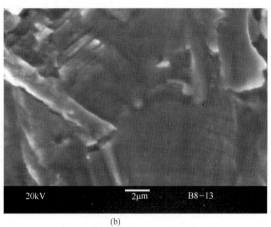

(a)　　　　　　　　　　　(b)

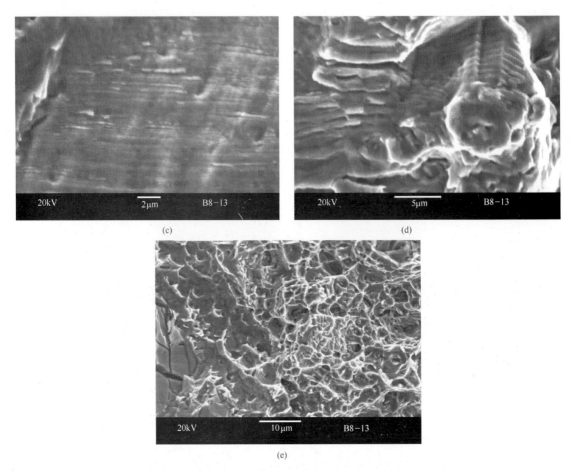

图 1.6 - 45   700℃,$R=0.1$ 裂纹扩展断口微观形貌

(a)源区特征；(b)扩展前期条带特征；(c)扩展中期条带特征；(d)扩展后期条带特征；(e)瞬断区特征。

2) 900℃，$R=0.1$

(1) 宏观特征。 900℃,$R=0.1$ 断口宏观形貌见图 1.6 - 46，断口分为预制裂纹区、扩展区和瞬断区；断口从缺口处起源，可见明显的预置裂纹疲劳弧线形貌，该区域长度约 2mm，呈灰黑色；从约 2mm 到约 20mm 为平坦疲劳裂纹扩展区，该区域呈浅棕红色；从 20mm 到约 27mm 区域为快速扩展区，断面较粗糙，呈黑色；瞬断区面积较小，颜色新鲜，呈灰色。

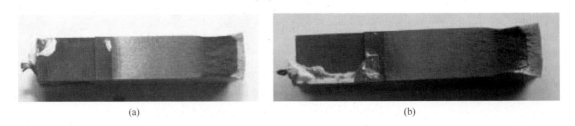

图 1.6 - 46   900℃,$R=0.1$ 裂纹扩展断口宏观特征

(a)最大载荷：3.3kN；(b)最大载荷：3.0kN。

(2) 微观特征。 断口呈线源，可见放射棱线，见图 1.6 - 47(a)。裂纹扩展初期和中期疲劳条带细密平直,见图 1.6-47(b)、(c),疲劳条带宽度约为 $0.42\mu m$ 和 $0.45\mu m$。随着裂纹的扩展,到疲劳扩展的后期,疲劳条带间距逐渐加宽,约为 $1.06\mu m$,且可见二次裂纹,见图 1.6-47(d)。瞬断区呈韧窝断裂特征,见图 1.6-47(e)。随着疲劳裂纹的逐渐扩展,疲劳扩展区各扩展阶段处的疲劳条带间距逐渐加宽。

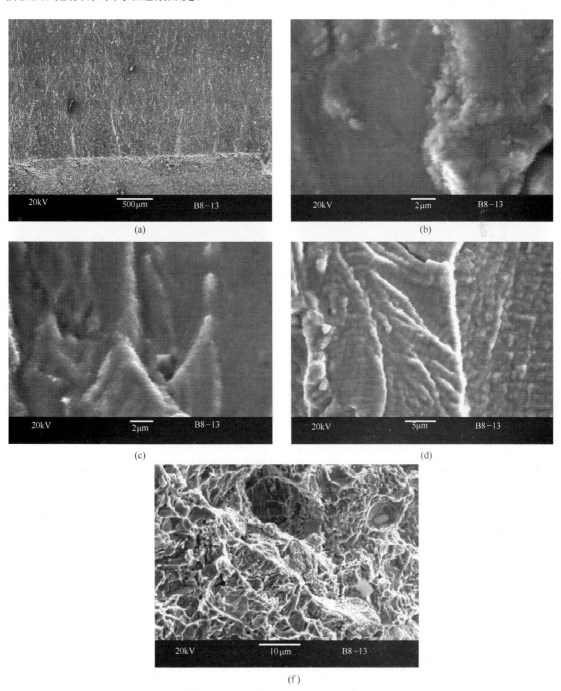

图 1.6-47 900℃,$R=0.1$ 裂纹扩展断口微观形貌

(a)源区特征;(b)扩展前期条带特征;(c)扩展中期条带特征;

(d)扩展后期条带特征;(e)瞬断区特征。

1.7 GH909

1.7.1 概述

GH909 合金是 Fe-Ni-Co 系低膨胀高温合金,650℃ 以下具有较高的强度、低的膨胀系数、几乎恒定不变的弹性模量。主要用于制造航空发动机涡轮外环、压气机和封严环等间隙控制零件。该合金的应用对提高发动机的效率、推力,减少燃气损失,降低油耗都具有十分重要的作用。

1.7.2 组织结构

GH909 的标准热处理制度为:980℃/1h,空冷+720℃/8h,55℃/h 冷却到 620℃/8h,空冷。经标准热处理后的组织为:晶界有颗粒状 Laves 相析出,有粗细两种针状的 ε 和 ε″ 相从晶界向晶内析出。GH909 金相组织形貌见图 1.7-1。

(a) 200×　　　　　　　　　　　　　　(b) 500×

图 1.7-1　GH909 金相组织形貌

1.7.3 断口特征

1. 高周光滑疲劳

1) 400℃,R=0.1

(1) 宏观特征。 三种应力条件下的断口宏观特征基本相同,疲劳裂纹从试样表面起源,呈线源特征,可见从表面起始向内部扩展的放射棱线;疲劳扩展区表面较平坦光滑,呈蓝色;瞬断区位于断口心部,面积较大且高度差异较大,断面较粗糙,呈浅灰色,见图 1.7-2。

(2) 微观特征。 源区呈线源特征,有明显的放射棱线,裂纹扩展初期疲劳条带较细密,随着裂纹的扩展,疲劳条带间距逐渐加宽,扩展后期的疲劳条带较宽,瞬断区为韧窝断裂特征。随着疲劳应力的增加,疲劳扩展各阶段对应的条带宽度逐渐加宽,见图 1.7-3。

2) 400℃,R=-1

(1) 宏观特征。 三种应力条件下的断口宏观特征基本相同,疲劳裂纹从试样表面起源,呈线源特征,可见从表面起始向内部扩展的放射棱线;疲劳扩展区表面较平坦,瞬断区呈浅灰色,

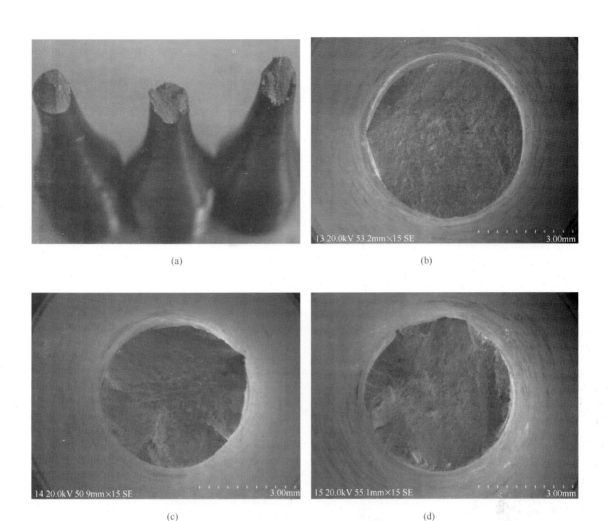

(a)

(b)

(c)

(d)

图 1.7-2 400℃，$R=0.1$ 高周疲劳断口宏观特征

(a)宏观形貌；(b)$\sigma_{max}=630$MPa，$N_f=6.28\times10^6$；

(c)$\sigma_{max}=700$MPa，$N_f=8.22\times10^5$；(d)$\sigma_{max}=760$MPa，$N_f=1.9\times10^4$。

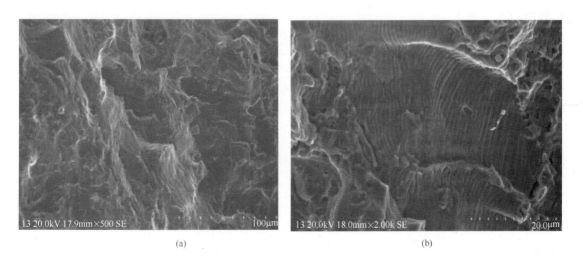

(a)

(b)

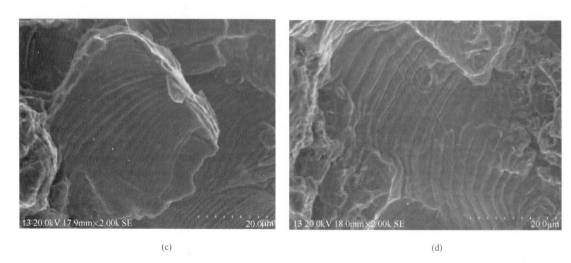

(c)

(d)

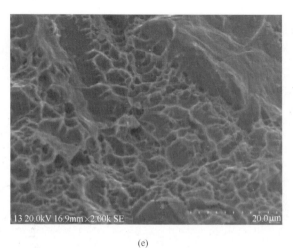

(e)

图 1.7-3　400℃, $R=0.1$ 高周疲劳断口微观特征

(a)源区特征；(b)扩展前期条带特征；(c)扩展中期条带特征；(d)扩展后期条带特征；(e)瞬断区韧窝特征。

位于断口另一侧,面积较大且高度差异较大,见图 1.7-4。

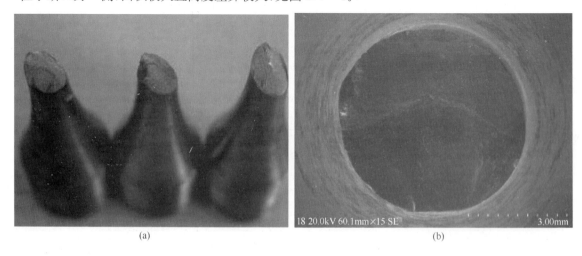

(a)

(b)

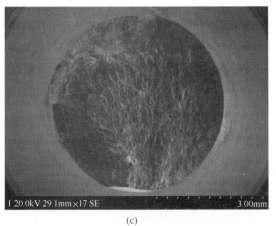
(c)

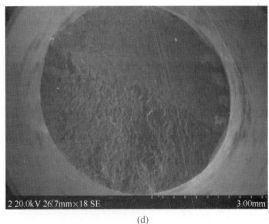
(d)

图 1.7 - 4　400℃, R=-1 高周疲劳断口宏观特征

(a)宏观形貌；(b)σ_{max}=300MPa, N_f=8.19×10⁶；(c)σ_{max}=420MPa, N_f=2.19×10⁵；(d)σ_{max}=510MPa, N_f=4.6×10⁴。

(2) 微观特征。 源区呈线源特征，有明显的放射棱线，裂纹扩展初期疲劳条带较细密，随着裂纹的扩展，疲劳条带间距逐渐加宽，扩展后期的疲劳条带较宽，瞬断区为韧窝断裂特征。随着疲劳应力的增加，疲劳扩展各阶段对应的条带间距逐渐加宽，见图 1.7 - 5。

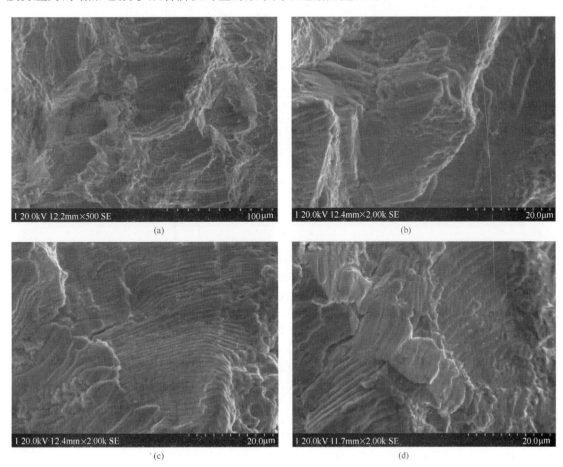

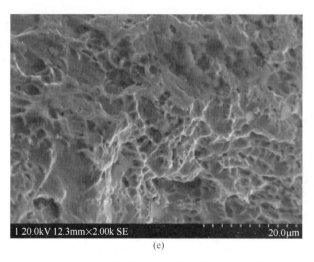

(e)

图 1.7 - 5　400℃，R=-1 高周疲劳断口微观特征

(a)源区特征；(b)扩展前期条带特征；(c)扩展中期条带特征；(d)扩展后期条带特征；(e)瞬断区韧窝特征。

3) 600℃，R=0.1

(1) 宏观特征。三种应力条件下的断口宏观特征基本相同，疲劳裂纹从试样表面起源，呈线源特征，可见从表面起始向内部扩展的放射棱线；疲劳扩展区表面较平坦光滑，呈浅灰色，随着疲劳应力由 640MPa 增大到 760MPa，疲劳扩展区面积由 30％减小到 5％。瞬断区和剪切唇区面积由 30％增大到 50％；瞬断区位于另一侧，面积较大且高度差异较大，断面粗糙呈深灰色，见图 1.7 - 6。

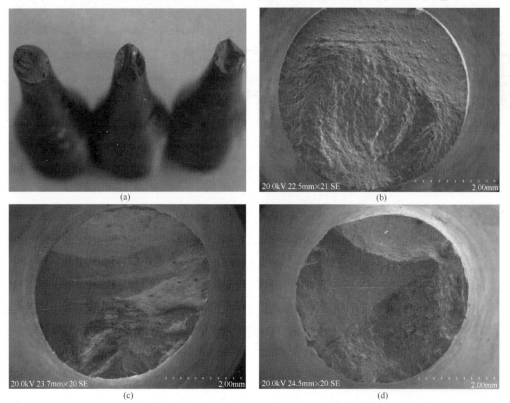

图 1.7 - 6　600℃，R=0.1 高周疲劳断口宏观特征

(a)宏观形貌；(b)σ_{max}=640MPa，N_f=8.72×10^6；(c)σ_{max}=700MPa，N_f=2.34×10^5；(d)σ_{max}=760MPa，N_f=1.9×10^4。

（2）微观特征。 源区呈线源特征，有明显的放射棱线；裂纹扩展初期疲劳条带较细密，随着裂纹的扩展，疲劳条带间距逐渐加宽，可见二次裂纹特征。扩展后期为疲劳条带和韧窝的混合特征，且疲劳条带较宽；瞬断区为韧窝断裂特征。随着疲劳应力的增加，疲劳扩展各阶段对应的条带间距逐渐加宽，见图 1.7-7。

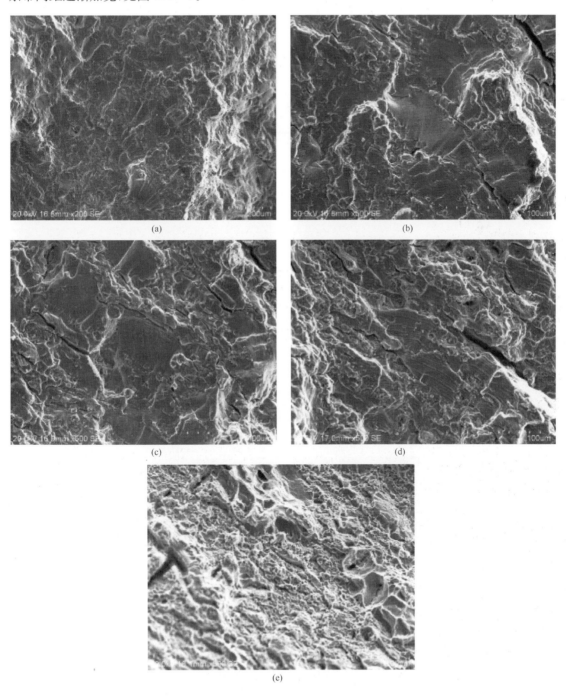

图 1.7-7　600℃，$R=0.1$ 高周疲劳断口微观特征

(a)源区特征；(b)扩展前期条带特征；(c)扩展中期条带特征；
(d)扩展后期条带特征；(e)瞬断区韧窝特征。

4）600℃，R=-1

（1）宏观特征。三种应力条件下的断口宏观特征基本相同，疲劳裂纹从试样表面起源，呈线源特征，可见从表面起始向内部扩展的放射棱线；疲劳扩展区表面较平坦光滑，呈浅灰色，随着疲劳应力由 330MPa 增大到 520MPa，疲劳扩展区面积由 80% 减小到 60%；瞬断区位于另一侧，面积较大且高差较大，断面较粗糙，呈蓝色，见图1.7-8。

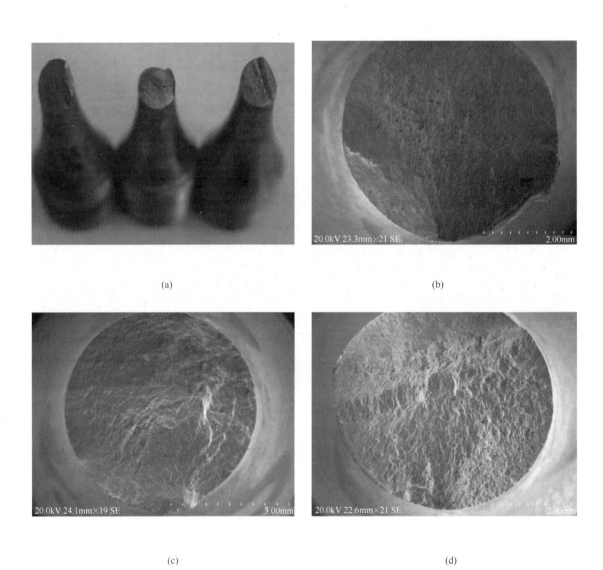

(a)　　　　　　　　　　　　　　　(b)

(c)　　　　　　　　　　　　　　　(d)

图 1.7-8　600℃，R=-1 高周疲劳断口宏观特征

(a)宏观特征；(b)σ_{max}=330MPa，N_f=3.933×10⁶；(c)σ_{max}=450MPa，

N_f=4.97×10⁵；(d)σ_{max}=520MPa，N_f=4.8×10⁴。

（2）微观特征。源区呈线源特征，有明显的放射棱线，裂纹扩展初期疲劳条带较细密，随着裂纹的扩展，疲劳条带间距逐渐加宽，可见二次裂纹特征。扩展后期的疲劳条带较宽，瞬断区为

138

韧窝断裂特征。随着疲劳应力的增加,疲劳扩展各阶段对应的条带间距逐渐加宽,见图1.7-9。

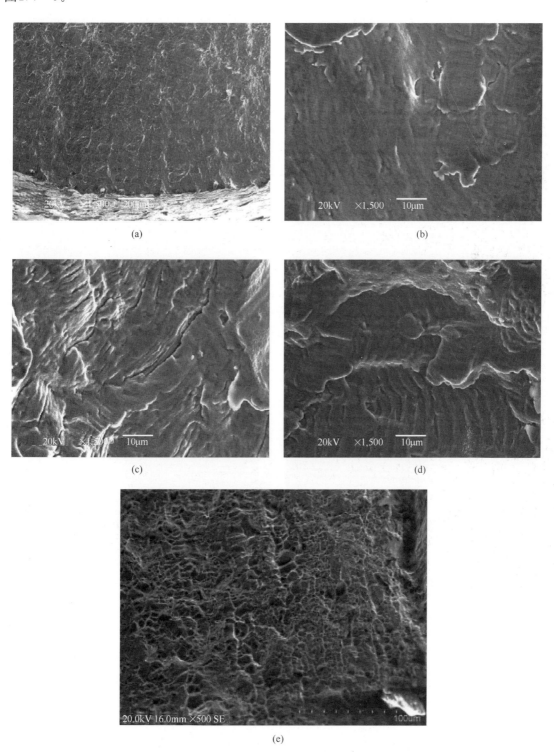

图 1.7-9　600℃,$R=-1$ 高周疲劳断口微观特征

(a)源区特征;(b)扩展前期条带特征;(c)扩展中期条带特征;(d)扩展后期条带特征;(e)瞬断区韧窝特征。

2. 高周缺口疲劳

1) 400℃, $K_t = 3$, $R = 0.1$

(1) 宏观特征。 三种应力条件下的断口宏观特征基本相同,疲劳裂纹从试样缺口根部表面起源,呈线源特征,可见从表面起始向内部扩展的放射棱线;疲劳扩展区表面较平坦光滑,呈浅灰色,随着疲劳应力由 380MPa 增大到 530MPa,疲劳扩展区面积由 90% 减小到 70%;瞬断区呈浅棕色,位于断口另一侧,断面较粗糙,见图 1.7 - 10。

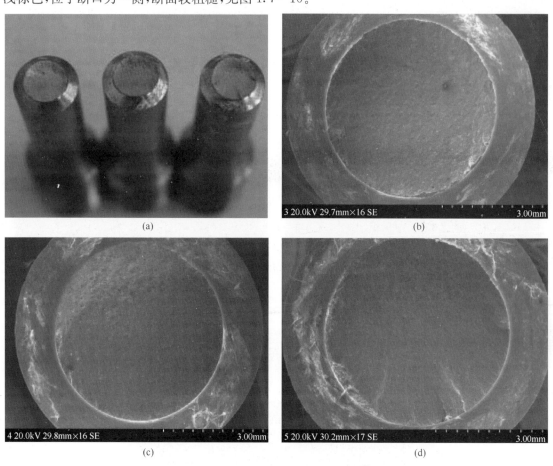

(a)

(b)

(c)

(d)

图 1.7 - 10　400℃, $K_t = 3$, $R = 0.1$ 高周疲劳断口宏观特征

(a)宏观形貌;(b)$\sigma_{max} = 380$MPa, $N_f = 3.943 \times 10^6$;

(c)$\sigma_{max} = 440$MPa, $N_f = 1.35 \times 10^5$;(d)$\sigma_{max} = 530$MPa, $N_f = 3.7 \times 10^4$。

(2) 微观特征。 源区呈线源特征,有明显的放射棱线,裂纹扩展初期疲劳条带较细密,随着裂纹的扩展,疲劳条带间距逐渐加宽,扩展后期的疲劳条带较宽,瞬断区为韧窝断裂特征。随着疲劳应力的增加,疲劳扩展各阶段对应的条带间距逐渐加宽,见图 1.7 - 11。

2) 400℃, $K_t = 3$, $R = -1$

(1) 宏观特征。 三种应力条件下的断口宏观特征基本相同,疲劳裂纹从试样缺口根部表面起源,呈线源特征,可见从表面起始向内部扩展的放射棱线;断口疲劳扩展区呈浅棕色,断面较平坦光滑,随着疲劳应力由 185MPa 增大到 330MPa,疲劳扩展区面积由 98% 减小到 90%;瞬断区位于另一侧,断面较粗糙,见图 1.7 - 12。

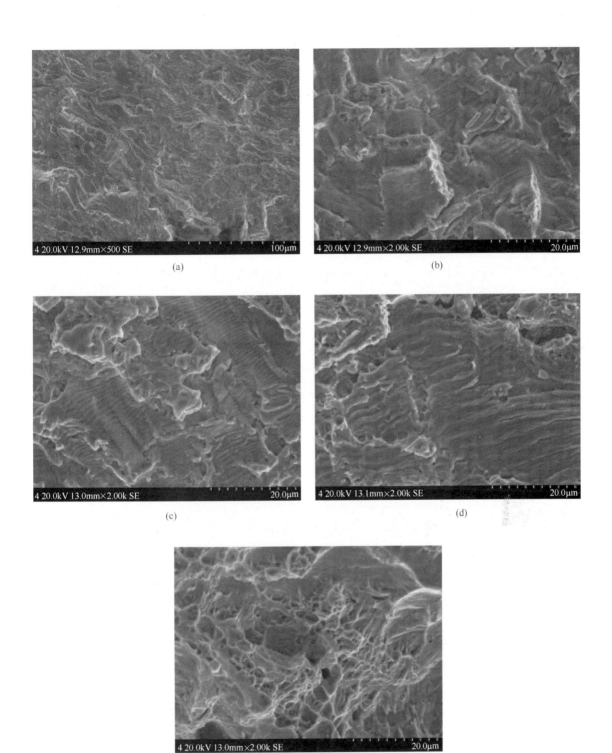

(a)

(b)

(c)

(d)

(e)

图 1.7-11　400℃, $K_t = 3$, $R = 0.1$ 高周疲劳断口微观特征

(a)源区特征；(b)扩展前期条带特征；(c)扩展中期条带特征；

(d)扩展后期条带特征；(e)瞬断区韧窝特征。

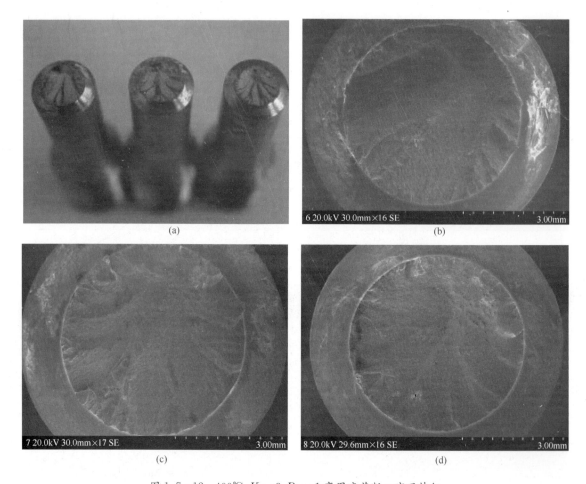

图 1.7 - 12　400℃, K_t＝3, R＝-1 高周疲劳断口宏观特征

(a)宏观形貌；(b)σ_{max}＝185MPa, N_f＝1.012×10⁶；(c)σ_{max}＝250MPa, N_f＝1×10⁵；(d)σ_{max}＝330MPa, N_f＝1.8×10⁴。

（2）微观特征。 源区呈线源特征,有明显的放射棱线,裂纹扩展初期疲劳条带较细密,随着裂纹的扩展,疲劳条带间距逐渐加宽,扩展后期的疲劳条带较宽,可见二次裂纹特征,瞬断区为韧窝断裂特征。随着疲劳应力的增加,疲劳扩展各阶段对应的条带间距逐渐加宽,见图1.7 - 13。

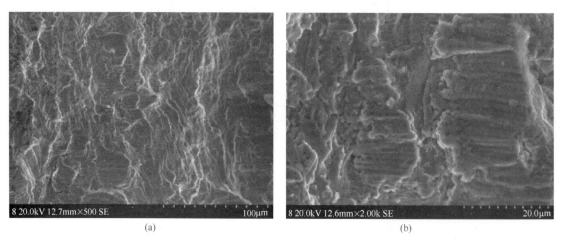

(a)　　　　　　　　　　　　　　　　(b)

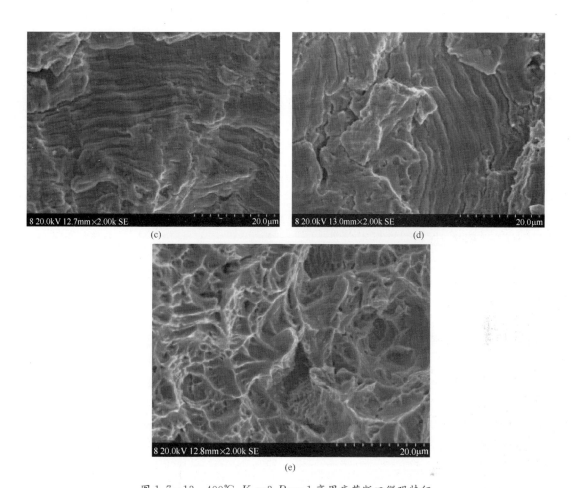

(c)   (d)

(e)

图 1.7-13   400℃,$K_t=3$,$R=-1$高周疲劳断口微观特征

(a)源区特征;(b)扩展前期条带特征;(c)扩展中期条带特征;(d)扩展后期条带特征;(e)瞬断区韧窝特征。

3) 600℃,$K_t=3$,$R=0.1$

（1）宏观特征。 三种应力条件下的断口宏观特征基本相同,疲劳裂纹从试样缺口根部表面起源,呈线源特征,可见从表面起始向内部扩展的放射棱线;疲劳扩展区表面较平坦光滑,呈浅灰色,随着疲劳应力由410MPa增大到530MPa,疲劳扩展区面积由80%减小到60%;瞬断区位于另一侧,断面较粗糙,呈深灰色,见图1.7-14。

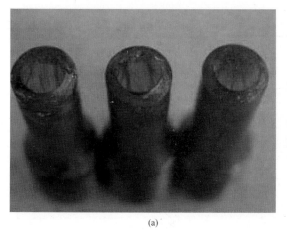
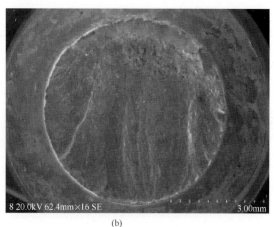

(a)   (b)

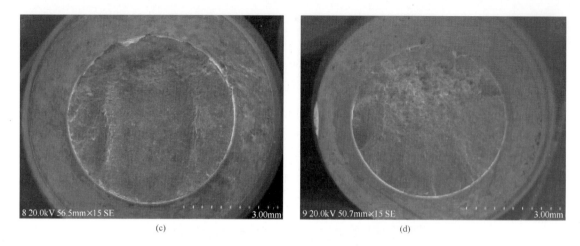

图 1.7 - 14　600℃，$K_t=3$，$R=0.1$ 高周疲劳断口宏观特征
(a)宏观形貌；(b)$\sigma_{\max}=410\text{MPa}$，$N_f=1.58\times10^6$；
(c)$\sigma_{\max}=470\text{MPa}$，$N_f=1.9\times10^5$；(d)$\sigma_{\max}=530\text{MPa}$，$N_f=1.9\times10^4$。

（2）微观特征。源区呈线源特征，有明显的放射棱线，裂纹扩展初期疲劳条带较细密，随着裂纹的扩展，疲劳条带间距逐渐加宽，可见二次裂纹特征。扩展后期的疲劳条带较宽，瞬断区为韧窝断裂特征。随着疲劳应力的增加，疲劳扩展各阶段对应的条带间距逐渐加宽，见图1.7 - 15。

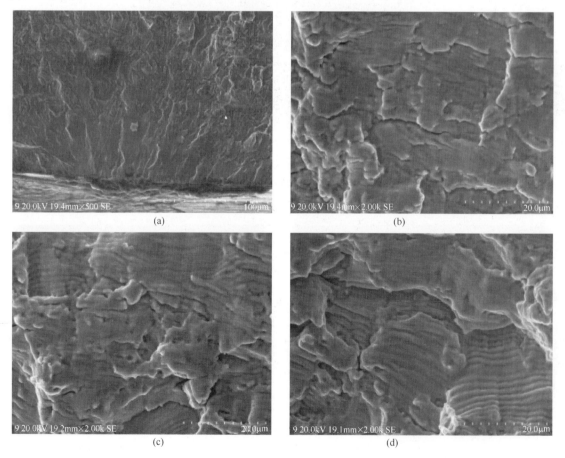

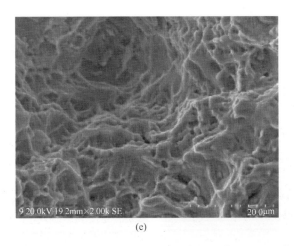

(e)

图 1.7-15　600℃，$K_t=3$，$R=0.1$ 高周疲劳断口微观特征

(a)源区特征；(b)扩展前期条带特征；(c)扩展中期条带特征；(d)扩展后期条带特征；(e)瞬断区韧窝特征。

4）600℃，$K_t=3$，$R=-1$

（1）宏观特征。三种应力条件下的断口宏观特征基本相同，疲劳裂纹从试样缺口根部表面起源，呈线源特征，可见从表面起始向内部扩展的放射棱线；疲劳扩展区表面较平坦光滑，呈浅灰色，随着疲劳应力由 215MPa 增大到 300MPa，疲劳扩展区面积由 80％减小到 60％；瞬断区位于另一侧，断面较粗糙，呈深灰色，见图 1.7-16。

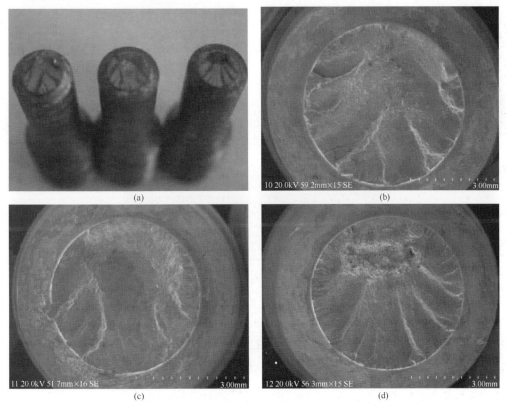

图 1.7-16　600℃，$K_t=3$，$R=-1$ 高周疲劳断口宏观特征

(a)宏观形貌；$\sigma_{max}=215MPa$，$N_f=1.75\times10^6$；(b)$\sigma_{max}=215MPa$，$N_f=1.75\times10^6$；$\sigma_{max}=250MPa$，$N_f=1.26\times10^5$；

(c)$\sigma_{max}=250MPa$，$N_f=1.26\times10^5$；(d)$\sigma_{max}=300MPa$，$N_f=1.5\times10^4$。

（2）微观特征。源区呈线源特征,有明显的放射棱线,裂纹扩展初期疲劳条带较细密,随着裂纹的扩展,疲劳条带间距逐渐加宽,可见二次裂纹特征。扩展后期的疲劳条带较宽,瞬断区为韧窝断裂特征。随着疲劳应力的增加,疲劳扩展各阶段对应的条带间距逐渐加宽,见图 1.7-17。

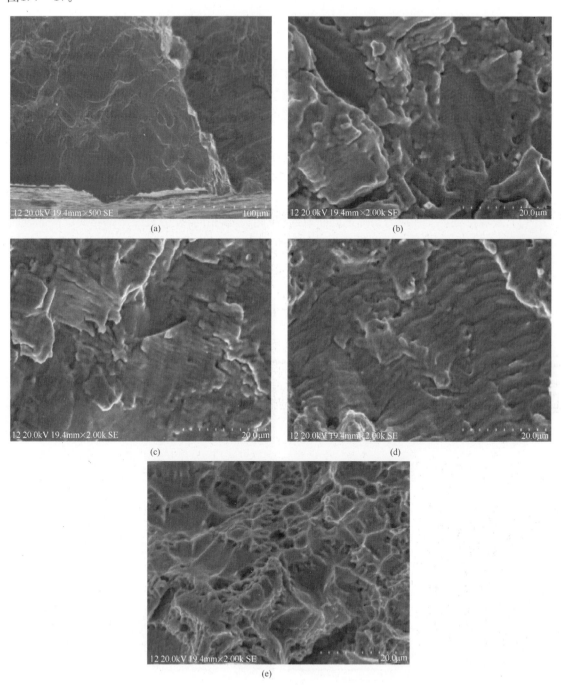

图 1.7-17　600℃,K_t=3,R=-1 高周疲劳断口微观特征

(a)源区特征;(b)扩展前期条带特征;(c)扩展中期条带特征;

(d)扩展后期条带特征;(e)瞬断区韧窝特征。

（3）GH909 高周疲劳断口分析总结。从以上 GH909 高周疲劳断口宏观特征分析可知,疲劳裂纹起始于试样表面,向内部扩展,呈单源特征。源区可见明显的放射线,疲劳区平坦,较光滑,其面积随着试验温度的升高而增大。瞬断区较粗糙,其面积随着试验温度的升高而减小。微观观察结果可知,疲劳裂纹源区可见放射棱线和类解理小平面断裂特征,疲劳裂纹扩展前期疲劳条带较细,扩展后期疲劳条带间距变大,瞬断区为韧窝断裂特征。随着试验温度的升高,各扩展区疲劳条带宽度变大,瞬断区韧窝变大变深,在 650℃时瞬断区出现韧窝和沿晶断裂混合特征。

3. 低周疲劳断口分析

1）400℃,R=-1

（1）宏观特征。三种应变水平条件下的断口宏观特征基本相同,疲劳裂纹从试样缺口根部一侧起源,呈多源特征;疲劳扩展区由浅蓝色向浅黄褐色变化,随着疲劳应变水平按 0.6、0.5、0.45 依次降低,扩展区面积先增大后减小,从占断口面积的 80％增大到 90％后又减小至 40％;瞬断区位于另一侧,呈褐色或灰色,见图 1.7-18。

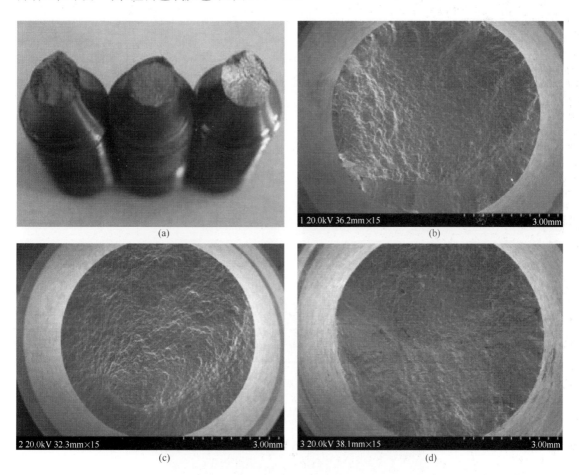

(a)

(b)

(c)

(d)

图 1.7-18　400℃低周光滑疲劳断口宏观特征

(a)断口宏观照片;(b)$\Delta\varepsilon/2=0.6\%$,$N_f=6011$;

(c)$\Delta\varepsilon/2=0.5$,$N_f=17392$;(d)$\Delta\varepsilon/2=0.45\%$,$N_f=59616$。

（2）微观特征。源区呈多源特征,有明显的放射棱线,见图 1.7-19(a)。裂纹扩展初期疲劳条带较细密,见图 1.7-19(b)。随着裂纹的扩展,到疲劳扩展的中后期,疲劳条带间距逐渐加宽,见图 1.7-19(c)、(d)。瞬断区呈韧窝断裂特征,见图 1.7-19(e)。由三种应变水平条件下的断口观察结果可知,随着疲劳应变水平降低,疲劳扩展区各扩展阶段对应的疲劳条带间距逐渐减小。

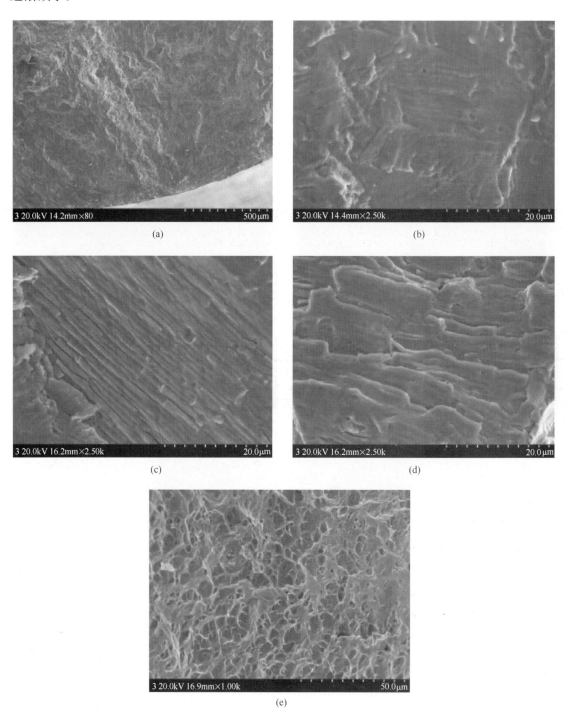

(a)　　　　　　　　　　　　　(b)

(c)　　　　　　　　　　　　　(d)

(e)

图 1.7-19　400℃低周光滑疲劳断口微观形貌

(a)源区低倍形貌;(b)扩展前期疲劳条带形貌;(c)扩展中期疲劳条带形貌;(d)扩展后期疲劳条带形貌;(e)韧窝形貌。

2）550℃,R=-1

（1）宏观特征。 三种应变水平条件下的断口宏观特征基本相同,疲劳裂纹从试样根部一侧起源,呈线源特征;疲劳扩展区呈黄褐色,随着疲劳应变水平按1%、0.6%、0.45%逐次降低,扩展区面积逐渐减小,从占断口面积的60%减小至40%,瞬断区位于另一侧,呈灰色,见图1.7-20。

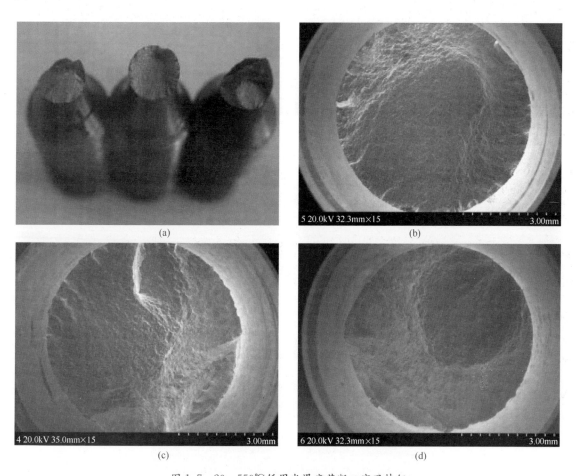

图 1.7-20　550℃低周光滑疲劳断口宏观特征

(a)断口宏观照片;(b)$\Delta\varepsilon/2=1\%$,$N_f=457$;(c)$\Delta\varepsilon/2=0.6\%$,$N_f=3309$;(d)$\Delta\varepsilon/2=0.45\%$,$N_f=105316$。

（2）微观特征。 源区呈线源特征,有明显的放射棱线,见图1.7-21(a)。裂纹扩展初期疲劳条带较细密,见图1.7-21(b)。随着裂纹的扩展,到疲劳扩展的中后期,疲劳条带间距逐渐加宽,见图1.7-21(c)、(d)。瞬断区呈韧窝断裂特征,见图1.7-21(e)。由三种应变水平条件下的断口观察结果可知,随着疲劳应变水平降低,疲劳扩展区各扩展阶段对应的疲劳条带间距逐渐减小。

3）650℃,R=-1

（1）宏观特征。 三种应变水平条件下的断口宏观特征基本相同,疲劳裂纹从试样缺口根部一侧起源,呈多源特征;疲劳扩展区呈蓝灰色,随着疲劳应变水平按0.8%、0.6%、0.45%逐次降低,扩展区面积逐渐增大,从占断口面积的60%增大至90%;瞬断区位于另一侧,呈浅灰褐色,见图1.7-22。

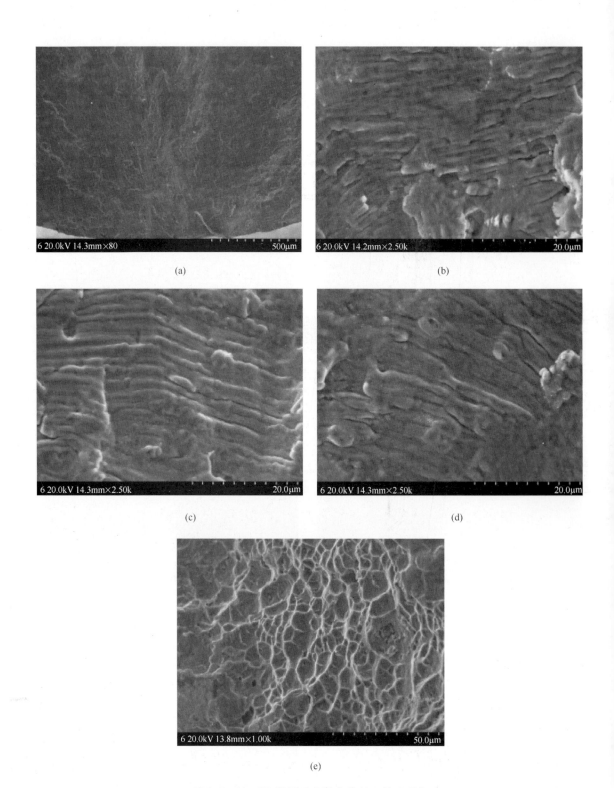

(a)

(b)

(c)

(d)

(e)

图 1.7-21　550℃低周光滑疲劳断口微观形貌
(a)源区特征；(b)扩展前期条带特征；(c)扩展中期条带特征；
(d)扩展后期条带特征；(e)瞬断区特征。

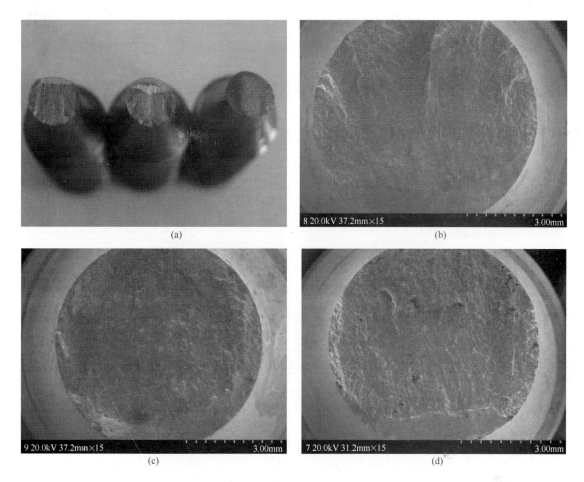

图 1.7-22　650℃低周光滑疲劳断口宏观特征

(a)断口宏观照片；(b)$\Delta\varepsilon/2=0.8\%$，$N_f=674$；(c)$\Delta\varepsilon/2=0.6\%$，$N_f=2557$；(d)$\Delta\varepsilon/2=0.45\%$，$N_f=40153$。

(2) 微观特征。 源区呈线源特征，有明显的放射棱线，见图 1.7-23(a)。裂纹扩展初期疲劳条带较细密，见图 1.7-23(b)。随着裂纹的扩展，到疲劳扩展的中后期，疲劳条带间距逐渐加宽，见图 1.7-23(c)、(d)。瞬断区呈韧窝断裂特征，见图 1.7-23(e)。由三种应变水平条件下的断口观察结果可知，随着疲劳应变水平降低，疲劳扩展区各扩展阶段对应的疲劳条带间距逐渐减小。断面上有比较明显的氧化特征。

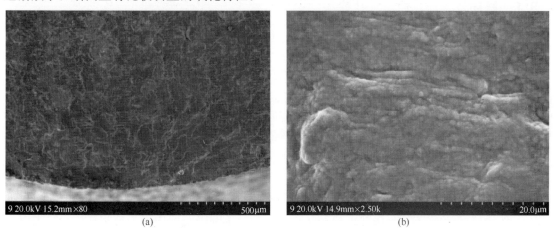

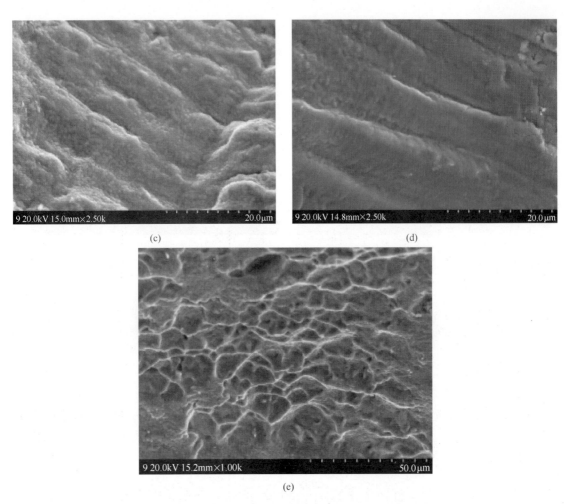

图 1.7 - 23　650℃低周光滑疲劳断口微观形貌

(a)源区特征；(b)扩展前期条带特征；(c)扩展中期条带特征；(d)扩展后期条带特征；(e)瞬断区特征。

1.8　FGH95

1.8.1　概述

　　FGH95 粉末高温合金是采用粉末冶金工艺制备的 γ′相沉淀强化型镍基高温合金。该合金 γ′相的体积分数约为 50%。合金盘件的制造工艺是采用真空感应熔炼制取母合金，然后雾化制取预合金粉末，以直接热等静压、热等静压＋包套模锻、热等静压＋等温锻造等工艺制成零件毛坯。与同类铸、锻高温合金相比，它具有组织均匀、晶粒细小、屈服强度高、疲劳性能好等优点，是当前在 650℃工作条件下强度水平最高的一种涡轮盘用高温合金。该合金可以满足应力水平更高的发动机使用要求，减轻结构重量，是制造高性能发动机涡轮盘、环形件及其他热端部件的关键材料。

1.8.2　组织结构

　　合金基体组织为奥氏体，其特征为变形再结晶和残余枝晶的混合组织，组织均匀，晶粒细小，晶粒度为 ASTM8 级或更细。基体上弥散分布着不同尺寸的沉淀强化相 γ′，0.6μm～3.0μm 的

大 γ' 相呈岛状分布于晶界；$0.2\mu m \sim 0.6\mu m$ 中 γ' 相分布于晶内，有些则在枝晶区；$0.1\mu m$ 以下细小的 γ' 相呈圆颗粒状弥散分布，部分大、中、小的 γ' 相有聚集合并长大的现象。微量相（MC、MN、M_6C、M_3B_2、$M_{23}C_6$）分布在晶界、晶内、γ/γ' 相界以及大 γ' 上。金相组织见图 1.8-1。

(a) 200×   (b) 500×

图 1.8-1 FGH95 金相组织形貌

1.8.3 断口特征

1. 持久

1）550℃，K_t＝3.86

（1）宏观特征。断口较平坦，断裂从试样表面起始，扩展区面积较大，瞬断区有较小的剪切唇特征，见图 1.8-2。断口起始区呈淡蓝色，随着载荷增加，起始区面积逐渐减小，扩展区和瞬断区由深褐色变为浅褐色。

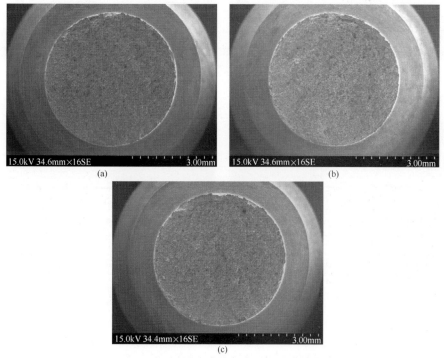

图 1.8-2 550℃，K_t＝3.86 持久断口宏观形貌

(a)550℃/1250MPa,t＝390.50h；(b)550℃/1400MPa,t＝145.80h；(c)550℃/1500MPa,t＝43.00h。

（2）微观特征。 断裂源区呈类解理,韧窝及沿晶断裂特征,见图1.8-3(a)。在源区边缘为类解理平面和韧窝混合形貌,见图1.8-3(b)。源区存在沿晶开裂的形貌特征,见图1.8-3(c)。扩展区沿粉末颗粒开裂的形貌特征更加明显,见图1.8-3(d)。粉末颗粒上可见细小的韧窝形貌,见图1.8-3(e)。瞬断区主要为韧窝形貌,见图1.8-3(f)。

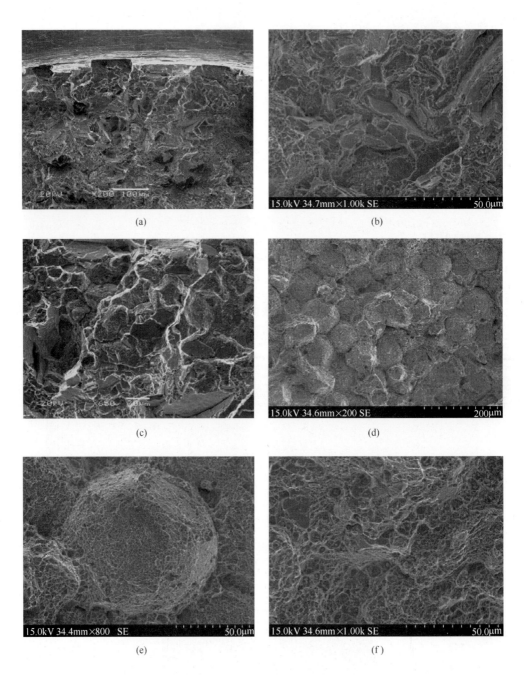

图1.8-3　550℃,K_t=3.86持久断口微观形貌

(a)断口源区类解理+沿晶断裂特征;(b)源区边缘类解理平面和韧窝;(c)断裂源区沿晶开裂特征;
(d)断裂扩展区沿粉末颗粒开裂;(e)粉末颗粒上的细小韧窝;(f)瞬断区的韧窝形貌。

2）650℃，$K_t=3.86$

（1）宏观特征。 断口较平坦，断裂从试样表面起始，随着载荷增加，起始区面积减小；扩展区面积较大，瞬断区有较小的剪切唇特征，见图1.8-4。断口起始区呈蓝色，扩展区和瞬断区为黄褐色。

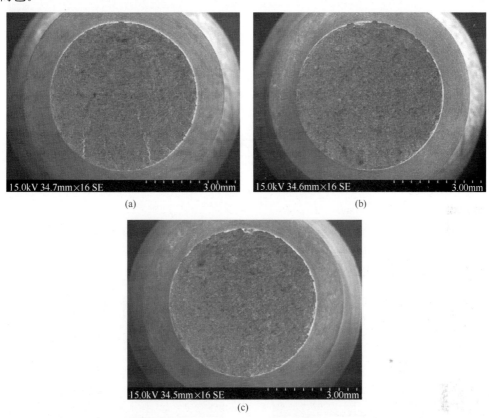

图1.8-4 650℃，$K_t=3.86$持久断口宏观形貌

(a)650℃/980MPa，$t=347.00h$；(b)650℃/1050MPa，$t=128.00h$；(c)650℃/1120MPa，$t=6.42h$。

（2）微观特征。 断裂源区呈沿晶断裂特征，见图1.8-5(a)。在源区边缘为类解理平面和韧窝混合形貌，源区类解理特征较少，沿晶较多，有氧化特征。见图1.8-5(b)。扩展区可见明显的沿粉末颗粒开裂的形貌特征，稳定扩展区以类解理特征为主，见图1.8-5(c)。瞬断区主要为韧窝形貌，见图1.8-5(d)。

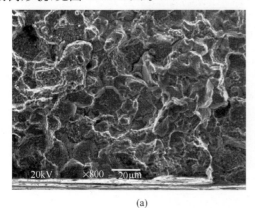 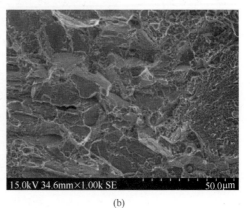

(a)　　　　　　　　　　　　　　　(b)

155

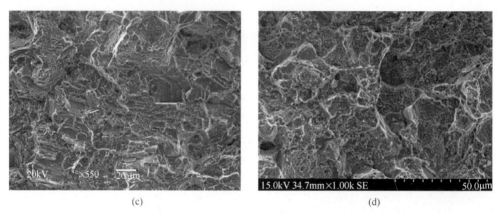

(c)　　　　　　　　　　　　　　　　(d)

图 1.8-5　650℃,K_t=3.86持久断口微观形貌

(a)断口源区沿晶断裂特征;(b)源区边缘类解理平面和韧窝;(c)稳定扩展区的类解理特征;(d)瞬断区的韧窝形貌。

2. 低周疲劳

650℃,R=-1

(1)宏观特征。断口较平坦,可见明显的颗粒状特征,氧化明显。主断口下侧平坦,边缘为蓝色。疲劳裂纹从断口表面起源,应变较低时,为单源特征,点源,并可见磨损特征,见图1.8-6和图1.8-7。应变较高时,为多源特征,源区磨损较严重,见图1.8-8。

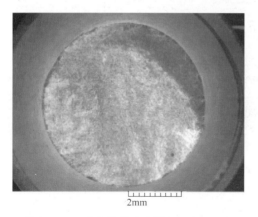

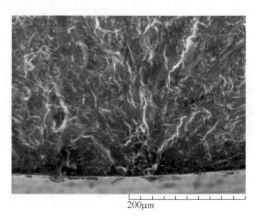

图 1.8-6　应变较低时试样断口宏观形貌　　　　图 1.8-7　应变较低时试样单源形貌

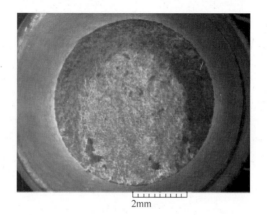

图 1.8-8　应变较高时试样断口宏观形貌

（2）微观特征。扩展初期可见明显的疲劳特征，见图1.8-9。扩展中后期为快速滑移形成的滑移小平面或滑移台阶以及疲劳条带和韧窝特征，见图1.8-10。瞬断区以韧窝特征为主，局部为类解理特征，见图1.8-11。应变较高时部分区域可见快速滑移形成的类解理特征，见图1.8-12。扩展区以快速滑移类解理特征为主，离原区较近即可观察到疲劳条带，局部可见韧窝，见图1.8-13，瞬断区为韧窝特征。

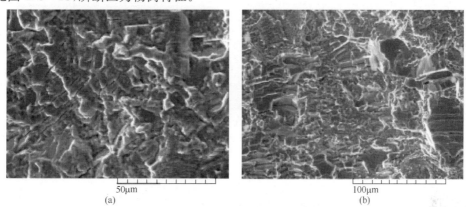

图1.8-9　应变较低时疲劳区的特征
(a)疲劳条带；(b)少量疲劳条带和滑移台阶。

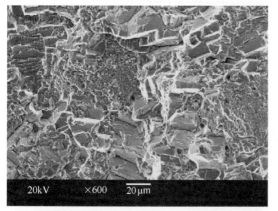

图1.8-10　应变较低时扩展区后期类解理与韧窝

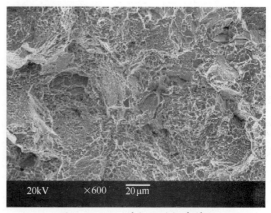

图1.8-11　瞬断区的韧窝特征

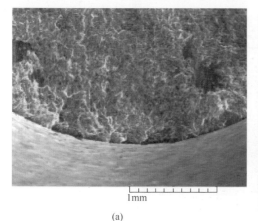

图1.8-12　应变较高时多源特征
(a)低倍；(b)高倍。

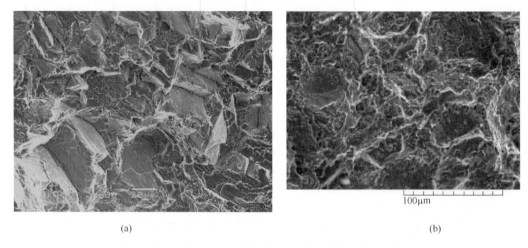

(a)   (b)

图 1.8-13　应变较高时快速扩展区的快速滑移特征和韧窝

(a)低倍；(b)高倍。

3. 疲劳蠕变

1）650℃,R=−1,保载时间 0～60s

（1）宏观特征。 三个断口整体高差不大,下侧主断口较平坦,边缘为蓝灰色,呈纺锤形扩展,可见从下侧边缘起源的放射棱线,多源特征,每个源均为小线源,见图 1.8-14 和图 1.8-15。

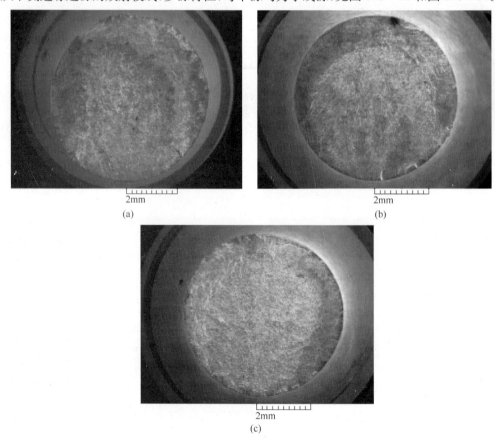

(a)   (b)

(c)

图 1.8-14　650℃,R=−1,保载时间 0s～60s 疲劳蠕变宏观形貌

(a)$\Delta\varepsilon_t$=0.5%,N_f=504;(b)$\Delta\varepsilon_t$=0.7%,N_f=246;(c)$\Delta\varepsilon_t$=0.9%,N_f=39。

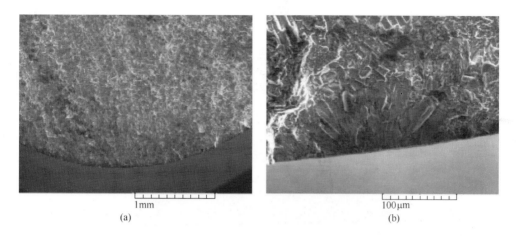

图 1.8-15　650℃,$R=-1$,保载时间 0s～60s 疲劳蠕变源区形貌

(a)低倍；(b)高倍。

（2）微观特征。三个断口稳定扩展区可见明显的疲劳条带特征,见图 1.8-16。快速扩展区为沿晶＋韧窝特征,见图 1.8-17。瞬断区以韧窝特征为主,见图 1.8-18。

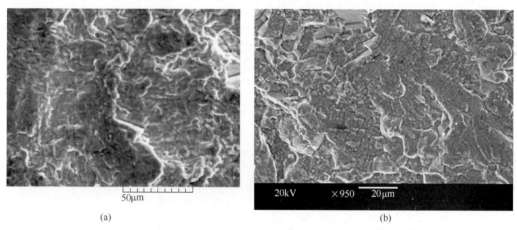

图 1.8-16　650℃,$R=-1$,保载时间 0s～60s 疲劳条带少量沿晶

(a)低倍；(b)高倍。

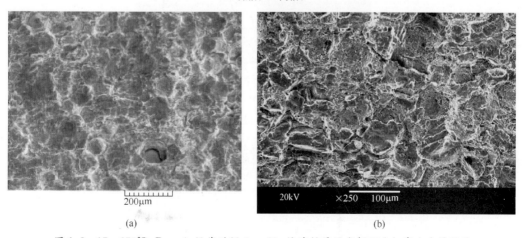

图 1.8-17　650℃,$R=-1$,保载时间 0s～60s 快速扩展区类解理＋韧窝＋少量沿晶

(a)低倍；(b)高倍。

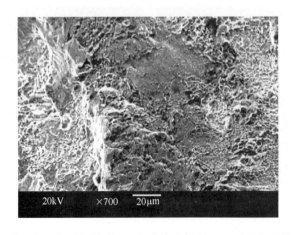

图 1.8-18　650℃,R＝-1,保载时间 0～60s 瞬断区形貌

2) 650℃,R＝-1,保载时间 30s～30s

(1) 宏观特征。三个断口下侧主断口较平坦,边缘呈蓝灰色,见图 1.8-19。裂纹从下侧边缘起源,源区较粗糙,可见放射棱线,多源特征,见图 1.8-20 和图 1.8-21。

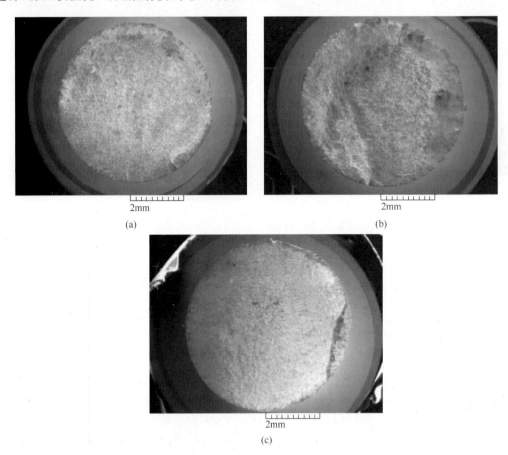

图 1.8-19　650℃,R＝-1,保载时间 30s～30s 疲劳蠕变宏观形貌
(a)$\Delta\varepsilon_t$＝0.5％,N_f＝504;(b)$\Delta\varepsilon_t$＝0.7％,N_f＝246;(c)$\Delta\varepsilon_t$＝1％,N_f＝2。

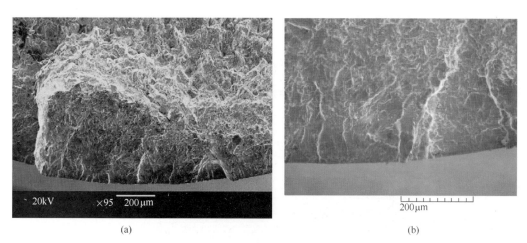

(a)   (b)

图 1.8-20　应变较小时源区形貌

(a)低倍；(b)高倍。

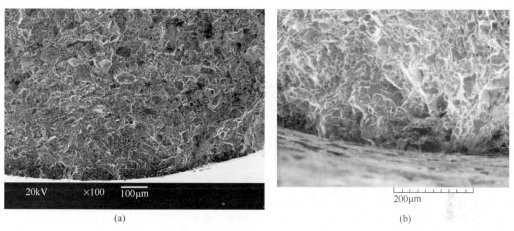

(a)   (b)

图 1.8-21　应变较小时源区形貌

(a)低倍；(b)高倍。

（2）微观特征。 稳定扩展区可见疲劳特征,见图 1.8-22。扩展区后期可见沿晶和原始颗粒边界,见图 1.8-23。瞬断区以韧窝特征为主,见图 1.8-24 和图 1.8-25。

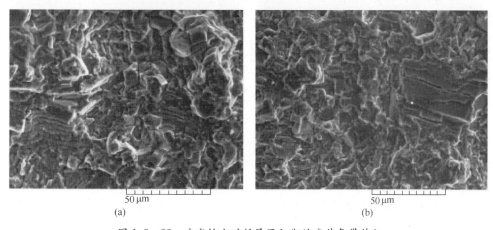

(a)   (b)

图 1.8-22　应变较小时扩展区初期的疲劳条带特征

(a)低倍；(b)高倍。

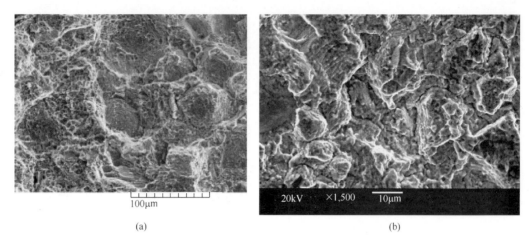

(a)

(b)

图 1.8－23　应变较小时扩展区后期的沿晶、原始颗粒边界和韧窝特征

(a)低倍；(b)高倍。

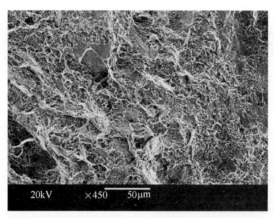

图 1.8－24　应变较小时瞬断区形貌

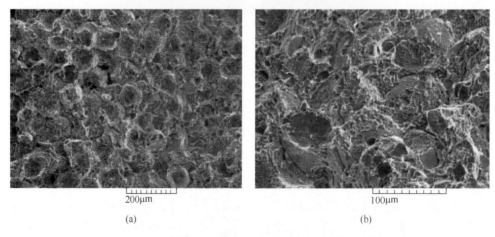

(a)

(b)

图 1.8－25　应变较大时扩展区后期的沿晶、原始颗粒边界和韧窝

(a)低倍；(b)高倍。

3) 650℃ ,R＝－1,保载时间 60s～0s

(1) 宏观特征。三个断口高差较大,下侧主断口较平坦,从边缘起源,纺锤形扩展,可见粗大的放射棱线,多源特征,见图 1.8－26 和图 1.8－27。

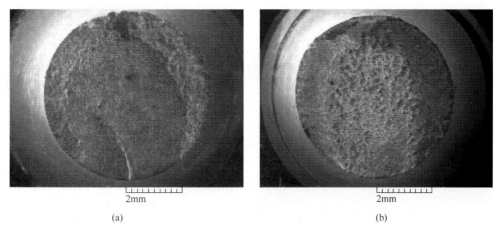

(a)　　　　　　　　　　　　　　　　　(b)

图 1.8 - 26　650℃, $R=-1$, 保载时间 60s～0s 疲劳蠕变宏观形貌

(a)$\Delta\varepsilon_t=0.5\%$, $N_f=504$;(b)$\Delta\varepsilon_t=0.7\%$, $N_f=246$。

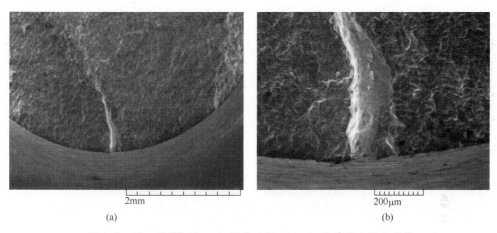

(a)　　　　　　　　　　　　　　　　　(b)

图 1.8 - 27　650℃, $R=-1$, 保载时间 60s～0s 疲劳蠕变源区形貌

(a)低倍;(b)高倍。

(2) 微观特征。源区可见局部氧化和沿晶特征,见图 1.8 - 28。扩展区初期可见疲劳特征,见图 1.8 - 29。扩展区后期可见沿晶、原始颗粒边界和韧窝,见图 1.8 - 30。瞬断区以韧窝特征为主,见图 1.8 - 31。

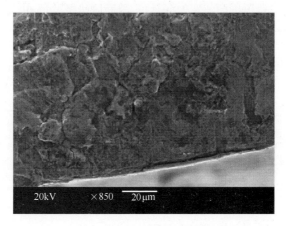

图 1.8 - 28　源区局部氧化和沿晶特征形貌

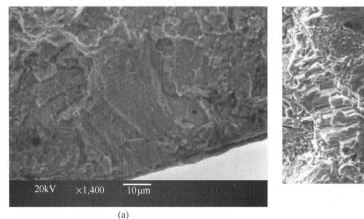

(a)

(b)

图 1.8-29 扩展区初期的疲劳特征

(a)低倍;(b)高倍。

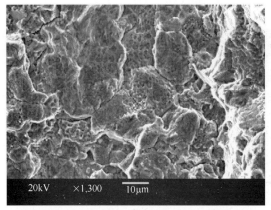

图 1.8-30 扩展区后期的沿晶和韧窝特征

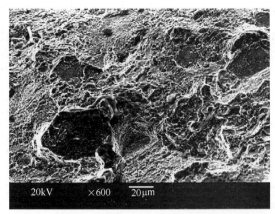

图 1.8-31 瞬断区的韧窝特征

4. 裂纹扩展

1) 10mm 厚度试样,$R=0.1$

(1) 宏观特征。断口宏观特征见图 1.8-32。两断口的预制疲劳裂纹区均从缺口根部呈多源、线源起裂,疲劳扩展区均平坦、光滑,瞬断区较粗糙,约占整个断口的 40%。室温断口预制疲劳裂纹区呈黑灰色,扩展区呈亮灰色,瞬断区呈暗灰色;650℃断口预制疲劳裂纹区和扩展区前期呈浅黄色,扩展区中后期由浅蓝色逐渐转变为深蓝色,瞬断区呈藏蓝色,可见明显的剪切唇。

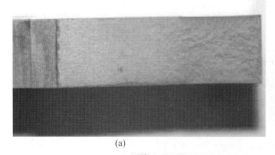

(a)

(b)

图 1.8-32 10mm 厚度试样,$R=0.1$ 裂纹扩展速率断口的宏观特征

(a)断口 A,室温;(b)断口 B,650℃。

（2）微观特征。 预制疲劳裂纹区起始于缺口根部，为多源、线源特征，并可见明显的疲劳弧线，见图 1.8 - 33(a)、(b)。断口 A 裂纹扩展前期的疲劳条带形貌见图 1.8 - 33(c)。断口 B 裂纹扩展前期呈沿晶特征，见图 1.8 - 33(d)。两断口裂纹 1.8 - 35(f)、(h)扩展中期、后期的疲劳条带形貌见图 1.8 - 33(e)、(g)，断口 B 裂纹扩展中期,后期的疲劳条带形貌分别见图随着裂纹扩. 展，疲劳条带间距逐渐加宽，而且，与室温相比,650℃断口各阶段的疲劳条带相对较宽。

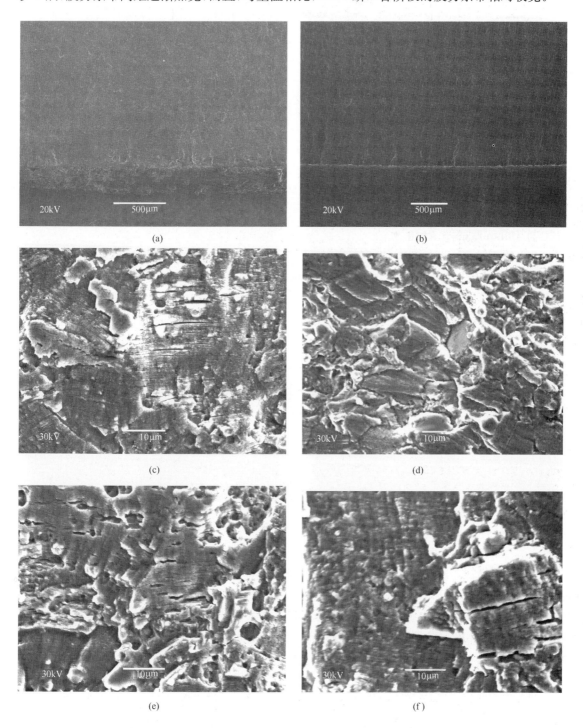

(a)

(b)

(c)

(d)

(e)

(f)

165

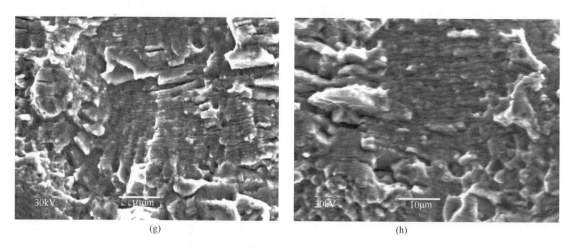

(g)　　　　　　　　　　　　　　　　(h)

图 1.8-33　10mm 厚度试样,$R=0.1$ 裂纹扩展速率断口微观形貌

(a)试样 A 的源区特征;(b)试样 B 的源区特征;(c)试样 A 疲劳扩展初期的疲劳条带;(d)试样 B 疲劳扩展初期的沿晶特征;
(e)试样 A 疲劳扩展中期的疲劳条带;(f)试样 B 疲劳扩展中期的疲劳条带;(g)试样 A 疲劳扩展后期的疲劳条带;
(h)试样 B 疲劳扩展后期的疲劳条带。

2) 10mm 厚试样,$R=0.5$

(1) 宏观特征。断口宏观特征见图 1.8-34。两断口的预制疲劳裂纹区均从缺口根部呈多源起裂,疲劳扩展区均平坦、光滑,瞬断区较粗糙,约占整个断口的 50%。室温断口预制疲劳裂纹区和扩展区呈亮灰色,瞬断区呈暗灰色;650℃断口预制疲劳裂纹区和扩展区前期呈暗灰色,扩展区中后期由浅蓝色逐渐转变为深蓝色,瞬断区呈藏蓝色,可见明显的剪切唇。

图 1.8-34　10mm 厚度试样,$R=0.5$ 裂纹扩展速率断口的宏观特征

(a)断口 A,室温;(b)断口 B,650℃。

(2) 微观特征。预制疲劳裂纹区起始于缺口根部,为多源特征,并可见明显的疲劳弧线,见图 1.8-35(a)、(b)。断口 A 裂纹扩展前期的疲劳条带形貌见图 1.8-35(c)。断口 B 裂纹扩展前期可见疲劳条带和沿晶特征,见图 1.8-35(d)。断口 A 裂纹扩展中期、后期的疲劳条带形貌见图 1.8-35(e)～(g),断口 B 裂纹扩展中期,后期的疲劳条带形貌分别见图 1.8-35(f)、(h)随着裂纹扩展,疲劳条带间距逐渐加宽,而且,与室温相比,650℃断口各阶段的疲劳条带相对较宽。

3) 4mm 厚度试样,$R=0.1$

(1) 宏观特征。断口宏观特征见图 1.8-36。两断口的预制疲劳裂纹区均从缺口根部呈多源起裂,疲劳扩展区均平坦、光滑,瞬断区较粗糙,断口 A 的瞬断区约占整个断口的 35%,断口

B 的瞬断区约占整个断口的 50％。室温断口预制疲劳裂纹区呈黑灰色,扩展区呈亮灰色,瞬断区呈暗灰色;650℃断口预制疲劳裂纹区和扩展区前期呈青灰色,扩展区中后期由浅蓝色逐渐转变为深蓝色,瞬断区呈藏蓝色。

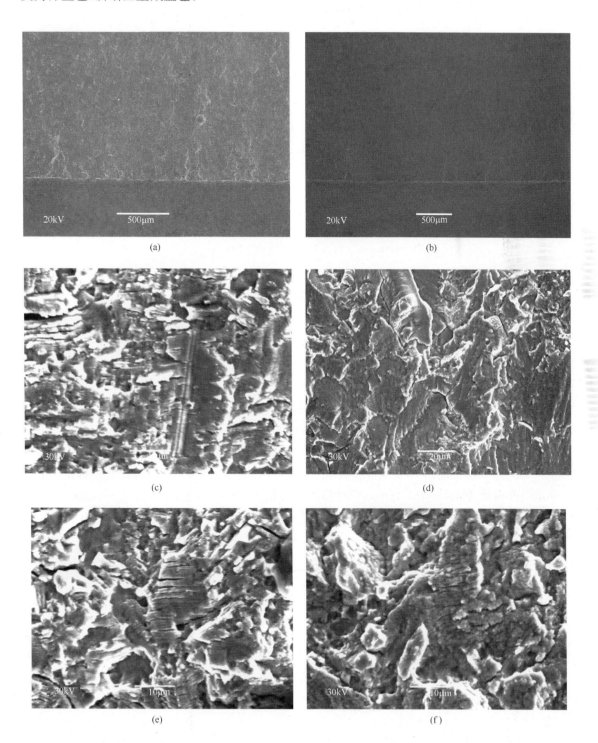

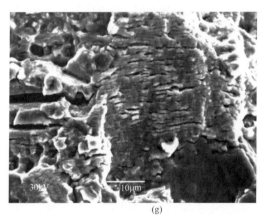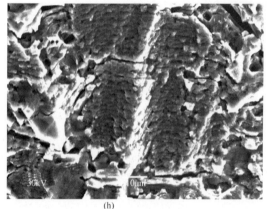

(g)   (h)

图 1.8-35　10mm 厚度试样,$R=0.5$ 裂纹扩展速率断口微观形貌

(a)试样 A 的源区特征;(b)试样 B 的源区特征;(c)试样 A 疲劳扩展初期的疲劳条带;

(d)试样 B 疲劳扩展初期的沿晶特征;(e)试样 A 疲劳扩展中期的疲劳条带及沿晶特征;

(f)试样 B 疲劳扩展中期的疲劳条带;(g)试样 A 疲劳扩展后期的疲劳条带;(h)试样 B 疲劳扩展后期的疲劳条带。

图 1.8-36　4mm 厚度试样,$R=0.1$ 裂纹扩展速率断口的宏观特征

(a)断口 A,室温;(b)断口 B,650℃。

(2) 微观特征。预制疲劳裂纹区起始于缺口根部,为多源特征,并可见明显的疲劳弧线,见图 1.8-37(a)、(b)。断口 A 裂纹扩展前期的疲劳条带形貌见图 1.8-37(c)。断口 B 裂纹扩展前期呈沿晶特征,见图 1.8-37(d)。两断口裂纹扩展中期、后期的疲劳条带形貌见图 1.8-37(e)~(h),随着裂纹扩展,疲劳条带间距逐渐加宽,而且,与室温相比,650℃断口各阶段的疲劳条带相对较宽。

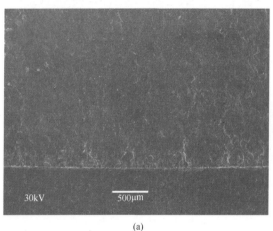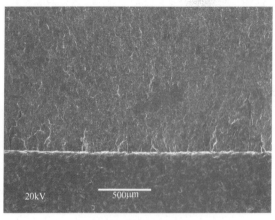

(a)   (b)

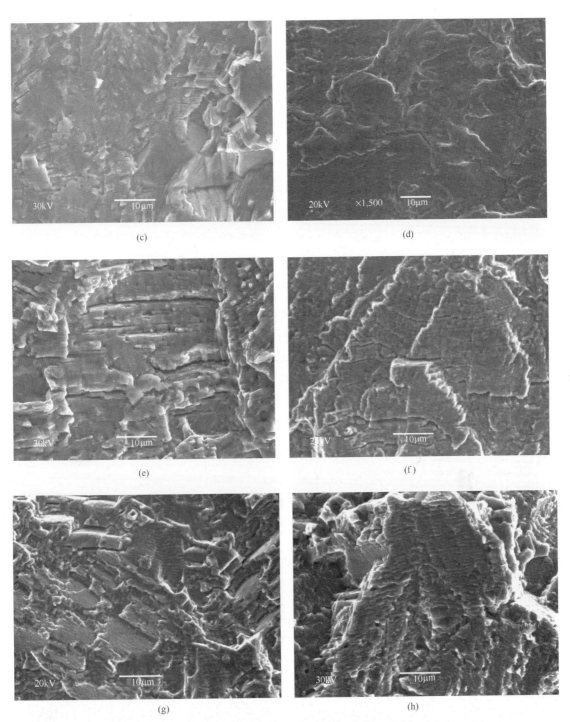

图 1.8-37　4mm 厚度试样,$R＝0.1$裂纹扩展速率断口微观形貌

(a)试样 A 的源区特征;(b)试样 B 的源区特征;(c)试样 A 疲劳扩展初期的疲劳条带;(d)试样 B 疲劳扩展初期的沿晶特征;
(e)试样 A 疲劳扩展中期的疲劳条带;(f)试样 B 疲劳扩展中期的疲劳条带;(g)试样 A 疲劳扩展后期的疲劳条带;
(h)试样 B 疲劳扩展后期的疲劳条带。

4) 4mm 厚试样,$R＝0.5$

(1) 宏观特征。 断口宏观特征见图 1.8-38。两断口的预制疲劳裂纹区均从缺口根部呈多源起裂,疲劳扩展区均平坦、光滑,瞬断区较粗糙,约占整个断口的45%。室温断口预制疲劳裂纹区呈黑灰色,扩展区呈亮灰色,瞬断区呈暗灰色;650℃断口预制疲劳裂纹区和扩展区前期呈青灰色,扩展区中后期由浅蓝色逐渐转变为深蓝色,瞬断区呈藏蓝色,可见明显的剪切唇。

图1.8-38　4mm厚度试样,$R=0.5$裂纹扩展速率断口的宏观特征
(a)断口A,室温;(b)断口B,650℃。

(2) 微观特征。预制疲劳裂纹区起始于缺口根部,为多源特征,并可见明显的疲劳弧线,见图1.8-39(a)、(b)。断口A裂纹扩展前期的疲劳条带形貌见图1.8-39(c)。断口B裂纹扩展前期有疲劳条带和沿晶特征,见图1.8-39(d)。两断口裂纹扩展中期、后期的疲劳条带形貌见图1.8-39(e)~(h),随着裂纹扩展,疲劳条带间距逐渐加宽,而且,与室温相比,650℃断口各阶段的疲劳条带相对较宽。

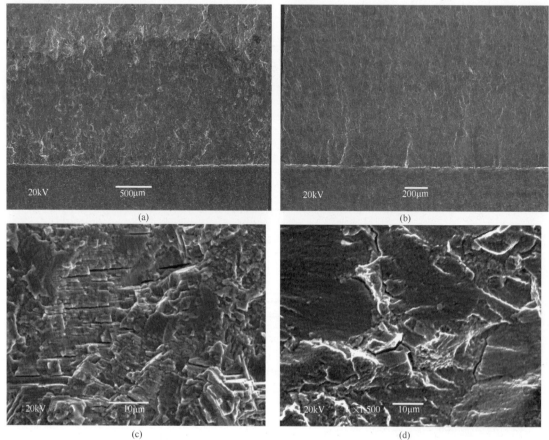

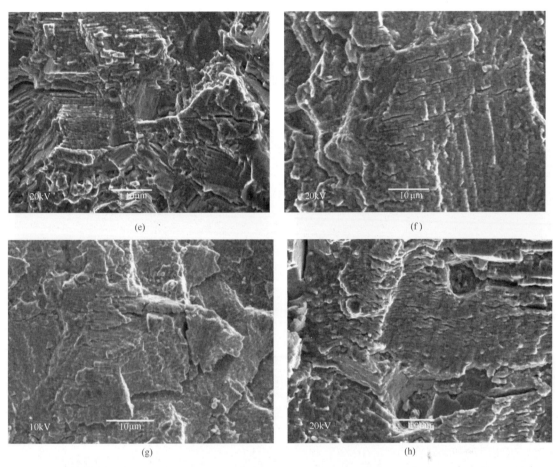

(e)   (f)

(g)   (h)

图 1.8-39　4mm 厚度试样，$R=0.5$ 裂纹扩展速率断口微观形貌

(a)试样 A 的源区特征;(b)试样 B 的源区特征;(c)试样 A 疲劳扩展初期的疲劳条带;(d)试样 B 疲劳扩展初期
的疲劳条带和沿晶特征;(e)试样 A 疲劳扩展中期的疲劳条带和疲劳条带;(f)试样 B 疲劳扩展中期的疲劳条带;
(g)试样 A 疲劳扩展后期的疲劳条带;(h)试样 B 疲劳扩展后期的疲劳条带。

5）2mm 厚度试样，$R=0.1$

（1）宏观特征。断口宏观特征见图 1.8-40。两断口的预制疲劳裂纹区均从缺口根部呈多
源起裂，疲劳扩展区均平坦、光滑，瞬断区较粗糙，约占整个断口的 35%。室温断口预制疲劳裂
纹区及扩展区均呈亮灰色，瞬断区呈暗灰色;650℃断口预制疲劳裂纹区和扩展区前期呈青灰
色，扩展区中后期由浅蓝色逐渐转变为深蓝色，瞬断区呈藏蓝色，可见明显的剪切唇。

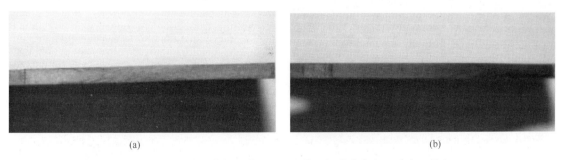

(a)   (b)

图 1.8-40　2mm 厚度试样，$R=0.1$ 裂纹扩展速率断口的宏观特征

(a)断口 A,室温;(b)断口 B,650℃。

（2）微观特征。 预制疲劳裂纹区起始于缺口根部，为多源特征，并可见明显的疲劳弧线，见图 1.8 - 41(a)、(b)。断口 A 裂纹扩展前期的疲劳条带形貌见图 1.8 - 41(c)。断口 B 裂纹扩展前期呈疲劳条带和沿晶特征，见图 1.8 - 41(d)。两断口裂纹扩展中期、后期的疲劳条带形貌见图 1.8 - 41(e)～(h)，随着裂纹扩展，疲劳条带间距逐渐加宽，而且，与室温相比，650℃断口各阶段的疲劳条带相对较宽。

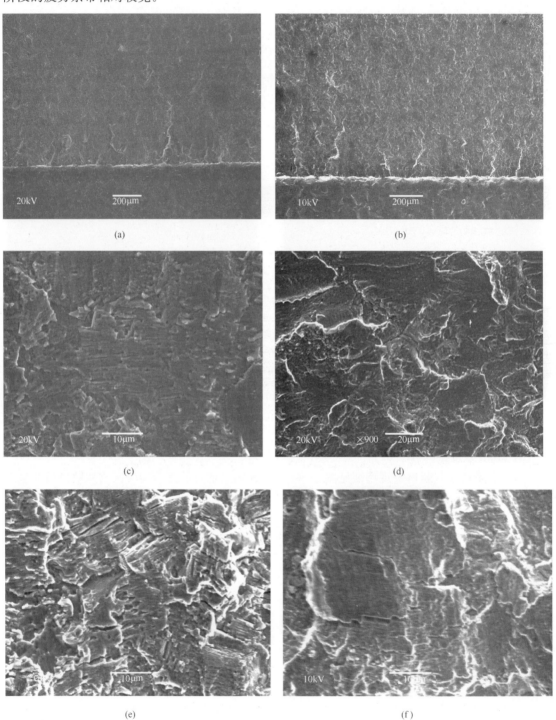

(a)

(b)

(c)

(d)

(e)

(f)

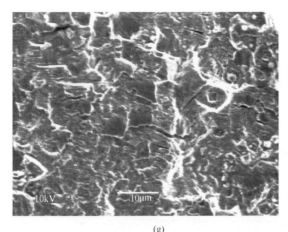
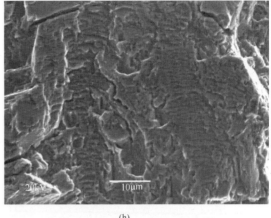

(g)　　　　　　　　　　　　(h)

图 1.8-41　2mm 厚度试样 $R=0.1$ 裂纹扩展速率断口微观形貌

(a)试样 A 的源区特征;(b)试样 B 的源区特征;(c)试样 A 疲劳扩展初期的疲劳条带;(d)试样 B 疲劳扩展初期的疲劳条带和沿晶特征;(e)试样 A 疲劳扩展中期的疲劳条带;(f)试样 B 疲劳扩展中期的疲劳条带;(g)试样 A 疲劳扩展后期的疲劳条带;(h)试样 B 疲劳扩展后期的疲劳条带。

6) 2mm 厚试样,$R=0.5$

(1)宏观特征。断口宏观特征见图 1.8-42。两断口的预制疲劳裂纹区均从缺口根部呈多源起裂,疲劳扩展区均平坦、光滑,瞬断区较粗糙,约占整个断口的 40%。室温断口预制疲劳裂纹区呈黑灰色,扩展区呈亮灰色,瞬断区呈暗灰色;650℃断口预制疲劳裂纹区和扩展区前期呈青灰色,扩展区中后期由浅蓝色逐渐转变为深蓝色,瞬断区呈藏蓝色,可见明显的剪切唇。

(a)　　　　　　　　　　　　(b)

图 1.8-42　2mm 厚度试样,$R=0.5$ 裂纹扩展速率断口的宏观特征

(a)断口 A,室温;(b)断口 B,650℃。

(2)微观特征。预制疲劳裂纹区起始于缺口根部,为多源特征,并可见明显的疲劳弧线,见图 1.8-43(a)、(b)。断口 A 裂纹扩展前期的疲劳条带形貌见图 1.8-43(c)。断口 B 裂纹扩展前期呈沿晶特征,见图 1.8-43(d)。两断口裂纹扩展中期、后期的疲劳条带形貌见图 1.8-43(e)~(h),随着裂纹扩展,疲劳条带间距逐渐加宽,而且,与室温相比,650℃断口各阶段的疲劳条带相对较宽。

总结:

(1)应力比 R 对 FGH95 高温合金疲劳裂纹扩展断口特征的影响:从以上断口分析可以看出,应力比 R 对 FGH95 高温合金的疲劳裂纹扩展有着一定的影响,通过条带宽度对比发现,在相同温度下,应力比为 0.5 时比应力比为 0.1 时的疲劳裂纹扩展速率要大一些。应力比对其疲劳裂纹扩展速率的影响主要原因是由于塑性诱发的裂纹闭合,在相同的应力强度因子范围下,应力比高则相应的最大应力强度因子要大一些,根据 Dugdale 公式计算的塑性区尺寸也要大一些,这样其裂纹张开应力强度因子相应也大一些,表现在疲劳裂纹扩展性能的影响上就是:

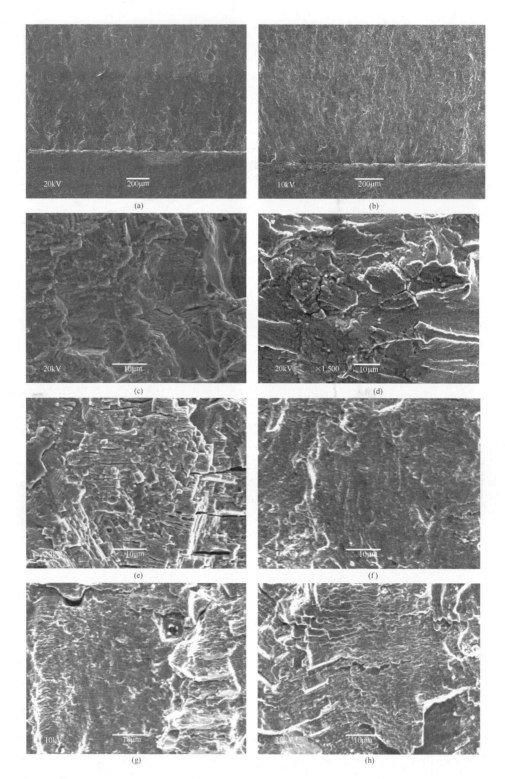

图 1.8-43 2mm 厚度试样，$R=0.5$ 裂纹扩展速率断口微观形貌

(a)试样 A 的源区特征；(b)试样 B 的源区特征；(c)试样 A 疲劳扩展初期的疲劳条带；(d)试样 B 疲劳扩展初期的沿晶特征；
(e)试样 A 疲劳扩展中期的疲劳条带；(f)试样 B 疲劳扩展中期的疲劳条带；(g)试样 A 疲劳扩展后期的疲劳条带；
(h)试样 B 疲劳扩展后期的疲劳条带。

随着应力比的增大,在相同名义 Δk 下裂纹扩展速率增大。

(2) 温度对 FGH95 高温合金疲劳裂纹扩展断口特征的影响: 在室温下,无论在较小还是较大应力比条件下,FGH95 高温合金的疲劳裂纹扩展的破坏形式都是穿晶破坏(疲劳条带),而在650℃时,疲劳裂纹扩展前期有沿晶扩展特征,中后期则为穿晶破坏(疲劳条带)为主,说明在室温下,机械疲劳是其裂纹扩展的唯一原因。在高温下,FGH95 高温合金的裂纹扩展是机械疲劳与环境氧化共同作用的结果。通过比较不同条件下的疲劳条带宽度,可知与应力比 R 相比,温度对 FGH95 高温合金疲劳裂纹扩展速率的影响更为明显,温度的升高对 FGH95 高温合金的裂纹扩展有明显的促进作用。

7) 门槛值,$R=0.1$

(1) 宏观特征。 断口宏观特征见图 1.8-44。两断口的预制疲劳裂纹区均从缺口根部呈多源起裂,疲劳扩展区均平坦、光滑,瞬断区较粗糙,断口 A 的瞬断区约占整个断口的 20%,断口 B 的瞬断区约占整个断口的 10%。室温断口预制疲劳裂纹区呈亮灰色,扩展区前期呈黑灰色,中后期呈亮灰色,瞬断区呈暗灰色,扩展区前期和中期可见明显的疲劳弧线;650℃断口预制疲劳裂纹区呈褐色,扩展区前期呈紫褐色,随着裂纹扩展,扩展区中期呈浅黄色与青灰色交替分布,扩展区后期呈深蓝色,瞬断区呈藏蓝色,整个扩展区可见明显的疲劳弧线。

图 1.8-44　$R=0.1$ 门槛值断口的宏观特征
(a)断口 A,室温;(b)断口 B,650℃。

(2) 微观特征。 预制疲劳裂纹区起始于缺口根部,为多源特征,并可见明显的疲劳弧线,见图 1.8-45(a)、(b)。断口 A 裂纹扩展前期的疲劳条带形貌见图 1.8-45(c)。断口 B 裂纹扩展前期有沿晶特征,见图 1.8-45(d)。两断口裂纹扩展中期、后期的疲劳条带形貌见图 1.8-45(e)～(h),随着裂纹扩展,疲劳条带间距逐渐加宽,而且,与室温相比,650℃断口各阶段的疲劳条带相对较宽。

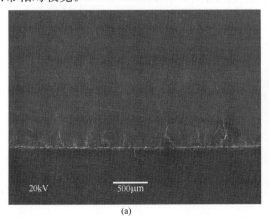
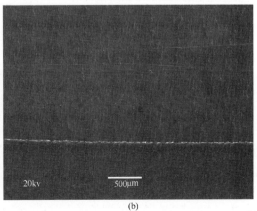

(a)　　　　　　　　　　　　　　　(b)

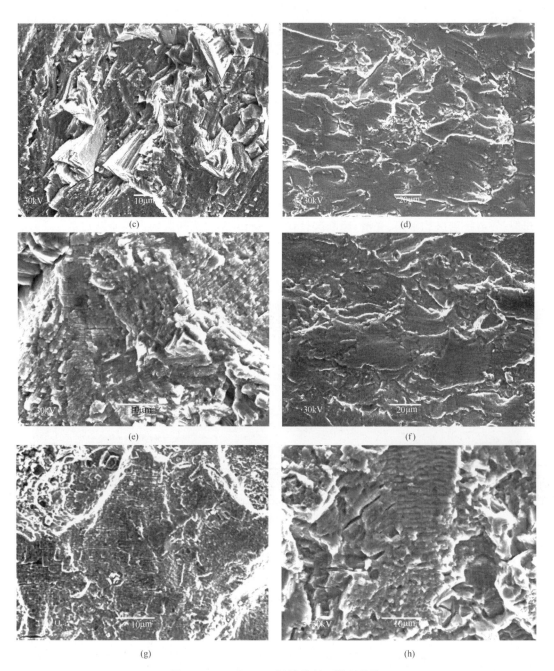

图 1.8-45　$R=0.1$ 门槛值断口微观形貌

(a)试样 A 的源区特征;(b)试样 B 的源区特征;(c)试样 A 疲劳扩展初期的疲劳条带;(d)试样 B 疲劳扩展初期的沿晶特征;
(e)试样 A 疲劳扩展中期的疲劳条带;(f)试样 B 疲劳扩展中期的疲劳条带;(g)试样 A 疲劳扩展后期的疲劳条带;
(h)试样 B 疲劳扩展后期的疲劳条带。

8）门槛值,$R=0.5$

（1）宏观特征。断口宏观特征见图 1.8-46。两断口的预制疲劳裂纹区均从缺口根部呈多源起裂,疲劳扩展区均平坦、光滑,瞬断区较粗糙,断口 A 的瞬断区约占整个断口的 25%,断口 B 的瞬断区约占整个断口的 15%。室温断口预制疲劳裂纹区呈亮灰色,扩展区中期呈黑灰色,扩展区后期呈亮灰色,瞬断区呈暗灰色,扩展区前期和中期可见明显的疲劳弧线;650℃断口预制疲劳裂纹区呈褐色,扩展区前期呈紫褐色,随着裂纹扩展,扩展区中期呈浅黄色与青灰色交替分布,扩展区后期呈深蓝色,瞬断区呈深灰色,整个扩展区可见明显的疲劳弧线。

(a)　　　　　　　　　　　　　　　　(b)

图 1.8-46　$R=0.5$ 门槛值断口的宏观特征

(a)断口 A,室温;(b)断口 B,650℃。

(2) 微观特征。预制疲劳裂纹区起始于缺口根部,为多源特征,并可见明显的疲劳弧线,见图 1.8-47(a)、(b)。断口 A 裂纹扩展前期的疲劳条带形貌见图 1.8-47(c),断口 B 裂纹扩展前期呈沿晶和疲劳条带特征,见图 1.8-47(d)。两断口裂纹扩展中期、后期的疲劳条带形貌见图 1.8-47(e)~(f),随着裂纹扩展,疲劳条带间距逐渐加宽,而且,与室温相比,650℃断口各阶段的疲劳条带相对较宽。

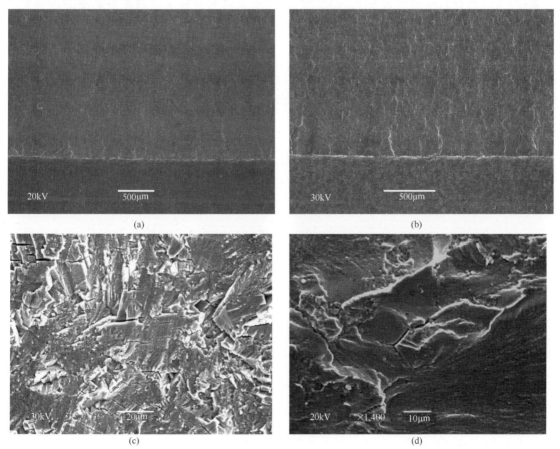

(a)　　　　　　　　　　　　　　　　(b)

(c)　　　　　　　　　　　　　　　　(d)

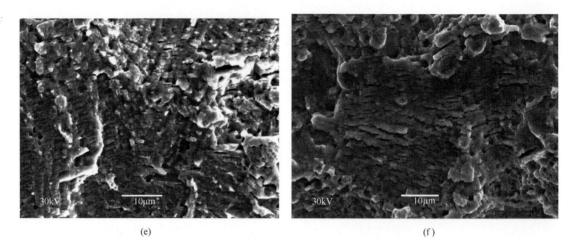

(e)   (f)

图 1.8-47 $R=0.5$ 门槛值断口微观形貌

(a)试样 A 的源区特征;(b)试样 B 的源区特征;(c)试样 A 疲劳扩展初期的疲劳条带;(d)试样 B 疲劳扩展初期的沿晶特征;(e)试样 A 疲劳扩展中期的疲劳条带;(f)试样 B 疲劳扩展中期的疲劳条带。

(3) 总结。 与裂纹扩展速率试验断口相比,测门槛值的试验断口扩展区存在明显的疲劳弧线,这是因为测门槛值试验时,应力幅是不断变化的,而裂纹扩展速率试验的应力幅是恒定的。测门槛值的试验断口微观特征与裂纹扩展速率试验断口相同,应力比 R 与温度的升高均会促进裂纹扩展,而且与应力比 R 相比,温度对 FGH95 高温合金疲劳裂纹扩展速率的影响更为明显。

第二章　航空发动机用定向凝固和单晶高温合金断口特征

2.1　DZ125

2.1.1　概述

　　DZ125 定向凝固合金具有良好的中、高温综合性能及优异的热疲劳性能。合金中 Ti 的含量较低,含有 1.5%铪,使合金具有良好的铸造性能,可铸成壁厚小至 0.6mm 的带有复杂内腔的无余量定向凝固叶片。由于合金中含有铪、钽等贵重元素,致使合金成本较高。DZ125 适合于制作在 1000℃以下的燃气涡轮转子叶片和 1050℃以下工作的导向叶片以及其他高温零件。

2.1.2　组织结构

　　DZ125 合金的热处理制度为:1180℃,2h+1230℃,3h,空冷+1100℃,4h,空冷+870℃,20h,空冷。

　　DZ125 铸件热处理后,其金相组织见图 2.1-1。合金的组成相有:γ 固溶体、γ' 相、碳化物(包括 MC_1、MC_2、$M_{23}C_6$、M_6C 等)、M_3B_2、金属间化合物 NiHf、硫碳化合物 $(M, Hf)_2SC$。γ' 相中约有 10%体积分数的 γ/γ' 共晶相,经固溶处理后,其体积分数降至 6%左右。合金经 900℃/4000 h 长期时效后在热处理后的组织除 γ 基体外,还存在有 γ'、M_6C、$M_{23}C_6$、MC,长期时效后 γ' 长大和聚集,MC 碳化物逐渐分解,析出 $M_{23}C_6$ 和 M_6C,不析出 TCP 相。

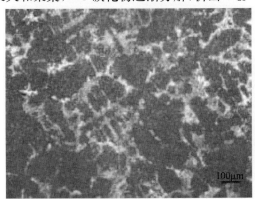
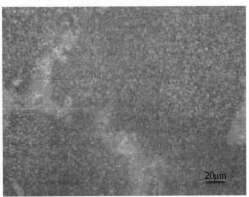

图 2.1-1　DZ125 合金的金相组织

2.1.3　断口特征

1. 光滑拉伸

1) 横向

(1) 宏观特征。 断口平坦、粗糙,呈明显的层状特征,整个断面被拉伸成椭圆形状,断口剪切唇很小,室温断口几乎没有剪切唇区,随着温度的升高,断口剪切唇面积略有增加,断面附近有明显的呈皱褶变形痕迹,室温断口呈深灰色,650℃和850℃断口呈灰褐色(图2.1-2)。

(a)

(b)

(c)

图2.1-2　光滑拉伸断口宏观形貌(横向取样)

(a)室温,$\dot{\varepsilon}=1\times10^{-4}\mathrm{s}^{-1}$;(b)650℃,$\dot{\varepsilon}=1\times10^{-4}\mathrm{s}^{-1}$;(c)850℃,$\dot{\varepsilon}=1\times10^{-4}\mathrm{s}^{-1}$。

(2) 微观特征。光滑拉伸断口呈典型的层状组织特征(图2.1-3(a)),可见明显的沿枝晶断裂特征(图2.1-3(b)),枝晶面上为细小的韧窝,并可见沿枝晶间断裂的二次裂纹(图2.1-3(c)),在局部还可见沿界面开裂的韧窝特征(图2.1-3(d)),650℃和850℃断口剪切唇区为细小的拉长韧窝特征(图2.1-3(e))。

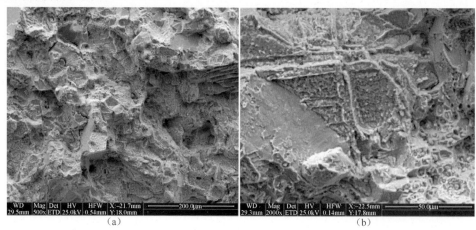

(a)

(b)

（c） （d）

（e）

图 2.1-3　光滑拉伸断口宏观形貌（横向取样）

（a）层状组织特征；（b）沿枝晶开裂形貌；（c）沿枝晶间的二次开裂；

（d）沿界面上的韧窝特征；（e）剪切唇上细小的拉长韧窝。

2）纵向

（1）宏观特征。 室温断口平坦、粗糙，几乎没有剪切唇区，呈脆性断裂特征，断口附近有微小开裂；断面呈深灰色；650℃和850℃断口呈灰褐色，断口高差较大，呈杯锥状特征，中间为纤维状，面积较小，四周为与主应力方向呈45°左右的剪切唇，断面附近有微小开裂（图2.1-4）。

（a） （b）

181

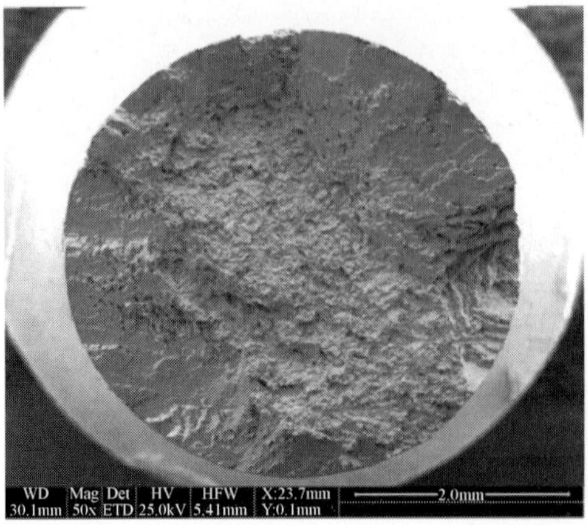

(c)

图 2.1-4 光滑拉伸断口宏观形貌(纵向取样)

(a)室温，$\dot{\varepsilon}=1\times10^{-4}s^{-1}$；(b)650℃，$\dot{\varepsilon}=1\times10^{-4}s^{-1}$；(c)850℃，$\dot{\varepsilon}=1\times10^{-4}s^{-1}$。

(2) 微观特征。拉伸断口纤维区和放射区大部分为等轴韧窝特征，还可见枝晶特征，在放射区还可见沿界面的二次开裂(图 2.1-5(a)～(b))，断面上有较多的剪切小平面(图 2.1-5(c))，650℃和 850℃断口的枝晶特征见图 2.1-5(d)，剪切唇上为拉长韧窝特征(图 2.1-5(e))。

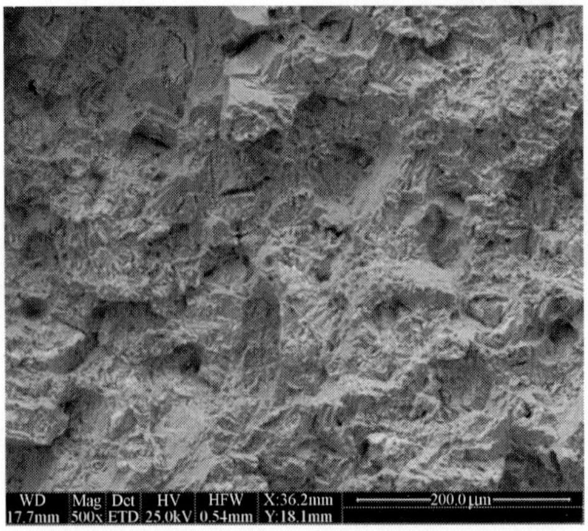

(a)

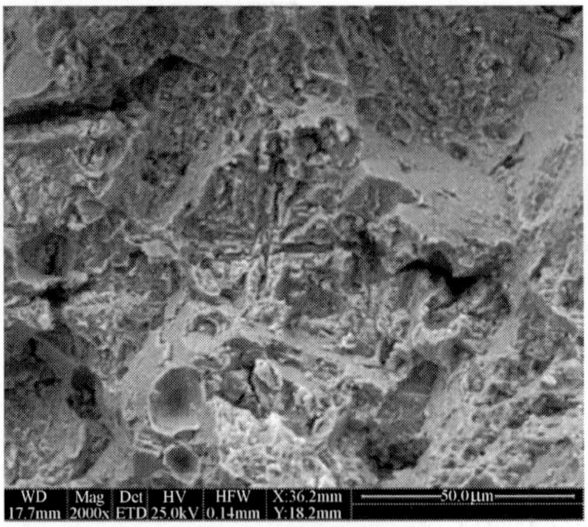

(b)

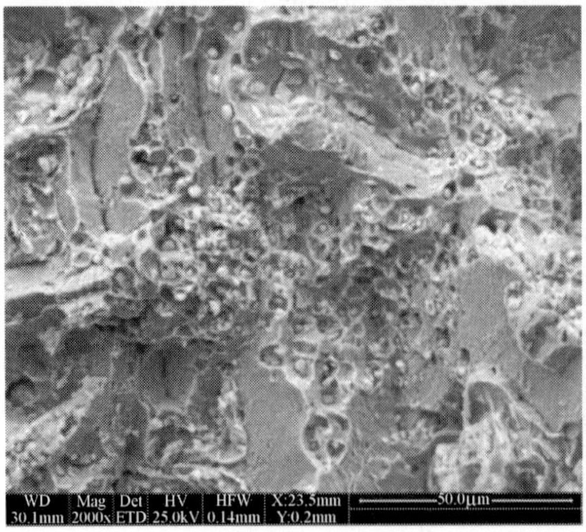

(c)

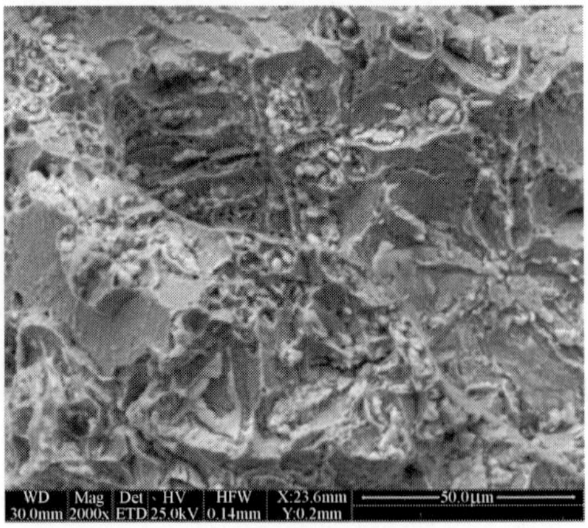

(d)

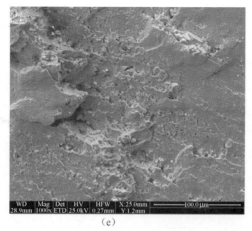

(e)

图 2.1 - 5　光滑拉伸断口微观形貌(纵向取样)

(a)室温试样纤维区特征;(b)室温试样放射区特征;(c)断口上较多的剪切小斜面;(d)850℃试样枝晶特征;
(e)剪切小斜面上的拉长韧窝。

3) 45°

(1) 宏观特征。室温断口较粗糙,高差较小,几乎没有剪切唇区,呈脆性断裂特征,断口附近有微小开裂,断面呈深灰色;650℃和850℃断口呈灰褐色,高差较大,呈杯锥状特征,中间为纤维状,面积较小,四周为与主应力方向呈45°左右的剪切唇,断面附近有微小开裂(图2.1 - 6)。

图 2.1 - 6　光滑拉伸断口宏观形貌(45°取样)

(a)室温,$\dot{\varepsilon}=1\times10^{-4}s^{-1}$;(b)650℃,$\dot{\varepsilon}=1\times10^{-4}s^{-1}$;(c)850℃,$\dot{\varepsilon}=1\times10^{-4}s^{-1}$。

(2) 微观特征。拉伸断口纤维区和放射区大部分为等轴韧窝特征(图2.1-7(a)～(b)),在放射区还可见沿界面的二次开裂(图2.1-7(c)),650℃和850℃断口剪切唇上为细小的拉长韧窝特征(图2.1-7(d))。

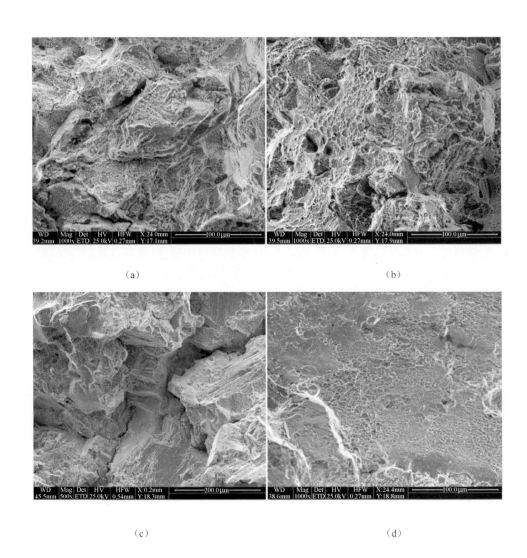

(a)　　　　　　　　　　　　　　(b)

(c)　　　　　　　　　　　　　　(d)

图2.1-7　光滑拉伸断口微观形貌(45°取样)
(a)室温试样纤维区韧窝特征;(b)室温试样放射区韧窝特征;
(c)纤维区二次开裂;(d)850℃剪切小斜面上的拉长韧窝。

2. 高周光滑疲劳

1) 650℃,$R=-1$

(1) 宏观特征。三种应力条件下的断口宏观特征基本相同,断面高差较大,疲劳裂纹从试样表面一侧起源,呈单源或多源特征,向内部扩展,疲劳区为光亮的大斜面,瞬断区较粗糙。随着疲劳应力增大,扩展区面积逐渐减小,扩展区面积占整个断口面积由应力为400MPa时的70%减小至应力为740MPa时的30%,见图2.1-8。

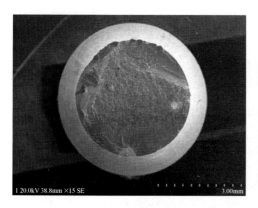

（a）

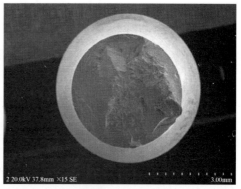

（b）

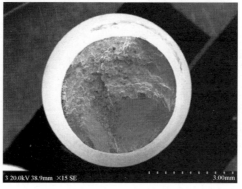

（c）

图 2.1-8　650℃高周光滑疲劳断口宏观特征

(a)$\sigma_{max}=400MPa$,$N_f=4.20\times10^6$;(b)$\sigma_{max}=560MPa$,$N_f=2.15\times10^5$;

(c)$\sigma_{max}=740MPa$,$N_f=5.5\times10^4$。

（2）微观特征。当应力为 400MPa 时,源区呈单源或多源特征,有明显的放射棱线,见图
2.1-9(a)。裂纹扩展初期疲劳条带及二次裂纹并不明显,为类解理特征,见图 2.1-9(b)。随
着裂纹的扩展,到疲劳扩展的中期,疲劳条带逐渐清晰,见图 2.1-9(c)。在扩展中后期可以看
到少量的疲劳条带,同时断口呈现类解理断裂特征,见图 2.1-9(d)。瞬断区主要为韧窝断裂
特征,局部可见少量的类解理断裂特征,见图 2.1-9(e)。

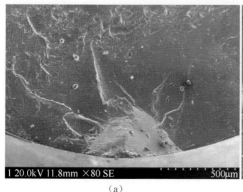

（a）

（b）

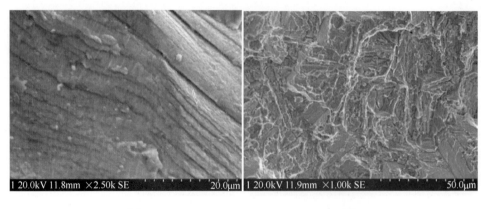

（c） （d）

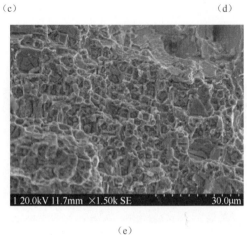

（e）

图 2.1-9 650℃高周光滑疲劳断口微观形貌

(a)源区特征；(b)扩展前期特征；(c)扩展中期条带特征；(d)扩展后期类解理特征；(e)瞬断区特征。

2）500℃，$R=-1$

（1）宏观特征。三种应力条件下的断口宏观特征基本相同,疲劳裂纹从试样表面一侧起源,呈多源特征向内部扩展,瞬断区位于另一侧。试样疲劳区为光亮斜面,瞬断区较粗糙。随着疲劳应力增大,扩展区面积逐渐减小,见图 2.1-10。

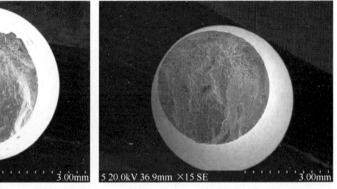

（a） （b）

（c）

图 2.1-10　500℃高周光滑疲劳断口宏观特征

(a)$\sigma_{max}=365MPa$，$N_f=7.78\times10^6$；(b)$\sigma_{max}=560MPa$，$N_f=3.40\times10^5$；

(c)$\sigma_{max}=800MPa$，$N_f=2.0\times10^4$。

（2）微观特征。源区呈多源特征，有明显的放射棱线，疲劳源区平坦光滑，见图 2.1-11
(a)。裂纹扩展初期无明显疲劳条带，疲劳扩展中后期表现为类解理以及二次裂纹特征，见图
2.1-11(b)、(c)、(d)。瞬断区呈类解理和韧窝断裂特征，见图 2.1-11(e)。

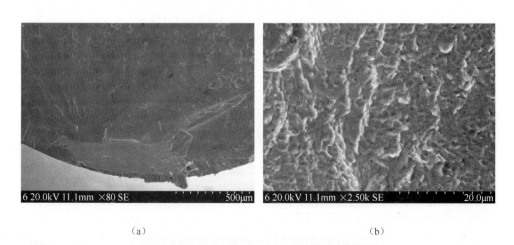

（a）　　　　　　　　　　　　　　　　　　（b）

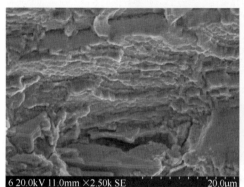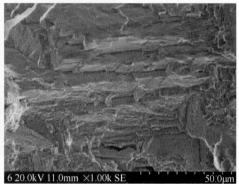

（c）　　　　　　　　　　　　　　　　　　（d）

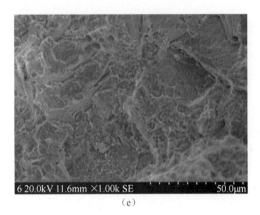

（e）

图 2.1-11　500℃高周光滑疲劳断口微观形貌

(a)源区特征；(b)扩展前期条带特征；(c)扩展中期类解理与二次裂纹特征；(d)扩展后期类解理和韧窝特征；

(e)瞬断区类解理和韧窝特征。

3. 高周缺口疲劳

（1）宏观特征。 疲劳裂纹从缺口根部一侧起始，向另外一侧扩展，应力较小时，可见扩展区明显的斜面特征；应力增大，斜面特征不明显，瞬断区呈暗灰色，较平坦，见图 2.1-12(a)、(b)；随着应力的升高，断口呈现多源特征，沿着缺口根部呈周向起源最后断裂在断口中部附近，瞬断区较粗糙，见图 2.1-12(c)。

（a）　　　　　　　　　　　　　　（b）

（c）

图 2.1-12　室温高周缺口疲劳断口宏观特征

(a)$\sigma_{max}=240MPa$，$N_f=3.29\times10^6$；(b)$\sigma_{max}=340MPa$，$N_f=1.60\times10^5$；(c)$\sigma_{max}=500MPa$，$N_f=6.0\times10^4$。

（2）微观特征。 源区可见摩擦和棱线特征，见图 2.1-13(a)。裂纹扩展初期疲劳条带特征，见图 2.1-13(b)。扩展后期疲劳条带，见图 2.1-13(c)。瞬断区为韧窝和剪切小平面特征，见图 2.1-13(d)。

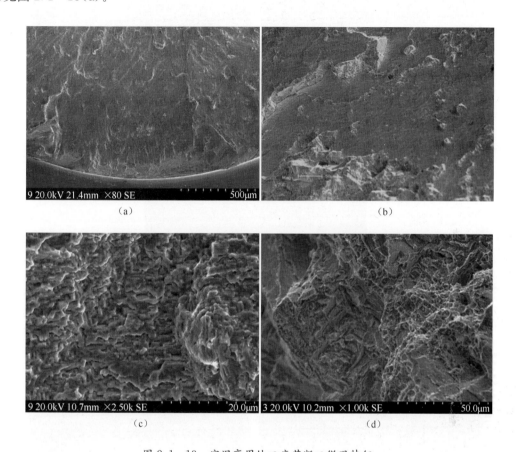

(a)　　　　　　　　　　　　　(b)

(c)　　　　　　　　　　　　　(d)

图 2.1-13　室温高周缺口疲劳断口微观特征

(a)源区特征；(b)扩展初期的疲劳条带；(c)扩展后期的疲劳条带；(d)瞬断区的韧窝和剪切小平面特征。

4. 低周疲劳

980℃

（1）宏观特征。 三种应变条件下的断口宏观特征基本相同，断口呈灰绿色，源区颜色较浅，呈灰色，断口的扩展区及瞬断区分界不明显，无明显疲劳弧线。疲劳裂纹从试样表面一侧起源，呈多源特征，瞬断区位于另一侧，较粗糙。随着疲劳应变按±0.35%、±0.6%、±1.0%逐渐增大，扩展区面积逐渐减小，见图 2.1-14。

（2）微观特征。 源区呈线源特征，有明显的放射棱线，见图 2.1-15(a)。裂纹扩展初期疲劳条带较细密，见图 2.1-15(b)。随着裂纹的扩展，到疲劳扩展的中后期，疲劳条带间距逐渐加宽，见图 2.1-15(c)、(d)。瞬断区呈韧窝断裂特征，见图 2.1-15(e)。由三种应变条件下的断口观察结果可知，随着疲劳应变增大，疲劳扩展区各扩展阶段对应的疲劳条带间距逐渐增大。

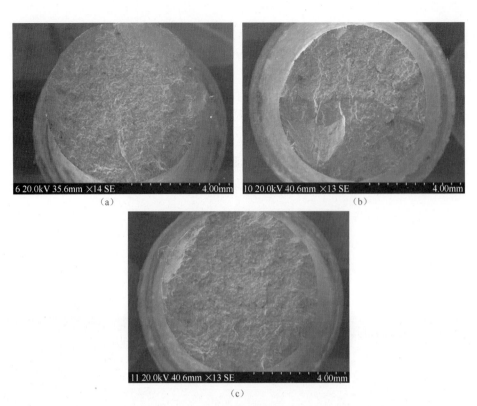

图 2.1-14 980℃低周光滑疲劳断口宏观特征

(a)$\Delta\varepsilon/2=\pm0.35\%$,$N_f=9980$;(b)$\Delta\varepsilon/2=\pm0.6\%$,$N_f=690$;

(c)$\Delta\varepsilon/2=\pm1.0\%$,$N_f=196$。

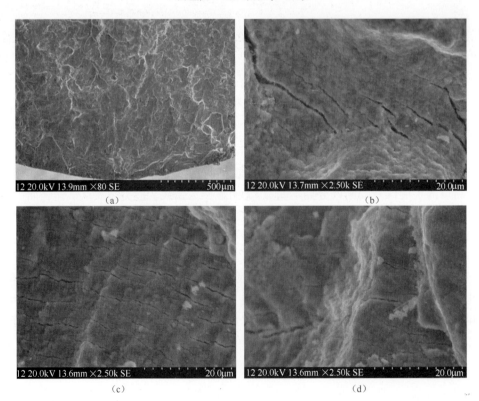

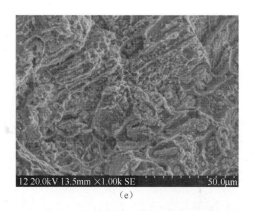

（e）

图 2.1-15 980℃低周光滑疲劳断口微观形貌

(a)源区特征;(b)扩展前期条带特征;(c)扩展中期条带特征;(d)扩展后期条带特征;(e)瞬断区特征。

5. 疲劳蠕变

1）980℃,疲劳/蠕变(0s/60s)

(1) 宏观特征。三种应变条件下的断口宏观特征基本相同,断口疲劳扩展区呈灰色,瞬断区呈灰绿色。疲劳裂纹从试样表面一侧起源,呈多源特征,疲劳扩展区较平坦光滑,瞬断区较粗糙。随着疲劳应变按±0.35％、±0.6％、±1.0％逐渐增大,断口表面粗糙度增大,扩展区面积逐渐减小,扩展区占整个断口面积从应变为±0.35％的50％减小至应变为±1.0％时的2％,见图2.1-16。

（a）

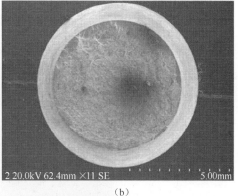

（b）

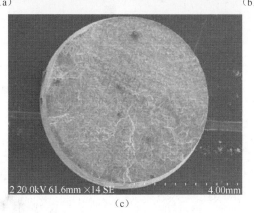

（c）

图 2.1-16 980℃低周疲劳/蠕变断口宏观特征

(a)$\Delta\varepsilon/2=\pm0.35\%$,$N_f=3562$;(b)$\Delta\varepsilon/2=\pm0.6\%$,$N_f=511$;(c)$\Delta\varepsilon/2=\pm1.0\%$,$N_f=95$。

（2）微观特征。断口上可见氧化层，源区呈线源特征，无明显的放射棱线，见图 2.1 - 17（a）。裂纹扩展初期疲劳条带不明显，见图 2.1 - 17（b）。随着裂纹的扩展，到疲劳扩展的中后期，疲劳条带间距逐渐加宽，见图 2.1 - 17（c）、（d）。裂纹扩展区呈现明显的氧化特征。瞬断区呈韧窝断裂特征，见图 2.1 - 17（e）。由三种应变条件下的断口观察结果可知，随着疲劳应变增大，疲劳扩展区各扩展阶段对应的疲劳条带间距逐渐增大，并且变得不明显。

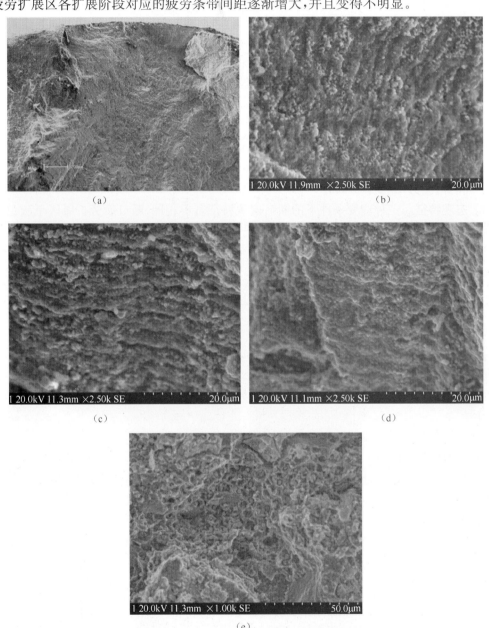

图 2.1 - 17　980℃疲劳/蠕变断口微观形貌

(a)源区特征；(b)扩展前期条带特征；(c)扩展中期条带特征；(d)扩展后期条带特征；(e)瞬断区特征。

2) 980℃,疲劳/蠕变(60s/0s)

（1）宏观特征。三种应变条件下的断口宏观特征基本相同，断口呈灰绿色。疲劳裂纹从试样表面一侧起源，呈多源特征，疲劳扩展区表面较平坦光滑，瞬断区表面较粗糙，位于另一侧。

随着疲劳应变按±0.35%、±0.6%、±1.0%逐渐增大,断口表面粗糙度增大,见图2.1-18。

(a)　　　　　　　　　　　　　　　　(b)

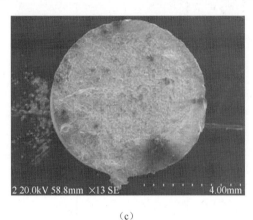

(c)

图2.1-18　980℃低周疲劳/蠕变断口宏观特征

(a)$\Delta\varepsilon/2=\pm0.35\%$,$N_f=3752$;(b)$\Delta\varepsilon/2=\pm0.6\%$,$N_f=377$;

(c)$\Delta\varepsilon/2=\pm1.0\%$,$N_f=61$。

(2)微观特征。 断口上氧化层较厚且致密,形貌显示不清晰。源区呈线源特征,有明显的放射棱线,见图2.1-19(a)。由于氧化严重,裂纹扩展区未发现疲劳条带,见图2.1-19(b)。高倍视场氧化特征明显,见图2.1-19(c)。扩展区存在二次裂纹特征,见图2.1-19(d)。瞬断区呈韧窝断裂特征,见图2.1-19(e)。

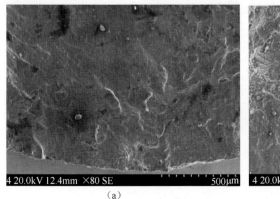

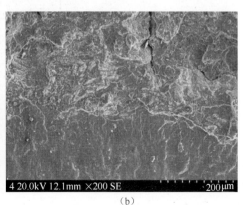

(a)　　　　　　　　　　　　　　　　(b)

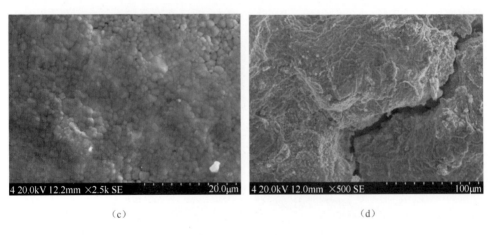

（c）　　　　　　　　　　　　　（d）

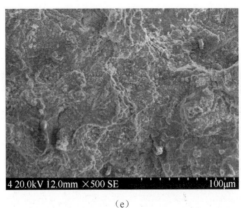

（e）

图 2.1-19　980℃疲劳/蠕变断口微观形貌

（a）源区特征；（b）扩展前期特征；（c）扩展区氧化特征；（d）扩展区二次裂纹特征；（e）瞬断区特征。

3）980℃,疲劳/蠕变(30s/30s)

（1）宏观特征。三种应变条件下的断口宏观特征基本相同,断口成灰绿色,源区颜色较浅呈灰色。疲劳裂纹从试样表面一侧起源,呈多源特征,疲劳扩展区表面较平坦光滑,瞬断区表面较粗糙,位于另一侧,见图 2.1-20。

（a）　　　　　　　　　　　　　（b）

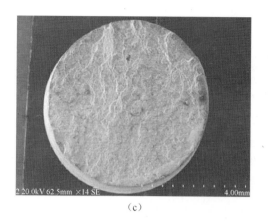

(c)

图 2.1 - 20　980℃低周疲劳/蠕变断口宏观特征

(a)$\Delta\varepsilon/2=\pm0.35\%$,$N_f=1660$;(b)$\Delta\varepsilon/2=\pm0.6\%$,$N_f=464$;

(c)$\Delta\varepsilon/2=\pm1.0\%$,$N_f=93$。

（2）微观特征。源区呈线源特征,有明显的放射棱线,见图 2.1 - 21(a)。裂纹扩展初期无明显疲劳条带,在扩展后期可见明显疲劳条带,见图 2.1 - 21(b)。随着裂纹的扩展,到疲劳扩展的中后期,疲劳条带间距逐渐加宽,见图 2.1 - 21(c)。瞬断区呈韧窝断裂及准解理断裂特征,见图 2.1 - 21(d)。

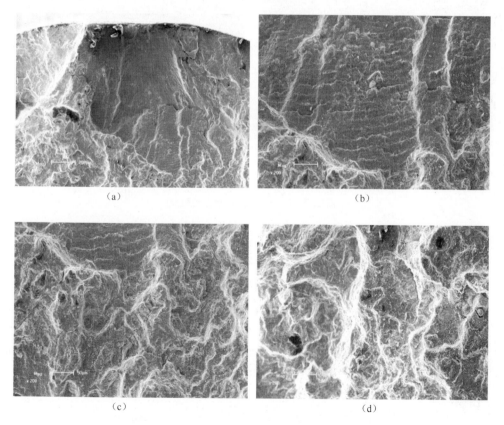

(a)　　　　　　　　　　　　　　　　　　(b)

(c)　　　　　　　　　　　　　　　　　　(d)

图 2.1 - 21　980℃疲劳/蠕变断口微观形貌

(a)源区特征;(b)扩展中期条带特征;(c)扩展后期条带特征;(d)瞬断区特征。

2.2 IC10

2.2.1 概述

IC10是定向凝固铸造高温合金。该合金具有比刚度高,屈服应力高,密度低,熔点高和在较大温度范围内具有良好的延展性、抗氧化和抗蠕变能力等优点,可作为航空发动机涡轮导向叶片材料在1100℃的高温环境下使用。

2.2.2 组织结构

IC10在铸态下的金相组织见图2.2-1。合金除γ和γ′相外,在枝晶间分布有葵花状γ+γ′共晶相及碳化物,碳化物分为$MC_{(1)}$和$MC_{(2)}$两种,骨架状及大块分布于枝晶间的碳化物为$MC_{(1)}$,而在共晶相边缘的小块碳化物为$MC_{(1)}$和$MC_{(2)}$共生。另外还少量含有金属间化合物Ni_5Hf和硫碳化合物$(M,Hf)_2SC$。γ′相约占合金重量的65%。

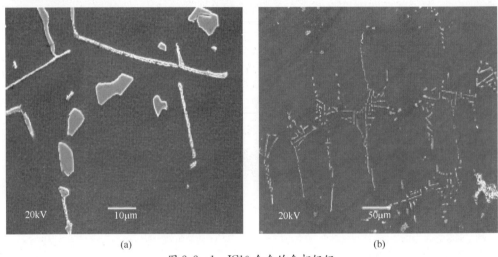

    (a)   (b)

图2.2-1　IC10合金的金相组织

2.2.3 断口特征

1. 光滑拉伸

1) 横向

(1) 宏观特征。断口呈明显的层状特征,平坦,可见横贯断口的枝晶,整个断面被拉成椭圆形,断口剪切唇区域很小;800℃断口与900℃断口颜色均为黑色,见图2.2-2。

(2) 微观特征。断裂源区为试样断口中心,呈典型的等轴韧窝形貌,可见明显的沿枝晶断裂特征,枝晶面上为细小的韧窝,见图2.2-3(a)、(c)。试样边缘沿枝晶快速开裂,韧窝比中心部位的稍小,见图2.2-3(b)、(d)。

2) 纵向

(1) 宏观特征。室温断口平坦,粗糙,几乎没有剪切唇区,表现为脆性断裂特征,断口表面有微小开裂;断面呈银灰色;650℃断口高差较大,呈一大斜面特征,中部为纤维区,断口上方剪切唇区域较大,断口呈黑蓝色,见图2.2-4。

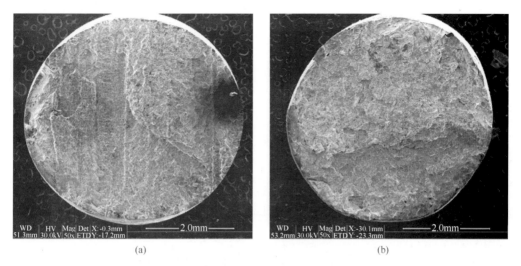

(a)　　　　　　　　　　　　　　　(b)

图 2.2-2　光滑拉伸断口宏观形貌(横向取样)

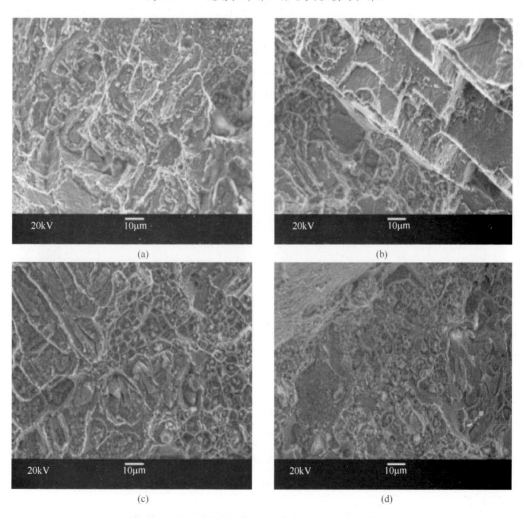

(a)　　　　　　　　　　　　　　　(b)

(c)　　　　　　　　　　　　　　　(d)

图 2.2-3　光滑拉伸断口微观形貌(横向取样)

(a)800℃试样源区韧窝和沿枝晶断裂特征;(b)800℃试样断裂后期韧窝和沿枝晶断裂特征;

(c)900℃试样源区韧窝和沿枝晶断裂特征;(d)900℃试样断裂后期韧窝和沿枝晶断裂特征。

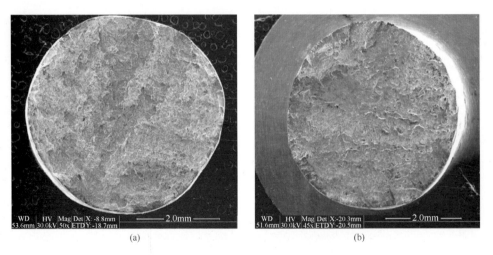

(a)   (b)

图 2.2-4　光滑拉伸断口宏观形貌(纵向取样)
(a)试样 A,室温;(b)试样 B,650℃。

(2) 微观特征。 拉伸断口纤维区和放射区都基本为等轴韧窝特征,见图 2.2-5(a)~(c);
650℃断口剪切唇上为拉长韧窝特征,见图 2.2-5(d)。

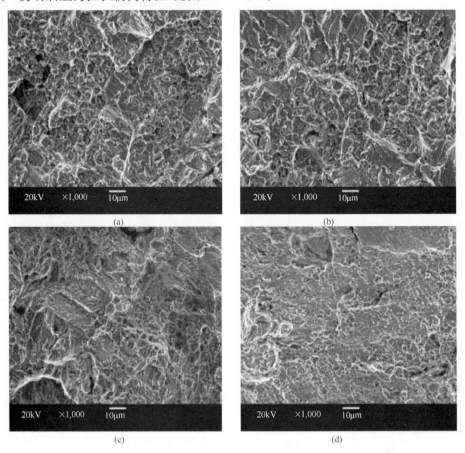

(a)   (b)

(c)   (d)

图 2.2-5　光滑拉伸断口微观形貌(纵向取样)
(a)室温试样纤维区韧窝特征;(b)室温试样放射区韧窝特征;
(c)650℃试样纤维区韧窝特征;(d)650℃试样剪切唇韧窝特征。

2. 低周疲劳

1) 700℃

(1) 宏观特征。 断口高差较大,呈多源特征,疲劳区中有光亮大斜面。疲劳区为深灰色,面积较小,约占 20%,瞬断区为黑色,较粗糙,见图 2.2-6。

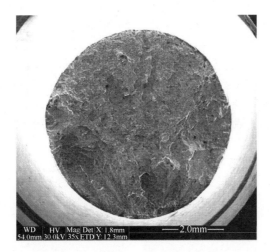

图 2.2-6　低周疲劳断口的宏观特征
$R=-1$、$T=700℃$、$\Delta\varepsilon/2=10.564\%$、$N_f=644$。

(2) 微观特征。 疲劳源位于断口边缘,见图 2.2-7(a)。疲劳区可见疲劳条带和二次裂纹,见图 2.2-7(b)、(c)。疲劳区中有大量滑移面存在,见图 2.2-7(d)。疲劳扩展后期主要为滑移面和韧窝混合断裂特征,见图 2.2-7(e)。瞬断区为韧窝和局部类解理断裂特征,见图 2.2-7(f)。

2) 850℃

(1) 宏观特征。 疲劳裂纹从表面起始,呈多源特征。断口较粗糙,疲劳区为深灰色,面积较小,约占 20%,瞬断区为黑色,见图 2.2-8。

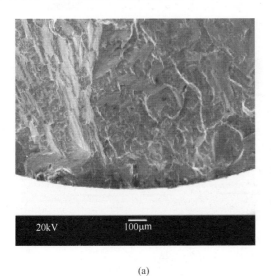

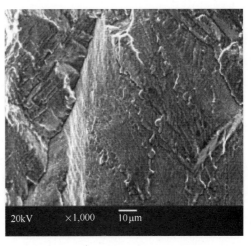

(a)　　　　　　　　　　　　　　　　(b)

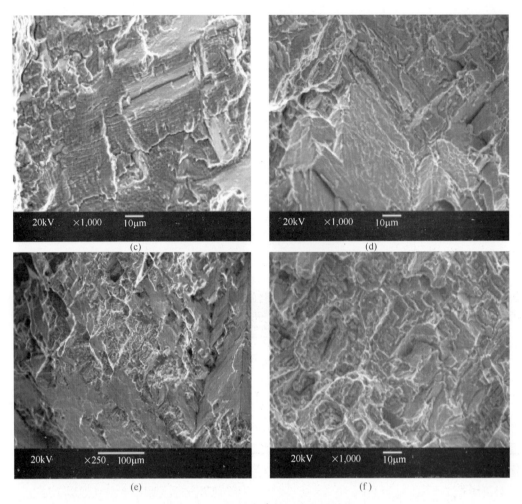

图 2.2-7　低周疲劳断口的微观形貌

(a)试样源区特征;(b)试样疲劳前期条带及二次裂纹特征;(c)试样疲劳中期条带及二次裂纹特征;
(d) 试样疲劳区滑移面;(e)试样疲劳区与瞬断区交界处形貌;(f)试样瞬断区韧窝和类解理断裂形貌。

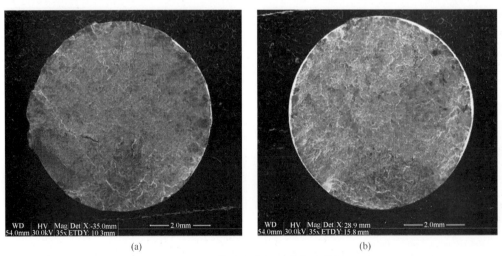

图 2.2-8　低周疲劳断口的宏观特征

(a)试样 A,$R=-1$、$T=850℃$、$\Delta\varepsilon/2=1.799\%$、$N_f=312$;(b)试样 B,$R=-1$、$T=850℃$、$\Delta\varepsilon/2=1.202\%$、$N_f=10382$。

(2) 微观特征。 疲劳源位于断口边缘,有台阶,见图 2.2-9(a)、(b)。扩展区可见疲劳条带和二次裂纹,见图 2.2-9(c)、(d)。疲劳扩展后期,疲劳条带间距增大,二次裂纹明显增多,见图 2.2-9(e)、(f)。

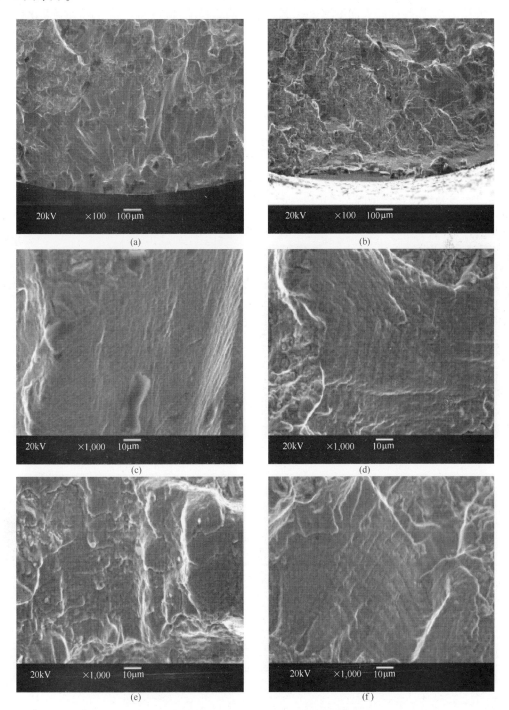

图 2.2-9　低周疲劳断口的微观形貌

(a)试样 A 源区特征;(b)试样 B 源区特征;(c)试样 A 疲劳前期特征;(d)试样 B 疲劳前期特征;

(e)试样 A 疲劳后期条带特征;(f)试样 B 疲劳后期条带特征。

3. 旋转弯曲光滑疲劳

1) 700℃

(1) 宏观特征。不同试验应力状态下的断口特征均表现为：断口粗糙，起伏较大，表面有一定程度的氧化，从样品周向表面的多处起源。随着应力减小，源区与扩展区面积增大，瞬断区面积缩小。

(2) 微观特征。源区可见放射棱线，近源区主要为滑移面，稳定扩展区可见疲劳条带。

断口宏观及微观特征见图 2.2 - 10～图 2.2 - 12。

2) 800℃

(1) 宏观特征。不同试验应力状态下的断口特征均表现为：断口粗糙，起伏较大，表面有一定程度的氧化，从样品周向表面的多处起源。随着应力减小，源区与扩展区面积增大，瞬断区面积缩小。

(2) 微观特征。源区可见放射棱线，近源区主要为滑移面，稳定扩展区可见疲劳条带。

断口宏观及微观特征见图 2.2 - 13～图 2.2 - 15。

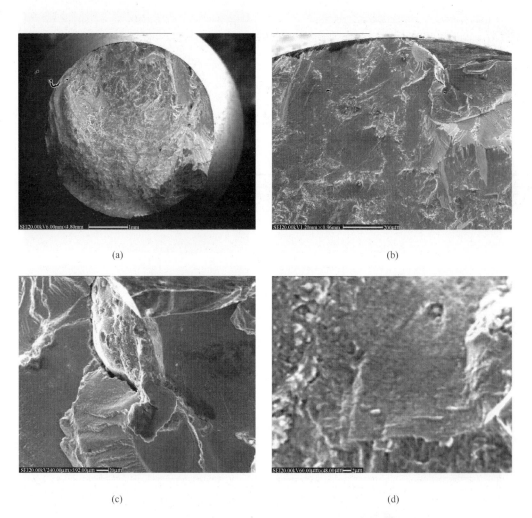

(a)　　　　　　　　　　　　　　　　(b)

(c)　　　　　　　　　　　　　　　　(d)

图 2.2 - 10　试验应力 600MPa 时的断口特征

(a) 宏观特征；(b)，(c) 源区特征；(d) 扩展区条带特征。

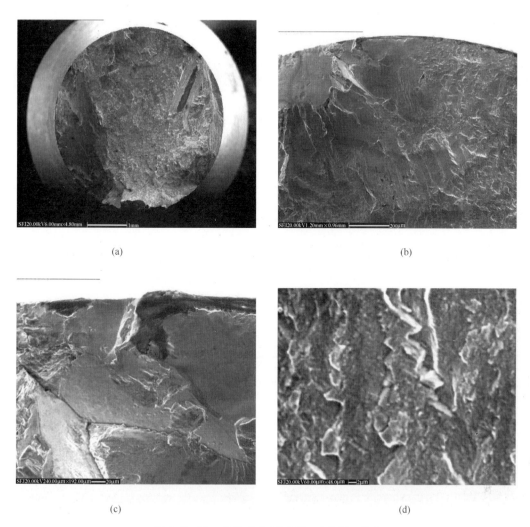

(a)　　　　　　　　　　　　　　　(b)

(c)　　　　　　　　　　　　　　　(d)

图 2.2 - 11　试验应力 500MPa 时的断口特征

(a) 宏观特征；(b)，(c)源区滑移特征；(d)扩展区疲劳条带特征。

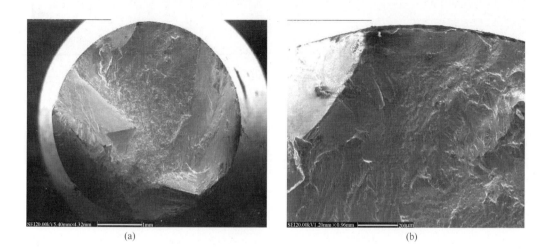

(a)　　　　　　　　　　　　　　　(b)

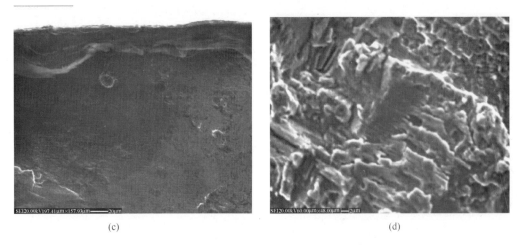

(c)   (d)

图 2.2‐12　试验应力 400MPa 时的断口特征

（a）宏观特征；（b），（c）源区特征；（d）扩展区疲劳条带特征。

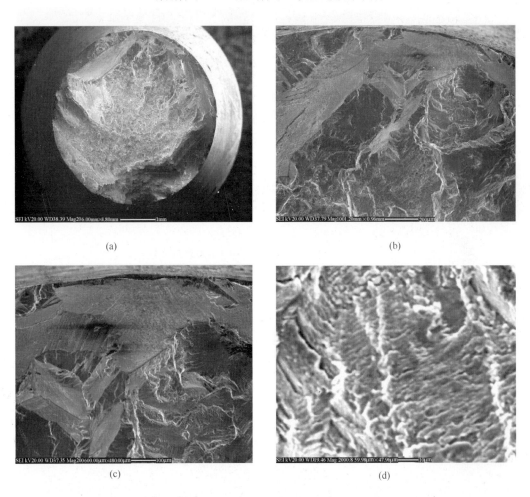

(a)   (b)

(c)   (d)

图 2.2‐13　试验应力 600MPa 时的断口特征

（a）宏观特征；（b），（c）源区类解理特征；（d）扩展区疲劳条带特征。

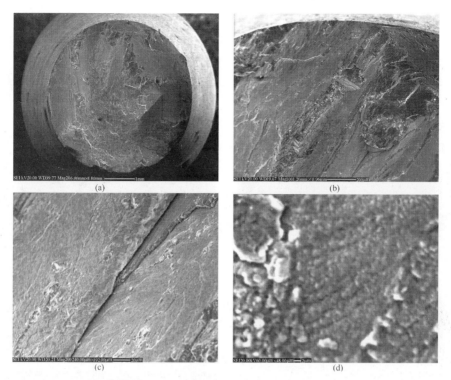

图 2.2 - 14　试验应力 500MPa 时的断口特征

(a) 宏观特征;(b),(c)源区滑移面特征;(d)扩展区疲劳条带特征。

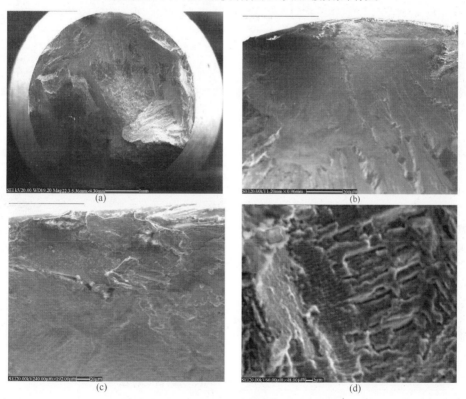

图 2.2 - 15　试验应力 400MPa 时的断口特征

(a) 宏观特征;(b),(c)源区滑移面特征;(d)扩展区疲劳条带特征。

4. 旋转弯曲缺口疲劳

1）700℃，$K_t = 3$

（1）宏观特征。 不同试验应力状态下的断口特征均表现为：断口较平齐，起伏不大，表面有一定程度的氧化，从样品周向表面的多处起源。随着应力减小，源区与扩展区面积增大，瞬断区面积缩小。

（2）微观特征。 源区可见放射棱线，近源区主要为滑移面，稳定扩展区可见疲劳条带。

断口宏观及微观特征见图 2.2-16～图 2.2-18。

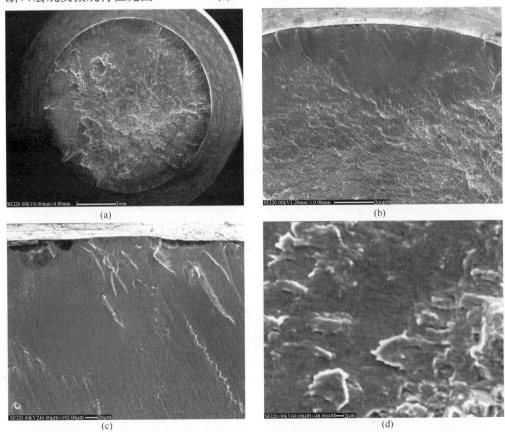

图 2.2-16　试验应力 400MPa 时的断口特征

(a) 宏观特征；(b)，(c) 源区滑移特征；(d) 扩展区疲劳条带特征。

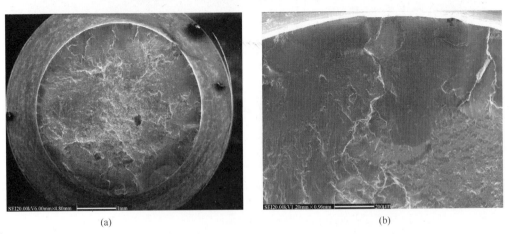

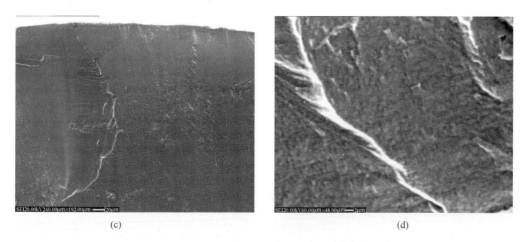

(c)

(d)

图 2.2-17 试验应力 360MPa 时的断口特征

(a)宏观特征;(b),(c)源区滑移特征;(d)扩展区疲劳条带特征。

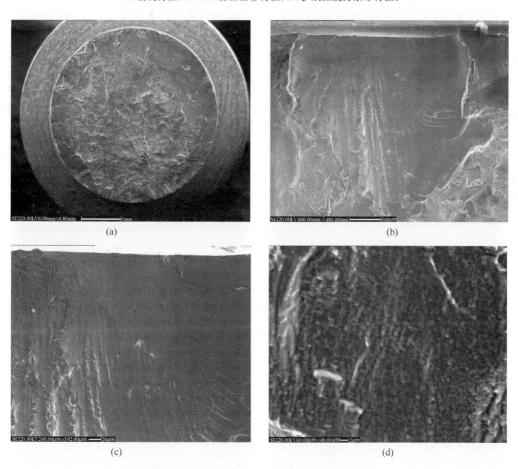

(a)

(b)

(c)

(d)

图 2.2-18 试验应力 320MPa 时的断口特征

(a)宏观特征;(b),(c)源区滑移特征;(d)扩展区条带特征。

2) 800℃ ,$K_t=3$

(1) 宏观特征。不同试验应力状态下的断口特征均表现为:断口较齐平,起伏不大,表面有一定程度的氧化，从样品周向表面的多处起源。随着应力减小，源区与扩展区面积增大，瞬断区面积缩小。

（2）微观特征。源区可见放射棱线，近源区主要为滑移面，稳定扩展区可见疲劳条带。

断口宏观及微观特征见图 2.2-19～图 2.2-21。

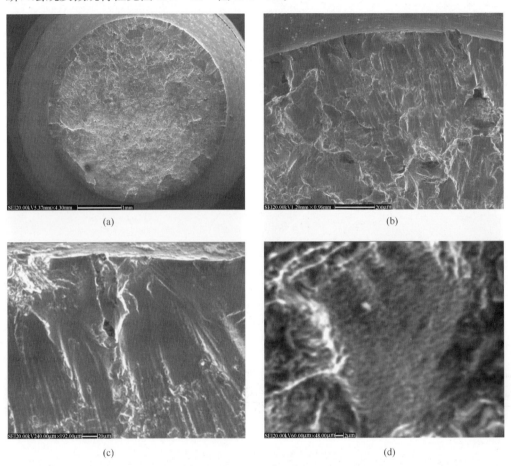

(a)

(b)

(c)

(d)

图 2.2-19　试验应力 400MPa 时的断口特征

(a) 宏观特征；(b)，(c)源区特征；(d)扩展区疲劳条带特征。

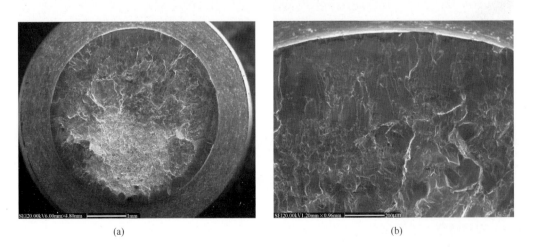

(a)

(b)

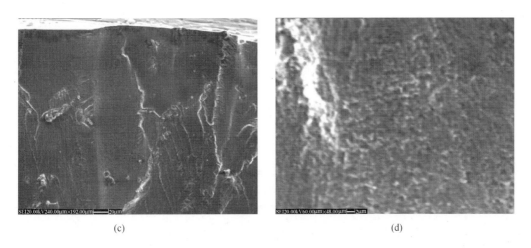

(c)　　　　　　　　　　　　　　　　　　(d)

图 2.2-20　试验应力 380MPa 时的断口特征

(a)宏观特征;(b),(c)源区特征;(d)扩展区疲劳条带特征。

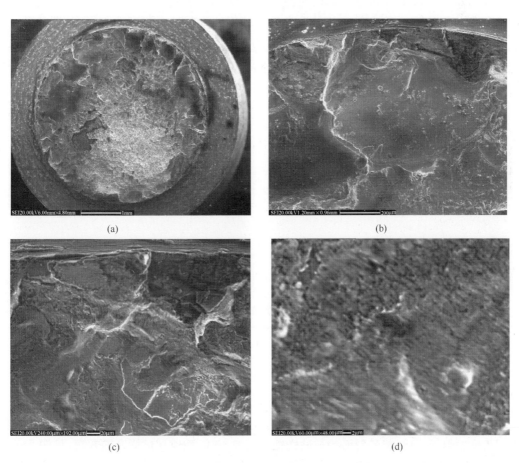

(a)　　　　　　　　　　　　　　　　　　(b)

(c)　　　　　　　　　　　　　　　　　　(d)

图 2.2-21　试验应力 360MPa 时的断口特征

(a)宏观特征;(b),(c)源区特征;(d)扩展区疲劳条带特征。

2.3　DD3

2.3.1　概述

DD3 是我国第一代镍基单晶高温合金。成分较简单,不含稀缺贵重元素,成本较低,中、高温性能良好。与国外第一代单晶合金 PWA1480 比较,力学性能相当,密度较小,成本较低,但抗高温氧化和耐热腐蚀性能较差。与成分相近的定向凝固 DZ3 合金相比,760℃、100h 的持久强度高约 39MPa;1040℃、100h 的持久强度高约 39MPa。该合金还具有优越的抗热疲劳性能,组织稳定性好。适合于制作 1040℃以下工作的燃气涡轮转子叶片和在 1100℃以下工作的导向叶片。

2.3.2　组织结构

DD3 的热处理制度为:1250℃,4h,空冷+870℃,32h,空冷。

合金的组成相有:γ 固溶体、γ′相及极少量 MC 相。铸态时 γ′相有 3 种形态,即共晶 γ′、粗大 γ′及细小 γ′,总量约为 64%。标准热处理后的主要组成相为 γ 固溶体及细小均匀分布的立方形 γ′相。合金在 850℃长期时效后,未发现 σ 相析出,在高于 950℃下长期时效,γ′相粗化呈筏排状。DD3 合金的金相组织见图 2.3－1。

图 2.3－1　DD3 合金的金相组织

2.3.3　断口特征

1. 低周疲劳

1) 760℃,[001]取向

(1) 宏观特征。 三种应变条件下的断口宏观特征基本相同,断口高差较大,呈蓝色。断口由不同角度的斜面组成,但各斜面均与试样轴线约成 45°。裂纹从试样表面起源,见图 2.3－2。

(2) 微观特征。 断裂起源于试样表面的孔洞,源区特征见图 2.3－3(a)、(b),由于孔洞等微观缺陷会产生局部应力集中,当应力集中到足以使滑移系开动时,就会产生微裂纹,裂纹扩展时,断口上可见滑移特征,未见明显的疲劳条带特征,见图 2.3－3(c)。快速扩展区为撕裂棱和滑移台阶特征,见图 2.3－3(d)。瞬断区较粗糙,高倍下以浅韧窝特征为主,见图 2.3－3(e)。

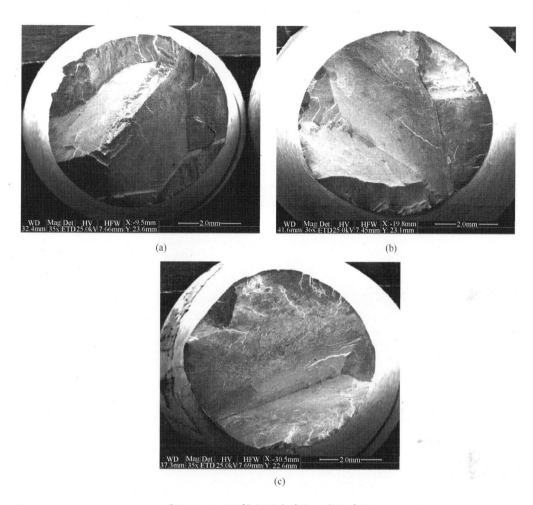

(a)

(b)

(c)

图 2.3-2　760℃低周疲劳断口宏观特征

(a)$\Delta\varepsilon/2=\pm0.7\%$，$N_f=6026$；(b)$\Delta\varepsilon/2=\pm1.0\%$，$N_f=518$；(c)$\Delta\varepsilon/2=\pm1.2\%$，$N_f=4$。

(a)

(b)

(c)

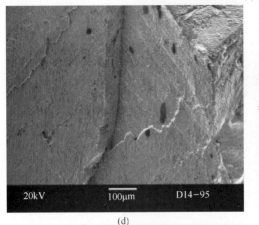

(d)

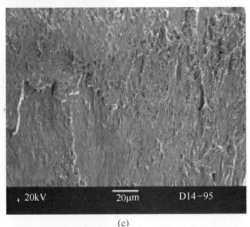

(e)

图 2.3-3　760℃低周疲劳断口微观形貌

(a)断口源区特征;(b)断口源区高倍特征;(c)滑移特征;(d)撕裂棱和滑移台阶特征;(e)瞬断区浅韧窝特征。

2) 980℃,[001]取向

(1) 宏观特征。三种应变条件下的断口宏观特征基本相同,断口均呈灰绿色,源区颜色较浅,呈灰色。断口由不同角度的斜面组成。疲劳裂纹从试样表面起源,呈多源特征,瞬断区位于另一侧。随着疲劳应变按±0.4%、±0.6%、±1.5%逐渐增大,扩展区面积逐渐减小,从约占断口面积的80%减小至10%,见图2.3-4。

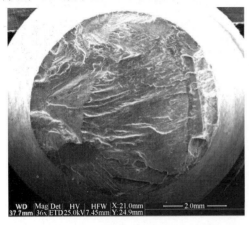

(a)

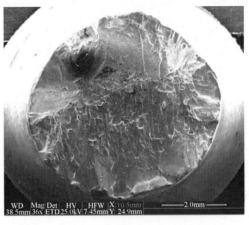

(b)

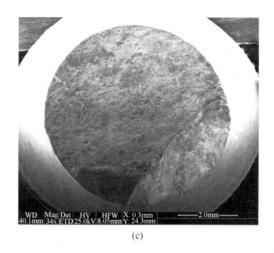

(c)

图 2.3-4 980℃低周疲劳断口宏观形貌

(a)$\Delta\varepsilon/2=\pm0.4\%$,$N_f=7762$;(b)$\Delta\varepsilon/2=\pm0.6\%$,$N_f=1864$;(c)$\Delta\varepsilon/2=\pm1.5\%$,$N_f=26$。

（2）微观特征。断裂起源于表面,源区呈多源特征,见图 2.3-5(a)、(b)。扩展区疲劳条带特征明显,疲劳扩展前期条带较细,见图 2.3-5(c)。随着裂纹的扩展,条带间距由窄变宽,见图 2.3-5(d)。快速扩展区为撕裂棱特征,见图 2.3-5(e)。瞬断区为浅韧窝特征,见图 2.3-5(f)。由三种应变条件下的断口观察结果可知,随着疲劳应变增大,疲劳扩展区各扩展阶段处的疲劳条带间距逐渐增大。

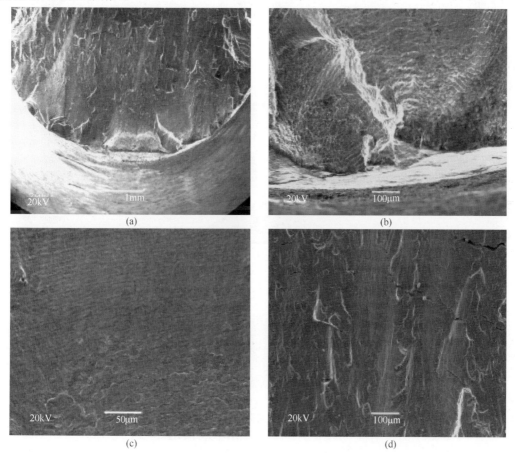

(a)

(b)

(c)

(d)

213

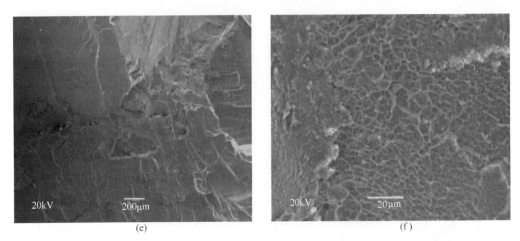

(e)   (f)

图 2.3-5   980℃低周疲劳断口微观形貌

(a)疲劳源区特征;(b)疲劳源区高倍特征;(c)扩展前期疲劳条带特征;(d)扩展中期疲劳条带特征;
(e)快速扩展区的撕裂棱特征;(f)瞬断区浅韧窝特征。

2. 蠕变疲劳

1) 760℃,疲劳/蠕变(0s/60s)

(1) 宏观特征。三种应变条件下的断口宏观特征基本相同,断口呈灰绿色,断口由不同角度的斜面组成。裂纹从试样表面起源,见图 2.3-6。

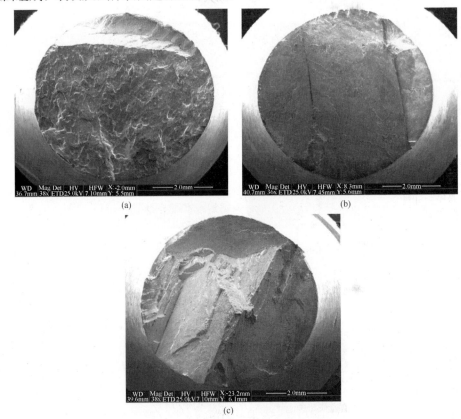

图 2.3-6   760℃低周疲劳/蠕变断口宏观特征

(a)$\Delta\varepsilon/2=\pm0.8\%$,$N_f=676$;(b)$\Delta\varepsilon/2=\pm1.0\%$,$N_f=151$;(c)$\Delta\varepsilon/2=\pm1.2\%$,$N_f=6$。

（2）微观特征。与低周疲劳类似，断裂起源于试样表面的孔洞，由于孔洞等微观缺陷会产生局部应力集中，当应力集中到足以使滑移系开动时，就会产生微裂纹，见图 2.3 - 7(a)、(b)。裂纹扩展时，断口上可见滑移和台阶特征，未见明显的疲劳条带特征，见图 2.3 - 7(c)。快速扩展区为撕裂棱特征，见图 2.3 - 7(d)。高倍下瞬断区为浅韧窝特征，见图 2.3 - 7(e)。

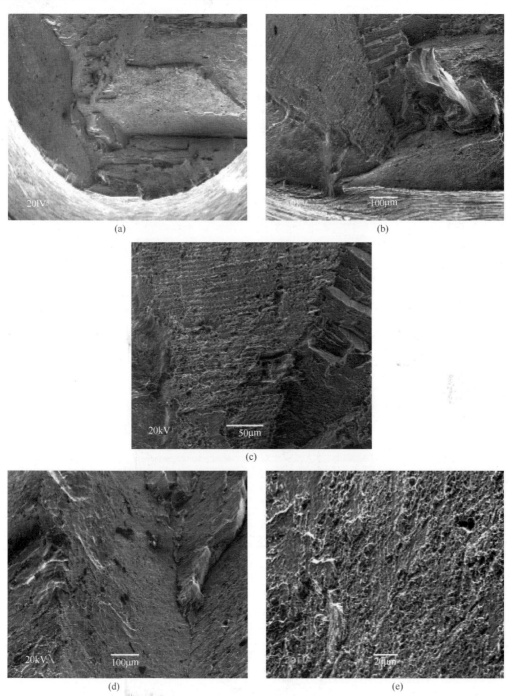

图 2.3 - 7　760℃低周疲劳/蠕变断口微观形貌

(a)断口源区特征；(b)断口源区高倍特征；(c)滑移特征；(d)快速扩展区的撕裂棱特征；(e)瞬断区浅韧窝特征。

2) 760℃,疲劳/蠕变(30/30s)

(1) 宏观特征。三种应变条件下的断口宏观特征基本相同,断口呈灰绿色,断面较光滑,断口由多个斜面组成,各斜面均与试样轴线角度成45°。裂纹从试样表面起源,见图2.3-8。

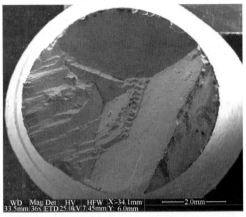

(a)　　　　　　　　　　　　　　　(b)

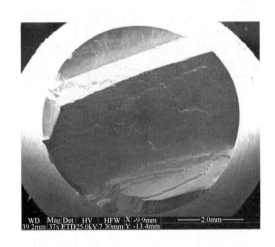

(c)

图2.3-8　760℃低周疲劳/蠕变断口宏观特征

(a)$\Delta\varepsilon/2=\pm0.7\%$,$N_f=1651$;(b)$\Delta\varepsilon/2=\pm0.9\%$,$N_f=645$;(c)$\Delta\varepsilon/2=\pm1.2\%$,$N_f=3$。

(2) 微观特征。断裂起源于试样表面的孔洞,源区可见滑移台阶特征,见图2.3-9(a)、(b)。由于孔洞等微观缺陷会产生局部应力集中,当应力集中到足以使滑移系开动时,就会产生微裂纹,裂纹扩展时,断口上可见滑移特征,见图2.3-9(c)。快速扩展区为撕裂棱特征,见图2.3-9(d)。瞬断区高倍下为浅韧窝特征,见图2.3-9(e)。

3) 760℃,疲劳/蠕变(60/0s)

(1) 宏观特征。三种应变条件下的断口宏观特征基本相同,断口呈灰绿色。断口由不同角度的斜面组成。裂纹从试样表面起源,见图2.3-10。

(2) 微观特征。断裂起源于试样表面的孔洞,见图2.3-11(a)、(b)。断面氧化较严重,断口上可见滑移特征,未见明显的疲劳条带特征,见图2.3-11(c)。快速扩展区为撕裂棱特征,见图2.3-11(d)。瞬断区为浅韧窝特征,见图2.3-11(e)。

216

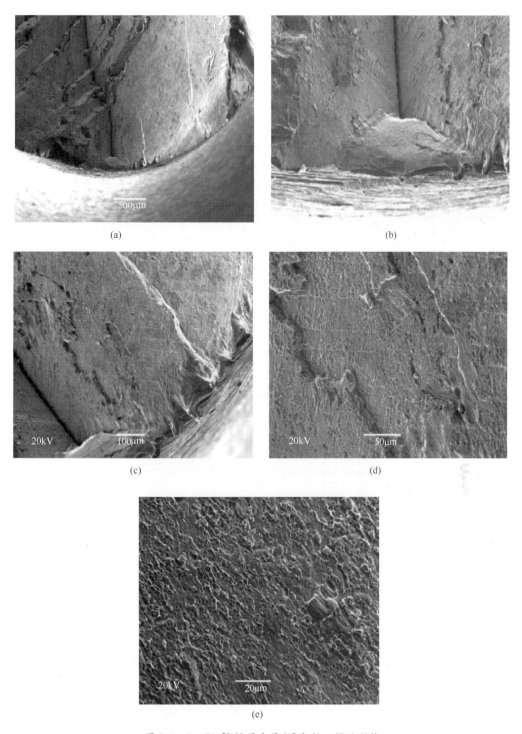

图 2.3-9 760℃低周疲劳/蠕变断口微观形貌

(a)断口源区特征;(b)断口源区高倍特征;(c)滑移特征;(d)快速扩展区的撕裂棱特征;

(e)瞬断区浅韧窝特征。

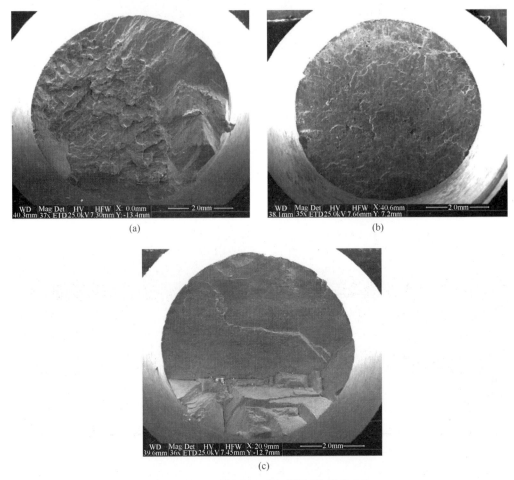

(a)

(b)

(c)

图 2.3-10　760℃低周疲劳/蠕变断口宏观特征

(a)$\Delta\varepsilon/2=\pm0.7\%$，$N_f=7440$；(b)$\Delta\varepsilon/2=\pm0.9\%$，$N_f=1341$；(c)$\Delta\varepsilon/2=\pm1.2\%$，$N_f=7$。

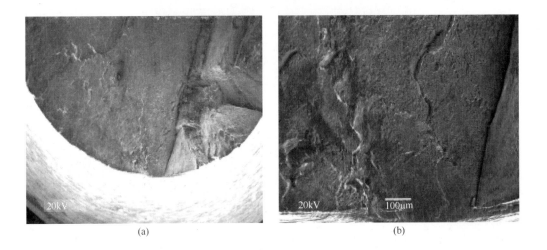

(a)

(b)

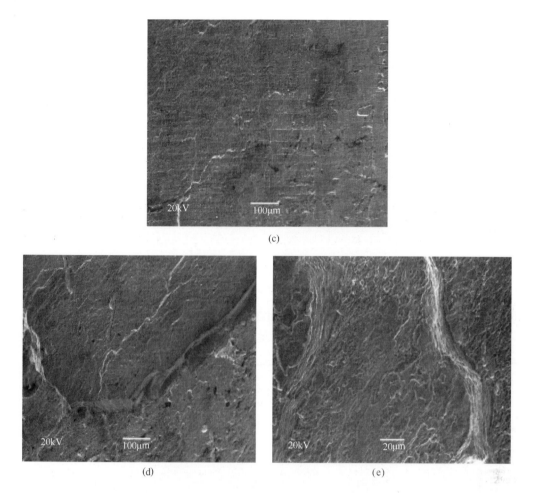

(c)

(d)

(e)

图 2.3-11　760℃低周疲劳/蠕变断口微观形貌

(a)断口源区特征；(b)断口源区高倍特征；(c)滑移特征；(d)快速扩展区的撕裂棱特征；(e)瞬断区浅韧窝特征。

4）980℃,疲劳/蠕变(0s/60 s)

（1）宏观特征。三种应变条件下的断口宏观特征基本相同,断口呈灰绿色,表面粗糙,颗粒状特征明显,氧化严重。断口由多个斜面组成,各斜面均与试样轴线角度成 45°。裂纹从试样表面起源,见图 2.3-12。

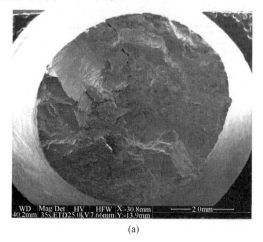

(a)

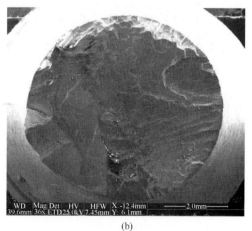

(b)

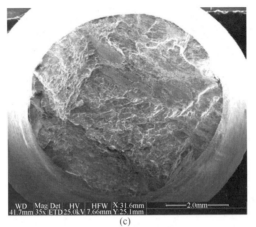

(c)

图 2.3-12　980℃低周疲劳/蠕变断口宏观特征

(a)$\Delta\varepsilon/2=\pm0.5\%$，$N_f=799$；(b)$\Delta\varepsilon/2=\pm0.7\%$，$N_f=349$；(c)$\Delta\varepsilon/2=\pm1.5\%$，$N_f=25$。

(2) 微观特征。断裂起源于试样表面的孔洞，见图 2.3-13(a)、(b)。由于孔洞等微观缺陷会产生局部应力集中，当应力集中到足以使滑移系开动时，就会产生微裂纹，裂纹扩展时，断口上可见滑移特征，快速扩展区为撕裂棱特征，见图 2.3-13(c)。瞬断区高倍下为浅韧窝特征，见图 2.3-13(d)。

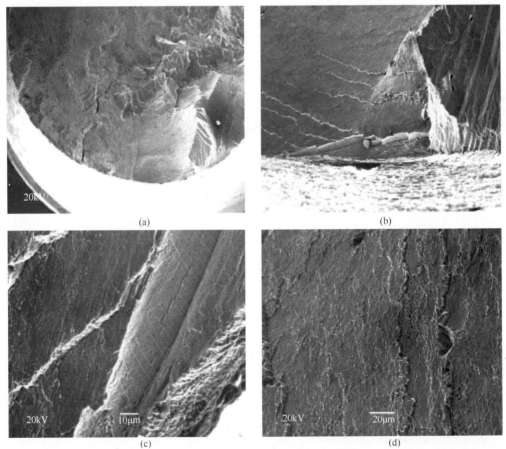

图 2.3-13　980℃低周疲劳/蠕变断口微观形貌

(a)断口源区低倍特征；(b)断口源区高倍特征；(c)扩展区的滑移和撕裂棱特征；(d)瞬断区浅韧窝特征。

220

5）980℃,疲劳/蠕变(30s/30s)

(1)宏观特征。 三种应变条件下的断口宏观特征基本相同,断口呈灰绿色,表面粗糙,颗粒状特征明显,氧化严重。断口由多个斜面组成,各斜面大致与试样轴线角度成 45°,其中 $\Delta\varepsilon/2=\pm1.5\%$ 的断口呈一大斜面。疲劳裂纹从试样表面起源,呈多源特征,可见放射棱线,疲劳扩展区较平坦光滑,瞬断区较粗糙,见图 2.3-14。

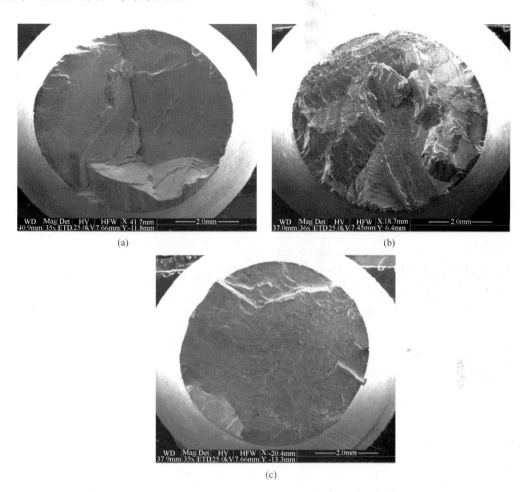

图 2.3-14　980℃低周疲劳/蠕变断口宏观特征

(a)$\Delta\varepsilon/2=\pm0.5\%$,$N_f=614$;(b)$\Delta\varepsilon/2=\pm0.6\%$,$N_f=406$;(c)$\Delta\varepsilon/2=\pm1.5\%$,$N_f=25$。

(2)微观特征。 断口源区呈线源特征,有明显的放射棱线,断面氧化较严重,见图 2.3-15(a)、(b)。裂纹扩展初期疲劳条带较细密,见图 2.3-15(c)。随着裂纹的扩展,到疲劳扩展的中后期,疲劳条带间距逐渐加宽,快速扩展区为棱脊特征,见图 2.3-15(d)、(e)。瞬断区高倍下呈浅韧窝特征,见图 2.3-15(f)。由三种应变条件下的断口观察结果可知,随着疲劳应变增大,疲劳扩展区各扩展阶段对应的疲劳条带间距逐渐增大。

6）980℃,疲劳/蠕变(60s/0s)

(1)宏观特征。 三种应变条件下的断口宏观特征基本相同,断口呈灰绿色,高差不大,断面较粗糙,颗粒状特征明显,氧化严重。疲劳裂纹从试样表面起源,呈多源特征,可见放射棱线。疲劳扩展区较平坦光滑,瞬断区较粗糙,见图 2.3-16。

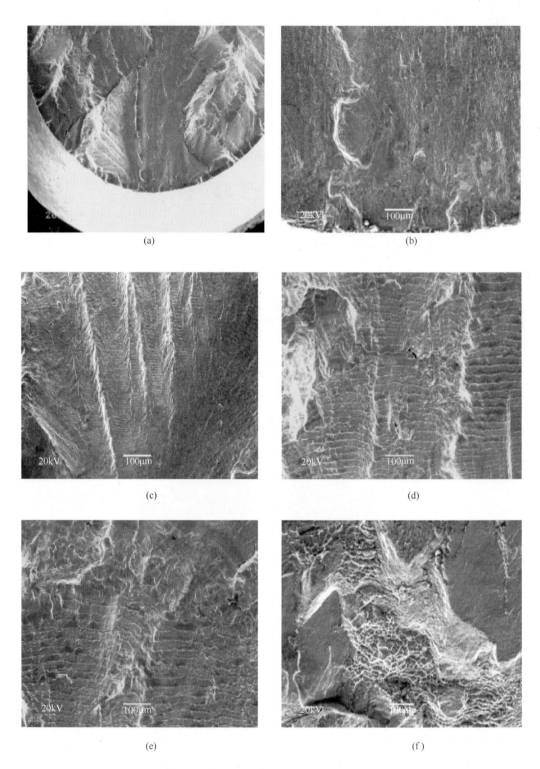

图 2.3 - 15　980℃低周疲劳/蠕变断口微观形貌

(a)疲劳源区低倍特征;(b)疲劳源区高倍特征;(c)扩展前期疲劳条带特征;(d)扩展中期疲劳条带特征;

(e)扩展后期疲劳条带特征;(f)瞬断区韧窝特征。

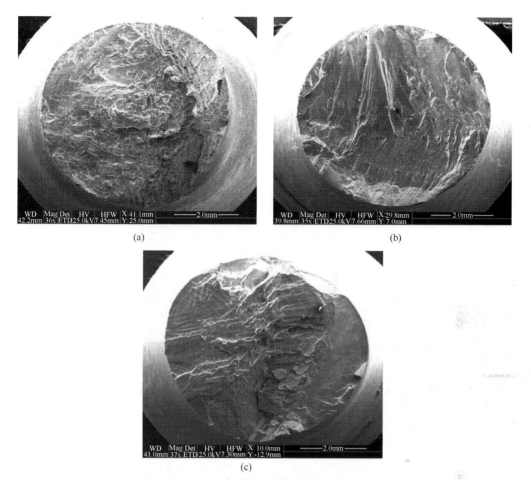

图 2.3-16　980℃低周疲劳/蠕变断口宏观特征

(a)$\Delta\varepsilon/2=\pm0.5\%$，$N_\mathrm{f}=722$；(b)$\Delta\varepsilon/2=\pm0.7\%$，$N_\mathrm{f}=228$；(c)$\Delta\varepsilon/2=\pm1.2\%$，$N_\mathrm{f}=57$。

(2) 微观特征。断口源区呈线源特征，源区氧化磨损严重，见图 2.3-17(a)、(b)。疲劳扩展区氧化严重，裂纹扩展初期疲劳条带较细密，见图 2.3-17(c)。随着裂纹的扩展，到疲劳扩展的中后期，疲劳条带间距逐渐加宽，见图 2.3-17(d)、(e)。瞬断区高倍下为浅韧窝特征，见图 2.3-17(f)。由三种应变条件下的断口观察结果可知，随着疲劳应变增大，疲劳扩展区各扩展阶段对应的疲劳条带间距逐渐增大。

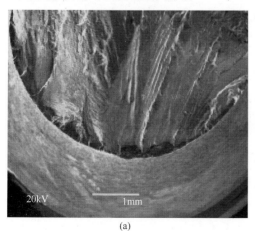

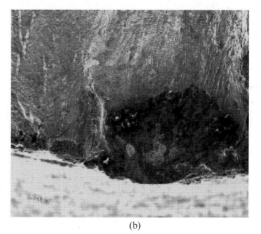

(a)　　　　　　　　　　　　　　　　　(b)

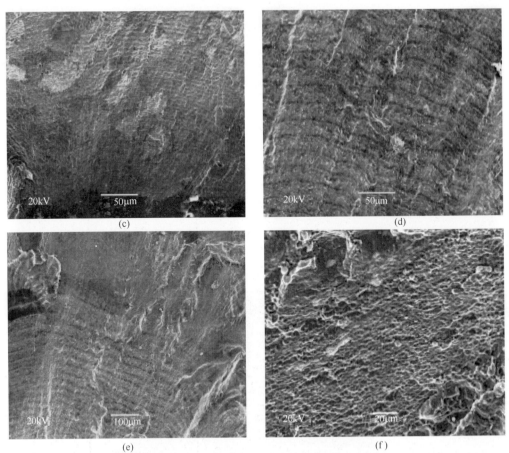

图 2.3-17　980℃低周疲劳/蠕变断口微观形貌

(a)疲劳源区特征;(b)疲劳源区高倍特征;(c)扩展前期疲劳条带特征;(d)扩展中期疲劳条带特征;
(e)扩展后期疲劳条带特征;(f)瞬断区韧窝特征。

2.4　DD6

2.4.1　概述

DD6 是我国第二代镍基单晶高温合金,具有高温强度高、综合性能好、组织稳定及铸造工艺性能好等优点。与第一代镍基单晶高温合金 DD3 相比,其承温能力提高约 40℃;与国外广泛应用的第二代单晶合金相比,其拉伸性能、持久性能、抗氧化性能和耐热腐蚀性能等均达到甚至部分超过其水平,且因其含铼量低而具有低成本的优势。该合金适合于制作 1100℃ 以下工作的具有复杂内腔的燃气涡轮工作叶片等高温零件。

2.4.2　组织结构

DD6 的热处理制度为:1290℃,1h＋1300℃,2h＋1315℃,4h,空冷＋1120℃,4h,空冷＋870℃,32h,空冷。

合金在铸态下的组成相有 γ 固溶和 γ′相,铸态下 γ′相有 3 种形态,即共晶 γ′,粗大 γ′及细

小 γ'。标准热处理后显微组织由 γ' 和 γ 相组成,其中 γ' 相的尺寸约为 $0.3\mu m \sim 0.5\mu m$,其总量约为合金重量的 65%。合金经 $1093℃/1000h$ 长期时效后,其 γ' 相发生了明显的粗化,并形成筏排组织,但未出现 TCP 相。DD6 的金相组见图 2.4-1。

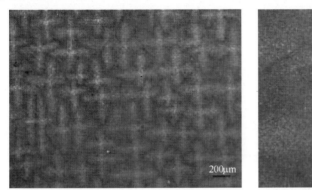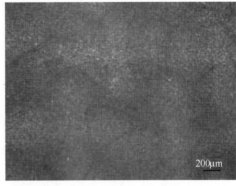

图 2.4-1　DD6 的金相组织

2.4.3　断口特征

1. 低周疲劳

1) 760℃,$R=-1$,[001]取向

(1) 宏观特征。断口呈蓝色,高差较大,由不同角度的斜面组成,但各斜面均与试样轴线约成 $45°$。断口从试样表面起源,源区磨损严重,见图 2.4-2。

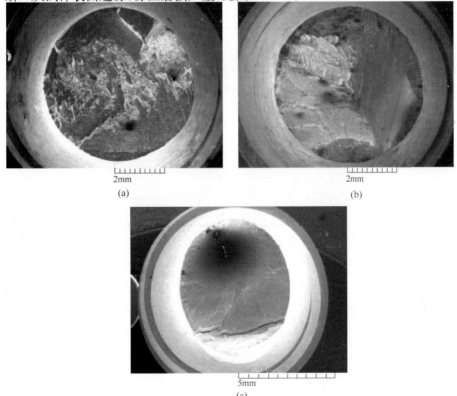

(a)　　　　　　　　　　(b)

(c)

图 2.4-2　760℃,$R=-1$,[001]取向低周疲劳断口宏观形貌

(a)$\Delta\varepsilon/2=0.8\%$,$N_f=3752$;(b)$\Delta\varepsilon/2=0.9\%$,$N_f=1444$;(c)$\Delta\varepsilon/2=1\%$,$N_f=48$。

（2）微观特征。 源区为线源，可见放射棱线，面积较小，见图 2.4-3(a)、(b)。扩展区的疲劳条带特征见图 2.4-3(c)。快速扩展区为撕裂棱和滑移面特征，见图 2.4-3(d)。瞬断区为浅韧窝特征，见图 2.4-3(e)。

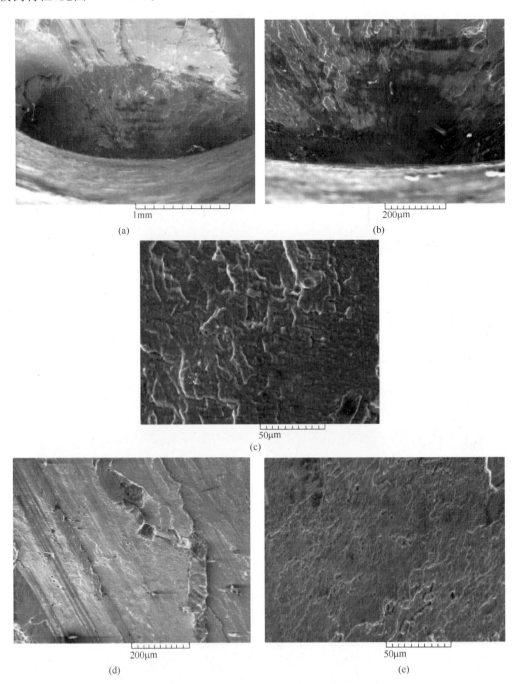

图 2.4-3　700℃，$R=-1$，[001]取向低周疲劳断口微观形貌

(a)疲劳源区特征；(b)疲劳源区高倍特征；(c)扩展区疲劳条带特征；(d)撕裂棱及滑移面特征；(e)瞬断区浅韧窝特征。

2）760℃，$R=-1$，[011]取向

（1）宏观特征。 应变较小时，断口呈蓝色，高差较大，由不同方向的斜面组成，斜面均与试样轴线成较大的角度,见图 2.4-4(a)、(b)。应变较大时($\Delta\varepsilon/2=0.8\%$,$N_f=24$),断口呈灰色,为一大斜面,可见由表面起源的放射棱线特征,氧化较严重,见图 2.4-4(c)。

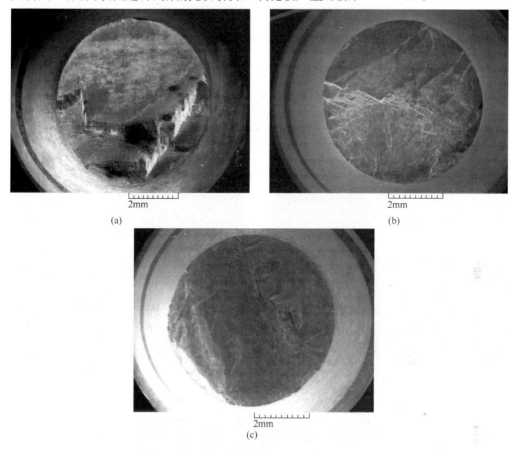

2mm
(a)

2mm
(b)

2mm
(c)

图 2.4-4　760℃,$R=-1$,[011]取向低周疲劳断口宏观形貌
(a)$\Delta\varepsilon/2=0.45\%$,$N_f=13684$;(b)$\Delta\varepsilon/2=0.5\%$,$N_f=978$;(c)$\Delta\varepsilon/2=0.8\%$,$N_f=24$。

(2) 微观特征。断口从试样表面起源,单源,源区氧化严重,见图 2.4-5(a)、(b)。应变较小时,疲劳扩展区可见疲劳条带特征,见图 2.4-5(c)。快速扩展区可见滑移台阶特征,高倍下为浅韧窝特征为主,见图 2.4-5(d)、(e)。应变较大时($\Delta\varepsilon/2=0.8$,$N_f=24$),断口上未见明显的疲劳特征,可见较大的二次裂纹和磨损,局部可见韧窝,见图 2.4-5(f)。

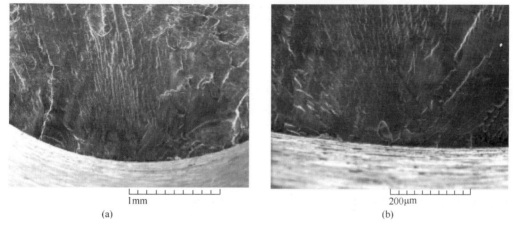

1mm
(a)

200μm
(b)

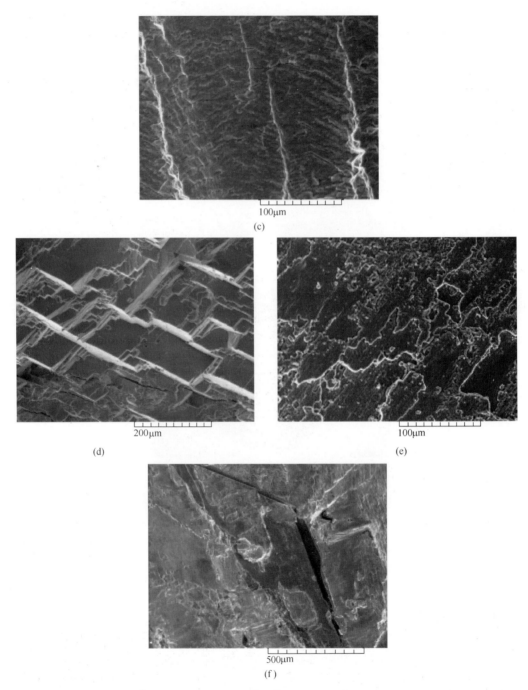

图 2.4-5 760℃,R=-1,[011]取向低周疲劳断口微观形貌

(a)疲劳源区特征;(b)疲劳源区高倍特征;(c)扩展区疲劳条带特征;(d)滑移台阶特征;
(e)高倍下的浅韧窝特征;(f)二次裂纹及磨损特征。

3) 760℃,R=-1,[111]取向

(1) 宏观特征。应变较低时($\Delta\varepsilon/2=0.25\%$、$0.3\%$),断口呈蓝色,高差较大,断口从下侧边缘起源,可见一主一次两个源,见图 2.4-6(a)、(b)。高应变时($\Delta\varepsilon/2=0.8\%$)断口从下侧边缘表面起源,多源特征,且均为小线源,每个源形成独立的小平面,见图 2.4-6(c)。

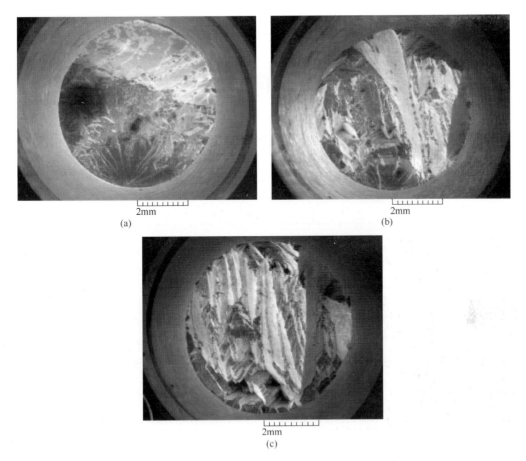

(a)

(b)

(c)

图 2.4 - 6   760℃,$R=-1$,[111]取向低周疲劳宏观形貌

(a)$\Delta\varepsilon/2=0.25\%$,$N_f=13684$;(b)$\Delta\varepsilon/2=0.3\%$,$N_f=4496$;(c)$\Delta\varepsilon/2=0.8\%$,$N_f=36$。

(2)微观特征。主源和次源均为亚表面的疏松,见图 2.4 - 7(a)、(b)。应变较低时($\Delta\varepsilon/2=$ 0.25%、0.3%),扩展区可见明显的疲劳特征,见图 2.4 - 7(c)。快速扩展区以快速滑移特征为主,高倍下可见其表面为浅韧窝特征,见图 2.4 - 7(d)、(e)。随着应变的增大,扩展区面积减小,疲劳条带特征不明显。

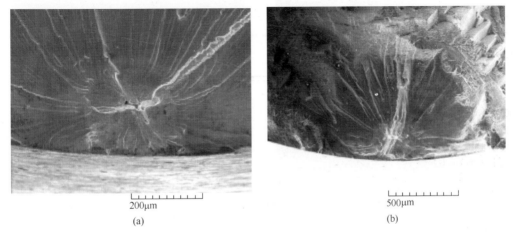

200μm

(a)

500μm

(b)

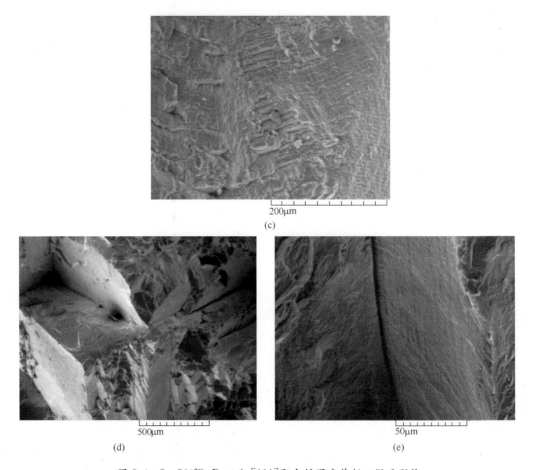

图 2.4-7　760℃,R=-1,[111]取向低周疲劳断口微观形貌

(a)主源区形貌;(b)次源区形貌;(c)扩展区疲劳条带特征;(d)滑移面特征;(e)高倍下的浅韧窝特征。

4) 980℃,R=-1,[001]取向

(1) 宏观特征。断口呈蓝色,可见明显的磨损和氧化特征。疲劳从试样表面周边起源,多源特征,见图 2.4-8。

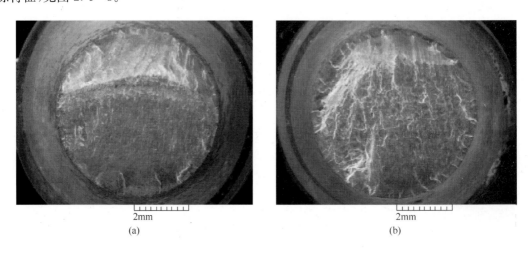

(a)　　　　　　　　　　　　　　　(b)

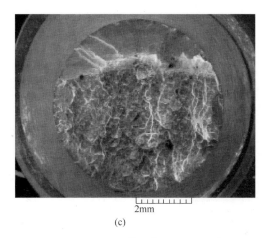

(c)

图 2.4-8 980℃,$R=-1$,[001]取向低周疲劳宏观形貌

(a)$\Delta\varepsilon/2=0.5\%$,$N_f=14933$;(b)$\Delta\varepsilon/2=0.7\%$,$N_f=2376$;(c)$\Delta\varepsilon/2=1.2\%$,$N_f=94$。

(2)微观特征。断裂从试样表面起始,源区为多源特征,主疲劳源和次疲劳源形貌分别见图 2.4-9(a)、(b)。主疲劳扩展区可见明显的棱线特征,氧化较严重,扩展后期可见疲劳条带特征,见图 2.4-9(c)。快速扩展区为滑移特征,高倍下为浅韧窝特征,见图 2.4-9(d)、(e)、(f)。

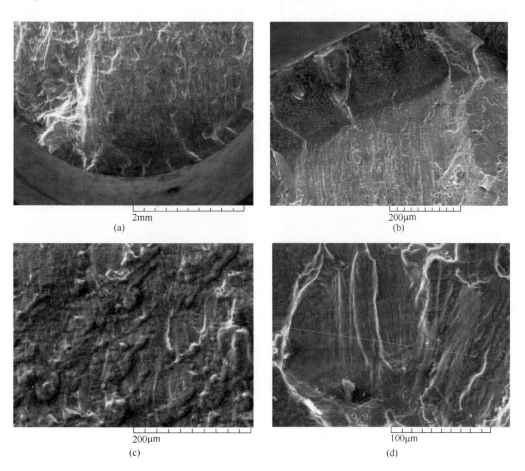

(a)

(b)

(c)

(d)

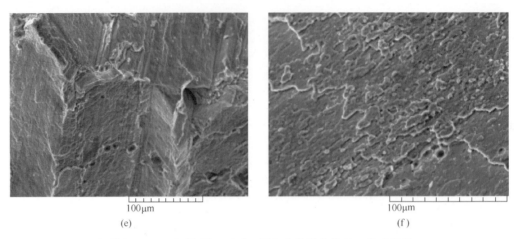

(e)   (f)

图 2.4-9　980℃,$R=-1$,[001]取向低周疲劳断口微观形貌

(a)主源区形貌;(b)次源区形貌;(c)氧化特征;(d)扩展区疲劳条带特征;(e)滑移特征;(f)高倍下的浅韧窝特征。

5) 980℃,$R=-1$,[011]取向

(1) 宏观特征。断口呈蓝色,高差较大,断裂起源于试样的表面,见图 2.4-10。

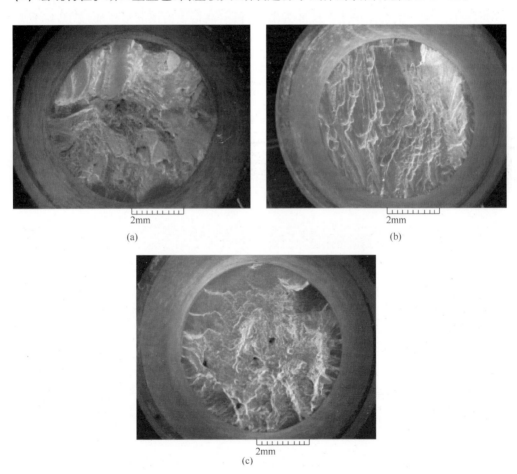

(a)   (b)

(c)

图 2.4-10　980℃,$R=-1$,[011]取向低周疲劳宏观形貌

(a)$\Delta\varepsilon/2=0.3\%$,$N_f=6870$;(b)$\Delta\varepsilon/2=0.5\%$,$N_f=695$;(c)$\Delta\varepsilon/2=0.8\%$,$N_f=42$。

（2）微观特征。 断裂从试样一侧表面起始，多源特征，并形成多个微小的疲劳区，氧化磨损严重，见图 2.4 - 11(a)、(b)。各疲劳源合并扩展后形成主疲劳区，扩展区可见明显的疲劳条带特征，见图 2.4 - 11(c)、(d)。快速扩展区可见滑移面特征，高倍下为浅韧窝特征，见图 2.4 - 11(e)、(f)。

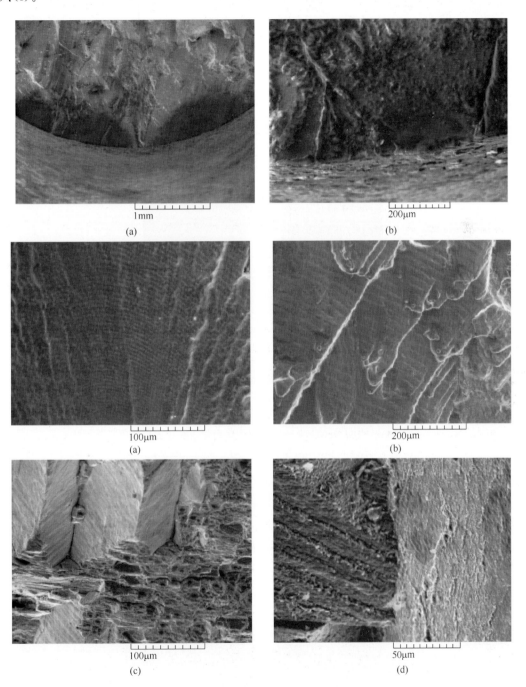

图 2.4 - 11　980℃，$R=-1$，[011]取向低周疲劳断口微观形貌
(a)源区低倍形貌；(b)源区高倍形貌；(c)扩展前期疲劳条带特征；
(d)扩展后期疲劳条带特征；(e)滑移面特征；(f)高倍下的浅韧窝特征。

6）980℃，$R=-1$，[111]取向

（1）宏观特征。断口呈蓝色，由斜面组成，高差较大，断裂起源于试样的表面，见图2.4-12。

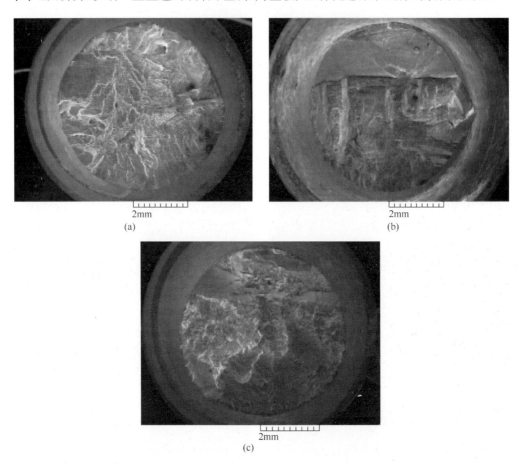

(a)

(b)

(c)

图 2.4-12 980℃，$R=-1$，[111]取向低周疲劳宏观形貌

(a)$\Delta\varepsilon/2=0.3\%$，$N_f=6548$；(b)$\Delta\varepsilon/2=0.3\%$，$N_f=4496$；(c)$\Delta\varepsilon/2=0.8\%$，$N_f=36$。

（2）微观特征。断裂从试样表面起源，可见放射棱线，多源特征，源区氧化严重，见图2.4-13(a)、(b)。主扩展区可见疲劳条带特征，条带间距较宽，见图2.4-13(c)。快速扩展区可见明显的二次裂纹和滑移特征，其表面高倍下为浅韧窝特征，见图2.4-13(d)、(e)。

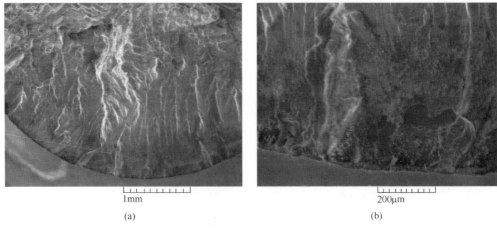

(a)

(b)

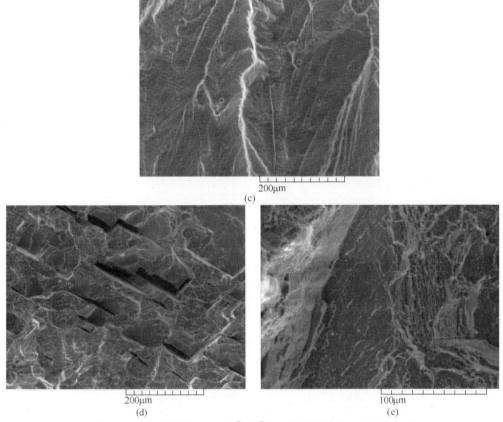

200μm

(c)

200μm

(d)

100μm

(e)

图 2.4-13 980℃,$R=-1$,[111]取向低周疲劳断口微观形貌征

(a)源区低倍形貌;(b)源区高倍形貌;(c)扩展区疲劳条带特征;(d)滑移特征;(e)高倍下的浅韧窝特征。

2. 疲劳蠕变

1) 760℃,(0s/60s)

(1) 宏观特征。 断口 A 呈蓝色,主断口下侧平坦细腻,边缘呈明显的弧形,为疲劳区;上侧由多个斜面组成,棱线特征明显,与主断口约成 45°,见图 2.4-14(a)。断口 B 呈蓝灰色,为一大斜面。表面较光亮,存在轻微的磨损擦伤特征,可见从下而上的棱线特征,见图 2.4-14(b)。断口 C 呈蓝灰色,由数个角度不同的斜面组成,与试样轴向约成 45°,见图 2.4-14(c)。

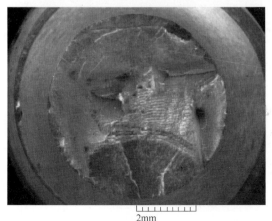

2mm

(a)

2mm

(b)

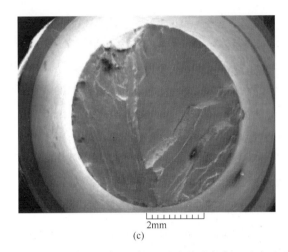

(c)

图 2.4-14　760℃,保载(0s/60s)时疲劳蠕变断口的宏观形貌

(a)$\Delta\varepsilon/2=0.7\%$,$N_f=2135$;(b)$\Delta\varepsilon/2=0.8\%$,$N_f=476$;(c)$\Delta\varepsilon/2=1.2\%$,$N_f=34$。

(2) 微观特征。 断口从下侧边缘起源,可见粗大的放射棱线,多源特征,源区磨损较严重,见图 2.4-15(a)。疲劳扩展区氧化严重,边缘处可见疲劳条带特征,见图 2.4-15(b)。疲劳区与瞬断区交界处可见滑移形成的台阶,为快速扩展特征,见图 2.4-15(c)。瞬断区可见明显的棱线,高倍下为浅韧窝特征,见图 2.4-15(d)。

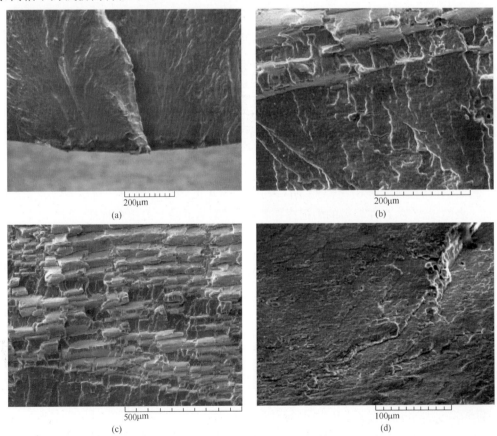

图 2.4-15　760℃,保载 0s～60s 时疲劳蠕变断口的微观形貌

(a)疲劳源区形貌;(b)扩展区前期疲劳条带特征;(c)疲劳区与瞬断区交界处滑移台阶特征;(d)瞬断区的韧窝特征。

2) 760℃,(30s/30s)

(1) 宏观特征。断口 A 呈蓝色,高差较大,下侧由多个平坦光亮小平面组成,为疲劳区。上侧为大的斜面,与试样轴向约成 45°,可见粗大棱线特征。见图 2.4-16(a)。断口 B 呈蓝灰色,下侧为平坦光亮弧形区,为疲劳区。上侧为多个角度不同的斜面,见图 2.4-16(b)。断口 C 呈蓝灰色,由数个角度不同的斜面组成,与试样轴向约成 45°,见图 2.4-16(c)。

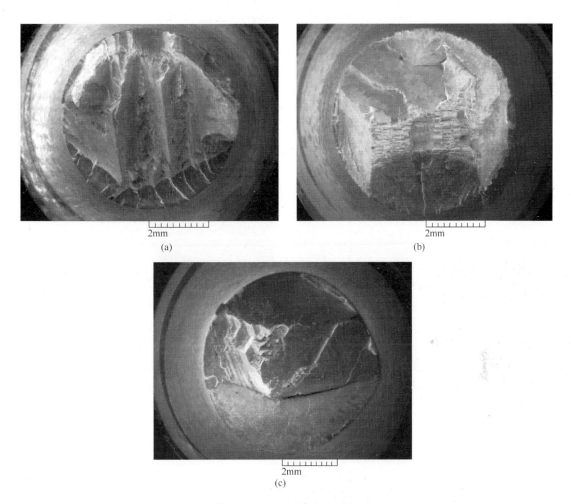

图 2.4-16　760℃,保载(30s/30s)时疲劳蠕变断口的宏观形貌
(a)$\Delta\varepsilon/2=0.7\%$,$N_f=1467$;(b)$\Delta\varepsilon/2=0.9\%$,$N_f=332$;(c)$\Delta\varepsilon/2=1.2\%$,$N_f=5$。

(2) 微观特征。断口下侧为弧形疲劳区,起源于试样表面,可见明显的棱线特征,多源特征,见图 2.4-17(a)。疲劳扩展区氧化较严重,见图 2.4-17(b)。后期可见滑移台阶特征,见图2.4-17(c)。瞬断区为浅韧窝特征,见图 2.4-17(d)。

3) 760℃,(60s/0s)

(1) 宏观特征。应变较小时($\Delta\varepsilon/2=0.7\%$、$0.8\%$),断口呈蓝色,高差较大,下侧为较平坦的疲劳区,疲劳从试样表面起源,棱线特征明显,多源,源区磨损氧化严重,见图 2.4-18(a)、(b)。应变较大时($\Delta\varepsilon/2=1.2\%$),断口呈蓝灰色,为一大斜面,断口从试样表面起源,多源特征,见图 2.4-18(c)。

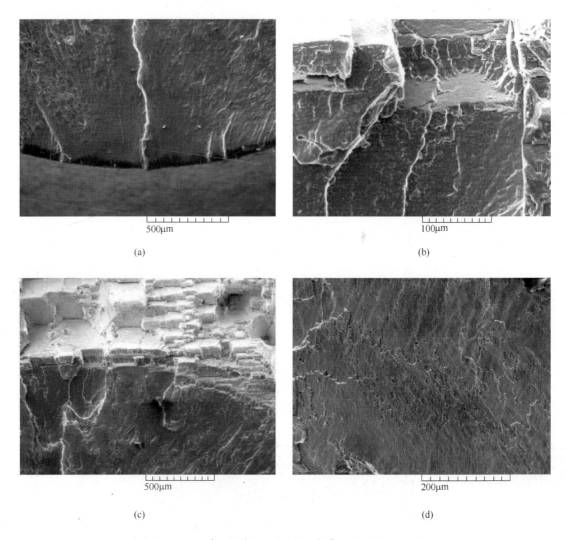

(a)　　　　　　　　　　　　　　　(b)

(c)　　　　　　　　　　　　　　　(d)

图 2.4-17　760℃,保载(30s/30s)时疲劳蠕变断口的微观形貌
(a)疲劳源区形貌;(b)断口氧化特征;(c)滑移台阶特征;(d)瞬断区浅韧窝特征。

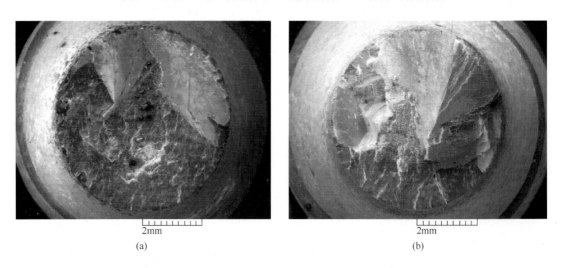

(a)　　　　　　　　　　　　　　　(b)

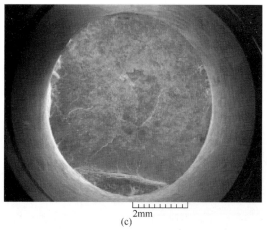

(c)

图 2.4-18　760℃,保载(60s/0s)时疲劳蠕变断口的宏观形貌

(a)Δε/2＝0.7%,N_f＝6762;(b)Δε/2＝0.8%,N_f＝631;(c)Δε/2＝1.2%,N_f＝5。

(2) 微观特征。应变较小时(Δε/2＝0.7% 、0.8%),源区磨损氧化严重,疲劳扩展区氧化严重,后期可见疲劳条带和滑移台阶特征,见图 2.4-19(a)～(c)。快速扩展区为滑移特征,见图 2.4-19(d)。应变较大时(Δε/2＝1.2%),断口呈蓝灰色,为一大斜面,断口从试样表面起源,多源特征,未见明显的疲劳条带特征。

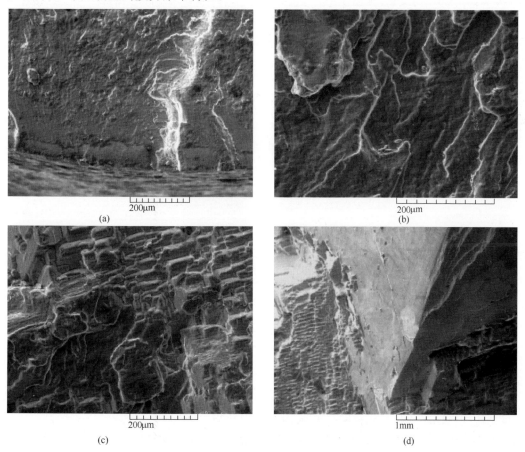

图 2.4-19　760℃,保载(60s/0s)时疲劳蠕变断口的微观形貌

(a) 断口源区形貌;(b)氧化特征;(c)疲劳条带和滑移台阶特征;(d)快速扩展区滑移特征。

4）980℃,（0s/60s）

(1) 宏观特征。断口呈蓝色,高差较大,表面较粗糙,颗粒状特征明显,氧化严重,见图 2.4-20。应变较小时($\Delta\varepsilon/2=0.5\%$,$N_f=2033$),疲劳从断口表面起源,主疲劳源区可见棱线特征,多源。应变较大时($\Delta\varepsilon/2=0.7\%$,$N_f=377$;$\Delta\varepsilon/2=1.2\%$,$N_f=26$),疲劳从断口一侧边缘起源,棱线特征明显,多源。

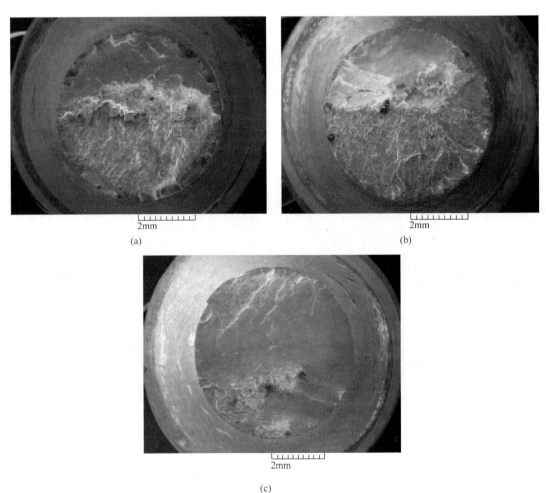

图 2.4-20 980℃,保载(0s/60s)时疲劳蠕变断口的宏观形貌

(a)$\Delta\varepsilon/2=0.5\%$,$N_f=2033$;(b)$\Delta\varepsilon/2=0.8\%$,$N_f=631$;(c)$\Delta\varepsilon/2=0.8\%$,$N_f=631$。

(2) 微观特征。疲劳从断口表面起源,疲劳源区氧化和磨损严重,见图 2.4-21(a)。扩展区可见疲劳条带特征,见图 2.4-21(b)。快速扩展区为滑移特征,高倍下为浅韧窝特征,见图2.4-21(c)~(d)。

5）980℃,（30s/30s）

(1) 宏观特征。断口呈蓝色,表面粗糙,颗粒状特征明显,氧化严重。断口从试样表面起源,可见棱线特征,多源,氧化和磨损严重,见图 2.4-22。

(2) 微观特征。断口从试样表面起源,源区氧化和磨损严重,见图 2.4-23(a)。疲劳扩展前期氧化严重,未见明显的疲劳条带特征,见图 2.4-23(b)。快速扩展区为滑移面特征,高倍可见为韧窝特征,见图 2.4-23(c)。瞬断区为韧窝特征,见图 2.4-23(d)。

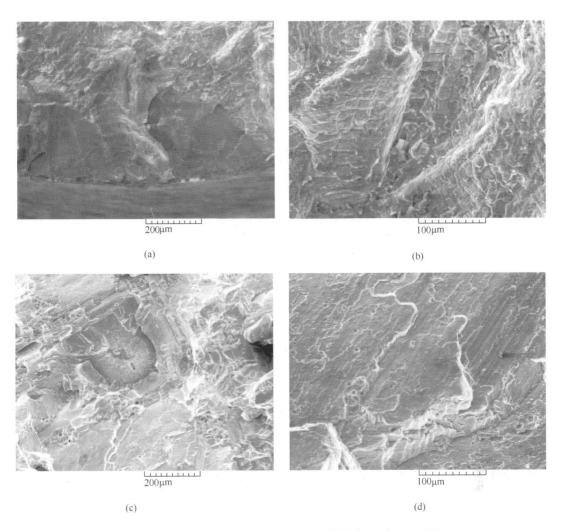

图 2.4 - 21　980℃,保载(0s/60s)时疲劳蠕变断口的微观形貌
(a)疲劳源区形貌;(b)扩展区疲劳特征;(c)快速扩展区滑移特征;(d)浅韧窝特征。

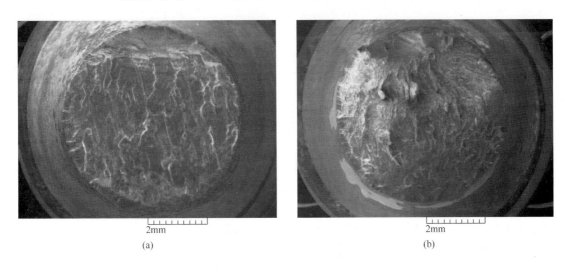

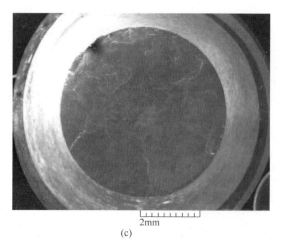

(c)

图 2.4-22　980℃,保载(30s/30s)时疲劳蠕变断口的宏观形貌

(a)$\Delta\varepsilon/2=0.5\%$,$N_f=1306$;(b)$\Delta\varepsilon/2=0.7\%$,$N_f=368$;(c)$\Delta\varepsilon/2=1.2\%$,$N_f=26$。

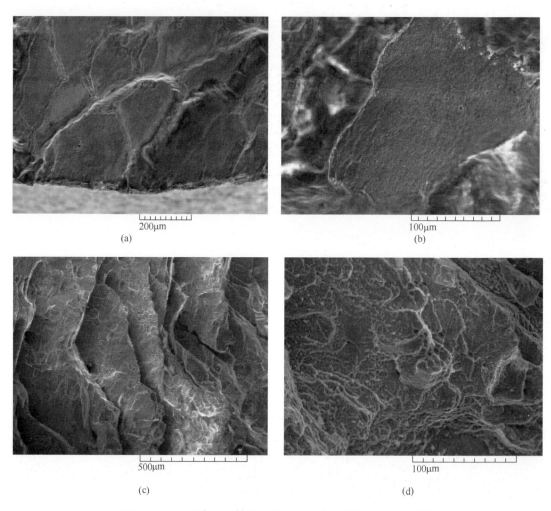

图 2.4-23　980℃,保载(30s/30s)时疲劳蠕变断口的微观形貌

(a)源区形貌;(b)断口氧化特征;(c)快速扩展区滑移面和韧窝特征;(d)瞬断区韧窝特征。

6) 980℃,(60s/0s)

(1) 宏观特征。断口呈蓝色,高差不大,表面较粗糙,颗粒状特征明显,氧化严重,见图2.4-24。

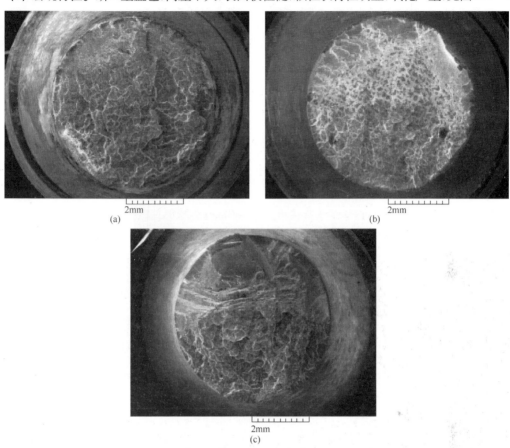

(a)

(b)

(c)

图2.4-24　980℃,保载(60s/0s)时疲劳蠕变断口的宏观形貌

(a)$\Delta\varepsilon/2=0.5\%$,$N_f=3145$;(b)$\Delta\varepsilon/2=0.8\%$,$N_f=453$;(c)$\Delta\varepsilon/2=1.2\%$,$N_f=26$。

(2) 微观特征。断口从试样表面周边起源,下侧为主疲劳扩展区,棱线特征明显,多源,磨损氧化严重,见图2.4-25(a)、(b)。疲劳扩展区氧化严重,疲劳条带特征不明显,见图2.4-25(c)。快速扩展区为滑移面特征,见图2.4-25(d)。瞬断区为韧窝特征,见图2.4-25(e)。

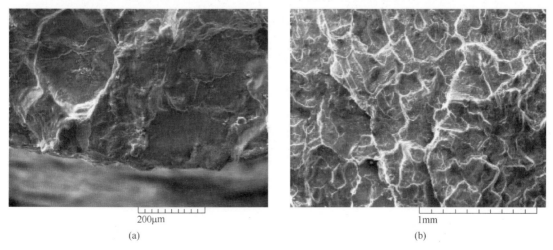

(a)

(b)

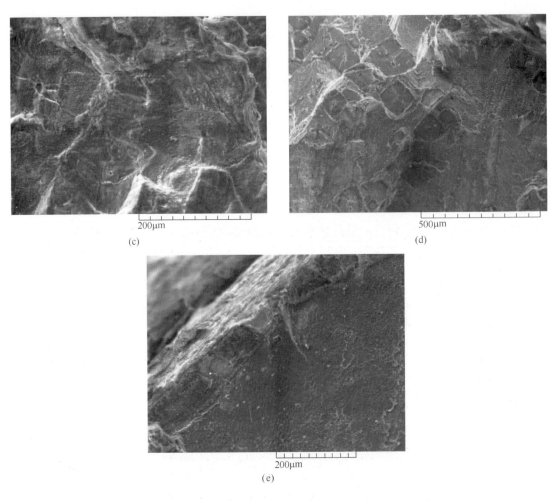

图 2.4 - 25 980℃,保载(60s/0s)时疲劳蠕变断口的微观形貌

(a) 疲劳源区形貌;(b)氧化磨损;(c)扩展区疲劳条带特征;(d)快速扩展区滑移面特征;(e)瞬断区浅韧窝特征。

第三章　航空发动机用钛合金断口特征

3.1　TA12

3.1.1　概述

TA12 钛合金是一种综合性能良好的近 α 型热强钛合金,名义成分为 Ti‑5.5Al‑4Sn‑2Zr‑1Mo‑0.25Si‑1Nd。该合金长时间工作温度可达 550℃,该合金具有良好的工艺塑性和超塑性,适合各种压力加工成形,该合金主要用于航空发动机加力燃烧室部分的安装边、加力筒体及压气机盘、叶片、鼓筒等构件。

3.1.2　组织结构

TA12 钛合金在室温下的平衡组织主要含有 α 相和少量 β 相,还可能出现少量的富钕(Nd)稀土相、硅化物和 Ti$_3$X 相。

图 3.1‑1　TA12 钛合金的金相组织

3.1.3　断口特征

1. 光滑拉伸

(1) 宏观特征。 断口较粗糙,颈缩明显,断口分为两区,即纤维区和剪切唇区。纤维区位于试样断口中心,各温度条件下断口纤维区范围差异不大,周边为剪切唇区,与试样轴向成 45°,纤维区为起裂区,见图 3.1‑2。随着试验温度的不同,断口颜色由 200℃时的灰色,向 300℃时的暗灰色,400℃时的深灰色过渡,在 500℃时呈棕色,而在 550℃为棕黄色。

(2) 微观特征。 拉伸断口的中心和边部均为韧窝,见图 3.1‑3 和图 3.1‑4。其中边部为拉长的韧窝,而中心部位为等轴韧窝,等轴韧窝中局部可见一些二次质点。各区域由于变形量不同造成各区域韧窝大小不同。

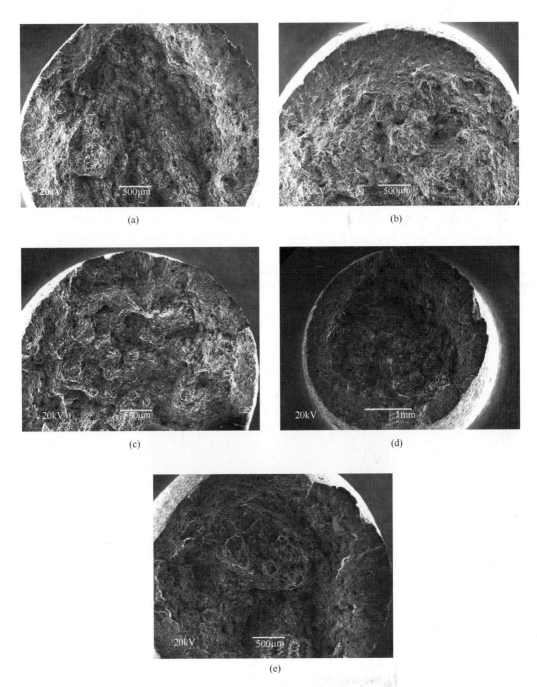

图 3.1-2　光滑拉伸断口低倍形貌

(a) 200℃, σ_b=791MPa, $\sigma_{0.2}$=660MPa, δ_5=16.8%, ψ=38.0%;

(b) 300℃, σ_b=727MPa, $\sigma_{0.2}$=575MPa, δ_5=15.4%, ψ=35.9%;

(c) 400℃, σ_b=698MPa, $\sigma_{0.2}$=543MPa, δ_5=18.4%, ψ=39.6%;

(d) 500℃, σ_b=654MPa, $\sigma_{0.2}$=518MPa, δ_5=15.8%, ψ=40.8%;

(e) 550℃, σ_b=639MPa, $\sigma_{0.2}$=503MPa, δ_5=20.2%, ψ=47.6%。

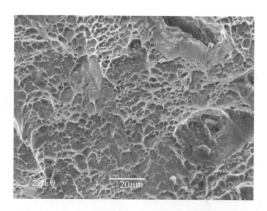

图 3.1-3　断口剪切唇区剪切韧窝形貌

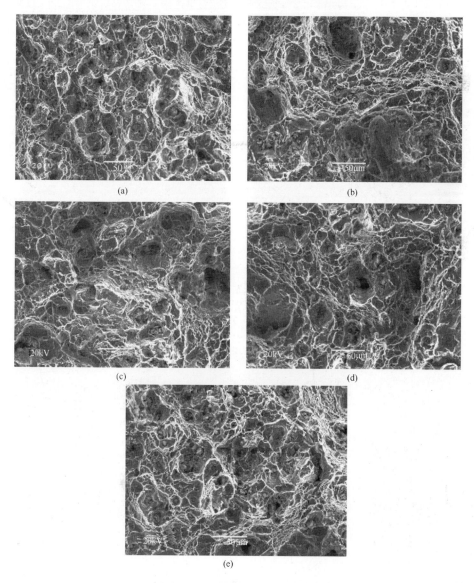

图 3.1-4　断口纤维区韧窝形貌

(a)200℃等轴韧窝特征；(b)300℃等轴韧窝特征；(c)400℃等轴韧窝特征；(d)500℃等轴韧窝特征；(e)550℃等轴韧窝特征。

2. 缺口拉伸

(1) 宏观特征。 室温断口比较平坦,随着温度升高断面逐渐粗糙,断口无颈缩现象,断裂起裂于表面缺口处。整个断面以纤维区为主。断口颜色室温为银灰色,200℃为暗灰色,400℃时断口颜色主要以深灰色为主,略显棕黄色,而550℃时断口呈棕黄色。断口低倍特征见图3.1-5。

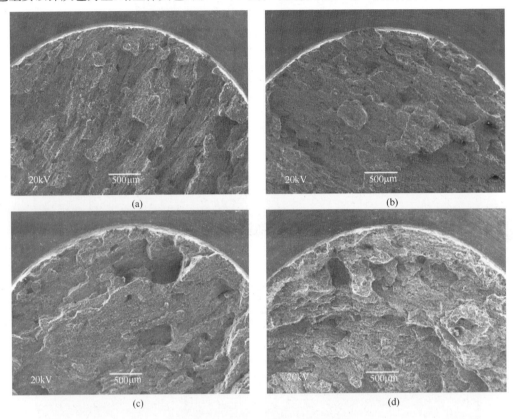

(a)   (b)

(c)   (d)

图 3.1-5　缺口拉伸断口低倍形貌

(a)室温,σ_{bH}=1284MPa;(b)200℃,σ_{bH}=1097MPa;(c)400℃,σ_{bH}=923MPa;(d)550℃,σ_{bH}=870MPa。

(2) 微观特征。 断口微观特征均为韧窝特征,断口边部起裂区韧窝形貌见图3.1-6(a),不同温度下的韧窝特征基本相同;纤维区韧窝形貌见图3.1-6(b),韧窝中可见较多的第二相质点。

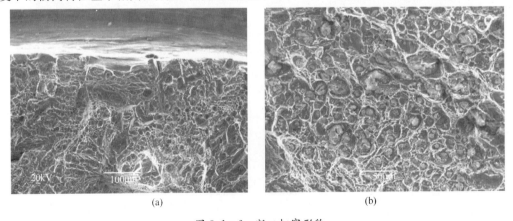

(a)   (b)

图 3.1-6　断口韧窝形貌

(a)断口边部;(b)断口纤维区。

3. 光滑持久

1) 500℃

(1) 宏观特征。 断口粗糙,应力为560MPa和600MPa的断口高差较大,颈缩较明显,断口分为两区,即中部的纤维区和周边的剪切唇区,应力为890MPa的断口无明显分区,见图3.1-7。应力为560MPa的持久断口呈褐色,应力为600MPa和890MPa的持久断口呈黄色。

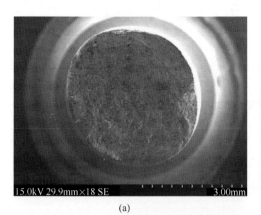
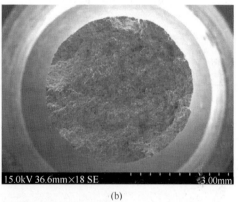

(a) (b)

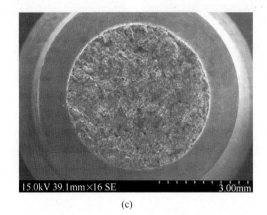

(c)

图3.1-7 500℃光滑持久断口宏观形貌
(a)试样A,500℃/560MPa,t=521.58h,δ=16.00%,ψ=42.24%;
(b)试样B,500℃/600MPa,t=288.83h,δ=12.88%,ψ=23.42%;
(c)试样C,500℃/890MPa,t=0.16h。

(2) 微观特征。 断口微观主要为韧窝特征,见图3.1-8(a)、(c)、(e)。应力为560MPa和600MPa的断口边缘为浅韧窝和剪切韧窝,见图3.1-8(b)、(d)。应力为890MPa的断口有较多的孔洞,见图3.1-8(f)。

2) 550℃

(1) 宏观特征。 断口粗糙,主要为纤维状断口。应力为470MPa的持久断口高差较大,断裂起始于试样一侧,四周有剪切唇特征,颈缩不明显;应力为620MPa和690MP的持久断口较平坦,断裂从一侧缺口边缘起始,源区面积较小,见图3.1-9。断面主要呈暗黄色,源区为深褐色。

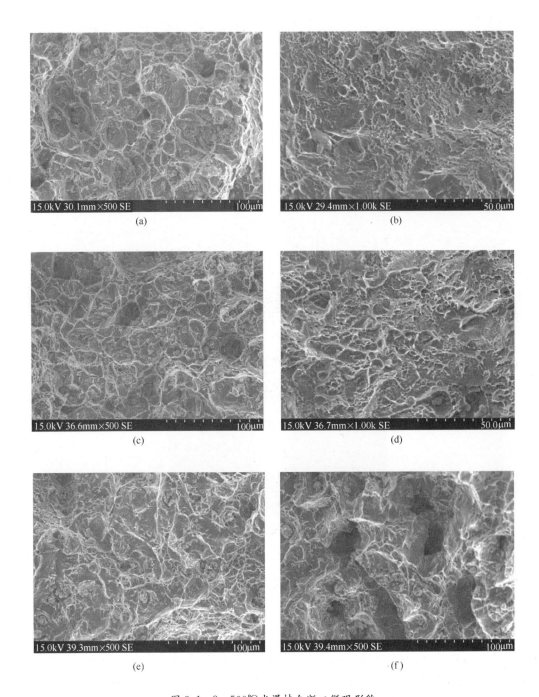

图 3.1-8　500℃光滑持久断口微观形貌

(a)试样 A 断口中部韧窝形貌;(b)试样 A 断口边缘剪切韧窝形貌;

(c)试样 B 断口中部韧窝形貌;(d)试样 B 断口边缘剪切韧窝形貌;

(e)试样 C 断口中部韧窝形貌;(f)试样 C 断口孔洞特征。

图 3.1-9　550℃光滑持久断口宏观形貌

(a)试样 A,550℃/470MPa,t=118.50h,δ=6.72%,ψ=15.70%;

(b)试样 B,550℃/620MPa,t=84.25h;(c)试样 C,550℃/690MPa,t=18.25h。

（2）微观特征。应力为 470MPa 的持久断口源区呈明显的解理断裂特征,见图 3.1－10 (a)、(b)。瞬断区为剪切韧窝形貌,见图 3.1－10(d)。应力为 620MPa 和 690MP 的持久断口源区为解理小平面特征,见图 3.1－10(e)、(f)。整个断口上可见较多的裂纹和孔洞,见图 3.1－10 (i)、(j)。三个应力下的断口均主要为韧窝形貌,且应力越大韧窝越大,颗粒质点减少,见图 3.1-10(c)、(g)、(h)。

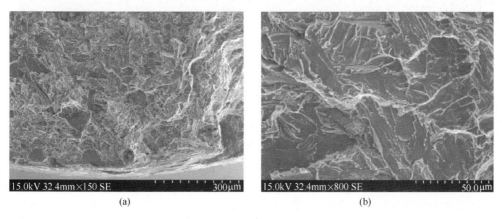

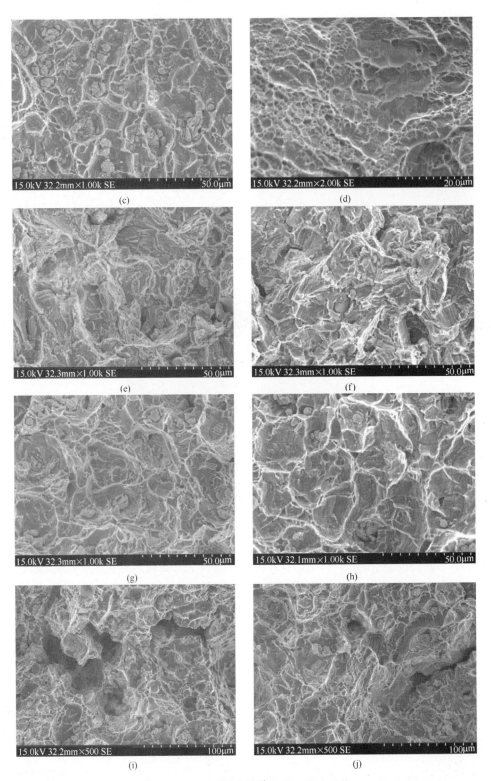

图 3.1-10　550℃光滑持久断口微观形貌

(a)试样 A 断口源区断裂特征;(b)试样 A 断口源区解理面;(c)试样 A 断口中部韧窝形貌;(d)试样 A 断口瞬断区剪切韧窝;
(e)试样 B 断口源区断裂特征;(f)试样 C 断口源区断裂特征;(g)试样 B 断口韧窝形貌;(h)试样 C 断口韧窝形貌;
(i)试样 B 断口裂纹及孔洞;(j)试样 C 断口裂纹及孔洞。

4. 缺口持久

1）500℃

（1）宏观特征。三个应力水平下的断口宏观特征基本相同：断口粗糙，主要为纤维状断口，断裂从一侧缺口边缘起始，源区面积较小，见图 3.1-11。断面主要呈黄色，源区为深褐色。

(a)

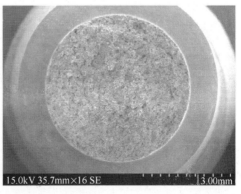

(b)

(c)

图 3.1-11　500℃缺口持久断口宏观形貌

(a)试样 A，500℃/650MPa，t=528.16h；(b)试样 B，500℃/700MPa，t=239.00h；

(c)试样 C，500℃/780MPa，t=173.00h。

（2）微观特征。三个应力水平下的断口微观特征基本相同：源区特征为解理小平面，见图 3.1-12(a)、(c)、(e)；断口主要呈韧窝形貌，可见较多的颗粒质点，见图 3.1-12(b)、(d)、(f)。

2）550℃

（1）宏观特征。断口粗糙，断裂起始于试样四周，源区面积较小，断口主要为纤维状断口，可见较多的孔洞，见图 3.1-13。断口应力为 570MPa 和 600MPa 的断面主要呈黄色，四周源区呈浅蓝色；应力为 650MPa 的断面呈深蓝色，源区呈蓝紫色。

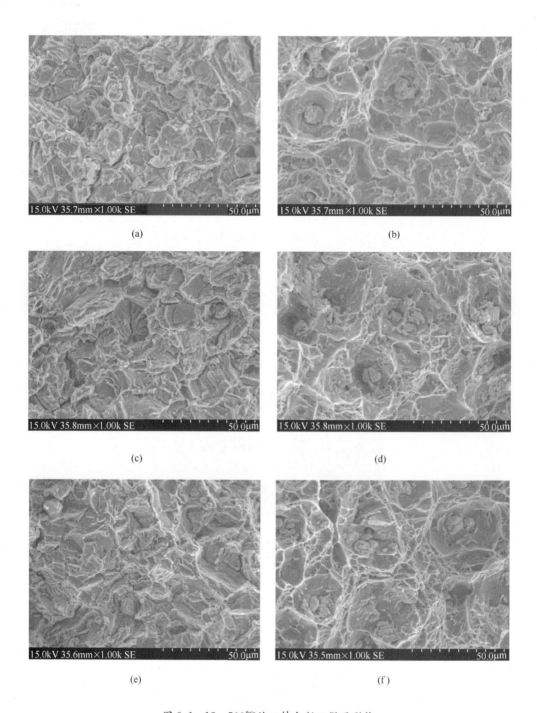

(a)

(b)

(c)

(d)

(e)

(f)

图 3.1-12　500℃缺口持久断口微观形貌

(a)试样 A 断口源区断裂特征;(b)试样 A 断口中部韧窝形貌;

(c)试样 B 断口源区断裂特征;(d)试样 B 断口中部韧窝形貌;

(e)试样 C 断口源区断裂特征;(f)试样 C 断口中部韧窝形貌。

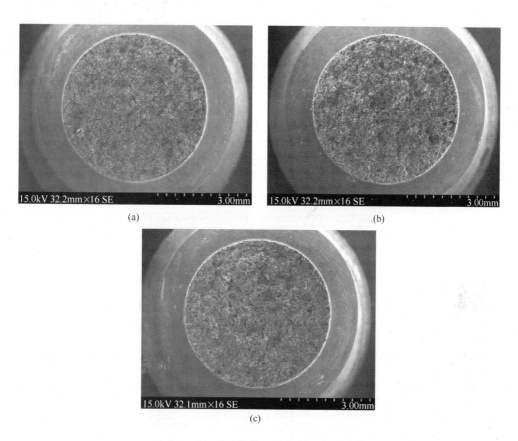

(a)   (b)

(c)

图 3.1-13　550℃缺口持久断口宏观形貌

(a)550℃/570MPa，t=254.58h；(b)550℃/600MPa，t=135.00h；

(c)550℃/650MPa，t=40.50h。

（2）微观特征。三个应力水平下的断口微观特征基本相同：源区特征为解理小平面，见图 3.1-14(a)。源区边缘为较大的韧窝形貌，见图 3.1-14(b)。断口中部的韧窝形貌见图 3.1-14(c)，可见较多的颗粒质点。断面上均可见较多的孔洞及裂纹，见图 3.1-14(d)。

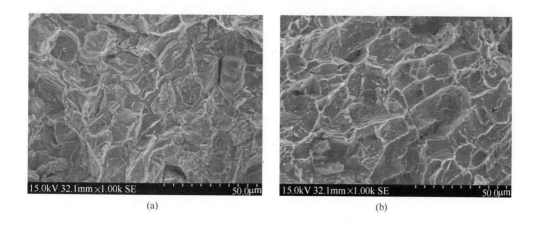

(a)   (b)

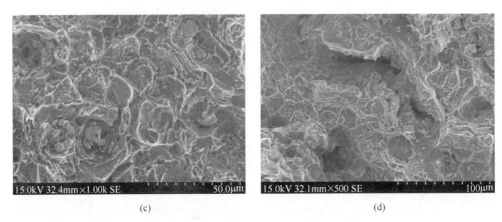

(c)　　　　　　　　　　　　　　　　(d)

图 3.1-14　550℃缺口持久断口微观形貌

(a)断口源区断裂特征;(b)源区边缘韧窝形貌;(c)断口中部韧窝形貌;(d)断口孔洞及裂纹特征。

5. 高周光滑疲劳

1) 400℃,$R=0.1$

(1) 宏观特征。三种应力条件下的断口宏观特征基本相同,疲劳裂纹从试样表面起源,呈线源特征,可见从表面起始向内部扩展的放射棱线,瞬断区位于断口另一侧。疲劳扩展区表面较平坦,呈暗黄色。瞬断区与剪切唇区面积较大且高度差异较大,呈灰色。随着疲劳应力由590MPa 减小到 360MPa,疲劳扩展区面积由 60% 增大到 90%,见图 3.1-15(a)~(d)。

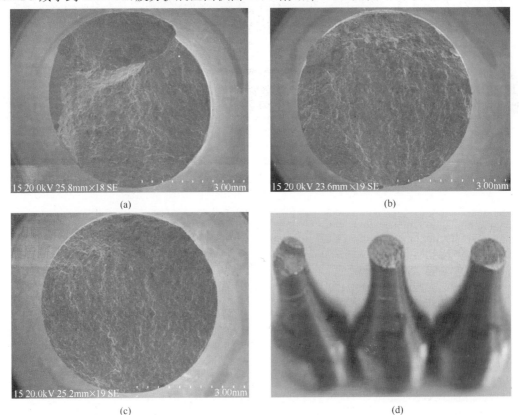

(a)　　　　　　　　　　　　　　　　(b)

(c)　　　　　　　　　　　　　　　　(d)

图 3.1-15　400℃,$R=0.1$高周光滑疲劳断口宏观特征

(a)$\sigma_{max}=590$MPa,$N_f=4\times10^4$;(b)$\sigma_{max}=460$MPa,$N_f=8.66\times10^5$;(c)$\sigma_{max}=360$MPa,$N_f=7.974\times10^6$;(d)断口宏观照片。

（2）微观特征。源区呈线源特征，有明显的放射棱线，裂纹扩展初期疲劳条带较细密，随着裂纹的扩展，疲劳条带间距逐渐加宽，扩展中后期的疲劳条带较宽，瞬断区为韧窝特征。随着疲劳应力的增加，疲劳扩展各阶段对应的条带宽度逐渐加宽，见图 3.1-16。

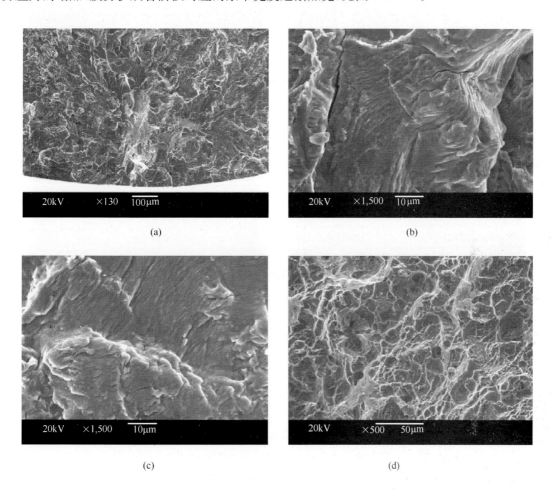

图 3.1-16 400℃，$R=0.1$ 高周光滑疲劳断口微观形貌

(a)源区特征；(b)扩展前期疲劳条带特征；(c)扩展后期疲劳条带特征；(d)瞬断区韧窝特征。

2）400℃，$R=-1$

（1）宏观特征。三种应力条件下的断口宏观特征基本相同，疲劳裂纹从试样表面起源，呈多源特征，可见从表面起始向内部扩展的放射棱线，瞬断区位于断口另一侧。疲劳扩展区表面较平坦，呈暗黄色。瞬断区与剪切唇区面积较大且高度差异较大，呈深灰色。随着疲劳应力由360MPa 减小到 200MPa，疲劳扩展区面积由 70％增大到 95％，瞬断区从断口另一侧移向内部，见图 3.1-17(a)～(d)。

（2）微观特征。源区呈多源特征，有明显的放射棱线，裂纹扩展初期疲劳条带较细密，随着裂纹的扩展，疲劳条带间距逐渐加宽，扩展后期的疲劳条带较宽，可见二次裂纹特征，瞬断区为韧窝特征。随着疲劳应力的增加，疲劳扩展各阶段对应的条带宽度逐渐加宽，见图 3.1-18。

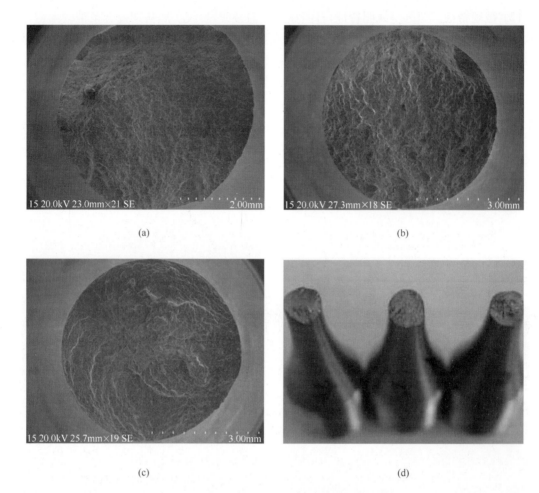

(a)

(b)

(c)

(d)

图 3.1-17　400℃，$R=-1$ 高周光滑疲劳断口宏观形貌

(a)$\sigma_{max}=360MPa$，$N_f=2.3\times10^4$；(b)$\sigma_{max}=270MPa$，$N_f=2.48\times10^5$；

(c)$\sigma_{max}=200MPa$，$N_f=7.366\times10^6$；(d)断口宏观照片。

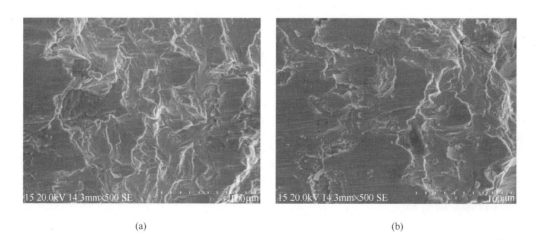

(a)

(b)

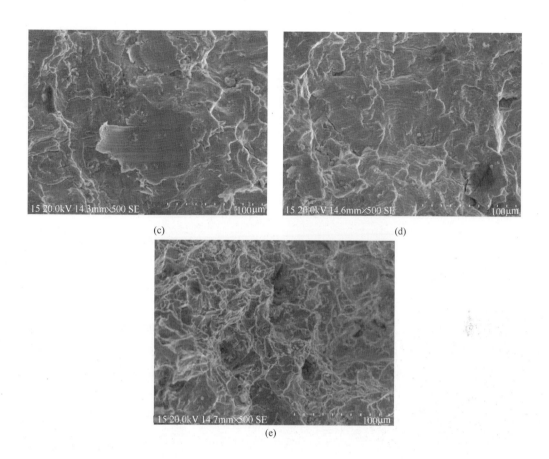

(c)   (d)

(e)

图 3.1-18　400℃,$R=-1$高周光滑疲劳断口微观形貌

(a)源区特征;(b)扩展前期条带特征;(c)扩展中期条带特征;(d)扩展后期条带特征;(e)瞬断区韧窝特征。

3) 550℃,$R=0.1$

(1) 宏观特征。三种应力条件下的断口宏观特征基本相同,疲劳裂纹从试样近表面处起源,呈单源或多源特征,可见从表面起始向内部扩展的放射棱线,瞬断区位于断口另一侧。疲劳扩展区表面较平坦,呈棕黄色或蓝色。瞬断区与剪切唇区面积较大且高度差异较大,呈浅黄色。随着疲劳应力由 360MPa 增大到 490MPa,疲劳扩展区面积由 90% 减小到 80%,见图 3.1-19(a)~(d)所示。

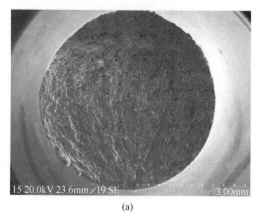

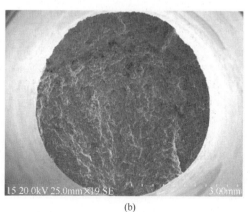

(a)   (b)

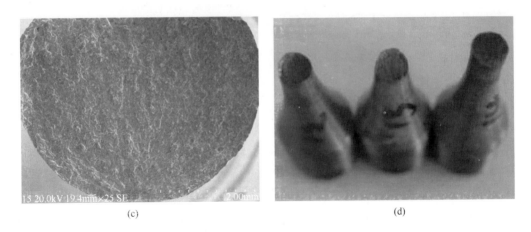

(c)   (d)

图 3.1-19　550℃，$K_t=1$，$R=0.1$ 高周光滑疲劳断口宏观形貌

(a)$\sigma_{max}=420\text{MPa}$，$N_f=7.34\times10^5$；(b)$\sigma_{max}=490\text{MPa}$，$N_f=2.9\times10^4$；

(c)$\sigma_{max}=360\text{MPa}$，$N_f=9.44\times10^6$；(d)断口宏观照片。

(2)微观特征。源区呈多源特征，有明显的放射棱线，裂纹扩展初期疲劳条带较细密，随着裂纹的扩展，疲劳条带间距逐渐加宽，扩展后期的疲劳条带较宽，可见二次裂纹特征，瞬断区为韧窝特征。随着疲劳应力的增加，疲劳扩展各阶段对应的条带宽度逐渐加宽，见图3.1-20。

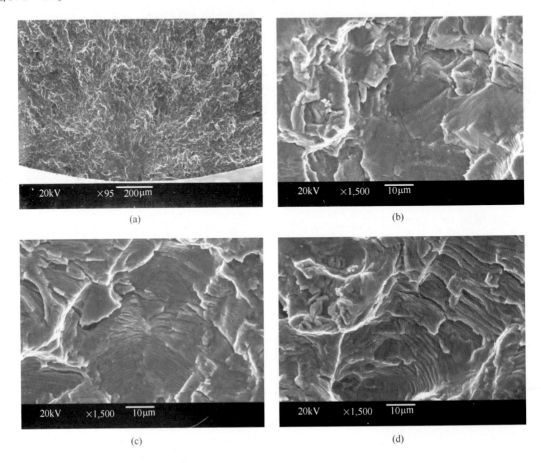

(a)   (b)

(c)   (d)

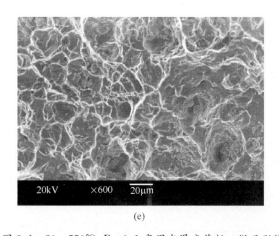

(e)

图 3.1 - 20　550℃，$R=0.1$ 高周光滑疲劳断口微观形貌

(a)源区特征；(b)扩展前期条带特征；(c)扩展中期条带特征；(d)扩展后期条带特征；(e)瞬断区韧窝特征。

6. 高周缺口疲劳

1）400℃，$K_t=3$，$R=0.1$

（1）宏观特征。两种应力条件下的断口宏观特征基本相同，疲劳裂纹从试样缺口根部表面起源，呈线源特征，可见从表面起始向内部扩展的放射棱线，瞬断区靠近另一侧。疲劳扩展区表面较平坦光滑，呈棕黄色。瞬断区较粗糙，呈灰色。随着疲劳应力由 170MPa 增大到 250MPa，疲劳扩展区面积由 60% 减小到 50%，见图 3.1 - 21(a)～(c)。

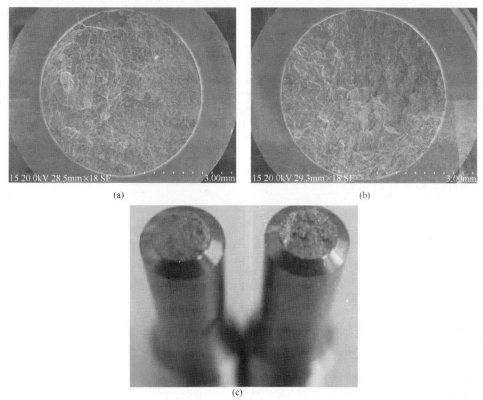

(a)　　　　　　　　　　　(b)

(c)

图 3.1 - 21　400℃，$K_t=3$，$R=0.1$ 高周缺口疲劳断口宏观形貌

(a)$\sigma_{max}=170$MPa，$N_f=2.45\times10^6$；(b)$\sigma_{max}=250$MPa，$N_f=3.63\times10^5$；(c)断口宏观照片。

(2) 微观特征。 源区呈线源特征,有明显的放射棱线,裂纹扩展初期疲劳条带较细密,随着裂纹的扩展,疲劳条带间距逐渐加宽,扩展后期的疲劳条带较宽,可见二次裂纹特征,瞬断区为韧窝特征。随着疲劳应力的增加,疲劳扩展各阶段对应的条带宽度逐渐加宽,见图3.1-22。

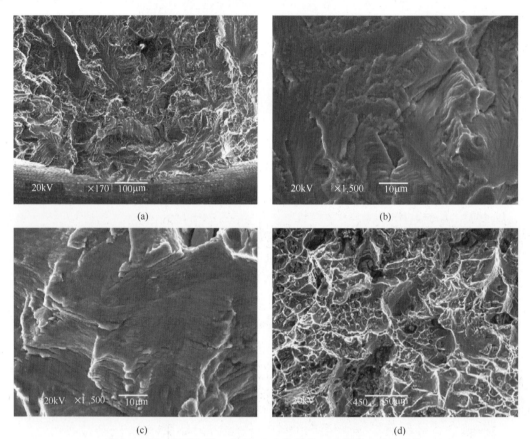

(a)　　　　　　　　　　　　　(b)

(c)　　　　　　　　　　　　　(d)

图 3.1-22　400℃,K_t=3,R=0.1高周缺口疲劳断口微观形貌

(a)源区特征;(b)扩展前期条带特征;(c)扩展中后期条带特征;(d)瞬断区韧窝特征。

2) 400℃,K_t=3,R=-1

(1) 宏观特征。 三种应力条件下的断口宏观特征基本相同,疲劳裂纹从试样缺口根部表面起源,呈线源特征,可见从表面起始向内部扩展的放射棱线,瞬断区靠近另一侧。断口呈棕黄色,疲劳扩展区表面较平坦光滑,瞬断区较粗糙,随着疲劳应力由80MPa增大到220MPa,疲劳扩展区面积由80%减小到40%,见图3.1-23(a)~(d)。

(2) 微观特征。 源区呈线源特征,有明显的放射棱线,裂纹扩展初期疲劳条带较细密,随着裂纹的扩展,疲劳条带间距逐渐加宽,扩展后期的疲劳条带较宽,可见二次裂纹特征,瞬断区为韧窝特征。随着疲劳应力的增加,疲劳扩展各阶段对应的条带宽度逐渐加宽,见图3.1-24。

3) 550℃,K_t=3,R=0.1

(1) 宏观特征。 三种应力条件下的断口宏观特征基本相同,疲劳裂纹从试样缺口根部表面起源,呈线源特征,可见从表面起始向内部扩展的放射棱线,瞬断区位于另一侧。断口扩展区呈棕黄色,疲劳扩展区表面较平坦光滑,瞬断区较粗糙,呈灰色,见图3.1-25(a)~(d)。

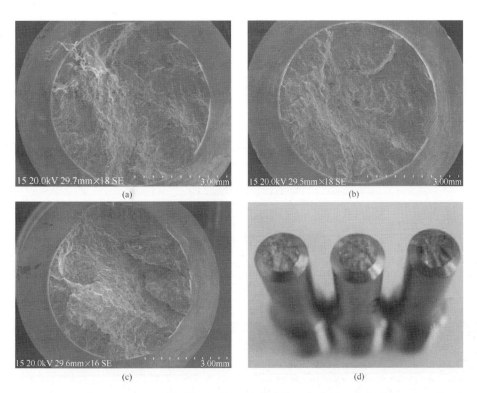

图 3.1-23　400℃,$K_t=3$,$R=-1$高周缺口疲劳断口宏观形貌

(a)$\sigma_{max}=130$MPa,$N_f=1.54\times10^5$;(b)$\sigma_{max}=220$MPa,$N_f=2.3\times10^4$;(c)$\sigma_{max}=80$MPa,$N_f=3.405\times10^6$;(d)宏观断口照片。

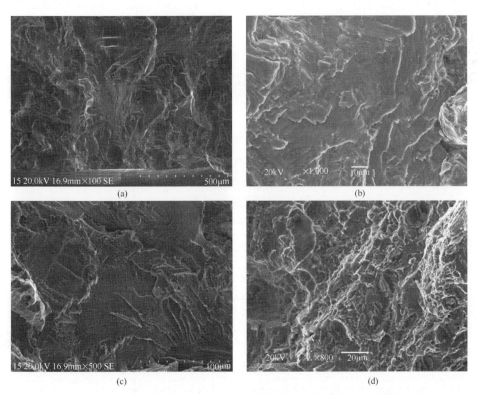

图 3.1-24　400℃,$K_t=3$,$R=-1$高周缺口疲劳断口微观形貌

(a)源区特征;(b)扩展中期条带特征;(c)扩展后期条带特征;(d)瞬断区韧窝特征。

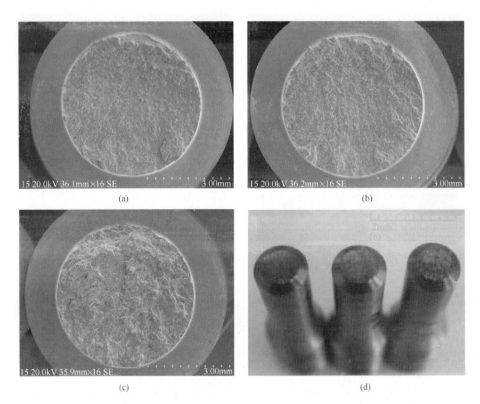

图 3.1 - 25　550℃，$K_t=3$，$R=0.1$ 高周缺口疲劳断口宏观形貌

(a)$\sigma_{max}=210MPa$，$N_f=4.13\times10^5$；(b)$\sigma_{max}=330MPa$，$N_f=1.9\times10^4$；

(c)$\sigma_{max}=185MPa$，$N_f=6.74\times10^6$；(d)断口宏观照片。

(2) 微观特征。源区呈线源特征，有明显的放射棱线，裂纹扩展初期疲劳条带较细密，随着裂纹的扩展，疲劳条带间距逐渐加宽，扩展后期的疲劳条带较宽，可见二次裂纹特征，瞬断区为韧窝特征。随着疲劳应力的增加，疲劳扩展各阶段对应的条带宽度逐渐加宽，见图3.1 - 26。

4）550℃，$K_t=3$，$R=-1$

(1) 宏观特征。三种应力条件下的断口宏观特征基本相同，疲劳裂纹从试样缺口根部表面起源，呈线源特征，可见从表面起始向内部扩展的放射棱线，瞬断区位于另一侧。断口扩展区呈棕黄色，疲劳扩展区表面较平坦光滑，瞬断区较粗糙，呈灰色。随着疲劳应力由 85MPa 增大到 190MPa，疲劳扩展区面积由 60％减小到 30％，见图 3.1 - 27(a)～(d)。

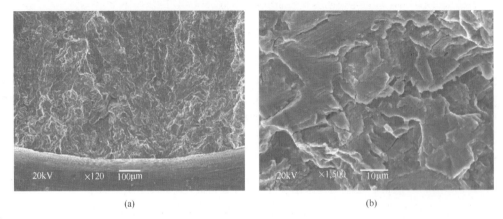

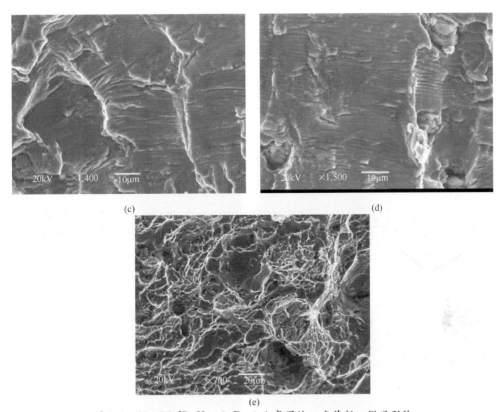

(c)

(d)

(e)

图 3.1-26　550℃,K_t=3,R=0.1 高周缺口疲劳断口微观形貌

(a)源区特征；(b)扩展前期条带特征；(c)扩展中期条带特征；(d)扩展后期条带特征；(e)瞬断区韧窝特征。

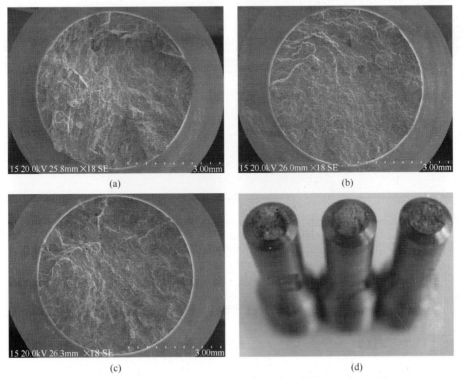

(a)

(b)

(c)

(d)

图 3.1-27　550℃,K_t=3,R=-1 高周缺口疲劳断口宏观形貌

(a)σ_{max}=130MPa,N_f=1.22×10^5；(b)σ_{max}=190MPa,N_f=2×10^4；(c)σ_{max}=85MPa,N_f=5.96×10^6；(d)断口宏观照片。

（2）微观特征。 源区呈线源特征，有明显的放射棱线，裂纹扩展初期疲劳条带较细密，随着裂纹的扩展，疲劳条带间距逐渐加宽，扩展后期的疲劳条带较宽，瞬断区为韧窝特征。随着疲劳应力的增加，疲劳扩展各阶段对应的条带宽度逐渐加宽，见图 3.1 - 28。

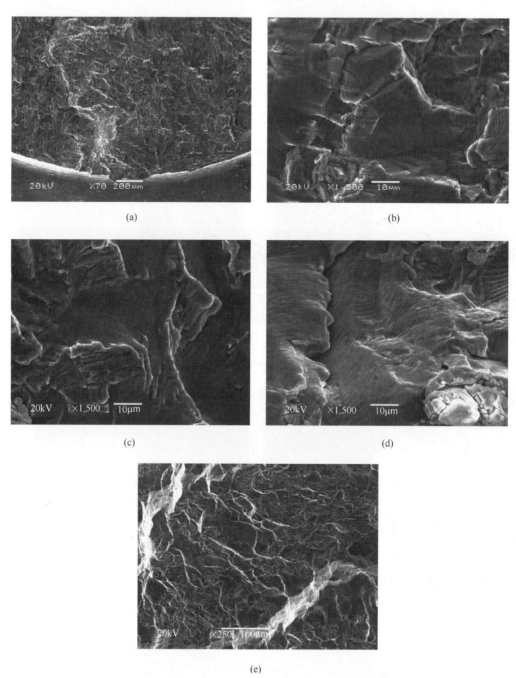

(a)

(b)

(c)

(d)

(e)

图 3.1 - 28　550℃,K_t＝3,R＝-1 高周缺口疲劳断口微观形貌

(a)源区特征；(b)扩展前期条带特征；(c)扩展中期条带特征；(d)扩展后期条带特征；(e)瞬断区韧窝特征。

7. 低周疲劳

1）400℃

（1）宏观特征。当应变量较小（$\Delta\varepsilon/2=0.45$）时，断裂起源于试样表面，为点源特征，见图 3.1-29（a），断口扩展区明显，呈一扇形形貌，在扫描电镜下颜色较深；随着应变量增大，源区由点源转变为多源特征，见图 3.1-29（b）、（c），且断面较粗糙，疲劳扩展区面积减小。

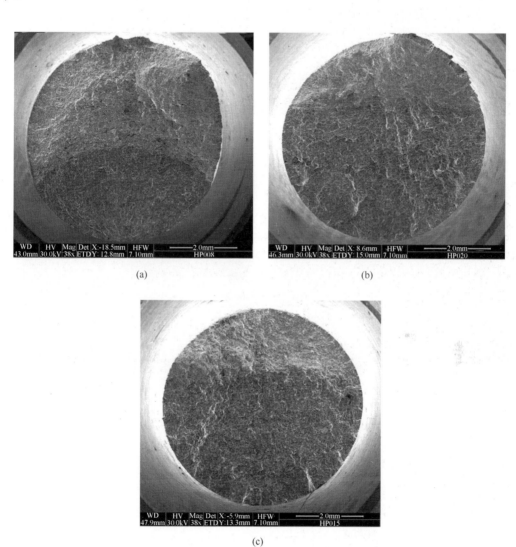

(a)

(b)

(c)

图 3.1-29　400℃下低周疲劳断口宏观形貌

(a) $\Delta\varepsilon/2=0.45$, $N_f=20070$；(b) $\Delta\varepsilon/2=0.6865$, $N_f=2009$；(c) $\Delta\varepsilon/2=0.886$, $N_f=364$。

（2）微观特征。断口主源区为明显的放射棱线特征，见图 3.1-30（a），扩展前期和中期的疲劳条带形貌，见图 3.1-30（b）、（c），随着裂纹的扩展，条带间距逐渐变宽，扩展后期疲劳条带和韧窝形貌，见图 3.1-30（d）。

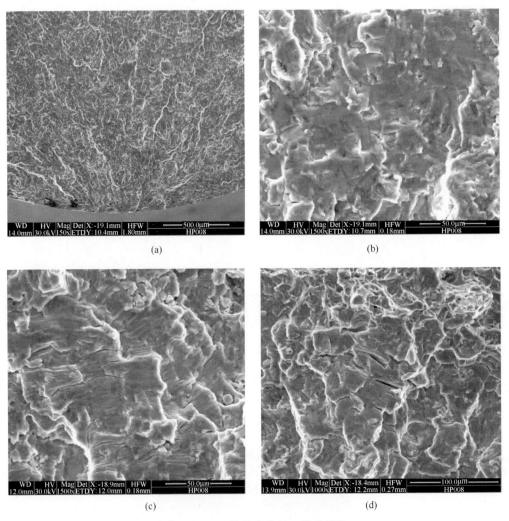

(a)　　　　　　　　　　　　　　　　(b)

(c)　　　　　　　　　　　　　　　　(d)

图 3.1－30　低周疲劳断口微观形貌

(a)源区点源特征及放射棱线；(b)疲劳扩展前期细密的疲劳条带；(c)扩展中期疲劳条带特征；
(d)扩展后期疲劳条带及韧窝形貌。

2) 550℃

(1) 宏观特征。当应变量较小($\Delta\varepsilon/2＝0.35$)时，疲劳源呈点源特征，随着应变增大，源区由点源转变为线源特征，且瞬断区面积逐渐增大；当应变量为 0.84 时，疲劳区面积很小，整个断口几乎全为瞬断特征形貌，见图 3.1－31。

(2) 微观特征。断口源区高倍特征见图 3.1－32(a)。断裂起源于试样表面，扩展棱线清晰，随着裂纹不断扩展，疲劳条带特征见图 3.1－32(b)、(c)。扩展后期断口特征见图 3.1－32(d)。

8. 旋转弯曲光滑疲劳

1) 400℃

(1) 宏观特征。三个应力水平的断口特征基本相同，断口较平坦，裂纹起源于试样边缘，向四周扩展，最后瞬断于试样的一侧，断口源区和扩展区呈现淡黄色，平坦光滑，瞬断区较粗糙。随着疲劳应力增大，扩展区面积逐渐减小，见图 3.1－33。

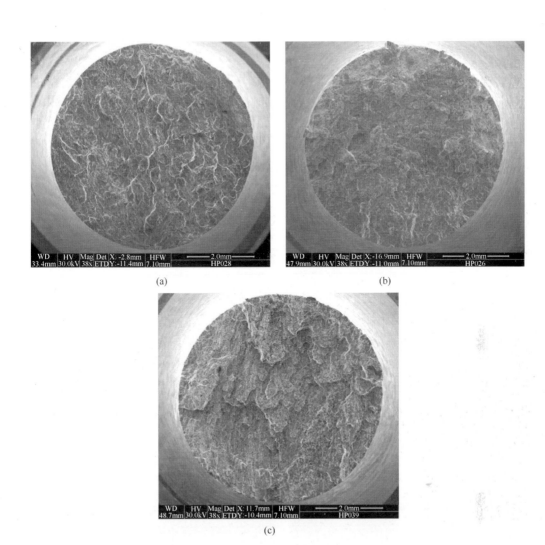

(a)

(b)

(c)

图 3.1-31　550℃下低周疲劳断口宏观形貌

(a)$\Delta\varepsilon/2=0.35$, $N_f=15174$;(b)$\Delta\varepsilon/2=0.59$, $N_f=1383$;(c)$\Delta\varepsilon/2=0.84$; $N_f=193$。

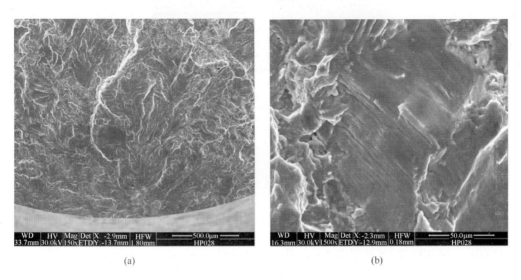

(a)

(b)

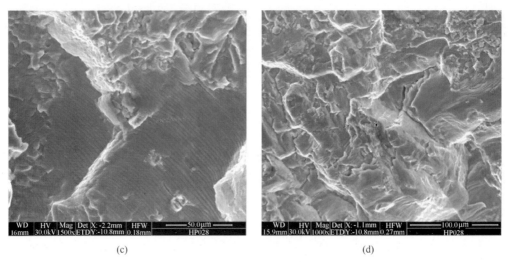

图 3.1-32　低周疲劳断口微观形貌

(a)源区点源特征及放射棱线；(b)疲劳扩展前期的疲劳条带；(c)扩展中期疲劳条带特征；

(d)扩展后期疲劳条带及韧窝形貌。

图 3.1-33　400℃旋转弯曲光滑疲劳断口宏观形貌

(a)$\sigma_{max}=400MPa$，$N_f=4.38\times10^6$；(b)$\sigma_{max}=420MPa$，$N_f=8\times10^4$；(c)$\sigma_{max}=480MPa$，$N_f=2.5\times10^4$。

（2）微观特征。裂纹起源于试样表面，呈线源特征，各个阶段扩展的疲劳条带均较细密，裂纹扩展的中期和后期，可见明显的二次裂纹，各扩展阶段处的疲劳条带间距逐渐加宽。瞬断区为细小的韧窝特征，见图 3.1 - 34。

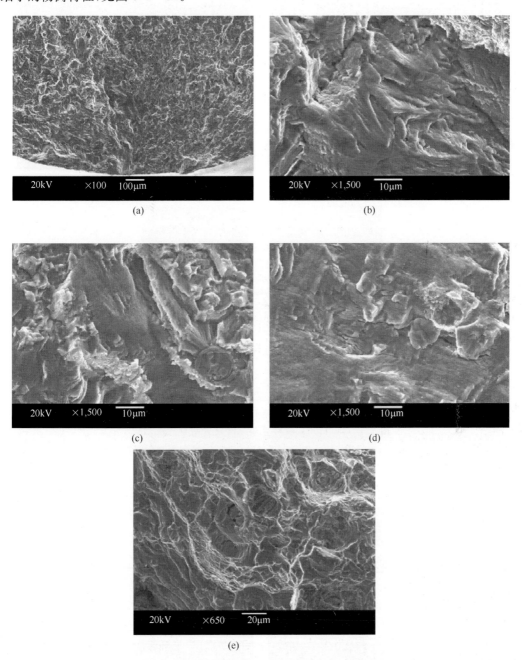

图 3.1 - 34　400℃旋转弯曲光滑疲劳断口微观形貌

(a)源区特征；(b)扩展前期条带特征；(c)扩展中期条带特征；

(d)扩展后期条带特征；(e)瞬断区韧窝特征。

2）550℃

（1）宏观特征。三个应力水平的断口特征相同，断口较平坦，裂纹起源于试样边缘，向四周扩展，最后瞬断于试样的一侧，断口源区呈蓝色，扩展区平坦光滑，呈紫色，瞬断区较粗糙，呈淡黄色。随着疲劳应力增大,扩展区面积逐渐减小,见图 3.1-35。

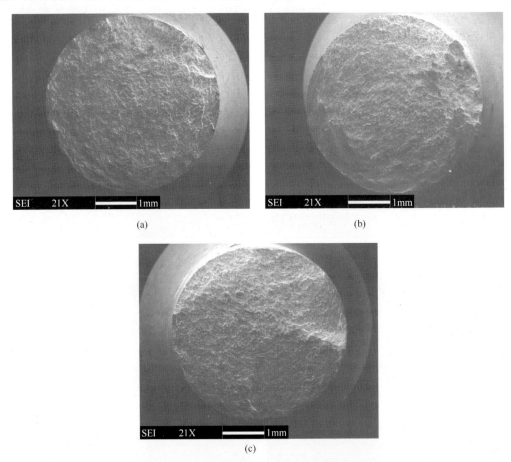

(a)

(b)

(c)

图 3.1-35 500℃旋转弯曲光滑疲劳断口宏观形貌

(a)σ_{max}=320MPa,N_f=4.16×10^6;(b)σ_{max}=400MPa,N_f=6.06×10^5;

(c)σ_{max}=480MPa,N_f=1.28×10^4。

(2) 微观特征。裂纹起源于试样表面,呈线源特征,各个阶段扩展的疲劳条带均较细密,裂纹扩展的中期和后期,可见明显的二次裂纹,临界断裂应力逐渐增大,各扩展阶段对应的疲劳条带间距逐渐加宽。瞬断区为细小的韧窝特征,见图 3.1-36。

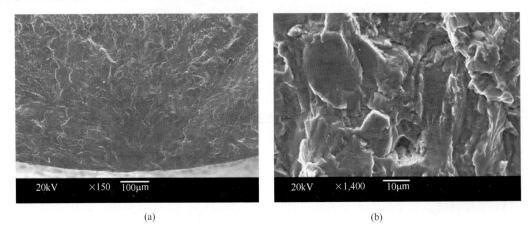

(a)

(b)

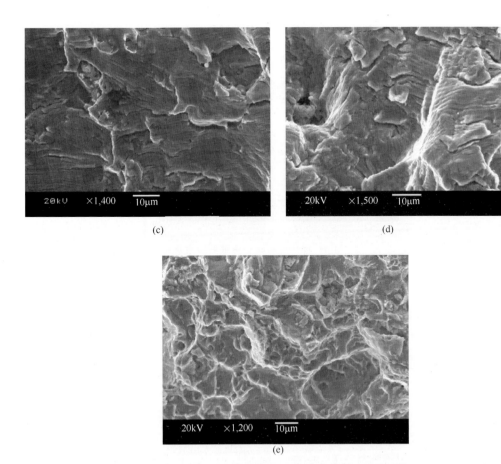

图 3.1-36 500℃旋转弯曲光滑疲劳断口微观形貌

(a)源区特征;(b)扩展前期条带特征;(c)扩展中期条带特征;

(d)扩展后期条带特征;(e)瞬断区韧窝特征。

9. 旋转弯曲缺口疲劳

1) 400℃, $K_t = 3$

(1) 宏观特征。三个应力水平的疲劳断口特征基本相同,裂纹起源于试样缺口的根部,并向四周扩展,在试样靠近中心部位断裂。断口整体呈金黄色,源区和扩展区较平坦,瞬断区较粗糙。随着疲劳应力增大,扩展区面积逐渐减小,见图 3.1-37。

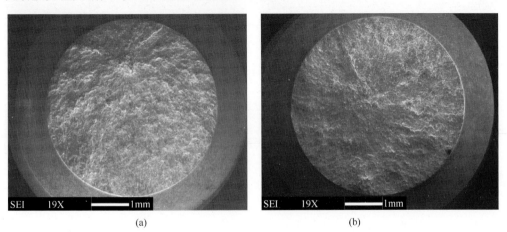

(c)

图 3.1-37　400℃旋转弯曲缺口疲劳断口宏观形貌

(a)σ_{max}＝160MPa，N_f＝2.9×10⁶；(b)σ_{max}＝210MPa，N_f＝1.5×10⁵；

(c)σ_{max}＝240MPa，N_f＝4.5×10⁴。

(2) 微观特征。裂纹沿试样的表面起裂，呈现多源断裂的特征，见图 3.1-38(a)。裂纹扩展初期的疲劳条带较细密，见图 3.1-38(b)。扩展中期和后期可见少量的二次裂纹，并且存在不同方向扩展的疲劳条带，见图 3.1-38(c)、(d)。瞬断区为韧窝特征，见图 3.1-38(e)。

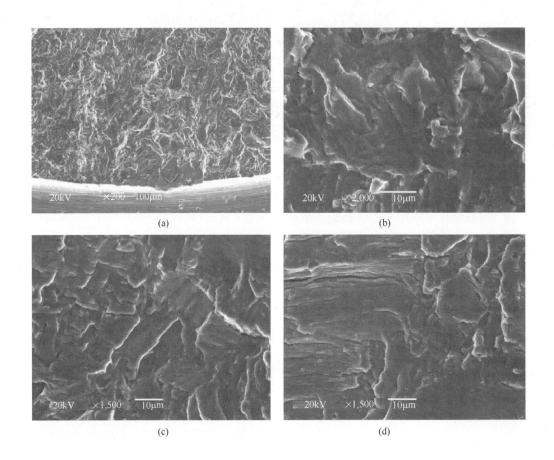

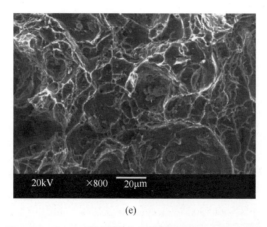

(e)

图 3.1-38　400℃旋转弯曲缺口疲劳断口微观形貌

(a)源区特征;(b)扩展前期条带特征;(c)扩展中期条带特征;(d)扩展后期条带特征;(e)瞬断区韧窝特征。

2) 550℃,K_t=3

(1) 宏观特征。 三个应力水平的疲劳断口特征基本相同,裂纹起源于试样缺口的根部,并向四周扩展,在试样靠近中心部位断裂。断口源区呈蓝色,扩展区平坦光滑,呈紫色,瞬断区较粗糙,呈淡黄色。随着疲劳应力增大,扩展区面积逐渐减小,见图 3.1-39。

图 3.1-39　500℃旋转弯曲缺口疲劳断口宏观形貌

(a)σ_{max}=180MPa,N_f=1.9×10⁵;(b)σ_{max}=220MPa,N_f=5×10⁴;(c)σ_{max}=280MPa,N_f=5×10³。

（2）微观特征。 裂纹沿试样的表面起裂，呈现多源断裂的特征，见图 3.1－40(a)。裂纹扩展初期的疲劳条带较细密，见图 3.1－40(b)。扩展中期和后期可见明显的二次裂纹，并且存在不同方向扩展的疲劳条带，见图 3.1－40(c)、(d)。瞬断区为韧窝特征，见图 3.1－40(e)。

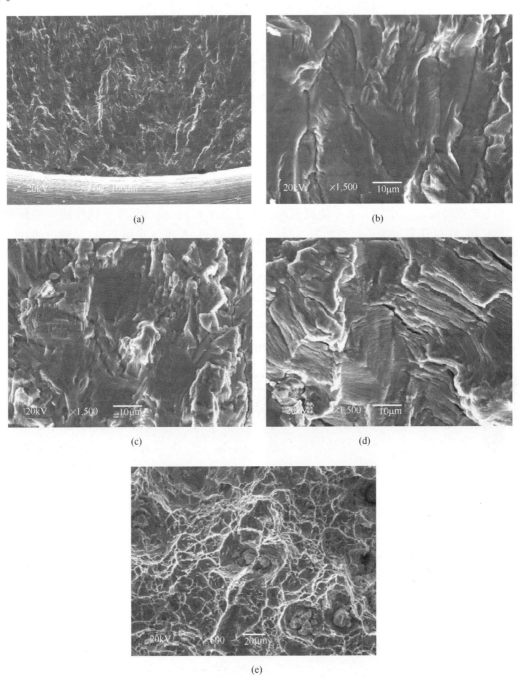

(a)   (b)

(c)   (d)

(e)

图 3.1－40　500℃旋转弯曲缺口疲劳断口微观形貌

(a)源区特征；(b)扩展前期条带特征；(c)扩展中期条带特征；(d)扩展后期条带特征；
(e)瞬断区韧窝特征。

3.2 TC4

3.2.1 概述

TC4 钛合金是一种中等强度的(α+β)型两相钛合金,含有 6% 的 α 型稳定元素 Al 和 4% 的 β 稳定元素 V。该合金具有优异的综合性能,在航空和航天工业中获得了最广泛的应用。合金长时间工作温度可达 400℃,在航空工业中主要用于制造发动机的风扇和压气机盘及叶片,以及飞机结构中的梁、接头和隔框等重要的承力构件。

TC4 钛合金主要以棒材和锻件状态供应,合金主要是在退火状态下使用,也可以采用固溶时效处理进行一定的强化。该合金具有良好的工艺塑性和超塑性,适合于各种压力加工成形,可采用各种方式进行焊接和机械加工。

3.2.2 组织结构

TC4 钛合金常用的热处理工艺为:910℃~940℃,0.5h~2h,水淬;520℃~550℃,2h~4h,空冷。其金相组织见图 3.2-1,主要为 α 相和少量的 β 相,β 相的含量一般为 8%~10%。

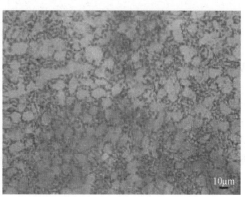

图 3.2-1　TC4 钛合金的金相组织

3.2.3 断口特征

1. 断裂韧性

(1) 宏观特征。三种温度下的断口宏观特征基本相同,断面上包括预制裂纹区和静拉伸区,预制裂纹区成弧形区。室温断口的预制裂纹长度在 2.46mm~3.71mm,250℃断口的预制裂纹长度在 2.60mm~4.05mm,400℃断口的预制裂纹长度在 3.36mm~4.73mm。随着温度增加,断口颜色由浅变深,在 400℃时,断口出现明显的氧化特征,呈黄色,见图 3.2-2。

(2) 微观特征。源区为线源特征,有明显的放射棱线,见图 3.2-3(a)。裂纹扩展初期疲劳条带细密,见图 3.2-3(b)。随着裂纹扩展,疲劳扩展中后期的疲劳条带间距逐渐加宽,见图 3.2-3(c)、(d)。瞬断区的断裂特征为韧窝,见图 3.2-3(e)。在疲劳裂纹扩展区内有大量的二次裂纹。由三种温度条件下的断口观察结果可知,随着温度升高,疲劳扩展区面积和临界裂纹长度逐渐增大,颜色由浅变深。

(a)　　　　　　　　　　　　　　　　　　　　(b)

(c)　　　　　　　　　　　　　　　　　　　　(d)

图 3.2-2　断裂韧性断口宏观形貌

(a)室温;(b)250℃;(c)400℃;(d)不同温度下疲劳断口的颜色变化。

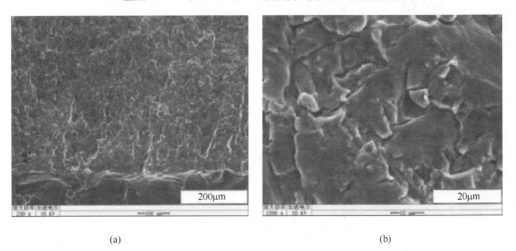

(a)　　　　　　　　　　　　　　　　　　　　(b)

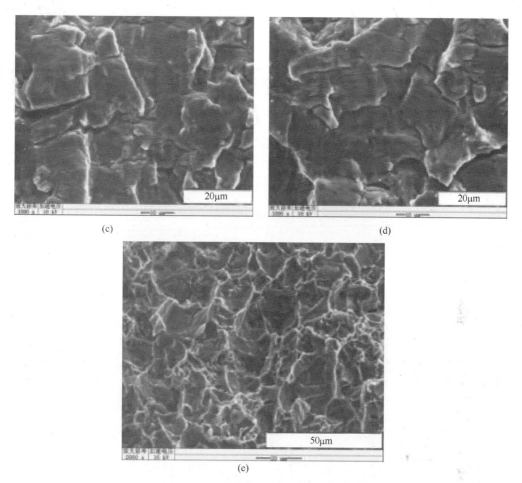

图 3.2-3 室温断裂韧性断口微观形貌

(a)源区特征;(b)扩展前期条带特征;(c)扩展中期条带特征;(d)扩展后期条带特征;

(e)瞬断区韧窝特征。

2. 高周光滑疲劳

1) 室温

(1) 宏观特征。 断口疲劳裂纹起源于试样表面,呈单源特征,断口具有明显的疲劳源区、扩展区和瞬断区,疲劳区断口较平坦,瞬断区与主断口呈 45°的斜断面。随着应力比 R 的增加,断口疲劳扩展区面积减小,表面台阶增多变大,粗糙程度增加,瞬断区面积增加,见图 3.2-4～图 3.2-6。

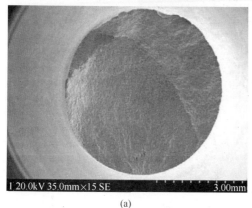

(a)   (b)

(c)

图 3.2-4　室温,$R=0.1$ 高周光滑疲劳断口宏观形貌

(a)$\sigma_{max}=700MPa$,$N_f=7.7\times10^4$;(b)$\sigma_{max}=500MPa$,$N_f=5.73\times10^5$;

(c)$\sigma_{max}=360MPa$,$N_f=6.569\times10^6$。

(a)　　　　　　　　　　　　　　　　(b)

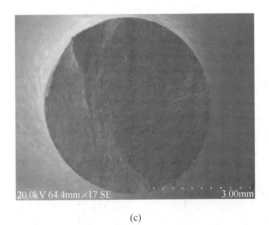

(c)

图 3.2-5　室温,$R=0.5$ 高周光滑疲劳断口宏观形貌

(a)$\sigma_{max}=950MPa$,$N_f=8.3\times10^4$;(b)$\sigma_{max}=800MPa$,$N_f=6.21\times10^5$;

(c)$\sigma_{max}=600MPa$,$N_f=4.776\times10^6$。

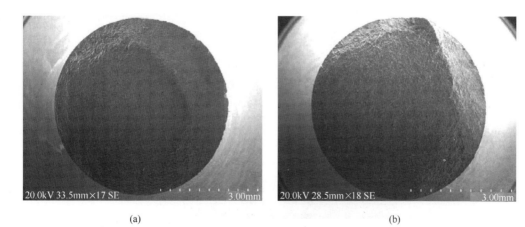

(a)   (b)

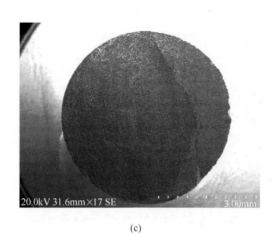

(c)

图 3.2-6　室温，$R=-1$ 高周光滑疲劳断口宏观形貌

(a)$\sigma_{max}=550$MPa，$N_f=7.2\times10^4$；(b)$\sigma_{max}=500$MPa，$N_f=5.9\times10^5$；(c)$\sigma_{max}=440$MPa，$N_f=6.99\times10^5$。

(2) 微观特征。疲劳断口扩展区主要为小平面和二次裂纹特征，随着裂纹的扩展疲劳条带间距逐渐变宽，瞬断区为韧窝特征。随着应力比 R 的逐渐增大，各阶段的疲劳条带宽度逐渐减小，见图 3.2-7～图 3.2-9。

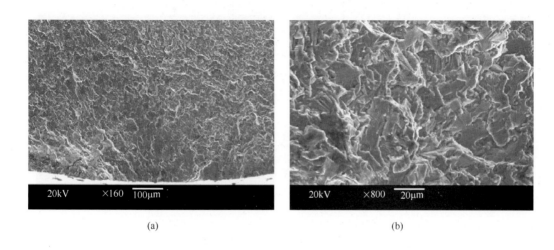

(a)   (b)

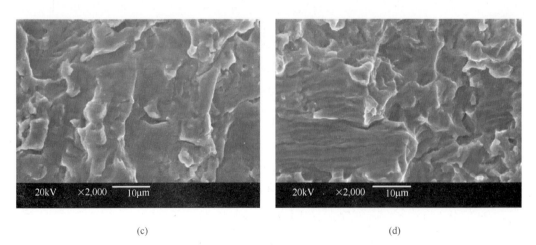

(c)   (d)

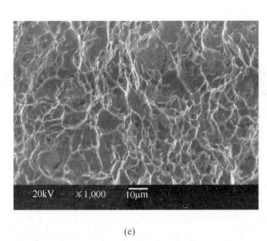

(e)

图 3.2－7　室温，$R＝0.1$ 高周光滑疲劳断口微观形貌
(a)疲劳源区微观形貌；(b)疲劳源区高倍形貌；(c)疲劳扩展中前期微观形貌；
(d)疲劳扩展后期微观形貌；(e)瞬断区微观形貌。

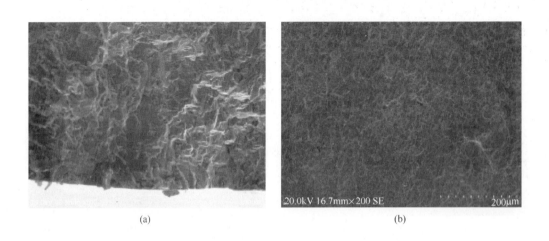

(a)   (b)

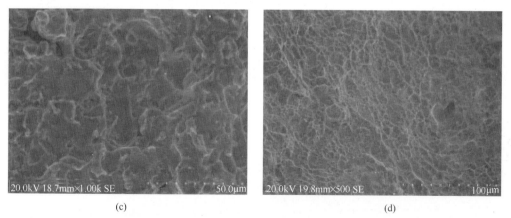

图 3.2-8 室温,$R=0.5$ 高周光滑疲劳断口微观形貌
(a)疲劳源区微观形貌;(b)疲劳扩展前期微观形貌;(c)疲劳扩展中后期微观形貌;
(d)瞬断区微观形貌。

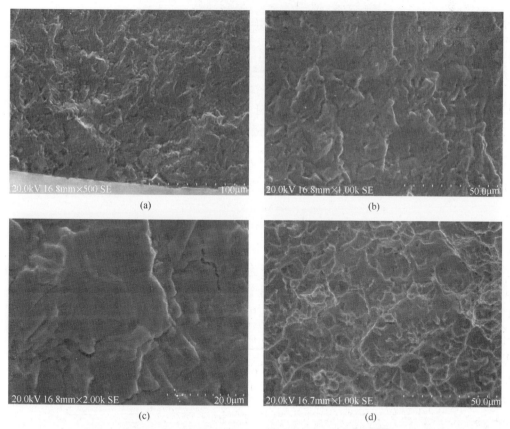

图 3.2-9 室温,$R=-1$ 高周光滑疲劳断口微观形貌
(a)疲劳源区微观形貌;(b)疲劳扩展前期疲劳条带特征;(c)疲劳扩展中后期疲劳条带特征;
(d)瞬断区微观形貌。

2) 160℃,$R=0.5$

(1) 宏观特征。光滑疲劳断口裂纹起源于试样表面,呈单源特征,断口具有明显的疲劳源区、扩展区和瞬断区,疲劳区断口较平坦,瞬断区与主断口呈45°的斜断面,见图3.2-10。

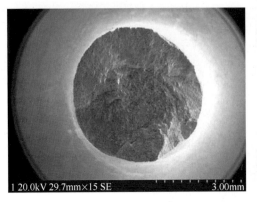
(a)

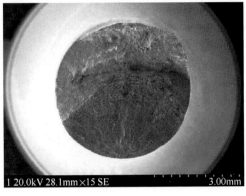
(b)

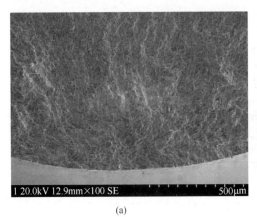
(c)

图 3.2 - 10　160℃,$R=0.5$ 高周光滑疲劳断口宏观形貌

(a)$\sigma_{\max}=825\text{MPa}$,$N_f=8.7\times10^4$；

(b)$\sigma_{\max}=700\text{MPa}$,$N_f=8.49\times10^5$；

(c)$\sigma_{\max}=575\text{MPa}$,$N_f=5.56\times10^6$。

(2) 微观特征。光滑疲劳断口扩展区主要为小平面和二次裂纹特征,随着裂纹的扩展,疲劳条带间距逐渐变宽,瞬断区为韧窝特征,见图 3.2 - 11。

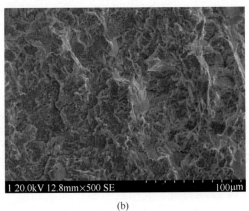

(a)　　　　　　　　　　　　　　(b)

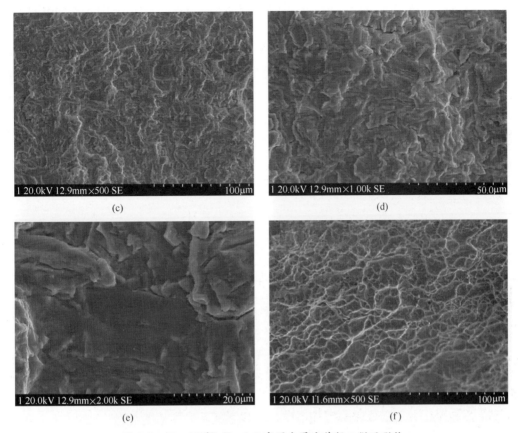

(c)　　　　　　　　　　　　　　　　　　　(d)

(e)　　　　　　　　　　　　　　　　　　　(f)

图 3.2-11　160℃,$R=0.5$ 高周光滑疲劳断口微观形貌

(a)疲劳源区微观形貌;(b)疲劳源区高倍形貌;(c)扩展前期疲劳条带特征;

(d)扩展中后期疲劳条带特征;(e)扩展中后期疲劳条带高倍形貌;(f)瞬断区微观形貌。

3) 160℃,$R=-1$

(1) 宏观特征。断口较平坦,无塑性变形,裂纹从一侧起裂,多为线源,有明显放射棱线,扩展区平坦,未见疲劳弧线,瞬断区位于另一侧,占断口面积的 1/5 或更小,有一定的剪切唇,见图 3.2-12。

(a)　　　　　　　　　　　　　　　　　　　(b)

图 3.2-12　160℃,$R=-1$ 高周光滑疲劳断口宏观形貌

(a)$\sigma_{max}=220MPa$,$N_f=1.7\times10^6$;(b)$\sigma_{max}=360MPa$,$N_f=8\times10^4$。

（2）微观特征。 断裂起源于表面，呈线源特征，可见到解理小平面，见图 3.2-13(a)～(b)。扩展区可见疲劳条带，部分条带浅、细呈断续状，扩展区后期疲劳条带较粗，见图 3.2-13(c)～(e)。瞬断区为韧窝特征，见图 3.2-13(f)。

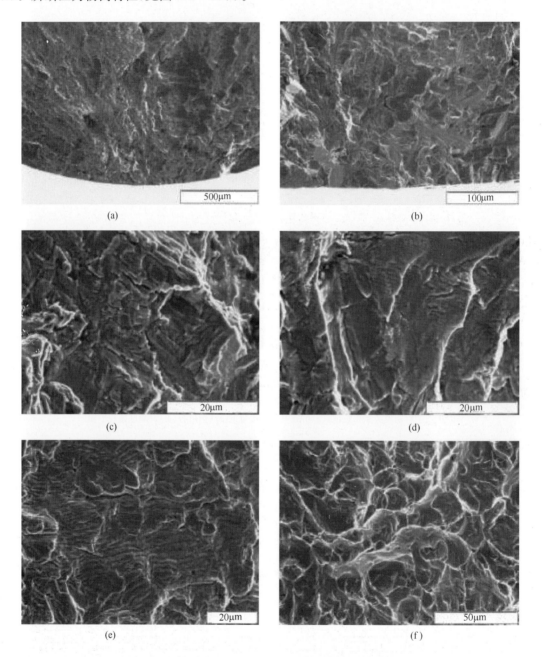

图 3.2-13　160℃,R=-1 高周光滑疲劳断口微观形貌

(a)源区特征；(b)源区解理小平面；(c)扩展前期疲劳条带；
(d)扩展中期疲劳条带；(e)扩展后期疲劳条带；(h)瞬断区韧窝特征。

4）250℃,R=0.1

（1）宏观特征。 疲劳裂纹源于试样表面，可见从源区起始的放射棱线。断口成暗灰色，断面平坦区为疲劳区，疲劳区面积较大，约占 70%，瞬断区的剪切唇为 45°斜断面。随着应力的增

286

大,断面更加粗糙,瞬断区面积增大,见图3.2-14。

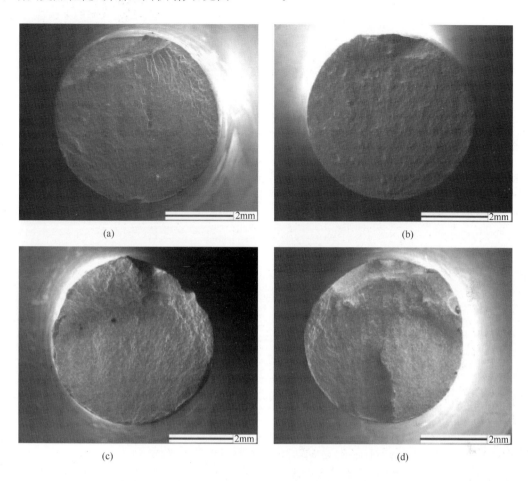

图 3.2-14 250℃,$R=0.1$ 高周光滑疲劳断口宏观形貌

(a)$\sigma_{max}=490MPa$,$N_f=7.81\times10^6$;(b)$\sigma_{max}=540MPa$,$N_f=5.996\times10^6$;

(c)$\sigma_{max}=620MPa$,$N_f=1.9\times10^5$;(d)$\sigma_{max}=700MPa$,$N_f=2.4\times10^4$。

(2)微观特征。断裂起始于试样表面,源区特征见图3.2-15(a)~(b)。扩展区可见疲劳条带,部分条带浅、细,见图3.2-15(c)~(e)。瞬断区为韧窝特征,见图3.2-15(f)。

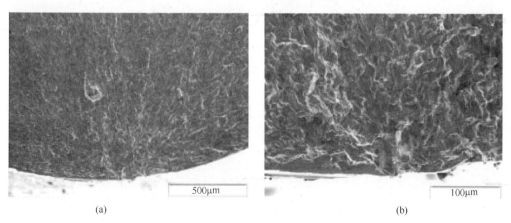

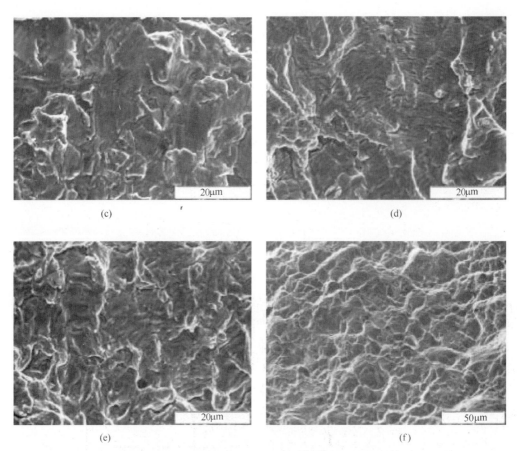

图 3.2 - 15　250℃，R＝0.1 高周光滑疲劳断口微观形貌

(a)源区特征；(b)起源于表面的源区特征；(c)扩展前期疲劳条带；

(d)扩展中期疲劳条带；(e)扩展后期疲劳条带；(f)瞬断区韧窝特征。

5) 250℃，R＝0.5

(1) 宏观特征。光滑疲劳断口裂纹起源于试样表面，呈单源或多源特征，断口具有明显的疲劳源区、扩展区和瞬断区，疲劳区断口较平坦，瞬断区与主断口呈 45°的斜断面，见图 3.2 -16。

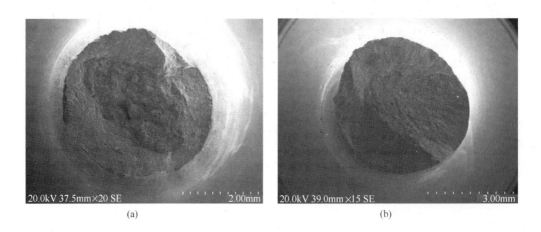

(a)　　　　　　　　　　　　　　　　　(b)

(c)

图 3.2 - 16　250℃, $R=0.5$ 高周光滑疲劳断口宏观形貌

(a) $\sigma_{\max}=800\text{MPa}, N_{\text{f}}=4.5\times10^4$; (b) $\sigma_{\max}=750\text{MPa}, N_{\text{f}}=9.04\times10^5$;

(c) $\sigma_{\max}=625\text{MPa}, N_{\text{f}}=7.99\times10^6$。

（2）微观特征。光滑疲劳断口源区主要为小平面特征, 扩展区可见疲带条带, 随着裂纹的扩展, 疲劳条带间距逐渐变宽, 瞬断区为韧窝特征, 见图 3.2 - 17。

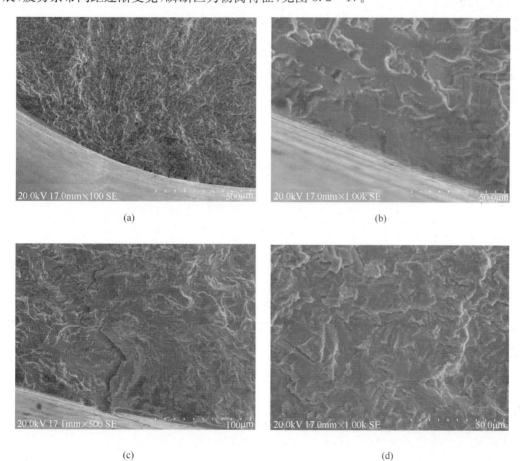

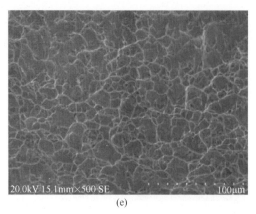

(e)

图 3.2－17　250℃,R＝0.5 高周光滑疲劳断口微观形貌

(a)疲劳源区低倍微观形貌;(b)疲劳源区高倍微观形貌;(c)疲劳扩展前期疲劳条带特征;

(d)疲劳扩展中后期疲劳条带特征;(e)瞬断区微观形貌。

6) 250℃,R＝-1

(1) 宏观特征。 疲劳裂纹源于试样表面,可见从源区起始的放射棱线。裂纹从一侧起裂,多为线源。断面平坦区为疲劳区,瞬断区的剪切唇为 45°斜断面。随着应力增大,断面粗糙,瞬断区面积增大,见图 3.2－18。

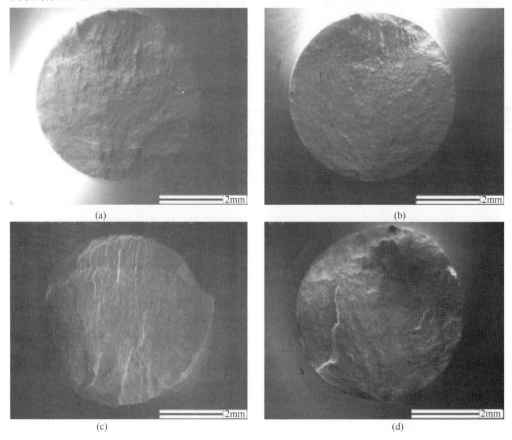

图 3.2－18　250℃,R＝-1 高周光滑疲劳断口宏观形貌

(a)σ_{max}＝220MPa,N_f＝7.185×10⁶;(b) σ_{max}＝270MPa,N_f＝5.32×10⁵;(c)σ_{max}＝330MPa,N_f＝6.8×10⁴;

(d)σ_{max}＝400MPa,N_f＝4×10⁴。

(2) 微观特征。 断裂起始于试样表面，可见到解理小平面，见图 3.2 - 19(a)～(b)，部分试样源区附近可见擦伤痕迹。扩展区可见明显的疲劳条带，见图 3.2 - 19(c)～(e)。瞬断区为韧窝特征，见图 3.2 - 19(f)。

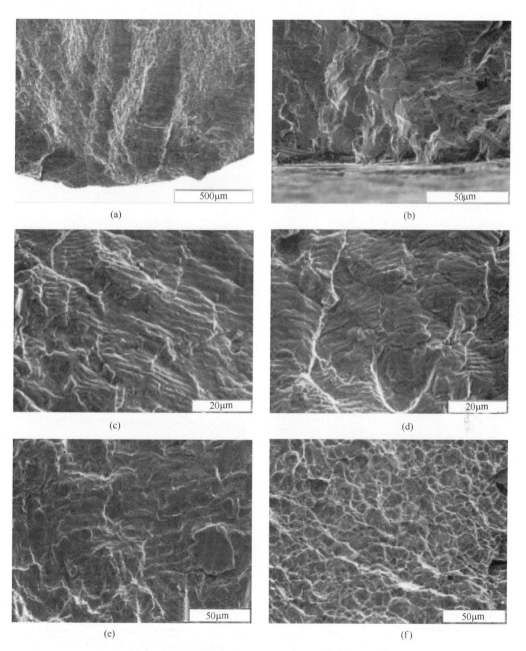

图 3.2 - 19　250℃，$R=-1$ 高周光滑疲劳断口微观形貌
(a)源区特征；(b)源区解理特征；(c)扩展前期疲劳条带；
(d)扩展中期疲劳条带；(e)扩展后期疲劳条带；(f)瞬断区韧窝特征。

7) 400℃，$R=0.1$

(1) 宏观特征。 断口较平坦，无明显塑性变形，断裂起源于表面一侧，瞬断区位于另一侧，占断口面积的 1/5～1/8，有一定的剪切唇，见图 3.2 - 20。断口颜色呈黄色。

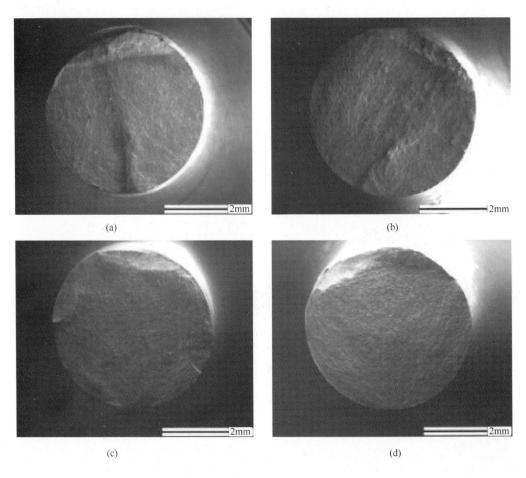

图 3.2 - 20　400℃,R＝0.1 高周光滑疲劳断口宏观形貌

(a)σ_{max}＝510MPa,N_f＝6.912×10⁶;(b)σ_{max}＝530MPa,N_f＝6.21×10⁶;

(c)σ_{max}＝570MPa,N_f＝5.56×10⁵;(d)σ_{max}＝600MPa,N_f＝8.8×10⁴。

(2) 微观特征。断裂起始于表面,可见放射棱线,见图 3.2 - 21(a)～(b)。扩展区可见到明显的疲劳条带,有二次裂纹存在,见图 3.2 - 21(c)～(e)。瞬断区为韧窝特征,见图 3.2 - 21(f)。

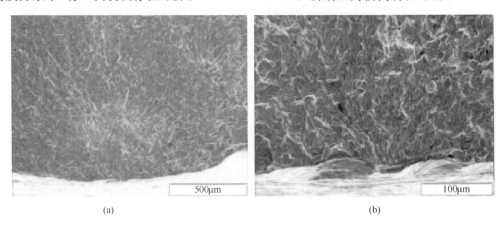

(a)　　　　　　　　　　　　　　　(b)

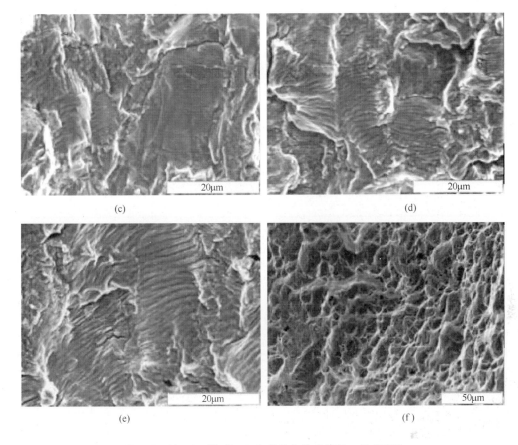

图 3.2－21　400℃,R＝0.1高周光滑疲劳断口微观形貌

(a)源区低倍特征;(b)源区高倍特征;(c)扩展前期疲劳条带;

(d)扩展中期疲劳条带;(e)扩展后期疲劳条带;(f)瞬断区韧窝特征。

8) 400℃,R＝0.5

(1) 宏观特征。光滑疲劳断口裂纹起源于试样表面,呈单源或多源特征,断口具有明显的疲劳源区、扩展区和瞬断区,疲劳区断口较平坦,瞬断区与主断口呈45°的斜断面,见图3.2 -22。

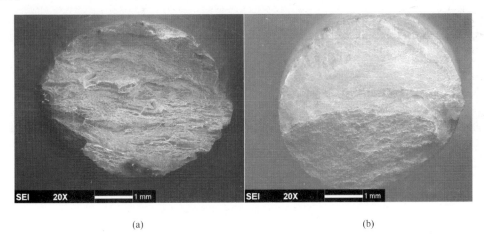

(a)　　　　　　　　　　　　　　　(b)

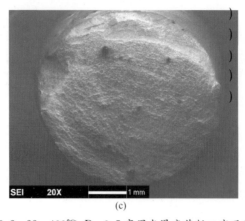

(c)

图 3.2 - 22　400℃，$R=0.5$ 高周光滑疲劳断口宏观形貌

(a)$\sigma_{max}=700MPa$，$N_f=8.0×10^3$；(b)$\sigma_{max}=650MPa$，$N_f=6.49×10^5$；(c)$\sigma_{max}=600MPa$，$N_f=3.33×10^6$。

(2) 微观特征。 光滑疲劳断口源区主要为小平面和二次裂纹特征，扩展区可见疲劳条带，随着裂纹的扩展，疲劳条带间距逐渐变宽，扩展后期为疲劳条带和韧窝的混合特征，瞬断区为韧窝断裂特征，见图3.2 - 23。

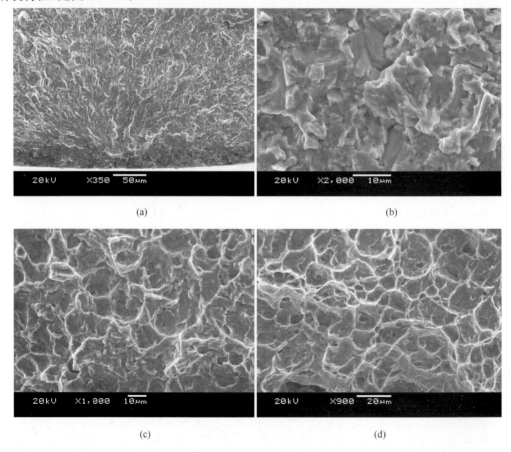

(a)　　　　　　　　　　　　　　(b)

(c)　　　　　　　　　　　　　　(d)

图 3.2 - 23　400℃，$R=0.5$ 高周光滑疲劳断口微观形貌

(a)疲劳源区低倍微观形貌；(b)疲劳扩展前期微观形貌；

(c)疲劳扩展中后期韧窝和疲劳条带混合特征；(d)瞬断区韧窝特征。

294

9）400℃，$R=-1$

（1）宏观特征。 断裂起源于表面一侧，呈线源特征，并有一些放射棱线，瞬断区位于另一侧，为剪切唇特征，见图 3.2-24。断口颜色呈黄色。

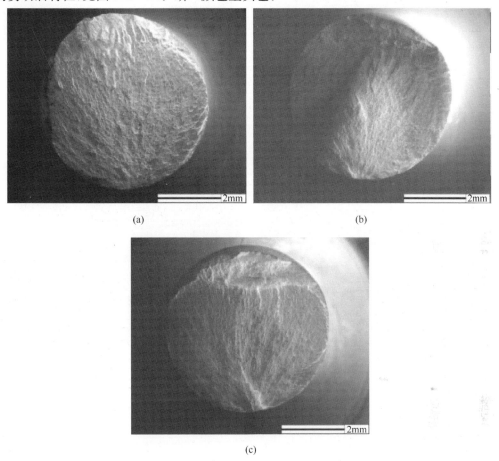

(a)　　　　　　　　　　　　(b)

(c)

图 3.2-24　400℃，$R=-1$ 高周光滑疲劳断口宏观形貌

(a)$\sigma_{max}=260MPa$，$N_f=1.782\times10^6$；(b)$\sigma_{max}=300MPa$，$N_f=1.233\times10^6$；(c)$\sigma_{max}=340MPa$，$N_f=2.35\times10^5$。

（2）微观特征。 源区为线源特征，断裂起源于表面，可见到解理小平面，源区多擦伤痕迹，见图 3.2-25(a)～(b)。扩展区可见明显的疲劳条带和二次裂纹特征，见图 3.2-25(c)～(e)。瞬断区为韧窝特征，见图 3.2-25(f)。

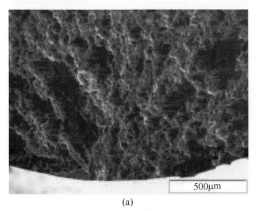
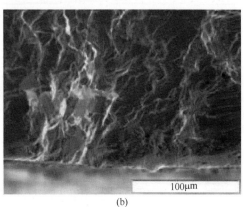

(a)　　　　　　　　　　　　(b)

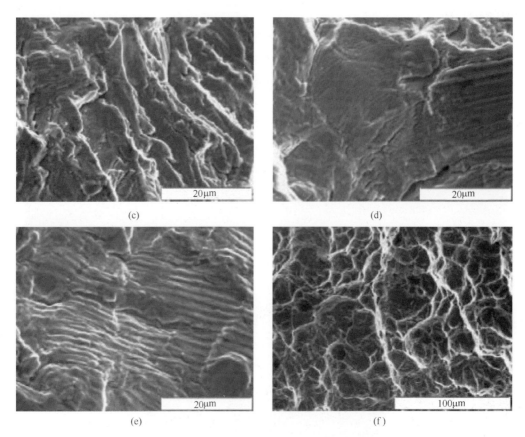

(c)　　　　　　　　　　　　　　　　　　(d)

(e)　　　　　　　　　　　　　　　　　　(f)

图 3.2-25　400℃,$R=-1$高周光滑疲劳断口微观形貌

(a)源区特征;(b)源区解理特征;(c)扩展前期疲劳条带;

(d)扩展中期疲劳条带;(e)扩展后期疲劳条带;(f)瞬断区韧窝特征。

3. 高周缺口疲劳

1）室温,$K_t=3$

(1) 宏观特征。 缺口疲劳裂纹起源于试样缺口根部表面,呈线源特征,断口具有明显的疲劳源区、扩展区和瞬断区,断口疲劳区较平坦,瞬断区与主断口呈 45°斜断面。随着应力比 R 的增加,断口疲劳扩展区面积减小,表面粗糙程度下降,瞬断区面积增加,见图 3.2-26～图3.2-28。

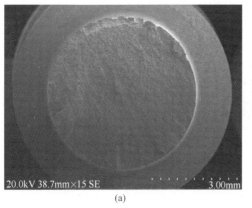
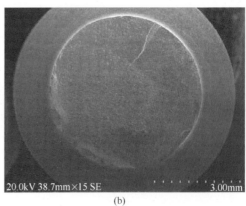

(a)　　　　　　　　　　　　　　　　　　(b)

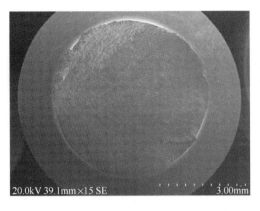 

(c)   (d)

图 3.2 - 26 　室温,$K_t=3$,$R=0.5$ 高周缺口疲劳断口宏观形貌

(a)$\sigma_{max}=550MPa$,$N_f=5.9\times10^4$;

(b)$\sigma_{max}=500MPa$,$N_f=1.3\times10^5$;

(c)$\sigma_{max}=360MPa$,$N_f=8.95\times10^5$;

(d)$\sigma_{max}=310MPa$,$N_f=7.65\times10^6$。

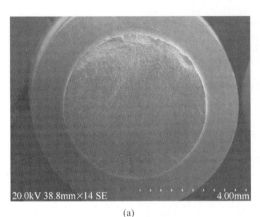 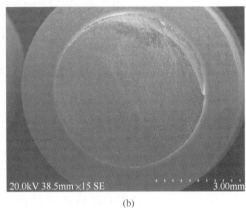

(a)   (b)

图 3.2 - 27 　室温,$K_t=3$,$R=0.1$ 高周缺口疲劳断口宏观形貌

(a)$\sigma_{max}=400MPa$,$N_f=4.0\times10^4$;(b)$\sigma_{max}=300MPa$,$N_f=5.49\times10^5$;

(c)$\sigma_{max}=220MPa$,$N_f=8.89\times10^6$。

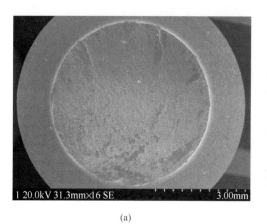
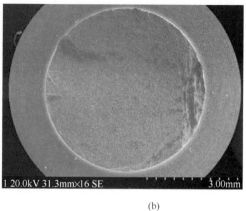

(a)

(b)

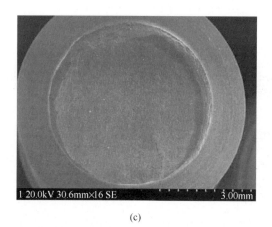

(c)

图 3.2-28　室温，$K_t=3$，$R=-1$ 高周缺口疲劳断口宏观形貌

(a)$\sigma_{max}=230MPa$，$N_f=4.9\times10^4$；(b)$\sigma_{max}=200MPa$，$N_f=7.3\times10^4$；(c)$\sigma_{max}=150MPa$，$N_f=6.16\times10^6$。

（2）微观特征。 疲劳断口扩展区主要为小平面和二次裂纹特征，随着裂纹的扩展，疲劳条带间距逐渐变宽，瞬断区为韧窝特征。随着应力比 R 的逐渐增大，各阶段的疲劳条带宽度逐渐减小，见图 3.2-29～图 3.2-31。

(a)

(b)

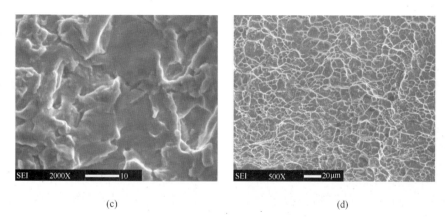

(c)   (d)

图 3.2-29 室温,$K_t=3$,$R=0.5$高周缺口疲劳断口微观形貌

(a)疲劳源区低倍形貌;(b)疲劳源区高倍形貌;

(c)疲劳扩展中后期疲劳条带特征;(d)瞬断区韧窝特征。

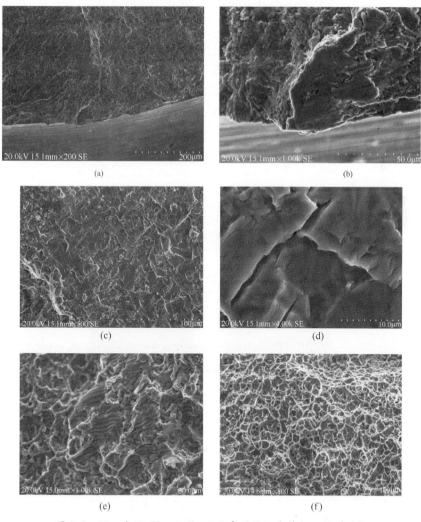

图 3.2-30 室温,$K_t=3$,$R=0.1$高周缺口疲劳断口微观形貌

(a)疲劳源区低倍形貌;(b)疲劳源区高倍形貌;(c)扩展前期疲劳条带特征;

(d)扩展前期疲劳条带高倍形貌;(e)扩展中后期疲劳条带特征;(f)瞬断区韧窝特征。

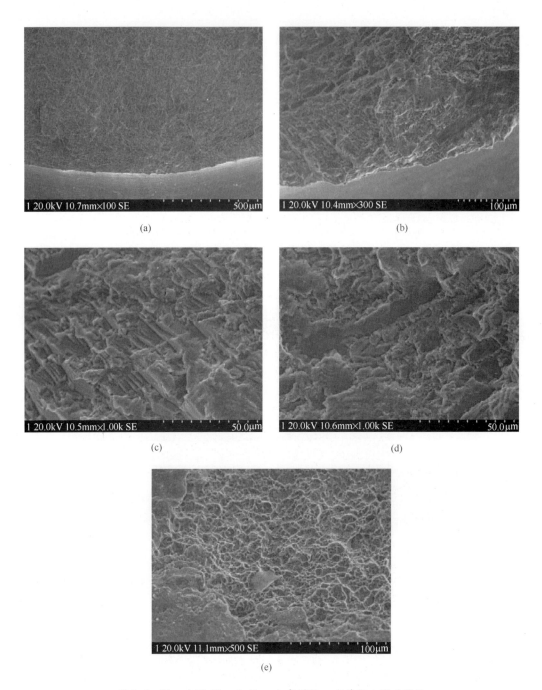

图 3.2-31　室温，$K_t=3$，$R=-1$ 高周缺口疲劳断口微观形貌

(a)疲劳源区低倍形貌；(b)疲劳源区高倍形貌；

(c)扩展前期疲劳条带特征；

(d)扩展中后期疲劳条带特征；

(e)瞬断区韧窝特征。

2) 160℃，$R=0.1$，$K_t=3$

(1) 宏观特征。 断口从缺口根部起裂，为多源特征，可见明显的有不同平面起始的相交的疲劳台阶，疲劳区面积较大，瞬断区面积较小，约占 1/5，见图 3.2-32。

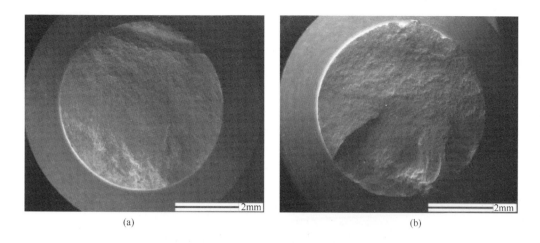

(a)   (b)

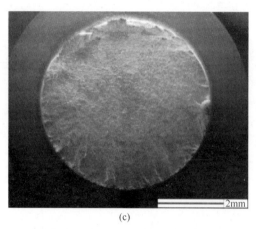

(c)

图 3.2-32　160℃，$K_t=3$，$R=0.1$，高周缺口疲劳断口宏观形貌

(a)$\sigma_{max}=220MPa$，$N_f=1.699\times10^6$；(b)$\sigma_{max}=300MPa$，$N_f=5.06\times10^5$；

(c)$\sigma_{max}=460MPa$，$N_f=2.7\times10^4$。

（2）微观特征。断裂起始于表面，呈多源特征，可见明显的放射棱线，见图 3.2-33(a)、(b)。扩展初期可见细密的疲劳条带，随着裂纹向内扩展，疲劳条带逐渐加宽，扩展中期疲劳条带加宽，并可见二次裂纹特征，见图 3.2-33(c)～(e)。瞬断区为韧窝特征，见图 3.2-33(f)。

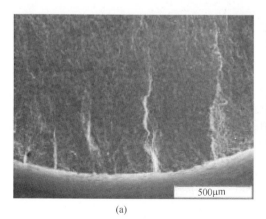

(a)

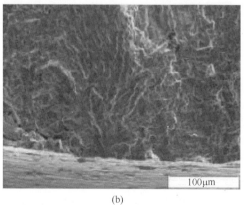

(b)

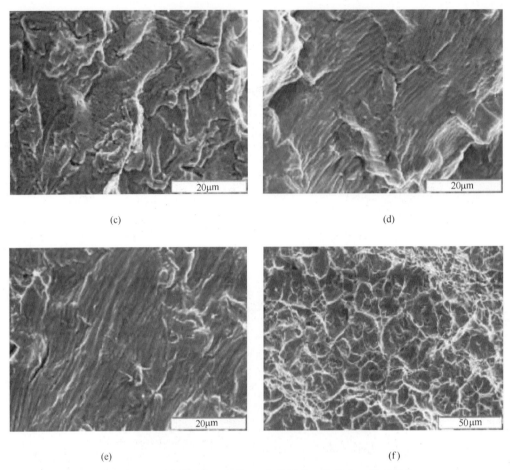

(c)

(d)

(e)

(f)

图 3.2-33　160℃,$K_t=3$,$R=0.1$ 高周缺口疲劳断口微观形貌

(a)源区表面线源特征;(b)源区解理特征;(c)扩展前期疲劳条带;
(d)扩展中期疲劳条带;(e)扩展后期疲劳条带;(f)瞬断区韧窝特征。

3) 160℃,$R=0.5$,$K_t=3$

(1) 宏观特征。疲劳断口裂纹起源于缺口根部表面,呈线源特征,随着试验应力减小,疲劳扩展区面积增大,表面粗糙程度下降,瞬断区面积减小,见图 3.2-34。

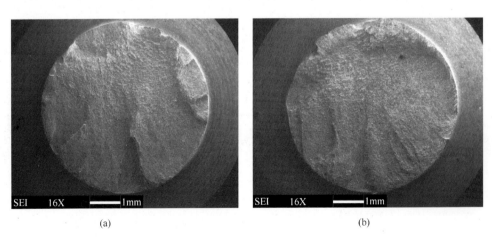

(a)

(b)

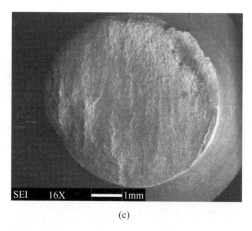

(c)

图 3.2-34　160℃,$K_t=3$,$R=0.5$ 高周缺口疲劳断口宏观形貌

(a)$\sigma_{max}=550\text{MPa}$,$N_f=6.7\times10^4$;(b)$\sigma_{max}=450\text{MPa}$,$N_f=2.59\times10^5$;

(c)$\sigma_{max}=340\text{MPa}$,$N_f=7.72\times10^6$。

（2）微观特征。 疲劳断口扩展区主要为解理小平面和二次裂纹特征,随着裂纹的扩展,疲劳条带间距逐渐变宽,瞬断区为韧窝特征,见图 3.2-35。

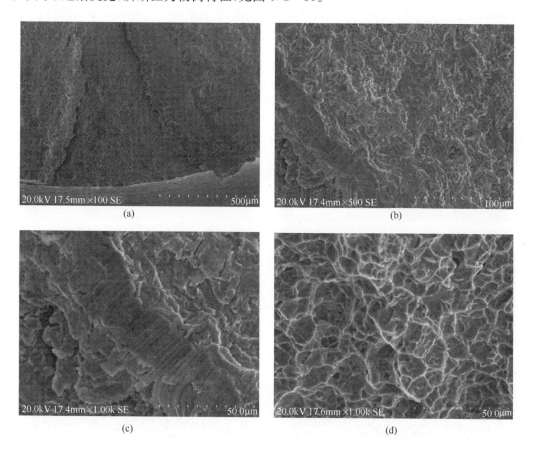

图 3.2-35　160℃,$K_t=3$,$R=0.5$ 高周缺口疲劳断口微观形貌

(a)疲劳源区微观形貌及疲劳条带;(b)疲劳扩展初期疲劳条带特征;

(c)扩展中后期疲劳条带特征;(d)瞬断区韧窝特征。

4) 160℃,R＝－1,K_t＝3

(1) 宏观特征。断口从缺口根部起裂,断口较粗糙,见图3.2－36。

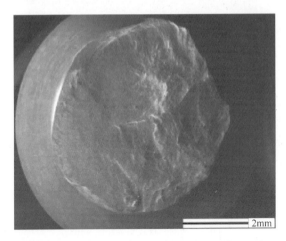

图3.2－36　160℃,K_t＝3,R＝－1高周缺口疲劳断口宏观形貌

(2) 微观特征。断裂起始于表面,见图3.2－37(a)、(b)。扩展区可见细密的疲劳条带,扩展区后期可见二次裂纹,见图3.2－37(c)～(e)。瞬断区为韧窝特征,见图3.2－37(f)。

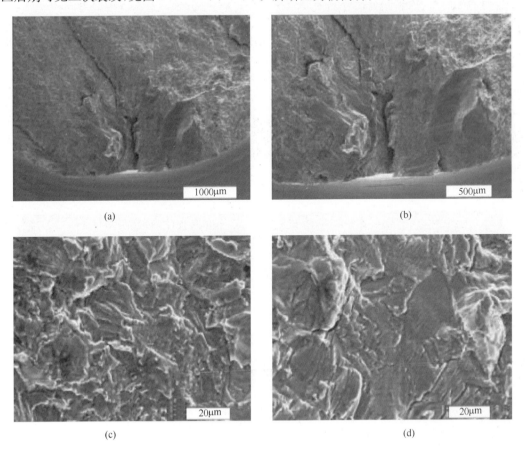

(a)

(b)

(c)

(d)

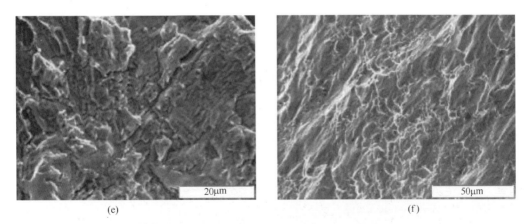

(e)   (f)

图 3.2-37　160℃,K_t=3,R=-1 高周缺口疲劳断口微观形貌

(a)源区表面特征；(b)源区解理小平面；(c)扩展前期疲劳条带；

(d)扩展中期疲劳条带；(e)扩展后期疲劳条带和二次裂纹；(f)瞬断区韧窝特征。

5) 250℃,R=0.1,K_t=3

(1) 宏观特征。 断口从缺口根部四周起裂，为多源特征，见图 3.2-38。

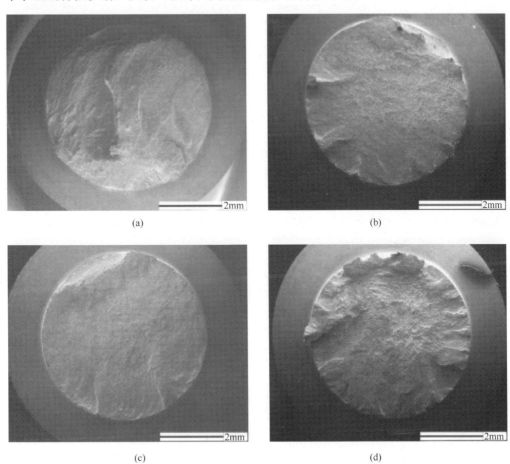

(a)   (b)

(c)   (d)

图 3.2-38　250℃,K_t=3,R=0.1 高周缺口疲劳断口宏观形貌

(a)σ_{max}=220MPa,N_f=2.279×10⁶；(b)σ_{max}=300MPa,N_f=2.94×10⁵；

(c)σ_{max}=350MPa,N_f=5.6×10⁴；(c)σ_{max}=460MPa,N_f=2.1×10⁴。

(2) 微观特征。 断裂起始于表面,呈多源特征,可见明显的放射棱线,见图 3.2-39(a)、(b)。扩展初期可见细密的疲劳条带和局部的类解理特征,随着裂纹向内扩展,疲劳条带逐渐加宽,扩展中期疲劳条带加宽,并可见二次裂纹特征,扩展后期为较宽的疲劳条带,见图 3.2-39(c)~(e)。瞬断区为韧窝特征,见图 3.2-39(f)。

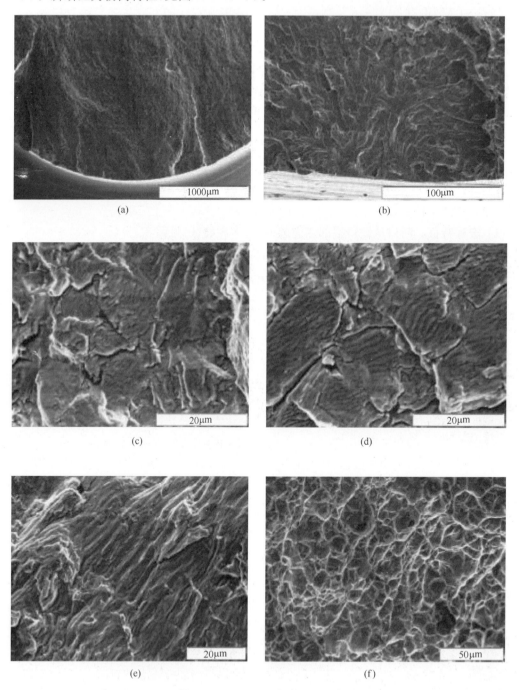

图 3.2-39 250℃,$K_t=3$,$R=0.1$ 高周缺口疲劳断口微观形貌

(a)源区表面特征;(b)源区解理小平面;(c)扩展区前期疲劳条带;

(d)扩展区中期疲劳条带与二次裂纹;(e)扩展区后期疲劳条带;(f)瞬断区韧窝特征。

6）250℃，$R=0.5$，$K_t=3$

（1）宏观特征。 疲劳断口裂纹起源于缺口根部表面，呈线源特征，随着疲劳应力减小，疲劳扩展区面积增大，表面粗糙程度下降，瞬断区面积减小，见图 3.2-40。

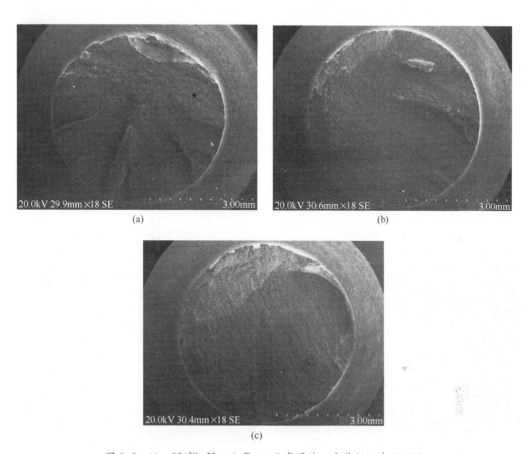

(a)

(b)

(c)

图 3.2-40　250℃，$K_t=3$，$R=0.5$ 高周缺口疲劳断口宏观形貌

(a)$\sigma_{max}=550$MPa，$N_f=6.0\times10^4$；(b)$\sigma_{max}=450$MPa，$N_f=2.26\times10^5$；(c)$\sigma_{max}=370$MPa，$N_f=3.18\times10^5$。

（2）微观特征。 疲劳断口扩展初期主要为小平面和二次裂纹特征，扩展中后期为疲劳条带和韧窝的混合特征，与光滑疲劳相比，各阶段的疲劳条带宽度明显增加，见图 3.2-41。

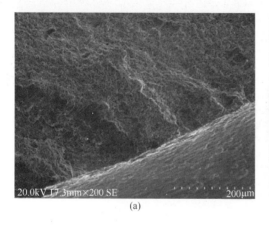

(a)

(b)

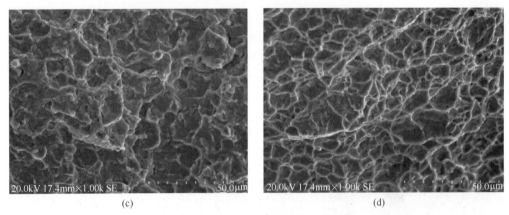

(c)   (d)

图 3.2 - 41 250℃,K_t=3,R=0.5 高周缺口疲劳断口微观形貌

(a)疲劳源区低倍微观形貌;(b)疲劳扩展初期微观形貌;(c)疲劳扩展中后期韧窝和疲劳条带混合特征;(d)瞬断区韧窝特征。

7) 250℃,R=-1,K_t=3

(1) 宏观特征。断口从缺口根部起裂,为多源特征,断口较粗糙,可见疲劳台阶,放射棱线较粗,见图 3.2 - 42。

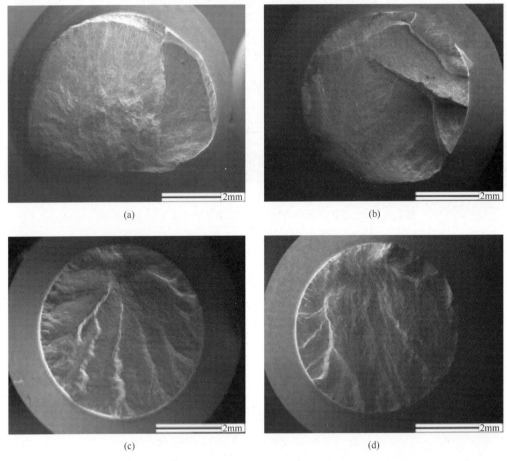

(a)   (b)

(c)   (d)

图 3.2 - 42 250℃,K_t=3,R=-1 高周缺口疲劳断口宏观形貌

(a)σ_{max}=85MPa,N_f=3.518×10^6;(b)σ_{max}=120MPa,N_f=4.39×10^5;

(c)σ_{max}=200MPa,N_f=5.2×10^4;(d)σ_{max}=240MPa,N_f=2.4×10^4。

(2) 微观特征。源区为多源,断裂起始于表面,呈解理开裂特征,见图 3.2 - 43(a)、(b)。扩展区可见明显的疲劳条带,疲劳条带细、密,呈断续状,见图 3.2 - 43(c)～(e)。瞬断区为韧窝特征,见图 3.2 - 43(f)。

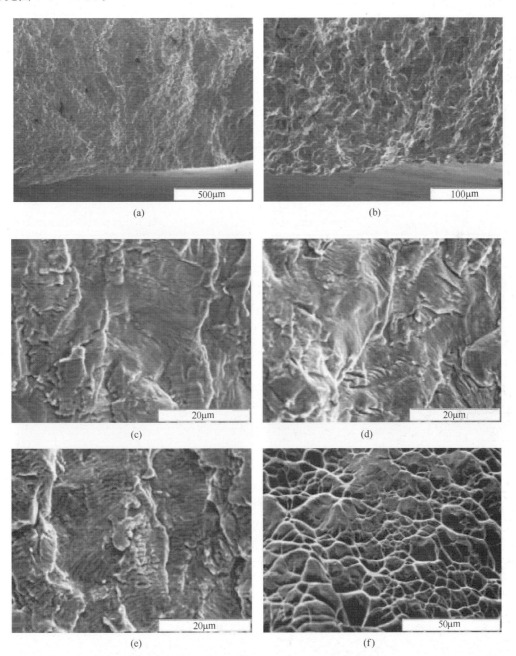

(a)   (b)

(c)   (d)

(e)   (f)

图 3.2 - 43 250℃,K_t=3,R=-1 高周缺口疲劳断口微观形貌

(a)源区表面特征;(b)源区解理小平面;(c)扩展前期疲劳条带;
(d)扩展中期疲劳条带;(e)扩展后期疲劳条带;(f)瞬断区韧窝特征。

8) 400℃,R=0.1,K_t=3

(1) 宏观特征。断口从缺口根部起裂,为多源特征,可见放射棱线,见图 3.2 - 44。断口呈浅黄色。

（2）微观特征。 源区为多源，断裂起始于表面，呈解理开裂特征，见图 3.2-45(a)、(b)。扩展区可见明显的疲劳条带，扩展区后期可见二次裂纹，见图 3.2-45(c)～(e)。瞬断区为韧窝特征，见图 3.2-45(f)。

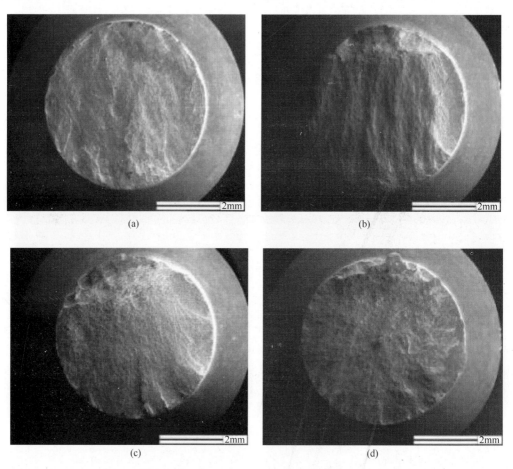

图 3.2-44　400℃，$K_t = 3$，$R = 0.1$ 高周缺口疲劳断口宏观形貌
(a)$\sigma_{max} = 280$MPa，$N_f = 1.155 \times 10^6$；(b)$\sigma_{max} = 320$MPa，$N_f = 1.03 \times 10^5$；
(c)$\sigma_{max} = 400$MPa，$N_f = 3.1 \times 10^4$；(d)$\sigma_{max} = 450$MPa，$N_f = 1.3 \times 10^4$。

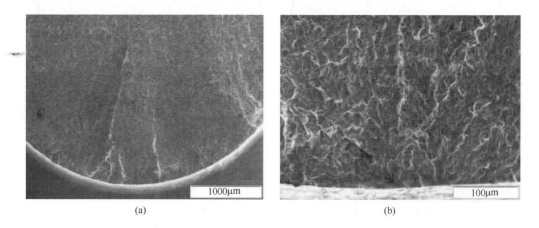

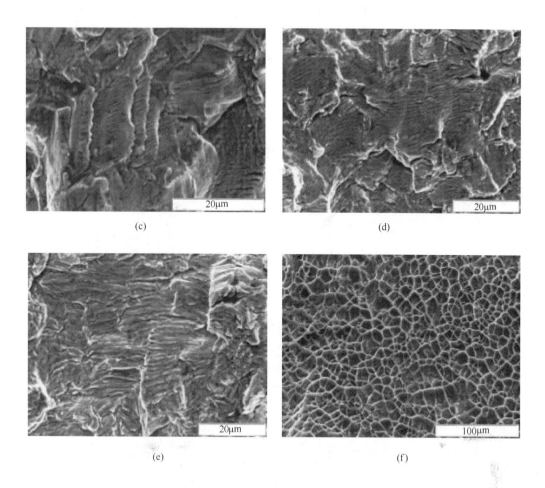

(c)   (d)

(e)   (f)

图 3.2 - 45　400℃, K_t = 3, R = 0.1 高周缺口疲劳断口微观形貌

(a)源区表面特征;(b)源区解理小平面;(c)扩展前期疲劳条带;
(d)扩展中期疲劳条带与二次裂纹;(e)扩展后期疲劳条带;(f)瞬断区韧窝特征。

9) 400℃, R = 0.5, K_t = 3

(1) 宏观特征。疲劳断口裂纹起源于缺口根部表面,呈线源特征,随疲劳应力减小,疲劳扩展区面积增大,瞬断区面积减小,见图3.2-46。

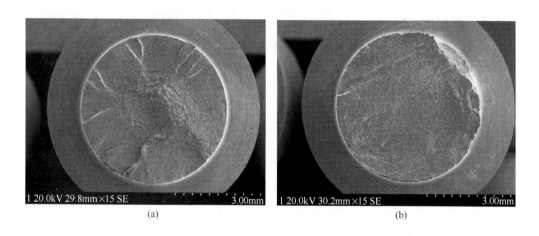

(a)   (b)

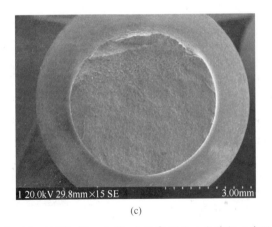

(c)

图 3.2 - 46　400℃，$K_t=3$，$R=0.5$ 高周缺口疲劳断口宏观形貌

(a)$\sigma_{max}=540MPa$，$N_f=4.6\times10^4$；(b)$\sigma_{max}=430MPa$，$N_f=5.09\times10^5$；(c)$\sigma_{max}=400MPa$，$N_f=5.39\times10^6$。

（2）微观特征。疲劳断口扩展区主要为小平面和二次裂纹以及疲劳条带特征，与光滑疲劳相比，各阶段的疲劳条带宽度明显增加，见图 3.2 - 47。

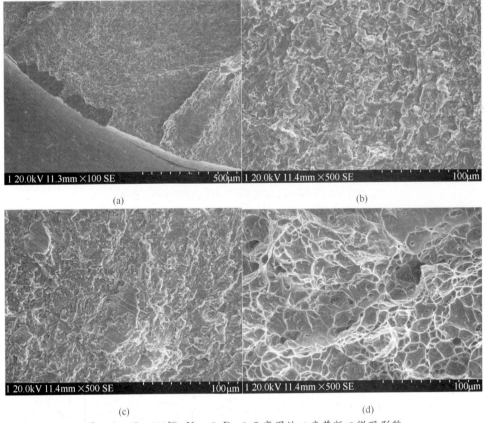

图 3.2 - 47　400℃，$K_t=3$，$R=0.5$ 高周缺口疲劳断口微观形貌

(a)疲劳源区低倍微观形貌；(b)疲劳扩展前期疲劳条带特征；
(c)疲劳扩展中后期疲劳条带特征；(d)瞬断区韧窝特征。

4. 低周疲劳

1）室温，$R=-1$

（1）宏观特征。断口呈多源特征，无塑性变形，断口较粗糙，疲劳扩展区面积较小，断口大部分为瞬断区,其断面与受力面约呈 45°,见图 3.2 - 48。断口呈灰色。

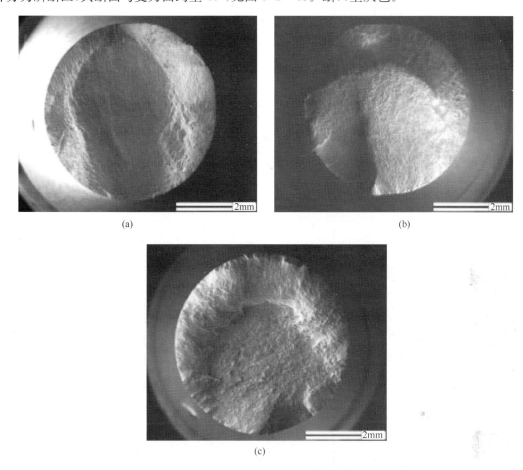

(a)

(b)

(c)

图 3.2 - 48　室温,$R=-1$ 低周疲劳断口宏观形貌

(a)$\Delta\varepsilon/2=0.54\%$,$N_f=13845$;(b)$\Delta\varepsilon/2=0.7\%$,$N_f=4222$;

(c)$\Delta\varepsilon/2=1.1\%$,$N_f=833$。

(2) 微观特征。裂纹起源于表面,源区放射棱线清晰可见,见图 3.2 - 49(a)、(b)。随着裂纹的扩展,疲劳条带逐渐变宽,见图 3.2 - 49(c)、(d)、(e)。瞬断区为韧窝形貌,见图 3.2 - 49(f)。

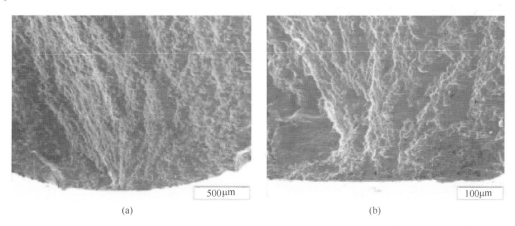

(a)

(b)

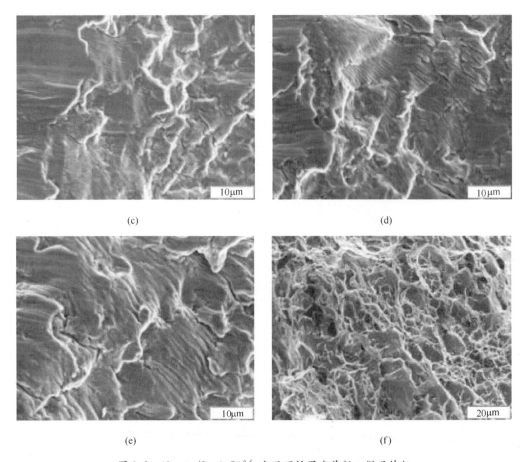

(c) (d)

(e) (f)

图 3.2-49 $\Delta\varepsilon/2=0.54\%$,室温下低周疲劳断口微观特征
(a)疲劳源区特征;(b)疲劳源区高倍特征;(c)扩展前期疲劳条带特征;
(d)扩展中期疲劳条带特征;(e)扩展后期疲劳条带特征;(f)瞬断区韧窝形貌。

2) 160℃ ,$R=-1$

(1) 宏观特征。断口呈多源特征,断口有明显的疲劳源区、扩展区和瞬断区。疲劳区较平坦,瞬断区较粗糙,最后形成近 45°的剪切唇区,见图 3.2-50。随着应力增大,瞬断区逐渐增大。断口呈暗灰色。

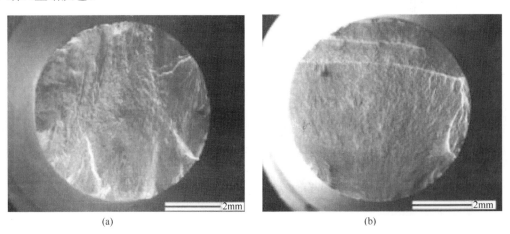

(a) (b)

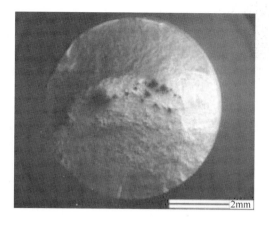

(c)

图 3.2-50　160℃，$R=-1$ 低周疲劳断口宏观形貌

(a)$\Delta\varepsilon/2=0.5\%$，$N_f=15641$；(b)$\Delta\varepsilon/2=0.6\%$，$N_f=8012$；

(c)$\Delta\varepsilon/2=1.1\%$，$N_f=687$。

（2）微观特征。疲劳起始于试样表面，源区放射棱线清晰可见，见图 3.2-51(a)、(b)。疲劳扩展区可见疲劳条带和二次裂纹，随着裂纹的扩展，疲劳条带间距有所加宽，见图 3.2-51 (c)、(d)、(e)。瞬断区为韧窝形貌，见图 3.2-51(f)。

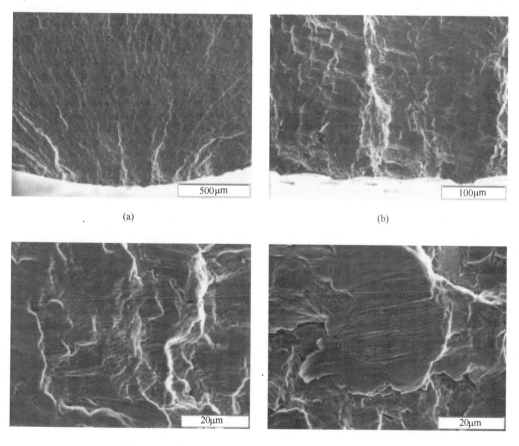

(a)　　　　　　　　　　　　　　　　(b)

(c)　　　　　　　　　　　　　　　　(d)

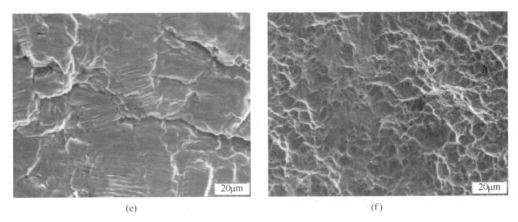

(e)   (f)

图 3.2-51 $\Delta\varepsilon/2=0.6\%$，160℃低周疲劳断口微观特征

(a)疲劳源区低倍特征；(b)源区高倍形貌；(c)扩展前期疲劳条带特征；
(d)扩展中期疲劳条带特征；(e)扩展后期疲劳条带特征；(f)瞬断区韧窝形貌。

3）250℃，$R=-1$

(1) 宏观特征。断口呈多源特征，无塑性变形，断面较粗糙，疲劳裂纹起始于断口一侧表面，向另一侧扩展，瞬断区与受力面约呈 45°，见图 3.2-52。断口呈暗灰色。

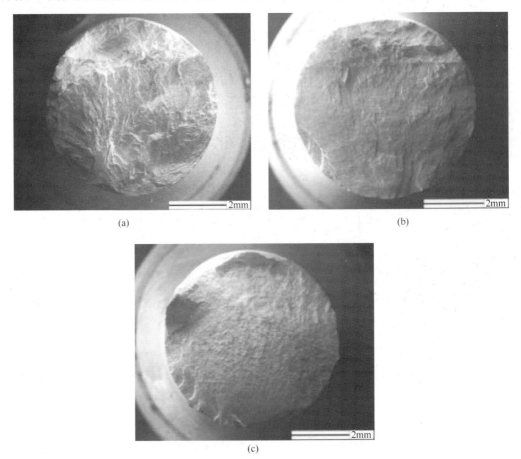

(a)   (b)

(c)

图 3.2-52   250℃，$R=-1$低周疲劳断口宏观形貌

(a)$\Delta\varepsilon/2=0.5\%$，$N_f=22058$；(b)$\Delta\varepsilon/2=0.8\%$，$N_f=4000$；(c)$\Delta\varepsilon/2=1.1\%$，$N_f=1337$。

（2）微观特征。 裂纹起源于表面，源区放射棱线清晰可见，见图 3.2-53(a)、(b)。随着裂纹的扩展，疲劳条带逐渐变宽，见图 3.2-53(c)~(e)。瞬断区为韧窝形貌，见图 3.2-53(f)。

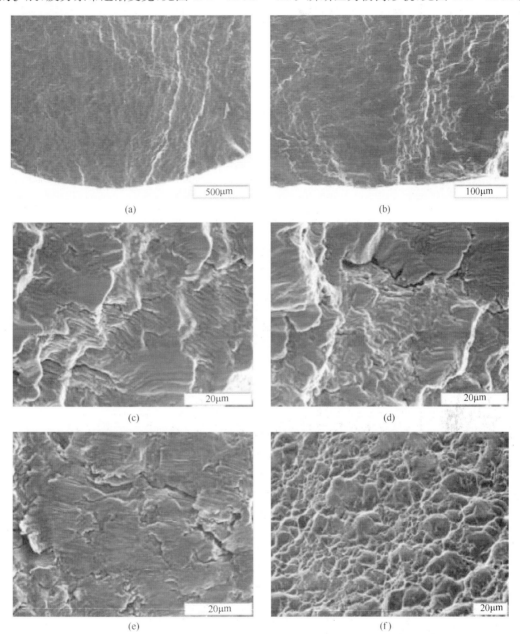

图 3.2-53　Δε/2=0.8%，250℃低周疲劳断口微观特征

(a)疲劳源区特征；(b)源区解理特征；(c)扩展前期疲劳条带特征；
(d)扩展中期疲劳条带特征；(e)扩展后期疲劳条带与二次裂纹；(f)瞬断区韧窝形貌。

4）400℃，R=-1

（1）宏观特征。 断口呈多源特征，应变较小时无塑性变形，断口可见疲劳区、扩展区和瞬断区，疲劳区较平坦、瞬断区较粗糙，最后形成近 45°的剪切唇区，见图 3.2-54(a)、(b)。随着应变的增大，断口有塑性变形，断面较粗糙，见图 3.2-54(c)。断口呈暗黄色，应变越小疲劳周次越高，断口颜色越深。

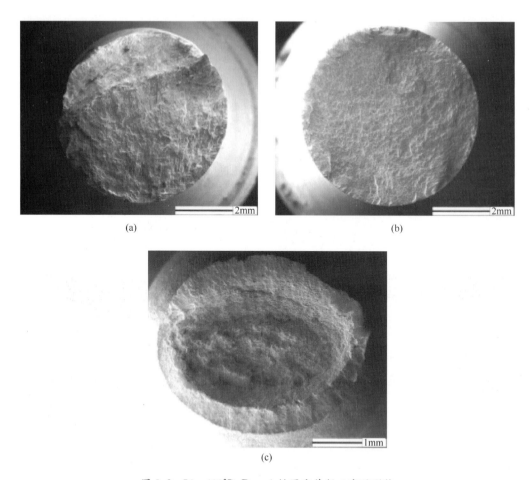

(a)　　　　　　　　　　　　(b)

(c)

图 3.2 - 54　400℃,$R=-1$低周疲劳断口宏观形貌

(a)$\Delta\varepsilon/2=0.5\%$,$N_{\mathrm{f}}=21249$;(b)$\Delta\varepsilon/2=0.8\%$,$N_{\mathrm{f}}=1011$;(c)$\Delta\varepsilon/2=1.1\%$,$N_{\mathrm{f}}=432$。

(2) 微观特征。疲劳起始于试样表面,源区放射棱线清晰可见,见图 3.2 - 55(a)、(b)。疲劳扩展期可见疲劳条带和二次裂纹,随着裂纹的扩展,疲劳条带间距有所加宽,见图 3.2 - 55(c)、(d)、(e)。瞬断区为韧窝形貌,见图 3.2 - 55(f)。当 $\Delta\varepsilon/2$ 为 1.1% 时,断口呈韧窝特征,未见疲劳条带特征。

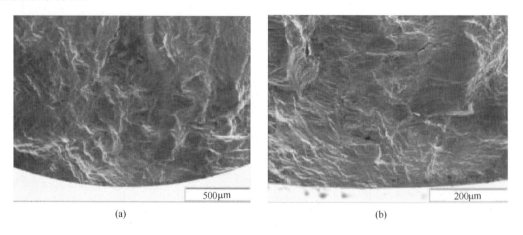

(a)　　　　　　　　　　　　(b)

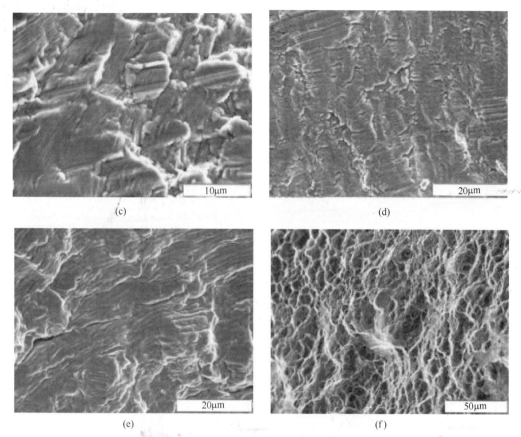

图 3.2-55　$\Delta\varepsilon/2=0.5\%$，400℃低周疲劳断口微观特征

(a)疲劳源区低倍特征；(b)源区高倍形貌；(c)扩展前期疲劳条带特征；

(d)扩展中期疲劳条带特征；(e)扩展后期疲劳条带和二次裂纹特征；(f)瞬断区韧窝形貌。

5. 旋转弯曲光滑疲劳

1）室温

（1）宏观特征。 裂纹起源于试样表面，呈单源特征，源区有明显的放射棱线。疲劳扩展区断口较平坦，呈银灰色，瞬断区在试样另一侧，粗糙，有剪切唇特征，随所施加的应力增大，面积减小，断口越平坦，见图 3.2-56。

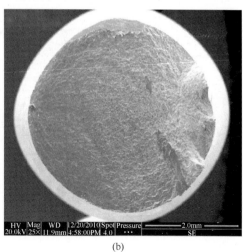

(a)　　　　　　　　　　　　　(b)

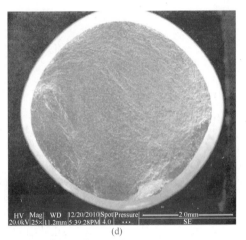

(c)   (d)

图 3.2-56   室温旋转弯曲光滑疲劳断口宏观形貌

(a)$\sigma_{max}=560MPa$，$N_f=6.5\times10^4$；(b)$\sigma_{max}=500MPa$，$N_f=1.5\times10^5$；

(c)$\sigma_{max}=460MPa$，$N_f=9.33\times10^6$；(d)$\sigma_{max}=440MPa$，$N_f=77.8\times10^6$。

(2) 微观特征。 疲劳呈单源特征，可见明显的放射棱线，见图 3.2-57(a)。扩展初期疲劳条带较浅，见图 3.2-57(b)。随着裂纹向内扩展，疲劳条带越清晰，且有较多的二次裂纹，见图 3.2-57(c)、(d)。瞬断区为韧窝特征，见图 3.2-57(e)。$\sigma_{max}=500MPa$、$\sigma_{max}=460MPa$ 和 $\sigma_{max}=440MPa$ 应力条件下的疲劳扩展条带和二次裂纹形貌见图 3.2-58。

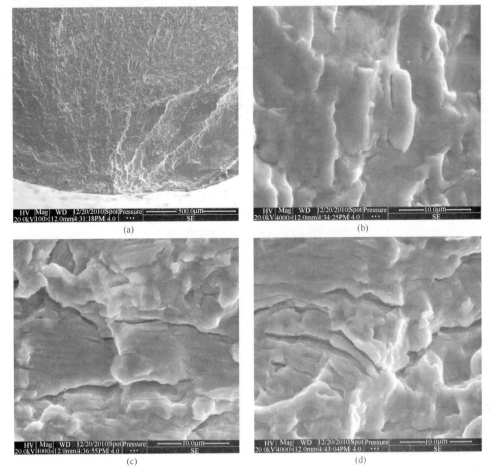

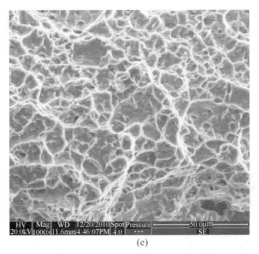

(e)

图 3.2-57 室温，σ_{max}=560MPa 旋转弯曲光滑疲劳断口微观特征

(a)疲劳源区特征；(b)扩展初期疲劳条带特征；(c)扩展中期疲劳条带及二次裂纹特征；

(d)扩展后期疲劳条带及二次裂纹特征；(e)瞬断韧窝形貌。

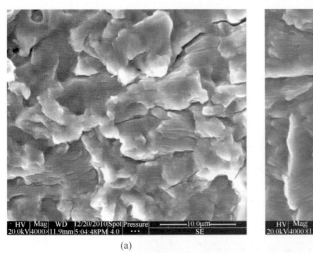

(a)

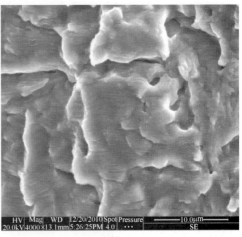

(b)

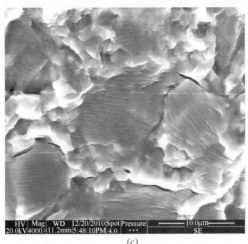

(c)

图 3.2-58 室温旋转弯曲光滑疲劳断口微观特征

(a)σ_{max}=500MPa 扩展期疲劳条带特征；(b)σ_{max}=460MPa 扩展期疲劳条带特征；(c)σ_{max}=440MPa 扩展期疲劳条带特征。

2) 160℃

(1) 宏观特征。裂纹起源于试样表面,为单源特征,有明显的放射棱线,于试样另一侧断裂,疲劳区相对较平坦、光滑,瞬断区较粗糙,见图 3.2 - 59。

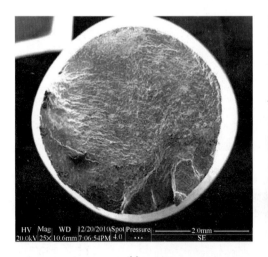
(a)

(b)

(c)

图 3.2 - 59　160℃旋转弯曲光滑疲劳断口宏观形貌

(a)σ_{max}＝550MPa,N_f＝5.0×10⁴;(b)σ_{max}＝460MPa,N_f＝2.85×10⁵;

(c)σ_{max}＝440MPa,N_f＝1.15×10⁵。

(2) 微观特征。断裂起始于表面,源区放射棱线清晰,见图 3.2 - 60(a)。扩展初期疲劳条带细密,见图 3.2 - 60(b)。随着裂纹向内扩展,条带间距逐渐变宽,也可见多处二次裂纹,见图 3.2 - 60(c)、(d)。瞬断区为韧窝特征,见图 3.2 - 60(e)。σ_{max}＝550MPa 和 σ_{max}＝460MPa 应力条件下的疲劳扩展条带和二次裂纹形貌见图 3.2 - 61。

3) 250℃

(1) 宏观特征。断口从试样表面起源,单源,一侧断裂,疲劳源区有明显的放射棱线,疲劳区相对较平坦、光滑,瞬断区在试样另一侧,面积较小且粗糙,有剪切唇特征,见图 3.2 - 62。

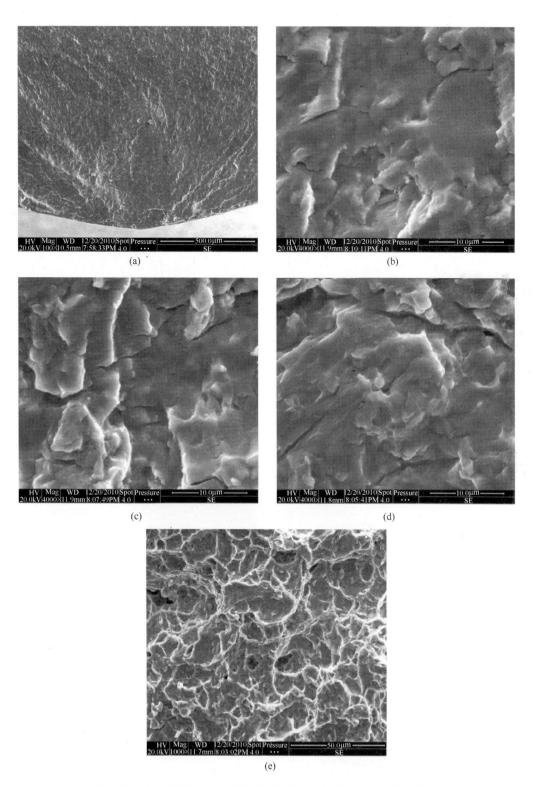

图 3.2-60　160℃，$\sigma_{max}=440MPa$ 旋转弯曲光滑疲劳断口微观特征

(a)疲劳源区特征；(b)扩展初期疲劳条带特征；(c)扩展中期疲劳条带特征；

(d)扩展后期疲劳条带及二次裂纹特征；(e)瞬断韧窝形貌。

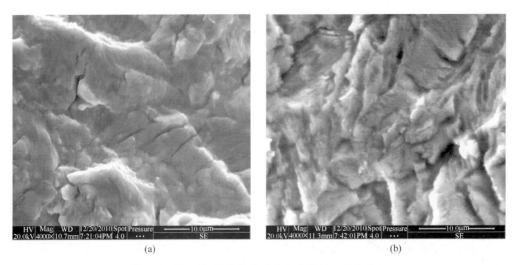

图 3.2 - 61　160℃旋转弯曲光滑疲劳断口微观特征

(a)σ_{max}＝550MPa 扩展区疲劳条带特征；(b)σ_{max}＝460MPa 扩展区疲劳条带特征。

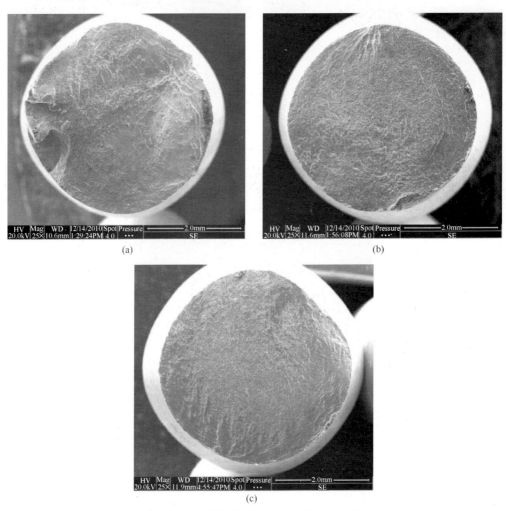

图 3.2 - 62　250℃旋转弯曲光滑疲劳断口宏观形貌

(a)σ_{max}＝520MPa,N_f＝4.5×10^4；(b)σ_{max}＝460MPa,N_f＝7.98×10^6；(c)σ_{max}＝440MPa,N_f＝3.25×10^5。

(2) 微观特征。疲劳呈单源特征,源区可见明显的放射棱线特征,见图 3.2-63(a)。源区附近疲劳扩展前期条带细密,见图 3.2-63(b)。随着裂纹的扩展,疲劳条带逐渐加宽,二次裂纹也逐渐增多,见图 3.2-63(c)、(d)。疲劳扩展后期和瞬断区交界明显,见图 3.2-63(e)。瞬断区为韧窝特征,见图 3.2-63(f)。$\sigma_{max}=520$MPa 和 $\sigma_{max}=440$MPa 应力条件下的疲劳扩展条带和二次裂纹形貌见图 3.2-64。

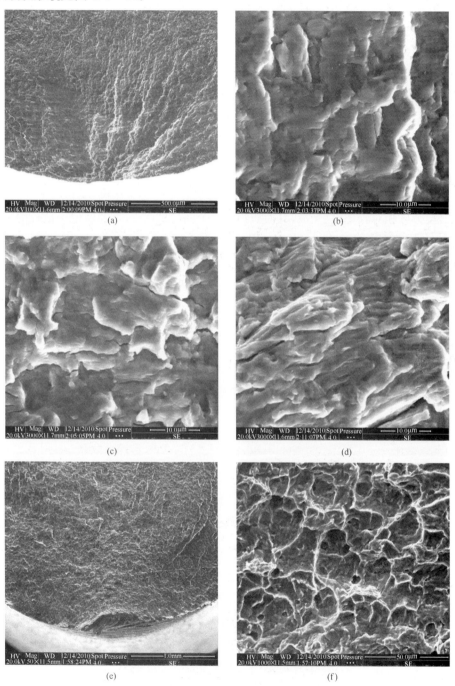

(a)　　　　　　　　　　　　　(b)

(c)　　　　　　　　　　　　　(d)

(e)　　　　　　　　　　　　　(f)

图 3.2-63　250℃,$\sigma_{max}=460$MPa 旋转弯曲光滑疲劳断口微观特征

(a)疲劳源区特征;(b)扩展初期疲劳条带特征;(c)扩展中期疲劳条带特征;
(d)扩展后期疲劳条带及二次裂纹特征;(e)瞬断区的断裂特征;(f)瞬断韧窝形貌。

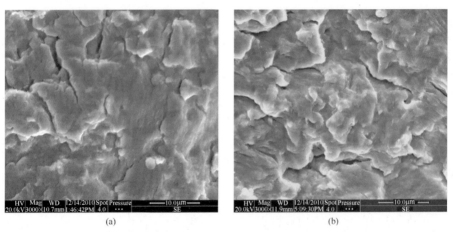

(a)   (b)

图 3.2-64   250℃旋转弯曲光滑疲劳断口微观特征

(a)σ_{max}=520MPa 扩展期疲劳条带特征；(b)σ_{max}=440MPa 扩展期疲劳条带特征。

4) 400℃

(1) 宏观特征。 断口起始于试样表面，单源，最后在另一侧发生断裂，疲劳源区可见明显的放射棱线，疲劳区相对较平坦、光滑，其面积约占整个断口的 1/2，瞬断区位于试样的另一侧，较粗糙，见图 3.2-65。

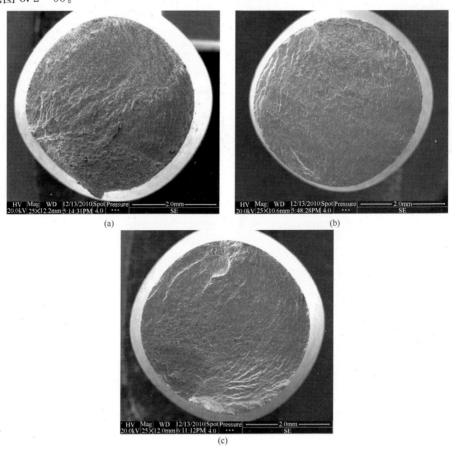

(a)   (b)

(c)

图 3.2-65   400℃旋转弯曲光滑疲劳断口宏观形貌

(a)σ_{max}=460MPa，N_f=3.0×10^4；(b)σ_{max}=420MPa，N_f=1.25×10^5；(c)σ_{max}=380MPa，N_f=1.68×10^6。

(2) 微观特征。 疲劳呈单源特征,在源区可见明显的放射棱线特征,见图 3.2-66(a)。扩展初期疲劳条带细密,见图 3.2-66(b)。随着裂纹向内扩展,条带间距逐渐变宽,可见多处二次裂纹,见图 3.2-66(c)、(d)。瞬断区为韧窝特征,见图 3.2-66(e)。σ_{max}=460MPa 和 σ_{max}=380MPa 应力条件下的疲劳扩展条带和二次裂纹形貌见图 3.2-67。

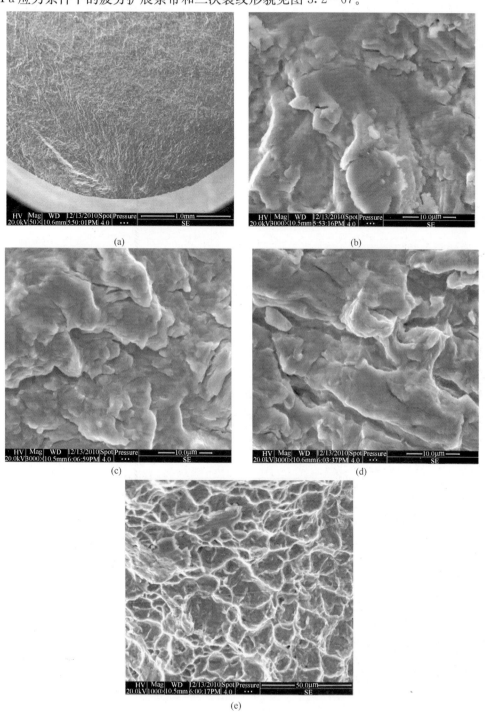

图 3.2-66　400℃,σ_{max}=420MPa 旋转弯曲光滑疲劳断口微观特征
(a)疲劳源区特征;(b)扩展初期疲劳条带特征;(c)扩展中期疲劳条带特征;
(d)扩展后期疲劳条带及二次裂纹特征;(e)瞬断区韧窝形貌。

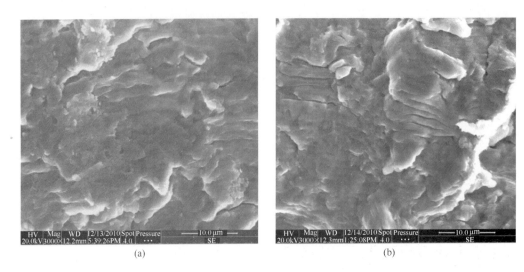

(a)   (b)

图 3.2-67　400℃，$K_t=1$ 旋转弯曲光滑疲劳断口微观特征

(a)$\sigma_{max}=460$MPa 扩展期疲劳条带特征；(b)$\sigma_{max}=380$MPa 扩展期疲劳条带特征。

6. 旋转弯曲缺口疲劳

1）室温，$K_t=3$

（1）宏观特征。 疲劳裂纹起源于试样缺口根部，线源特征，疲劳源区扩展棱线明显，疲劳区断口平坦，瞬断区位于断口中心附近，面积较小且粗糙，并随施加载荷减小，瞬断区面积逐渐减小且偏离中心，见图 3.2-68。

（2）微观特征。 断口起始于试样缺口根部，疲劳呈线源特征，源区可见明显的放射棱线，见图 3.2-69(a)。扩展初期疲劳条带细密，见图 3.2-69(b)。随着裂纹的扩展，条带间距逐渐变宽，见图 3.2-69(c)。疲劳扩展后期为疲劳条带和二次裂纹，图 3.2-69(d)。瞬断区为韧窝特征，见图 3.2-69(e)。$\sigma_{max}=460$MPa、$\sigma_{max}=280$MPa 和 $\sigma_{max}=146$MPa 应力条件下的疲劳扩展条带和二次裂纹形貌见图 3.2-70。

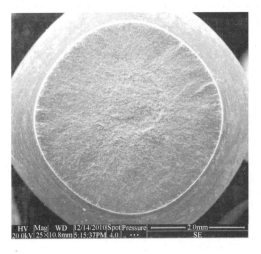
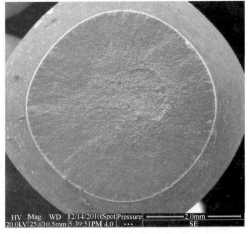

(a)   (b)

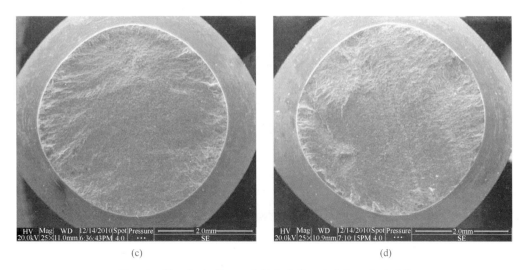

(c)   (d)

图 3.2-68　室温，$K_t = 3$ 旋转弯曲缺口疲劳断口宏观形貌

(a)$\sigma_{max} = 560\text{MPa}, N_f = 5.0 \times 10^3$；(b)$\sigma_{max} = 460\text{MPa}, N_f = 1.0 \times 10^3$；

(c)$\sigma_{max} = 280\text{MPa}, N_f = 4.0 \times 10^4$；(d)$\sigma_{max} = 146\text{MPa}, N_f = 3.62 \times 10^6$。

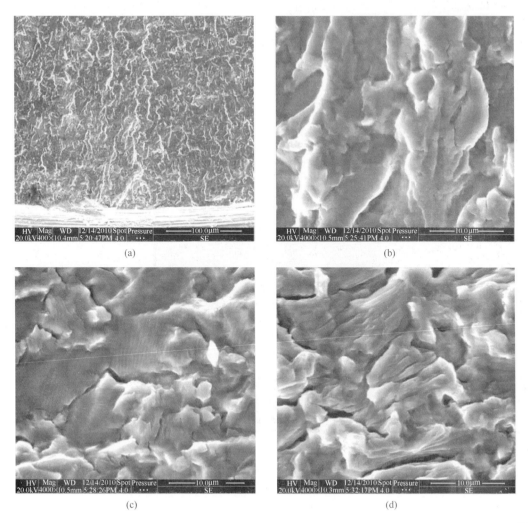

(a)   (b)

(c)   (d)

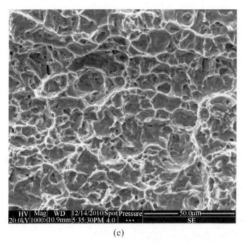

(e)

图 3.2 - 69 室温，$K_t = 3$，$\sigma_{max} = 560\text{MPa}$ 旋转弯曲缺口疲劳断口微观特征

(a)疲劳源区特征；(b)扩展初期疲劳条带特征；(c)扩展中期疲劳条带特征；

(d)扩展后期疲劳条带及二次裂纹特征；(e)瞬断韧窝特征。

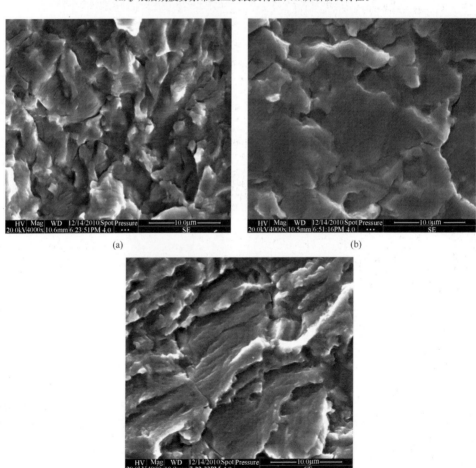

(a)

(b)

(c)

图 3.2 - 70 室温，$K_t = 3$ 旋转弯曲缺口疲劳断口微观特征

(a)$\sigma_{max} = 460\text{MPa}$ 扩展期疲劳条带特征；(b)$\sigma_{max} = 280\text{MPa}$ 扩展期疲劳条带特征；

(c)$\sigma_{max} = 146\text{MPa}$ 扩展期疲劳条带特征。

2）160℃，$K_t=3$

（1）宏观特征。疲劳裂纹从缺口根部起源，线源，源区附近放射棱线特征明显，断口较粗糙，疲劳区面积较大，瞬断区较小，偏离中心，靠近试样边缘，见图3.2-71。

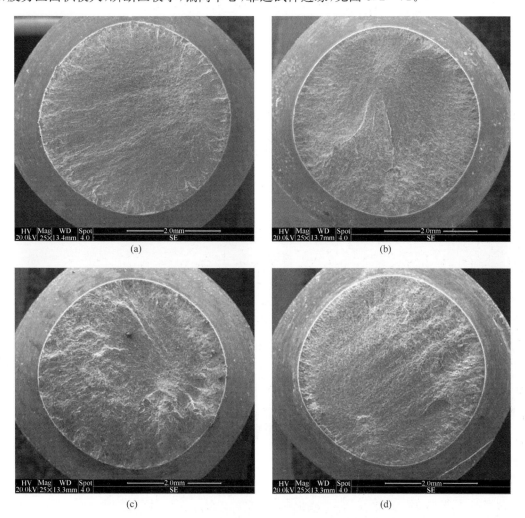

图 3.2-71　160℃，$K_t=3$旋转弯曲缺口疲劳断口宏观形貌

（a）$\sigma_{max}=250$MPa，$N_f=5.0\times10^4$；（b）$\sigma_{max}=150$MPa，$N_f=3.95\times10^5$；

（c）$\sigma_{max}=140$MPa，$N_f=1.94\times10^6$；（d）$\sigma_{max}=130$MPa，$N_f=5.75\times10^5$。

（2）微观特征。断裂起始于缺口，源区可见明显的放射棱线特征，见图3.2-72（a）。扩展初期为细小的疲劳条带，见图3.2-72（b）。扩展中期和后期条带逐渐变宽，可见二次裂纹，见图3.2-72（c）、（d）。扩展后期和瞬断区的交界明显，见图3.2-72（e）。瞬断区韧窝形貌见图3.2-72（f）。$\sigma_{max}=250$MPa、$\sigma_{max}=140$MPa 和 $\sigma_{max}=130$MPa 应力条件下的疲劳扩展条带和二次裂纹形貌见图3.2-73。

3）250℃，$K_t=3$

（1）宏观特征。裂纹从缺口根部起源，呈线源特征，从四周向中部扩展，最后在偏离中心一侧处发生断裂。疲劳源区放射棱线明显，疲劳区相对较粗糙，其面积较大。瞬断区较粗糙，面积较小，见图3.2-74。

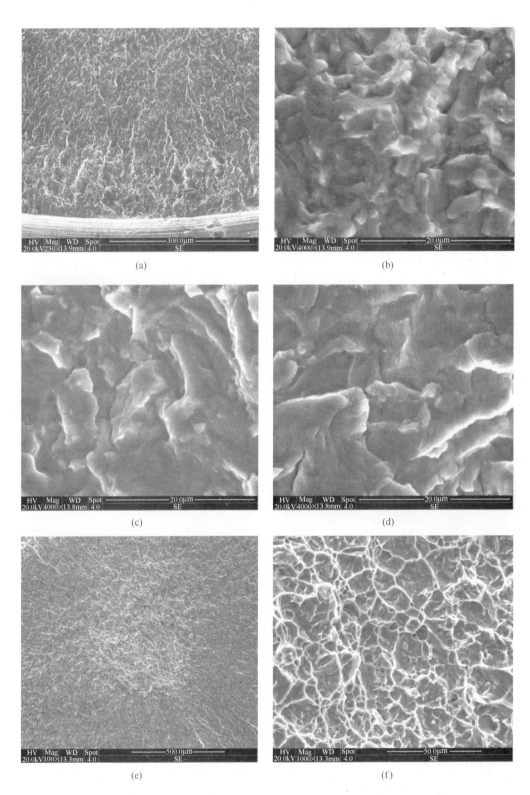

(a)   (b)

(c)   (d)

(e)   (f)

图 3.2 - 72　160℃，$K_t = 3$，$\sigma_{max} = 150$MPa 旋转弯曲缺口疲劳断口微观特征
(a)疲劳源区特征；(b)扩展初期疲劳条带特征；(c)扩展中期疲劳条带特征；
(d)扩展后期疲劳条带及二次裂纹特征；(e)瞬断区的断裂特征；(f)瞬断区韧窝形貌。

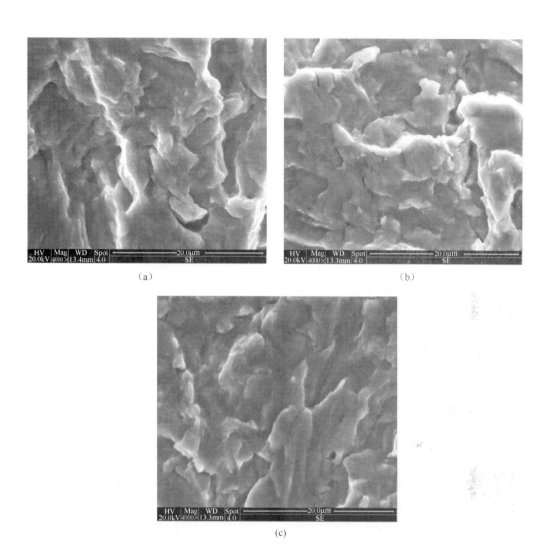

图 3.2 - 73 160℃，K_t＝3 旋转弯曲缺口疲劳断口微观特征

(a)σ_{max}＝250MPa 扩展期疲劳条带特征；(b)σ_{max}＝140MPa 扩展期疲劳条带特征；

(c)σ_{max}＝130MPa 扩展期疲劳条带特征。

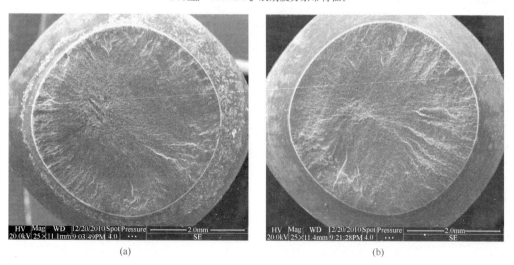

(a)   (b)

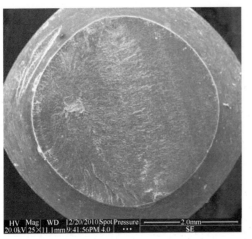

(c)　　　　　　　　　　　　　　(d)

图 3.2 - 74　250℃, $K_t = 3$ 旋转弯曲缺口疲劳断口宏观形貌

(a)$\sigma_{max} = 240MPa$, $N_f = 5.5 \times 10^4$; (b)$\sigma_{max} = 190MPa$, $N_f = 1.6 \times 10^5$;

(c)$\sigma_{max} = 150MPa$, $N_f = 2.8 \times 10^5$; (d)$\sigma_{max} = 130MPa$, $N_f = 4.79 \times 10^6$。

(2) 微观特征。 断裂起始于缺口,见图 3.2 - 75(a)。扩展初期疲劳条带细密,见图 3.2 - 75 (b)。随着裂纹的扩展,条带间距逐渐变宽,可见多处二次裂纹,见图 3.2 - 75(c)、(d)。疲劳扩

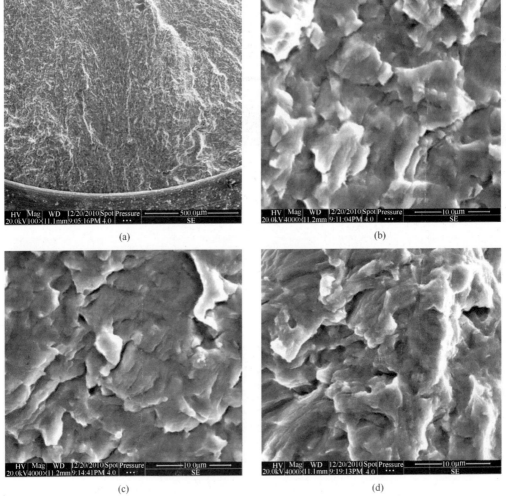

(a)　　　　　　　　　　　　　　(b)

(c)　　　　　　　　　　　　　　(d)

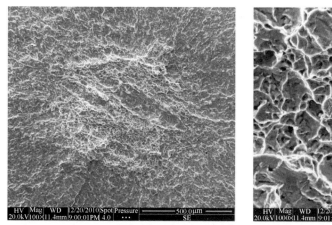
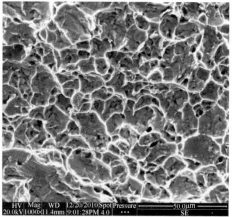

(e)   (f)

图 3.2 - 75   250℃, $K_t=3$, $\sigma_{max}=240$MPa 旋转弯曲缺口疲劳断口微观特征

(a)疲劳源区特征;(b)扩展初期疲劳条带特征;(c)扩展中期疲劳条带特征;

(d)扩展后期疲劳条带及二次裂纹特征;(e)瞬断区的断裂特征;(f)瞬断区韧窝形貌。

展后期和瞬断区的交界明显,见图 3.2 - 75(e)。瞬断区韧窝形貌见图 3.2 - 75(f)。$\sigma_{max}=190$MPa、$\sigma_{max}=150$MPa 和 $\sigma_{max}=130$MPa 应力条件下的疲劳扩展条带和二次裂纹形貌见图 3.2 - 76。

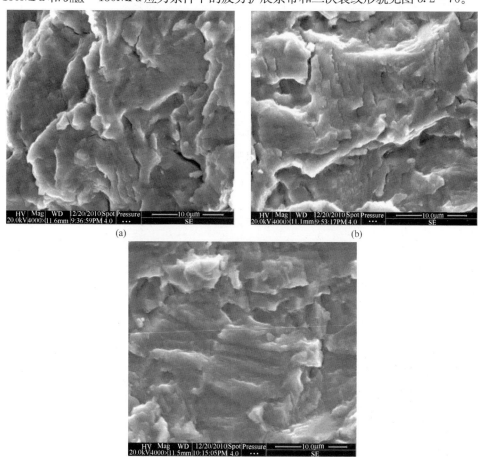

图 3.2 - 76   250℃, $K_t=3$ 旋转弯曲缺口疲劳断口微观特征

(a)$\sigma_{max}=190$MPa 扩展期疲劳条带特征;(b)$\sigma_{max}=150$MPa 扩展期疲劳条带特征;(c)$\sigma_{max}=130$MPa 扩展期疲劳条带特征。

4) 400℃，$K_t=3$

（1）宏观特征。疲劳裂纹均起源于试样缺口根部，从四周向中部扩展，疲劳区相对较平坦、光滑，瞬断区偏离中心，位于试样一侧，见图 3.2-77，断口呈黄色。

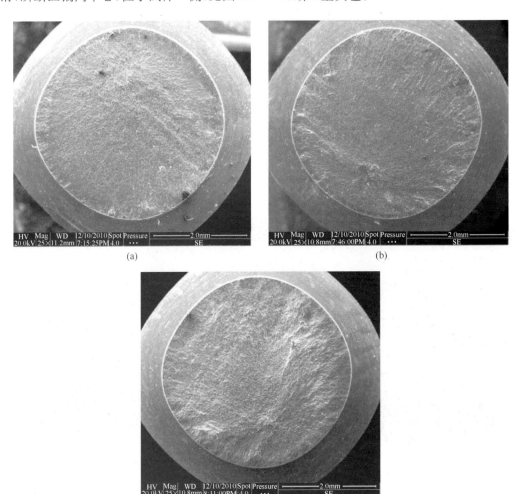

(a)

(b)

(c)

图 3.2-77　400℃，$K_t=3$ 旋转弯曲缺口疲劳断口宏观形貌

(a)$\sigma_{max}=220MPa$,$N_f=3.0\times10^4$；(b)$\sigma_{max}=150MPa$,$N_f=3.7\times10^5$；

(c)$\sigma_{max}=145MPa$,$N_f=4.73\times10^6$。

（2）微观特征。断裂起始于缺口根部，见图 3.2-78（a）。扩展初期疲劳条带细密，见图 3.2-78(b)。随着裂纹的扩展，疲劳条带间距逐渐变宽，并且伴随出现二次裂纹，见图 3.2-78(c)、(d)。瞬断区为典型的韧窝断裂特征，见图 3.2-78(e)。$\sigma_{max}=220MPa$ 和 $\sigma_{max}=150MPa$ 应力条件下的疲劳扩展条带和二次裂纹形貌见图 3.2-79。

7. 裂纹扩展

（1）宏观特征。三种温度下的断口宏观特征基本相同，疲劳裂纹从缺口表面起裂，为多源特征。随着温度增加，扩展区面积有微量变化，从占断口面积的 69% 减小至 63%；临界裂纹长度由 22mm 减小至 20mm；断口颜色由浅变深，在 400℃时，断口出现明显的氧化特征，呈深黄色，见图 3.2-80。

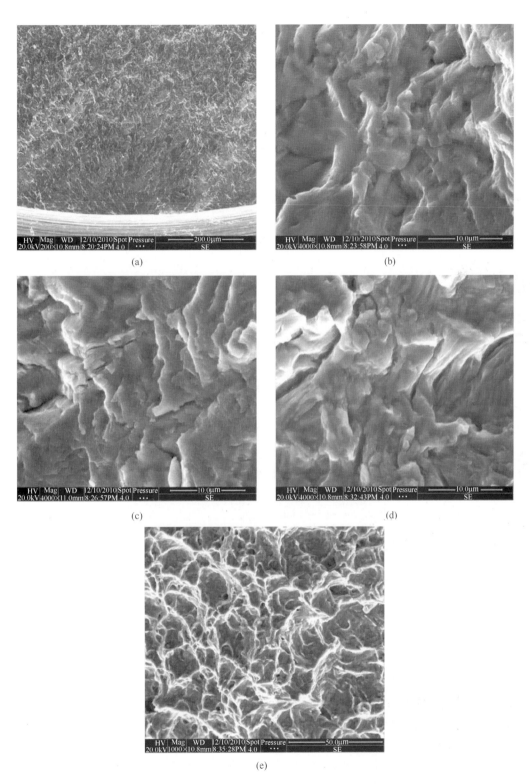

(a)

(b)

(c)

(d)

(e)

图 3.2 - 78　400℃，$K_t = 3$，$\sigma_{max} = 145MPa$ 旋转弯曲缺口疲劳断口微观特征

(a)疲劳源区特征；(b)扩展初期疲劳条带特征；(c)扩展中期疲劳条带特征；
(d)扩展后期疲劳条带及二次裂纹特征；(e)瞬断区韧窝特征。

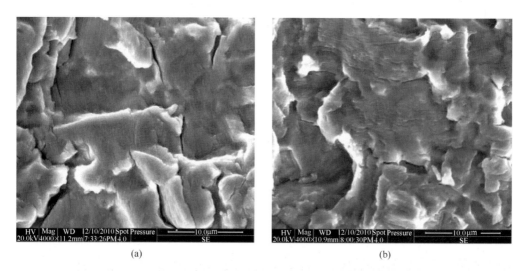

図 3.2 - 79   400℃, K_t＝3 旋转弯曲缺口疲劳断口微观特征

(a)σ_{max}＝220MPa 扩展期疲劳条带特征；(b)σ_{max}＝150MPa 扩展期疲劳条带特征。

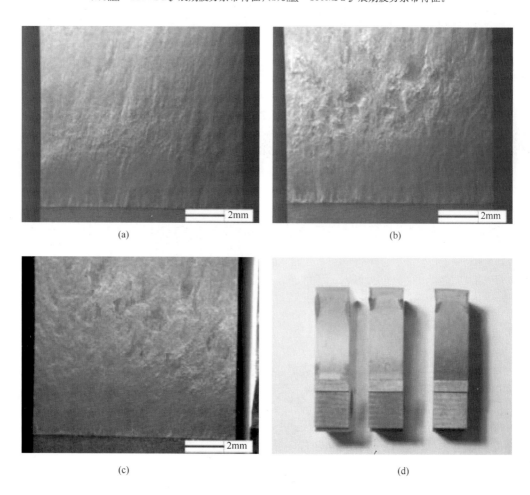

图 3.2 - 80   裂纹扩展速率试验断口宏观形貌

(a)室温；(b)250℃；(c)400℃；(d)不同温度下疲劳断口的颜色变化。

（2）微观特征。源区为线源特征,有明显的放射棱线,见图 3.2 - 81(a)。裂纹扩展初期疲劳条带细密,疲劳条带间距为 $0.51\mu m$,见图 3.2 - 81(b)。随着裂纹扩展,疲劳扩展中后期的疲劳条带间距逐渐加宽,疲劳条带间距分别为 $0.76\mu m$ 和 $2.48\mu m$,见图 3.2 - 81(c)、(d)。瞬断区的断裂特征为韧窝,见图 3.2 - 81(e)。在疲劳裂纹扩展区内有大量的二次裂纹。由三种温度条件下的断口观察结果可知,随着温度升高,疲劳扩展区面积和临界裂纹长度有微量变化;断口颜色由浅变深。

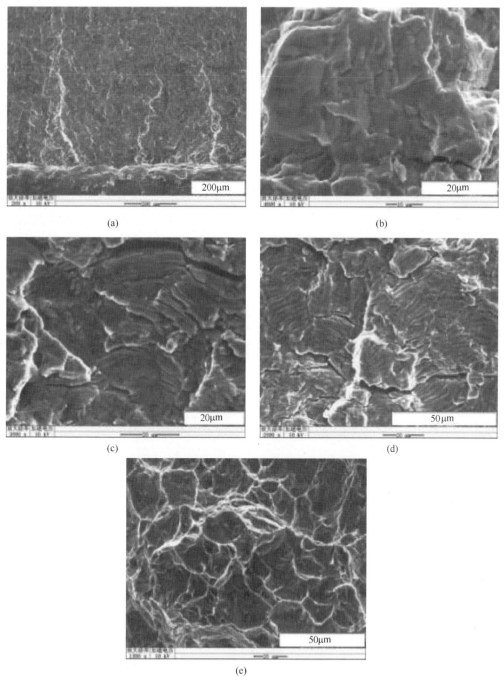

图 3.2 - 81　裂纹扩展速率试验微观形貌

(a)源区特征;(b)扩展前期条带特征;(c)扩展中期条带特征;(d)扩展后期条带特征;(e)瞬断区韧窝特征。

3.3 TC11

3.3.1 概述

TC11 钛合金是一种典型的(α+β)型两相钛合金,在500℃以下具有优异的热强性及较高的室温强度;具有良好的耐蚀性,但对热盐应力腐蚀存在一定的敏感性。TC11 钛合金热加工工艺性良好,可进行焊接和各种方式的机械加工,综合性能优异。TC11 钛合金可通过高温形变强韧化工艺,获得在520℃下长期工作的良好综合性能。已广泛应用于航空发动机压气机盘、叶片及鼓筒等零件。

3.3.2 组织结构

TC11 钛合金相变点为1000℃±20℃,锻件的热处理工艺为950℃,1h～2h,空冷+530℃,6h,空冷。

合金的平衡组织为(α+β)相,亦可能存在少量碳化物和 Ti_3Al。通常退火状态组织中β相为8%～12%。当合金从相变点以上快速冷却可获得马氏体 α′(针状),在两相区快速冷却可获得 α″,随后在450℃以上加热,α′或 α″分解为 α 和 β 相。合金标准热处理后的组织为初生 α+β转及可能出现的硅化物和 Ti_3Al。合金热处理后组织见图3.3-1。

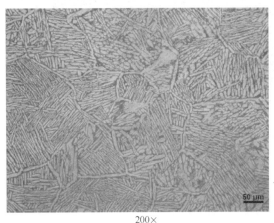
200×

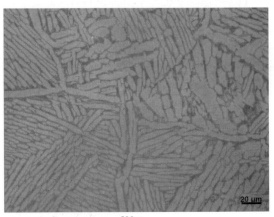
500×

图 3.3-1　TC11 钛合金的金相组织

3.3.3 断口特征

1. 断裂韧性

(1) 宏观特征。三种温度下的断口宏观特征有明显差异,断面上包括预制裂纹区和静拉伸区,预制裂纹区成弧形区。室温断口的预制裂纹长度在2.28mm～4.02mm,200℃断口的预制裂纹长度在2.30mm～3.73mm,400℃断口的预制裂纹长度在2.09mm～3.64mm。随着温度的升高,断口的颜色由浅变深,在400℃时,断口出现明显的氧化特征,呈深黄色,见图3.3-2。

(2) 微观特征。源区为线源特征,有明显的放射棱线,见图3.3-3(a)。裂纹扩展初期疲劳条带细密,见图3.3-3(b)。随着裂纹扩展,疲劳扩展中期的疲劳条带间距逐渐加宽,见图3.3-

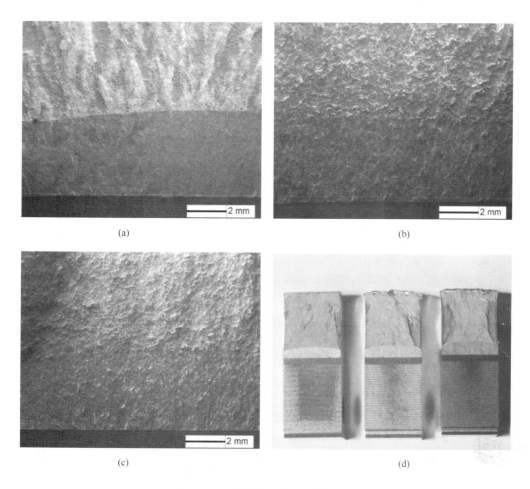

(a)　　　　　　　　　　　　　(b)

(c)　　　　　　　　　　　　　(d)

图 3.3 - 2　断裂韧性断口的宏观形貌

(a)室温；(b)200℃；(c)400℃；(d)不同温度下疲劳断口的颜色变化。

3(c)。疲劳扩展后期的疲劳条带明显变宽,见图 3.3 - 3(d)。瞬断区的断裂特征为韧窝,见图 3.3 - 3(e)。在疲劳裂纹扩展区内有大量的二次裂纹。由三种温度条件下的断口观察结果可知,随着温度升高,疲劳扩展区面积和临界裂纹长度基本不变,颜色有明显变化。

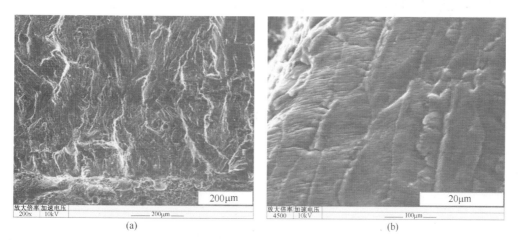

(a)　　　　　　　　　　　　　(b)

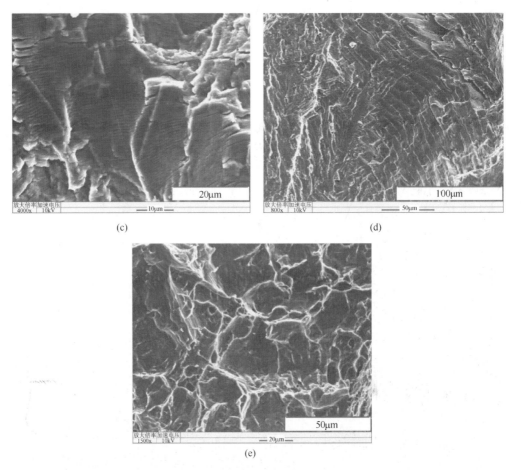

(c)   (d)

(e)

图 3.3-3 断裂韧性断口的微观形貌

(a)源区特征；(b)扩展前期条带特征；(c)扩展中期条带特征；(d)扩展后期条带特征；(e)瞬断区韧窝特征。

2. 低周疲劳

1) 200℃，$R=0.1$

(1) 宏观特征。断口呈多源特征，无塑性变形，可见明显的疲劳台阶。断口具有明显的疲劳源区、扩展区和瞬断区。疲劳区较平坦，瞬断区较粗糙，最后断裂区为近45°的剪切唇区，见图3.3-4。断口呈暗灰色。

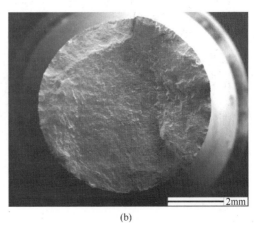

(a)   (b)

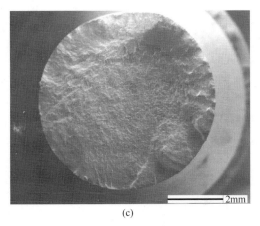

(c)

图 3.3-4 200℃,R＝0.1 低周疲劳断口宏观形貌

(a)$\Delta\varepsilon/2$＝0.45％,N_f＝20811;(b)$\Delta\varepsilon/2$＝0.675％,0.15％,N_f＝6271;

(c)$\Delta\varepsilon/2$＝0.9％,N_f＝2461。

（2）微观特征。裂纹起源于表面,源区放射棱线清晰可见,见图 3.3-5(a)、(b)。随着裂纹的扩展,疲劳条带逐渐变宽,见图 3.3-5(c)、(d)、(e)。瞬断区为韧窝形貌,见图 3.3-5(f)。

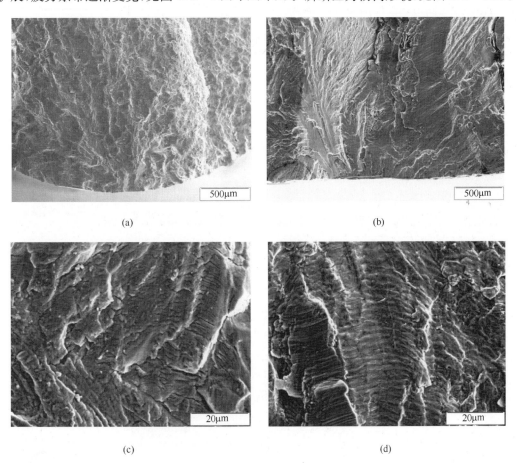

(a)

(b)

(c)

(d)

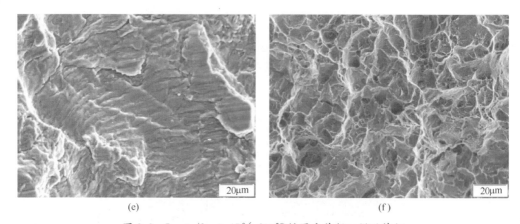

(e)   (f)

图 3.3-5　Δε/2＝0.45％,200℃低周疲劳断口微观特征

(a)疲劳源区特征;(b)疲劳源区高倍特征;(c)扩展前期疲劳条带特征;

(d)扩展中期疲劳条带特征;(e)扩展后期疲劳条带特征;(f)瞬断区韧窝形貌。

2) 450℃,R＝0.1

(1) 宏观特征。断口呈多源特征,无塑性变形,断口较粗糙,最后形成近 45°的剪切唇区。随着应变增大,瞬断区逐渐增大,断口更加粗糙,断面高度差增加,见图 3.3-6。断口呈暗黄色。

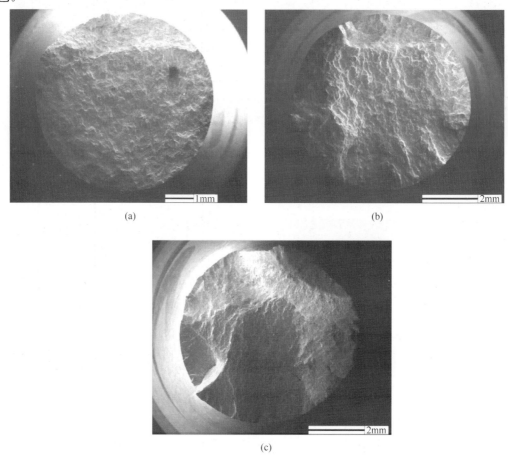

(a)   (b)

(c)

图 3.3-6　450℃,R＝0.1低周疲劳断口宏观形貌

(a)Δε/2＝0.405％,N_f＝25364;(b)Δε/2＝0.675％,N_f＝3309;(c)Δε/2＝0.855％,N_f＝2119。

（2）微观特征。疲劳起始于试样表面，源区放射棱线清晰可见，源区可见解理特征，见图3.3-7(a)、(b)。疲劳扩展区可见疲劳条带和二次裂纹，扩展区前期疲劳条带间距较小，随着裂纹的扩展，疲劳条带间距有所加宽，如图3.3-7(c)、(d)、(e)所示。瞬断区为韧窝形貌，见图3.3-7(f)。

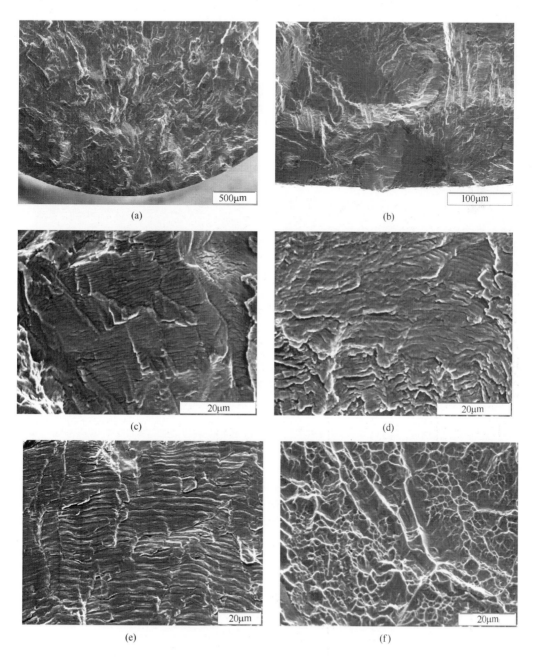

图3.3-7　$\Delta\varepsilon/2=0.405\%$，450℃低周疲劳断口微观特征

(a)疲劳源区低倍特征；(b)源区高倍形貌；(c)扩展前期疲劳条带特征；
(d)扩展中期疲劳条带特征；(e)扩展后期疲劳条带特征；(f)瞬断区韧窝形貌。

3. 裂纹扩展

（1）宏观特征。四种温度下的断口宏观特征基本相同，疲劳裂纹从缺口表面起裂，为多源

345

特征。随着温度的升高,断口的颜色由浅变深,在 400℃ 以上时,断口出现明显的氧化特征;扩展区的面积无明显变化,约占断口面积的 69%,临界裂纹长度大约为 22mm,见图 3.3 - 8。

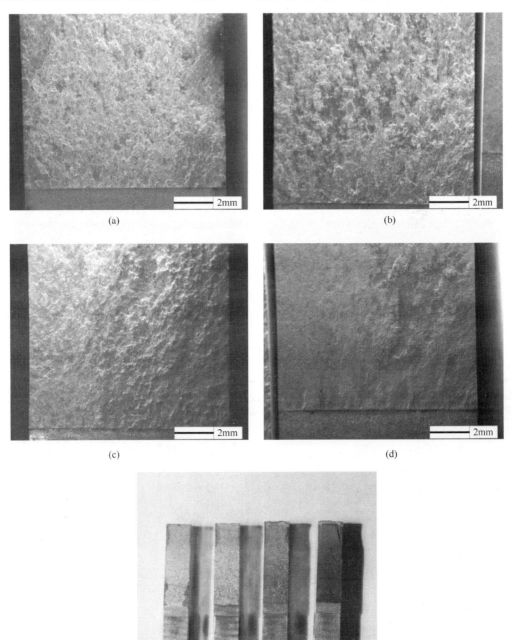

图 3.3 - 8 裂纹扩展速率断口的宏观形貌

(a)室温;(b)200℃;(c)400℃;(d)500℃;(e)不同温度下疲劳断口的颜色变化。

(2) 微观特征。 源区为线源特征,有明显的放射棱线,见图 3.3 - 9(a)。裂纹扩展初期疲劳条带细密,疲劳条带间距为 0.47μm,见图 3.3 - 9(b)。随着裂纹扩展,疲劳扩展中后期的疲劳条带间距逐渐加宽,疲劳条带间距分别为 1.04μm 和 1.78μm,见图 3.3 - 9(c)、(d)。瞬断区的断裂特征为韧窝，见图 3.3-9(e)。在疲劳裂纹扩展区内有大量的二次裂纹。由四种温度条件下的断口观察结果可知，随着温度升高，疲劳扩展区面积和临界裂纹长度无明显变化，但断口的颜色随温度的升高呈明显的氧化特征。

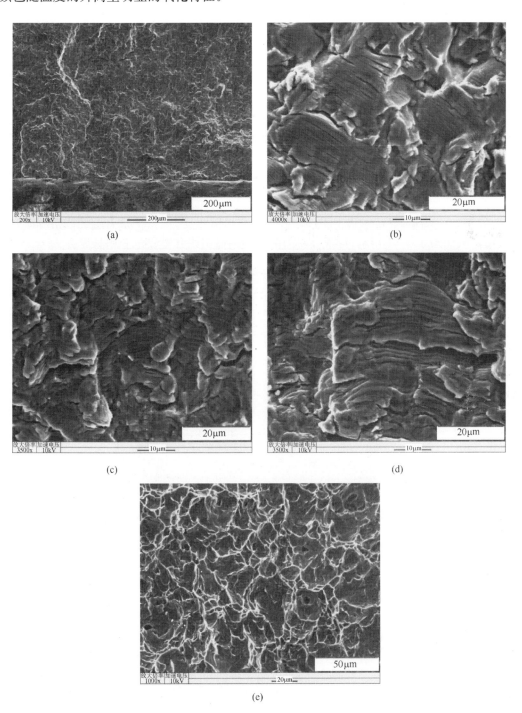

图 3.3-9 裂纹扩展速率断口的微观形貌

(a)源区特征；(b)扩展前期条带特征；(c)扩展中期条带特征；

(d)扩展后期条带特征；(e)瞬断区韧窝特征。

3.4 TC17

3.4.1 概述

TC17钛合金是一种富β稳定元素的(α+β)型两相钛合金,其名义成分为 Ti-5Al-2Sn-2Zr-4Mo-4Cr。该合金具有强度高、断裂韧度好、淬透性高和锻造温度范围宽等一系列优点,能够满足操作容限设计需要和高结构效益、高可靠性及低制造成本的要求。

该合金的主要半成品是棒材和锻材。主要用于制造发动机风扇、压气机盘件和大截面锻件。通过热处理可以调整强度、塑性和韧性的匹配,并且采用各种焊接方式进行焊接。TC17钛合金的最高工作温度是427℃。

3.4.2 组织结构

TC17钛合金的固溶处理制度为:800℃±10℃,4h,水淬。TC17钛合金经固溶和时效处理后,显微组织如图3.4-1所示,形成(α+β)的两相网篮组织和亚稳定β相晶界。

图 3.4-1 TC17钛合金的金相组织

3.4.3 断口特征

1. 断裂韧性

(1) 宏观特征。三种温度下的断口宏观特征基本相同,断面上包括预制裂纹区和静拉伸区,预制裂纹区成弧形区。室温断口的预制裂纹长度在 2.62mm～3.74mm,300℃断口的预制裂纹长度在 2.73mm～4.25mm,450℃断口的预制裂纹长度在 2.26mm～3.09mm。随着温度增加,断口的颜色由浅变深,在 400℃时,断口出现明显的氧化特征,呈深黄色,见图 3.4-2。

(2) 微观特征。源区为线源特征,有明显的放射棱线,见图 3.4-3(a)。裂纹扩展初期疲劳条带细密,见图 3.4-3(b)。随着裂纹扩展,疲劳扩展中后期的疲劳条带间距逐渐加宽,见图 3.4-3(c)、(d)。瞬断区的断裂特征为韧窝,见图 3.4-3(e)。在疲劳裂纹扩展区内可见大量的二次裂纹。由三种温度条件下的断口观察结果可知,随着温度升高,疲劳扩展区面积和临界裂纹长度变化不大,断口颜色由浅变深。

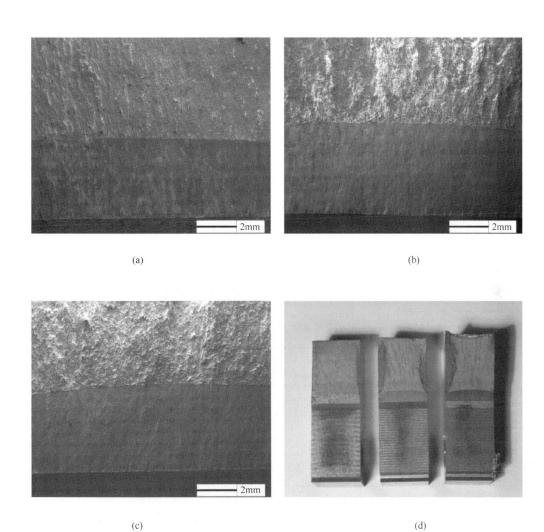

(a)   (b)

(c)   (d)

图 3.4 - 2   450℃ TC17 钛合金断裂韧性断口宏观特征

(a)室温;(b)300℃;(c)450℃;(d)不同温度下疲劳断口的颜色变化。

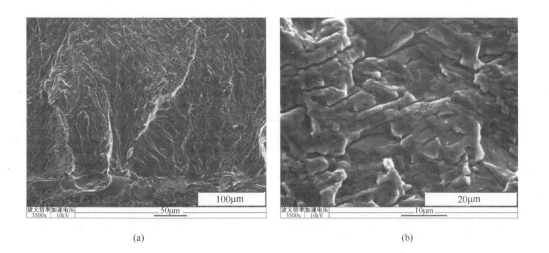

(a)   (b)

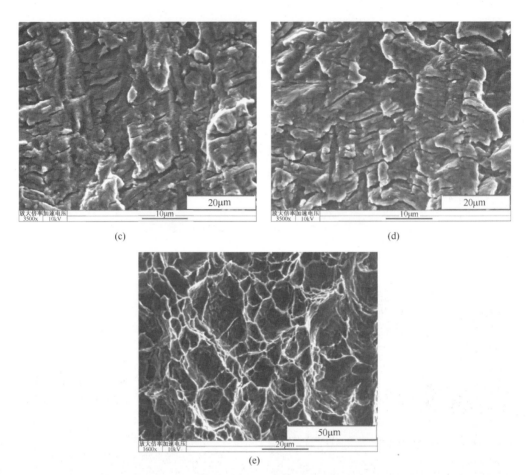

(c)   (d)

(e)

图 3.4-3 450℃ TC17 钛合金断裂韧性断口微观形貌

(a)源区特征;(b)扩展前期条带特征;(c)扩展中期条带特征;(d)扩展后期条带特征;

(e)瞬断区韧窝特征。

2. 光滑持久

1) 400℃

(1) 宏观特征。断口高差较大,颈缩不明显,断口主要由一个或几个剪切面组成,中部较粗糙,为最后断裂区,见图 3.4-4。其它区域断口边缘可见多个起源于试样表面的裂纹源,源区面积较小,呈金黄色,且随着应力增大,裂纹源区面积减少。断口主要呈金属色。

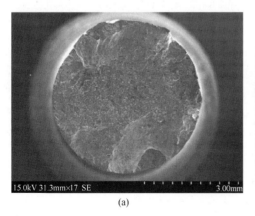

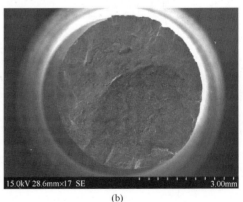

(a)   (b)

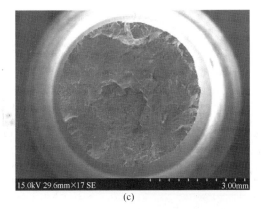
(c)

图 3.4-4　400℃光滑持久断口宏观形貌

(a)400℃/840MPa,$t=721.50$h,$\delta=9.60\%$,$\psi=8.21\%$;

(b)400℃/880MPa,$t=462.90$h,$\delta=13.60\%$,$\psi=19.32\%$;

(c)400℃/925MPa,$t=96.33$h,$\delta=14.00\%$,$\psi=23.02\%$。

(2) 微观特征。三个应力水平下的断口微观特征基本相同:断口中部粗糙区为韧窝形貌,见图 3.4-5(a)。四周剪切区为剪切韧窝形貌,见图 3.4-5(b)。裂纹起源于试样表面见图 3.4-5(c)。源区为类解理特征,见图 3.4-5(d)。

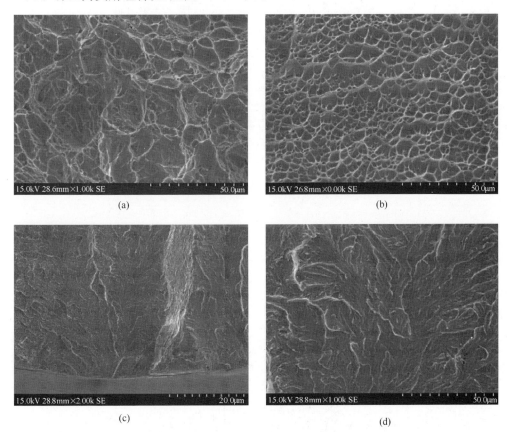

图 3.4-5　400℃光滑持久断口微观形貌

(a)断口中部粗糙区的韧窝形貌;(b)四周剪切区的剪切韧窝形貌;

(c)起源于试样表面的裂纹源;(d)裂纹源区类解理特征。

3. 缺口持久

1) 400℃, $K_t = 3.86$

(1) 宏观特征。 断口较粗糙,断裂起始于试样缺口根部表面圆周的 2/3 区域,最后在对面发生断裂,可以较明显的断裂台阶,扩展区较平坦,最后断裂区可见较多个面积较小的剪切区组成,见图 3.4 - 6。断口起始区呈金黄色,扩展区及最终断裂区呈淡黄色。

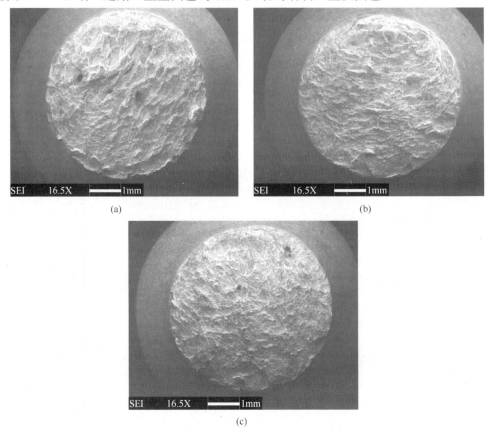

图 3.4 - 6　400℃, $K_t = 3.86$ 缺口持久断口宏观形貌

(a)400℃/1100MPa, $t = 464.35$h;(b)400℃/1200MPa, $t = 348.42$h;(c)400℃/1350MPa, $t = 25.33$h。

(2) 微观特征。 三个应力水平下的断口微观特征基本相同:断口表面可见多个裂纹源,源区主要为解理断裂特征,见图 3.4 - 7(a)、(b)。断口中部以韧窝形貌为主,见图 3.4 - 7(c)、(d)。最后断裂区由多个小的剪切面组成,剪切面上为剪切韧窝形貌,见图 3.4 - 7(e)、(f)。

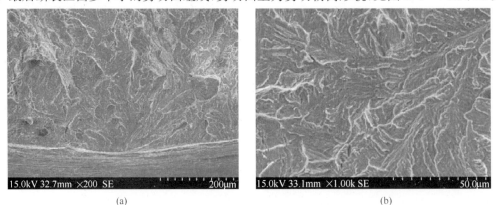

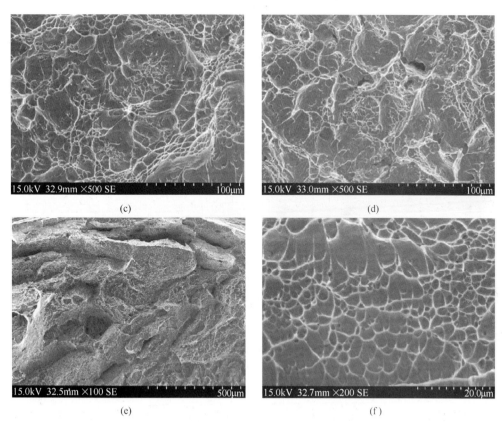

图 3.4－7　400℃，K_t＝3.86 缺口持久断口微观形貌

(a)断口边缘的裂纹源区；(b)裂纹源区的解理断裂特征；(c)断口中部韧窝形貌；

(d)断口中部韧窝及孔洞；(e)最后断裂区的多个剪切面；(f)最后断裂区的剪切韧窝形貌。

2) 450℃，K_t＝3.86

(1) 宏观特征。断口较粗糙，呈颗粒状，随应力增加颗粒状越不明显，断裂起始区位于中部，四周可见较小面积的剪切区，见图 3.4－8。断口呈淡黄色。

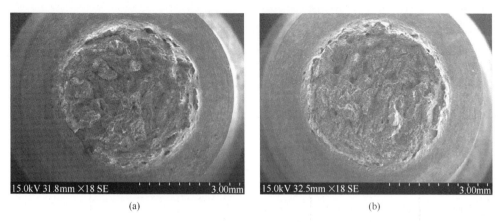

图 3.4－8　450℃，K_t＝3.86 缺口持久断口宏观形貌

(a)试样 A,450℃/1000MPa,t＝94.16h；(b)试样 B,450℃/1150MPa,t＝16.25h。

(2) 微观特征。断口主要为韧窝断裂，见图 3.4－9(a)、(b)；也可见解理刻面特征及较多的二次裂纹，见图 3.4－9(c)、(d)；断口四周的最后断裂区为剪切韧窝形貌，见图 3.4－9(e)、(f)。

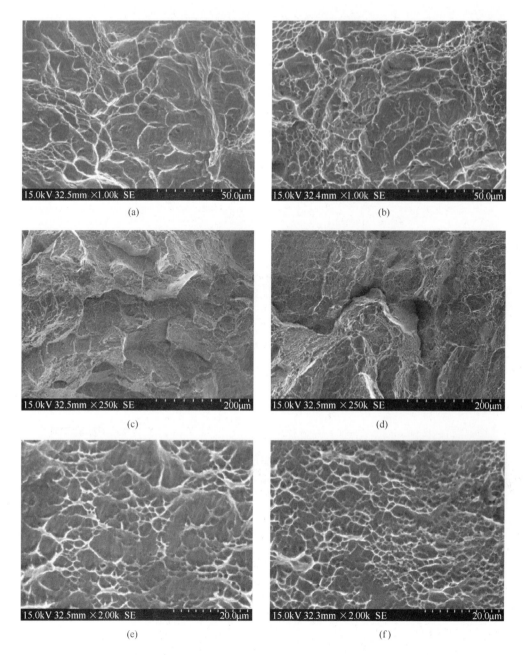

图 3.4 - 9　450℃，K_t＝3.86 缺口持久断口微观形貌

(a)试样 A 断口的韧窝形貌；(b)试样 B 断口的韧窝形貌；(c)试样 A 断口的解理刻面及二次裂纹；

(d)试样 B 断口的解理刻面及二次裂纹；(e)试样 A 断口最后断裂区的剪切韧窝；

(f)试样 B 断口最后断裂区的剪切韧窝。

4. 高周缺口疲劳

1) 300℃，K_t＝3

(1) 宏观特征。 缺口疲劳裂纹起源于试样缺口根部表面，呈线源特征，断口具有明显的疲劳源区、扩展区和瞬断区，疲劳区断口较平坦，瞬断区与主断口呈 45°的斜断面。随着应力比 R 的增加，断口疲劳扩展区面积减小，瞬断区面积增加。见图 3.4 - 10～图 3.4 - 12。

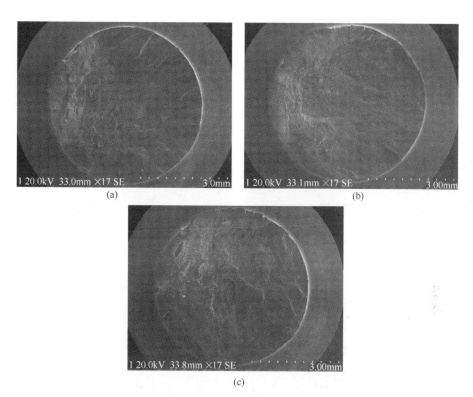

图 3.4-10　300℃,$K_t=3$,$R=0.5$,TC17 钛合金疲劳断口宏观形貌

(a)$\sigma_{max}=610$MPa,$N_f=3.7\times10^4$;(b)$\sigma_{max}=570$MPa,$N_f=7.7\times10^4$;(c)$\sigma_{max}=530$MPa,$N_f=8.5\times10^4$。

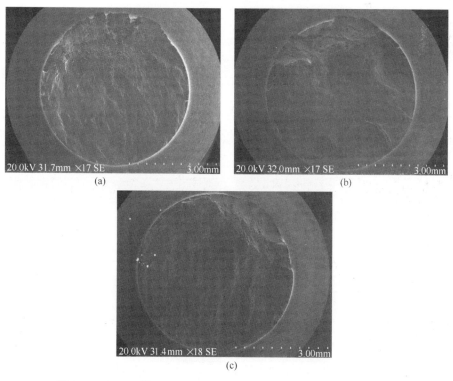

图 3.4-11　300℃,$K_t=3$,$R=0.1$,TC17 钛合金疲劳断口宏观形貌

(a)$\sigma_{max}=400$MPa,$N_f=4.4\times10^4$;(b)$\sigma_{max}=360$MPa,$N_f=5.4\times10^4$;(c)$\sigma_{max}=330$MPa,$N_f=8.2\times10^4$。

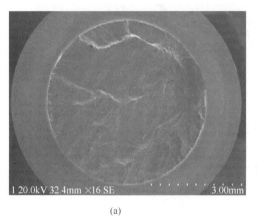

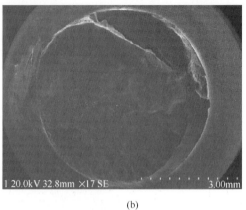

(a)　　　　　　　　　　　　　　　　　(b)

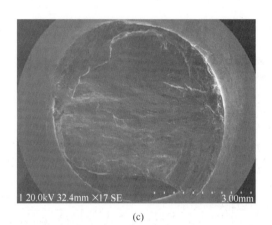

(c)

图 3.4 - 12　300℃,K_t=3,R=-1,TC17 钛合金疲劳断口宏观形貌

(a)σ_{max}=250MPa,N_f=2.8×10^4;(b)σ_{max}=184MPa,N_f=1.17×10^5;(c)σ_{max}=160MPa,N_f=9.11×10^6。

(2) 微观特征。疲劳断口扩展区主要为小平面和二次裂纹特征,随着裂纹的扩展疲劳条带间距逐渐变宽,瞬断区为韧窝断裂特征。随着应力比 R 的逐渐增大,各阶段的疲劳条带宽度逐渐增加,见图 3.4 - 13~图 3.4 - 15。

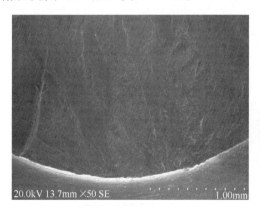

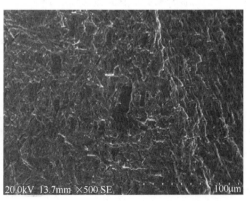

(a)　　　　　　　　　　　　　　　　　(b)

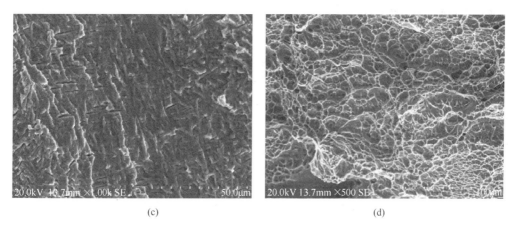

(c)   (d)

图 3.4 - 13   300℃,$K_t=3$,$R=0.5$,TC17 钛合金疲劳断口微观形貌

(a)断口疲劳源区低倍微观形貌;(b)疲劳扩展初期条带特征;

(c)疲劳扩展中后期疲劳条带特征;(d)瞬断区微观形貌。

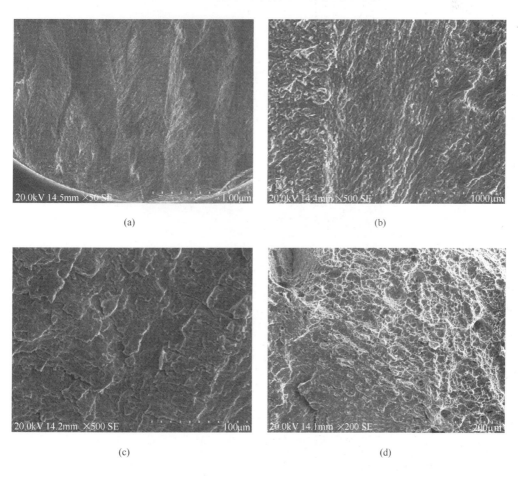

(a)   (b)

(c)   (d)

图 3.4 - 14   300℃,$K_t=3$,$R=0.1$,TC17 钛合金疲劳断口微观形貌

(a)断口疲劳源区低倍微观形貌;(b)疲劳扩展初期条带特征;

(c)疲劳扩展中后期疲劳条带特征;(d)瞬断区微观形貌。

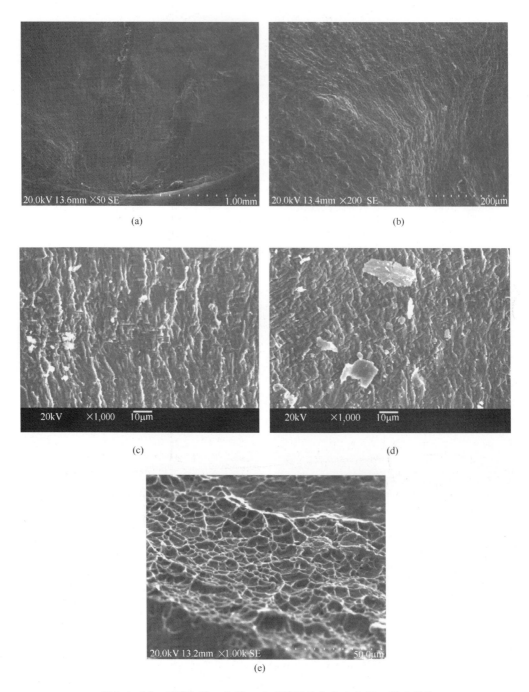

图 3.4-15 300℃,K_t=3,R=-1,TC17 钛合金疲劳断口微观形貌

(a)断口疲劳源区低倍微观形貌;(b)疲劳扩展初期条带特征;(c)疲劳扩展中期疲劳条带特征;

(d)疲劳扩展后期疲劳条带特征;(e)瞬断区微观形貌。

2) 450℃,K_t=3

(1) 宏观特征。 缺口疲劳裂纹起源于试样缺口根部表面,呈线源特征,断口具有明显的疲劳源区、扩展区和瞬断区,疲劳区断口较平坦,瞬断区与主断口呈 45°的斜断面。随着应力比 R 的增加,断口疲劳扩展区面积减小,瞬断区面积增加,见图 3.4-16～图 3.4-18。

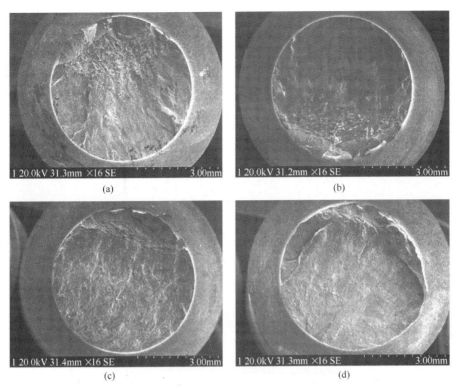

图 3.4-16 450℃,K_t=3,R=0.5,TC17 钛合金疲劳断口宏观形貌

(a)σ_{max}=550MPa,N_f=3.0×10⁴;(b)σ_{max}=490MPa,N_f=5.38×10⁵;

(c)σ_{max}=370MPa,N_f=2.54×10⁶;(d)σ_{max}=300MPa,N_f=4.25×10⁶。

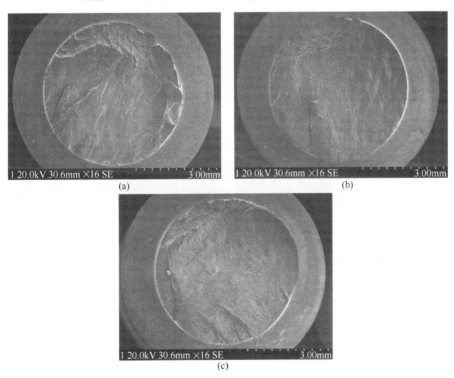

图 3.4-17 450℃,K_t=3,R=0.1,TC17 钛合金疲劳断口宏观形貌

(a)σ_{max}=380MPa,N_f=3.6×10⁴;(b)σ_{max}=280MPa,N_f=6.42×10⁵;(c)σ_{max}=210MPa,N_f=5.55×10⁶。

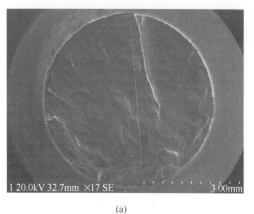
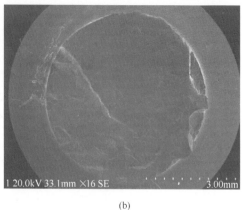

(a)　　　　　　　　　　　　　　　　　　(b)

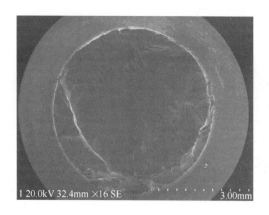

(c)

图 3.4 - 18　450℃，$K_t=3$，$R=-1$，TC17 钛合金疲劳断口宏观形貌

(a)$\sigma_{max}=250$MPa，$N_f=7.2\times10^4$；(b)$\sigma_{max}=200$MPa，$N_f=3.18\times10^5$；(c)$\sigma_{max}=184$MPa，$N_f=1.62\times10^6$。

（2）微观特征。疲劳断口扩展区主要为小平面和二次裂纹特征，随着裂纹的扩展疲劳条带间距逐渐变宽，瞬断区为韧窝断裂特征。随着应力比 R 的逐渐增大，各阶段的疲劳条带宽度逐渐增加，见图 3.4 - 19～图 3.4 - 21。

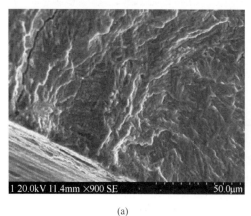
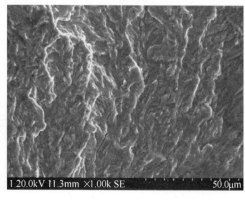

(a)　　　　　　　　　　　　　　　　　　(b)

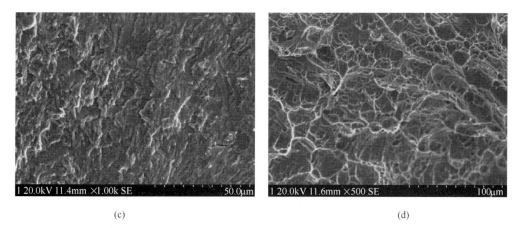

(c)　　　　　　　　　　　　　　　　(d)

图 3.4－19　450℃,K_t＝3,R＝0.5,TC17 钛合金疲劳断口微观形貌

(a)断口疲劳源区低倍微观形貌;(b)疲劳扩展初期区条带特征;
(c)疲劳扩展中期疲劳条带特征;(d)疲劳扩展后期疲劳条带特征。

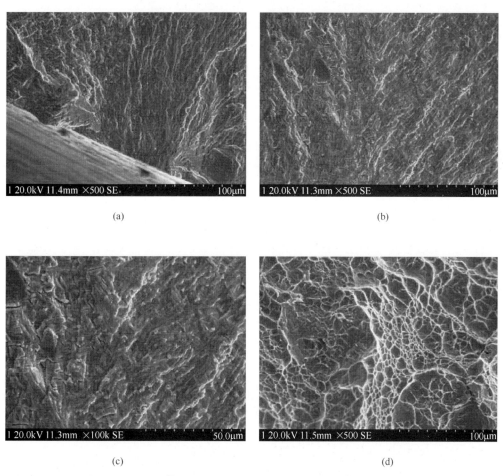

(a)　　　　　　　　　　　　　　　　(b)

(c)　　　　　　　　　　　　　　　　(d)

图 3.4－20　450℃,K_t＝3,R＝0.1,TC17 钛合金疲劳断口微观形貌

(a)断口疲劳源区及扩展初期微观形貌;(b)疲劳扩展中期区条带特征;
(c)疲劳扩展后期疲劳条带特征;(d)瞬断区微观形貌。

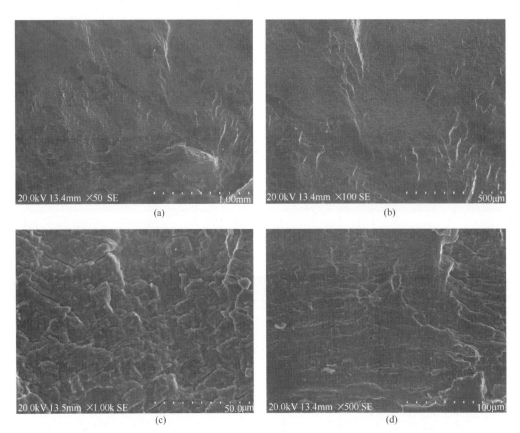

图 3.4-21　450℃,$K_t=3$,$R=-1$,TC17 钛合金疲劳断口微观形貌

(a)断口疲劳源区微观形貌;(b)疲劳扩展初期条带特征;(c)疲劳扩展中期疲劳条带特征;

(d)疲劳扩展后期疲劳条带特征。

5. 低周疲劳

1) 300℃,试验频率 0.05Hz~1.0Hz

(1) 宏观特征。 从疲劳断口的低倍形貌来看,疲劳裂纹源于试样表面,在低应变幅下,疲劳扩展区较平坦,瞬断区为剪切断裂特征,在高应变幅下,疲劳扩展区面积较小,瞬断区越大,整个断面有较大起伏,呈灰色,见图 3.4-22。

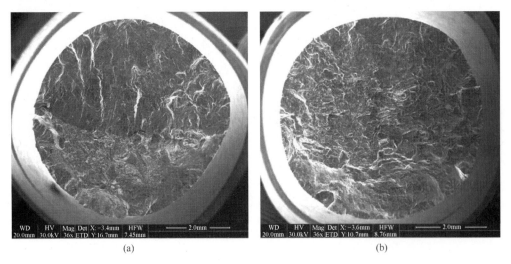

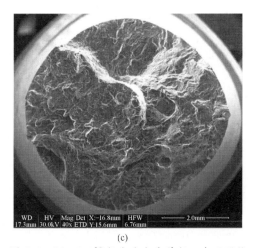

(c)

图 3.4 - 22　300℃轴向应变疲劳断口宏观形貌

(a)σ_{max}＝702MPa，$\Delta\varepsilon/2$＝0.63，N_f＝7587；(b)σ_{max}＝769MPa，$\Delta\varepsilon/2$＝0.99，N_f＝1300；

(c)σ_{max}＝761MPa，$\Delta\varepsilon/2$＝1.34，N_f＝551。

(2) 微观特征。裂纹起始于试样的表面，断裂源区可见放射线特征和解理特征，在高应变幅下，局部可见二次裂纹(图 3.4 - 23)。随着裂纹的扩展，疲劳条带间距逐渐变宽，在疲劳扩展后期可见连续的较宽的疲劳条带，瞬断区主要为撕裂韧窝特征(图 3.4 - 24)。

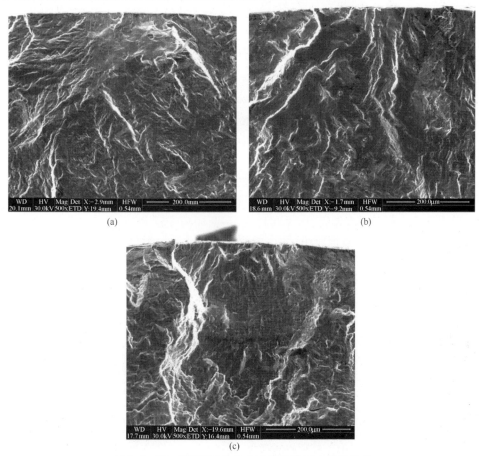

图 3.4 - 23　300℃下的轴向应变疲劳断口源区特征

(a)σ_{max}＝702MPa，$\Delta\varepsilon/2$＝0.63，N_f＝7587；(b)σ_{max}＝769MPa，$\Delta\varepsilon/2$＝0.99，N_f＝1300；

(c)σ_{max}＝761MPa，$\Delta\varepsilon/2$＝1.34，N_f＝551。

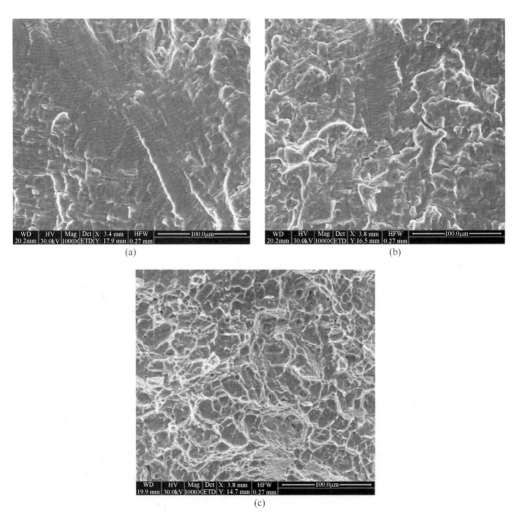

图 3.4 - 24　300℃下的轴向应变疲劳断口微观形貌

(a)扩展中期的疲劳条带;(b)扩展后期的疲劳条带和韧窝;(c)瞬断区的韧窝。

2) 300℃,R=-1

(1) 宏观特征。断口呈多源特征,无塑性变形,断面高差较大,疲劳裂纹起始于断口一侧表面,向另一侧扩展,疲劳扩展面积较小,约占整个断口的 50%,断口的大部分为瞬断区,其断面与受力面约呈 45°夹角,见图 3.4 - 25。

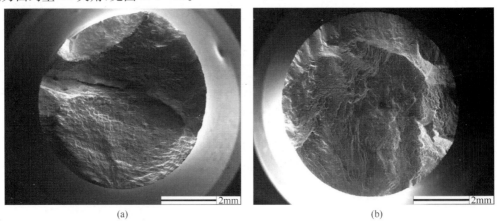

(a)　　　　　　　　　　　　　(b)

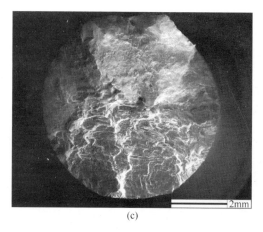

(c)

图 3.4 - 25　300℃，$R=-1$ 时 TC17 钛合金低周疲劳断口宏观形貌

(a)$\Delta\varepsilon/2=0.6\%$，$N_f=25465$；(b)$\Delta\varepsilon/2=0.8\%$，$N_f=4498$；

(c)$\Delta\varepsilon/2=1.3\%$，$N_f=483$。

(2) 微观特征。裂纹起源于表面，源区放射棱线清晰可见，见图 3.4 - 25(a)、(b)。随着裂纹的扩展，在扩展前中后期疲劳条带逐渐变宽，见图 3.4 - 25(c)、(d)、(e)。瞬断区为韧窝形貌，见图 3.4 - 26(f)。

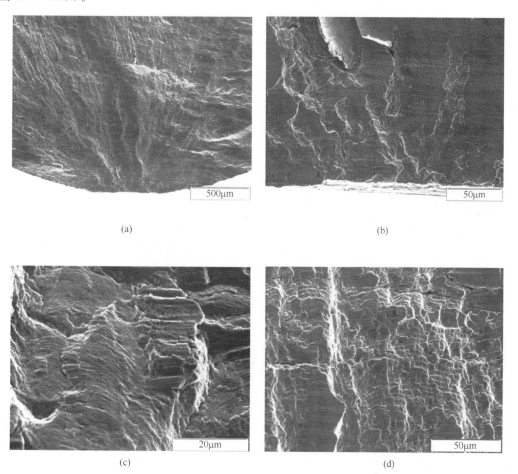

(a)　　　　　　　　　　　　　　　　(b)

(c)　　　　　　　　　　　　　　　　(d)

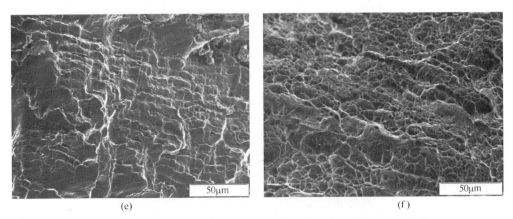

(e)   (f)

图 3.4 - 26　$\Delta\varepsilon/2=0.6\%$，300℃ TC17 钛合金低周疲劳断口微观特征
(a)疲劳源区特征；(b)源区解理特征；(c)扩展前期疲劳条带特征；
(d)扩展中期疲劳条带特征；(e)扩展后期疲劳条带特征；(f)瞬断韧窝形貌。

3) 450℃，$R=-1$

（1）宏观特征。断口呈多源特征，断口可见明显的疲劳源区、扩展区和瞬断区。疲劳区较平坦、瞬断区较粗糙，最后形成约 45°的剪切唇区，见图 3.4 - 27。随着试验温度的不同，在相同的应变比下，断口的宏观特征有所差异，高温的断口疲劳区面积较大，断口呈暗黄色。

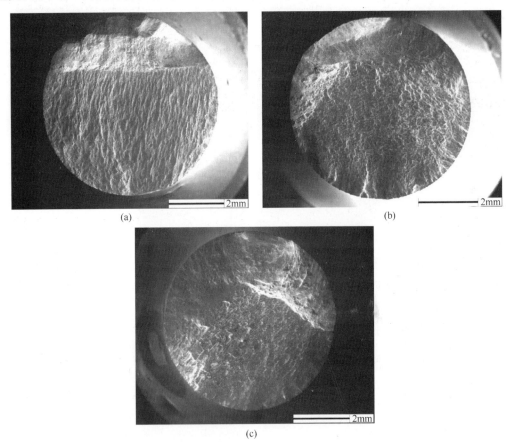

(a)   (b)

(c)

图 3.4 - 27　450℃，$R=-1$ 时低周疲劳断口宏观形貌
(a)$\Delta\varepsilon/2=0.6\%$，$N_f=30713$；(b)$\Delta\varepsilon/2=1\%$，$N_f=1528$；(c)$\Delta\varepsilon/2=1.3\%$，$N_f=517$。

（2）微观特征。 疲劳起始于试样表面，源区放射棱线清晰可见，见图 3.4－28(a)、(b)。疲劳扩展期可见疲劳条带和二次裂纹，随着裂纹的扩展，疲劳条带间距有所加宽，见图 3.4－28(c)、(d)、(e)。瞬断区为韧窝形貌，见图 3.4－28(f)。

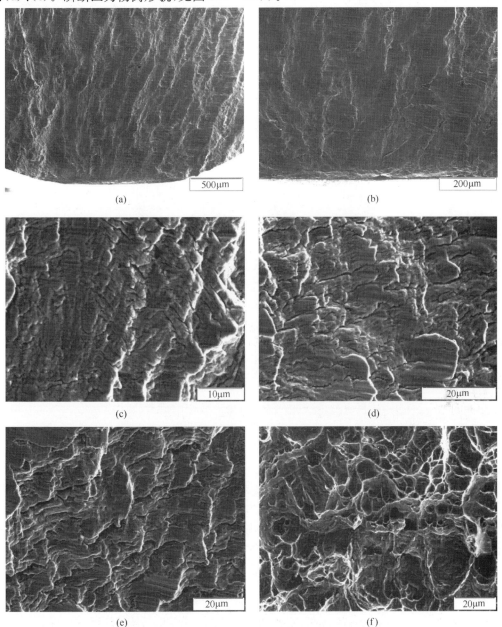

(a)　　　　　　　　　　　　　　　(b)

(c)　　　　　　　　　　　　　　　(d)

(e)　　　　　　　　　　　　　　　(f)

图 3.4－28　$\Delta\varepsilon/2＝0.6\%$，450℃低周疲劳断口微观特征

(a)疲劳源区低倍特征；(b)源区高倍形貌；(c)扩展前期疲劳条带特征；
(d)扩展中期疲劳条带特征；(e)扩展后期疲劳条带特征；(f)瞬断韧窝形貌。

6. 旋转弯曲光滑疲劳

1）300℃

（1）宏观特征。 三种应力条件下的断口宏观特征基本相同，疲劳裂纹由试样表面起源，瞬断区位于另一侧，见图 3.4－29。随着疲劳应力增大，扩展区面积逐渐减小，从占断口面积的

70%减小至50%,临界裂纹长度也逐渐减小,从3.0mm减小至1.5mm。

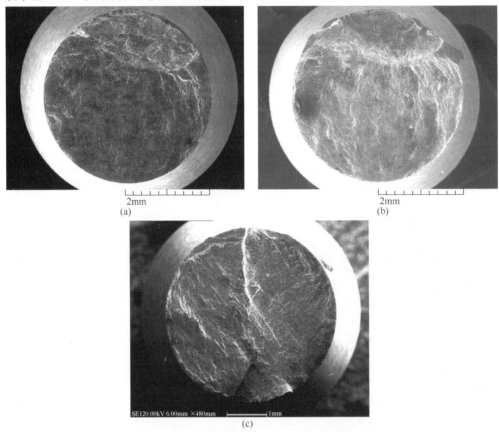

图 3.4-29　300℃旋转弯曲疲劳断口宏观特征

$(a)\sigma_{max}=480MPa,N_f=1.15\times10^5;(b)\sigma_{max}=580MPa,N_f=4.0\times10^4;(c)\sigma_{max}=700MPa,N_f=4.0\times10^4$。

(2) 微观特征。源区呈线源特征,有明显的放射棱线,见图 3.4-30(a)。裂纹扩展初期疲劳条带细密平直,见图 3.4-30(b)。随着裂纹的扩展,到疲劳扩展的中后期,疲劳条带间距逐渐加宽,后期为条带与韧窝的混合形貌,断面上可见大量的二次裂纹,见图 3.4-30(c)、(d)。瞬断区呈韧窝形貌,见图 3.4-30(e)。由三种应力条件下的断口观察结果可知,随着疲劳应力增大,疲劳扩展区面积和临界裂纹长度逐渐减小,临界断裂应力逐渐增大,各扩展阶段对应的疲劳条带间距逐渐加宽。

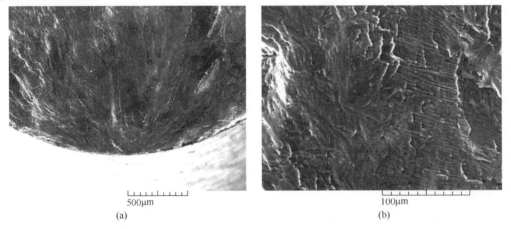

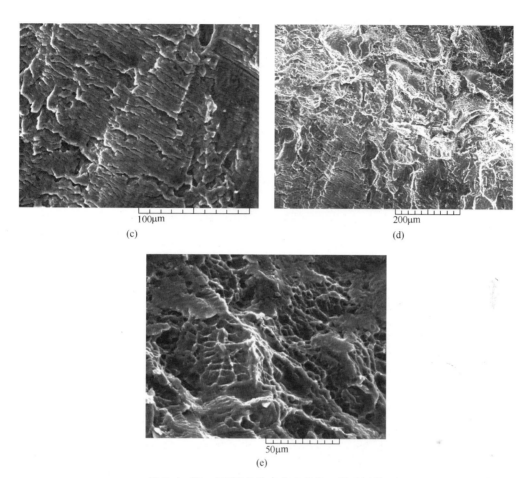

图 3.4 - 30 300℃旋转弯曲疲劳断口微观形貌

(a)源区特征;(b)扩展前期条带特征;(c)扩展中期条带特征;

(d)扩展后期条带特征;(e)瞬断区韧窝特征。

2) 400℃, $K_t = 1$

(1) 宏观特征。三种应力条件下的断口宏观特征基本相同,疲劳裂纹由试样表面起源,为单源特征,瞬断区位于另一侧,见图 3.4 - 31。随着疲劳应力增大,扩展区面积逐渐减小,从占断口面积的 80% 减小至 60%,临界裂纹长度也逐渐减小,从 3.5mm 减小至 2.0mm。

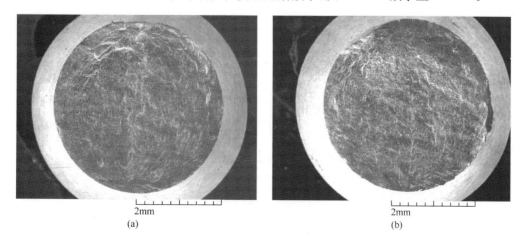

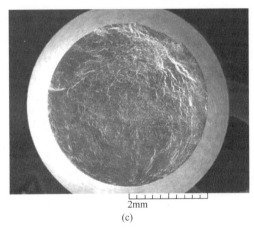

图 3.4-31　400℃旋转弯曲疲劳断口宏观特征

(a)$\sigma_{max}=360MPa$，$N_f=8.84\times10^6$；(b)$\sigma_{max}=460MPa$，$N_f=1.20\times10^6$；

(c)$\sigma_{max}=540MPa$，$N_f=2.5\times10^4$。

(2) 微观特征。源区呈线源特征，有明显的放射棱线，见图 3.4-32(a)。裂纹扩展初期疲劳条带细密平直，见图 3.4-32(b)。随着裂纹的扩展，到疲劳扩展的中后期，疲劳条带间距逐渐加宽，断面上可见大量的二次裂纹，见图 3.4-32(c)、(d)。瞬断区呈韧窝形貌，见图 3.4-32(e)。由三种应力条件下的断口观察结果可知，随着疲劳应力增大，疲劳扩展区面积和临界裂纹长度逐渐减小，临界断裂应力逐渐增大，各扩展阶段所对应的疲劳条带间距逐渐加宽。

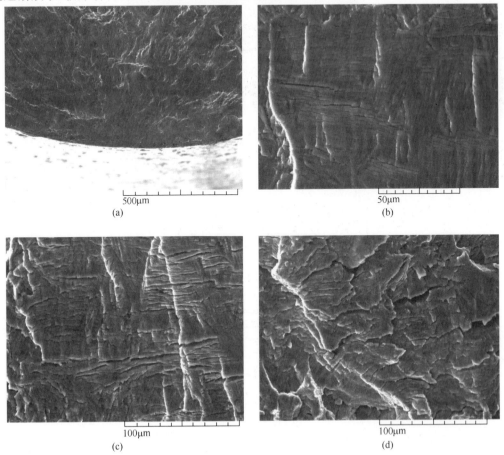

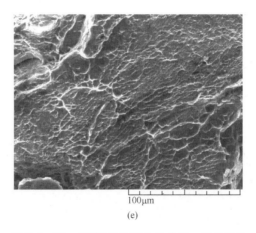

$100\mu m$

(e)

图 3.4-32　400℃旋转弯曲疲劳断口微观形貌

(a)源区特征;(b)扩展前期条带特征;(c)扩展中期条带特征;(d)扩展后期条带特征;(e)瞬断区韧窝特征。

7. 旋转弯曲缺口疲劳

1) 300℃,$K_t=3$

(1) 宏观特征。 三种应力条件下的断口宏观特征基本相同,断口较平坦,疲劳裂纹由试样表面起源,为多源特征;瞬断区的断面较粗糙,位于断口心部,见图 3.4-33。随着疲劳应力增大,扩展区面积逐渐减小,从占断口面积的 90% 减小至 60%,临界裂纹长度也逐渐减小,从 3.5mm 减小至 2.0mm。

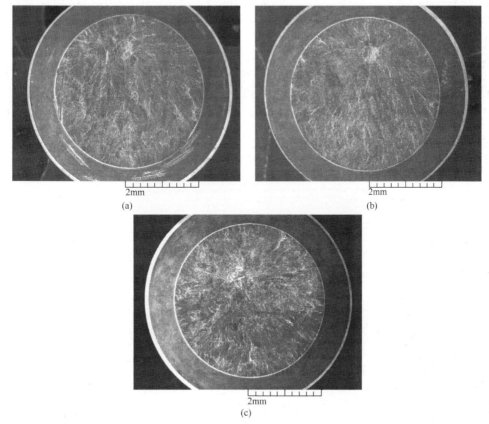

图 3.4-33　300℃旋转弯曲疲劳断口宏观特征

(a)$\sigma_{max}=180MPa$,$N_f=2.60\times10^5$;(b)$\sigma_{max}=200MPa$,$N_f=3.0\times10^5$;(c)$\sigma_{max}=240MPa$,$N_f=7.5\times10^4$。

（2）微观特征。 疲劳裂纹沿试样表面呈线源特征，无明显的主源区，有明显的放射棱线，见图 3.4-34(a)。裂纹扩展初期疲劳条带细密平直，见图 3.4-34(b)。随着裂纹的扩展，到疲劳扩展的中后期，疲劳条带间距逐渐加宽，断面上可见大量的二次裂纹，见图 3.4-34(c)、(d)。瞬断区呈韧窝形貌，见图 3.4-34(e)。由三种应力条件下的断口观察结果可知，随着疲劳应力增大，疲劳扩展区面积和临界裂纹长度逐渐减小，临界断裂应力逐渐增大，各扩展阶段对应的疲劳条带间距逐渐加宽。

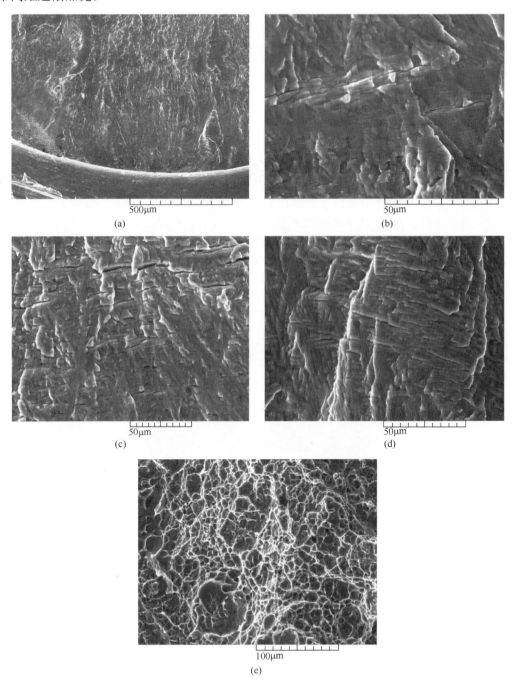

图 3.4-34　300℃旋转弯曲疲劳断口微观形貌

(a)源区特征；(b)扩展前期条带特征；(c)扩展中期条带特征；(d)扩展后期条带特征；(e)瞬断区韧窝特征。

2）400℃，$K_t = 3$

（1）宏观特征。三种应力条件下的断口宏观特征基本相同，断口较平坦，疲劳裂纹由试样表面起源，为多源特征；瞬断区的断面较粗糙，位于断口心部见图3.4-35。随着疲劳应力增大，扩展区面积逐渐减小，从占断口面积的90%减小至50%，临界裂纹长度也逐渐减小，从3.5mm减小至1.5mm。

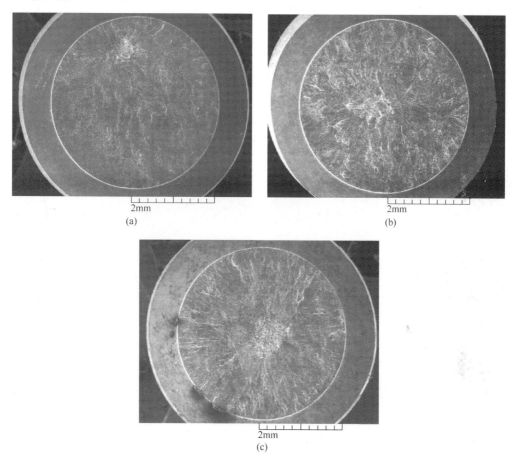

图 3.4-35　400℃旋转弯曲疲劳断口宏观特征

(a)$\sigma_{max} = 200MPa, N_f = 1.75 \times 10^5$；(b)$\sigma_{max} = 240MPa, N_f = 4.5 \times 10^4$；

(c)$\sigma_{max} = 300MPa, N_f = 1.0 \times 10^4$。

（2）微观特征。疲劳裂纹沿试样表面呈线源特征，无明显的主源区，有明显的放射棱线，见图3.4-36(a)。裂纹扩展初期疲劳条带细密平直，见图3.4-36(b)。随着裂纹的扩展，到疲劳扩展的中后期，疲劳条带间距逐渐加宽，断面上可见大量的二次裂纹，见图3.4-36(c)、(d)。瞬断区呈韧窝形貌，见图3.4-36(e)。由三种应力条件下的断口观察结果可知，随着疲劳应力增大，疲劳扩展区面积和临界裂纹长度逐渐减小，临界断裂应力逐渐增大，各扩展阶段对应的疲劳条带间距逐渐加宽。

8. 裂纹扩展

（1）宏观特征。两种温度下的断口宏观特征明显不同，随着温度升高，断口变得粗糙；疲劳裂纹均从缺口表面起裂，为多源特征，见图3.4-37。随着温度的升高，断口的颜色由淡黄变为褐色，说明断口表面的氧化程度明显加重；扩展区的面积无明显变化，约占断口面积的60%，临界裂纹长度大致为 20mm。

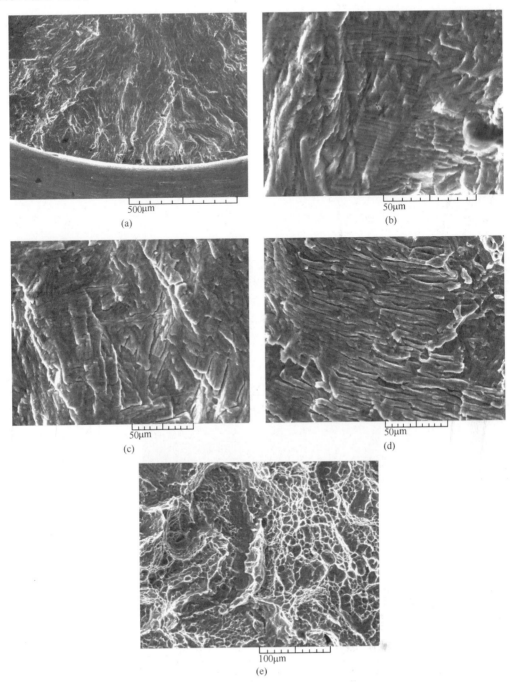

图 3.4-36　400℃旋转弯曲疲劳断口微观形貌
(a)源区特征；(b)扩展前期条带特征；(c)扩展中期条带特征；
(d)扩展后期条带特征；(e)瞬断区韧窝特征。

(2) 微观特征。 源区为线源特征,有明显的放射棱线,见图 3.4-38(a)。裂纹扩展初期疲劳条带细密,疲劳条带间距为 $0.37\mu m$,见图 3.4-38(b)。随着裂纹扩展,疲劳扩展中后期的疲劳条带间距逐渐加宽,疲劳条带间距分别为 $0.8\mu m$ 和 $1.98\mu m$,见图 3.4-38(c)、(d)。瞬断区的断裂特征为韧窝,见图 3.4 - 38(e)。在疲劳裂纹扩展区内有大量的二次裂纹。由两种温度条件下的断口观察结果可知,随着温度升高,疲劳扩展区面积和临界裂纹长度基本不变,断口颜色明显加深。

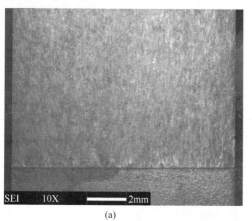
(a)

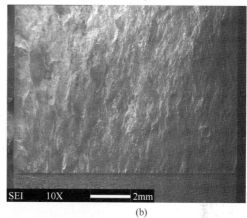
(b)

(c)

图 3.4 - 37　疲劳断口的宏观形貌

(a)300℃;(b)450℃;(c)不同温度下疲劳断口的颜色变化。

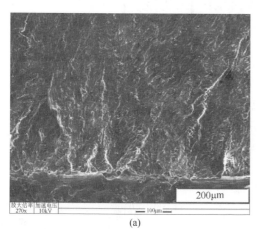
(a)

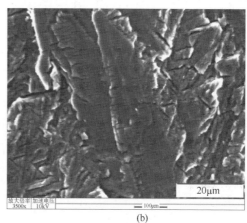
(b)

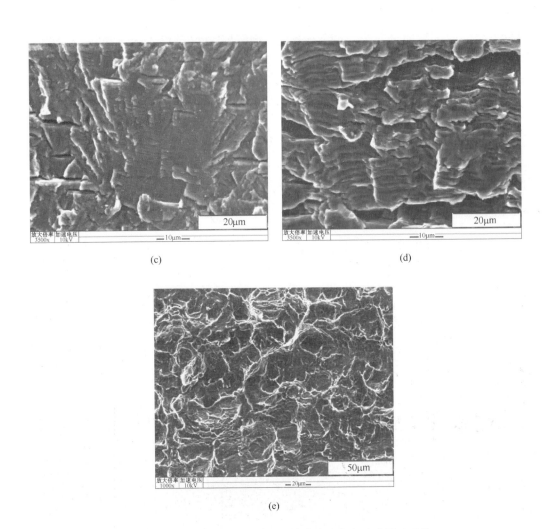

(c)

(d)

(e)

图 3.4-38　TC17 钛合金裂纹扩展速率试验断口的微观形貌

(a)源区特征;(b)扩展前期条带特征;(c)扩展中期条带特征;
(d)扩展后期条带特征;(e)瞬断区韧窝特征。

3.5　ZTC4

3.5.1　概述

ZTC4 是 TC4 钛合金的铸造合金,具有中等的强度水平和良好的铸造性能以及抗腐蚀性能,是目前国内外应用最广泛的一种钛合金,该合金在退火或热等静压下使用,可在 350℃ 以下长期工作,适合于制造静止的航空结构件。从 20 世纪 80 年代中期开始,随着热等静压处理技术的发展和应用,铸件质量得到提高,ZTC4 已经用于一些转速不太高的转动件。

3.5.2　组织结构

ZTC4 钛合金常用的热处理为退火工艺:700℃～800℃,1h～3h,空冷或炉冷。其金相组织见图 3.5-1。为片状(魏氏)组织,有晶内片状 α 相和晶界 α 相组织,β 相存在于片状 α 相之间。

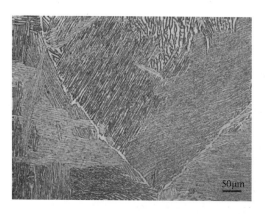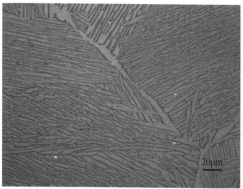

图 3.5-1 ZTC4 钛合金的金相组织

3.5.3 断口特征

1. 旋转弯曲光滑疲劳

1) 室温

(1) 宏观特征。 三种应力条件下的断口宏观特征基本相同,疲劳裂纹在圆周上呈多处起源特征,但主要疲劳源位于一侧,由疲劳源起始的放射棱线粗大,瞬断区位于试样内部。随着疲劳应力增大,扩展区面积逐渐减小,并且疲劳台阶变得粗大,见图 3.5-2。

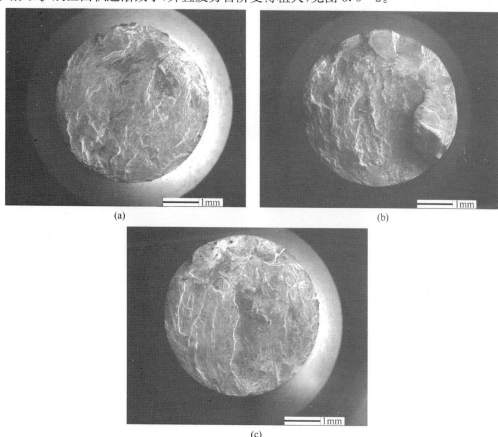

图 3.5-2 室温旋转弯曲光滑疲劳断口宏观形貌

(a)$\sigma_{max}=420MPa$,$N_f=2.3\times10^5$;(b)$\sigma_{max}=460MPa$,$N_f=1.4\times10^5$;(c)$\sigma_{max}=540MPa$,$N_f=4.0\times10^4$。

(2) 微观特征。 疲劳源主要由一侧起源，在圆周方向起源存在多处次源，见图 3.5 - 3(a)。源区放大形貌，见图 3.5 - 3(b)。裂纹扩展初期疲劳条带细密，见图 3.5 - 3(c)、(d)。随着裂纹的扩展，到疲劳扩展的中后期，疲劳条带间距逐渐加宽，可见与疲劳条带方向一致的二次裂纹，见图 3.5 - 3(e)。瞬断区呈韧窝形貌，见图 3.5 - 3(f)。由三种应力条件下的断口观察结果可知，随着疲劳应力增大，疲劳扩展区面积和临界裂纹长度逐渐减小，临界断裂应力逐渐增大，各扩展阶段对应的疲劳条带间距逐渐加宽。

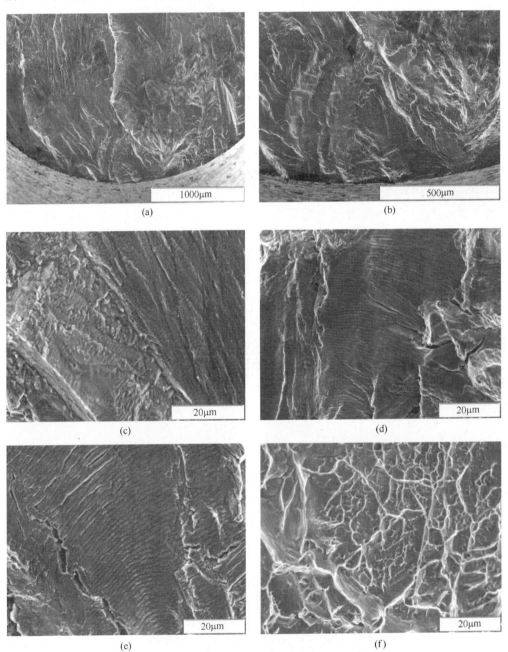

图 3.5 - 3 室温旋转弯曲光滑疲劳断口微观形貌

(a)源区特征；(b)源区放大特征；(c)扩展初期条带特征；
(d)扩展中期条带特征；(e)扩展后期条带特征；(f)瞬断区韧窝特征。

2) 400℃

（1）宏观特征。三种应力条件下的断口宏观特征基本相同,疲劳裂纹在圆周上呈多处起源特征,瞬断区位于试样内部。随着疲劳应力增大,扩展区面积逐渐减小,并且疲劳台阶变得粗大,见图 3.5-4。

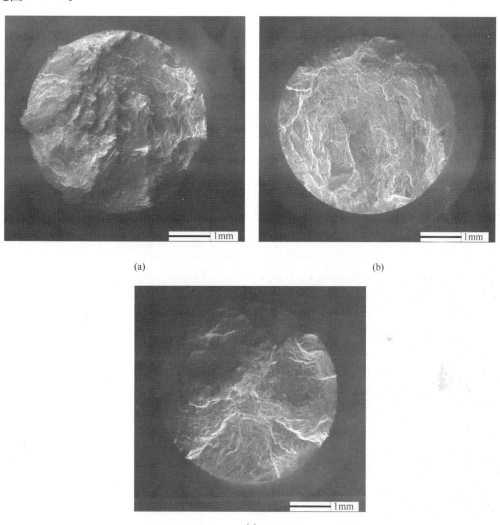

(a)

(b)

(c)

图 3.5-4　400℃旋转弯曲光滑疲劳断口宏观特征

(a)$\sigma_{max}=300$MPa,$N_f=4.8\times10^6$;(b)$\sigma_{max}=380$MPa,$N_f=1.92\times10^5$;

(c)$\sigma_{max}=500$MPa,$N_f=6.1\times10^3$。

（2）微观特征。源区在圆周方向多处起源,呈小线源特征,见图 3.5-5(a)。有较多的小平面特征,平面上有明显的放射棱线,见图 3.5-5(b)。裂纹扩展初期疲劳条带细密,并且在源区附件断口上可见磨损痕迹,见图 3.5-5(c)。随着裂纹的扩展,到疲劳扩展的中后期,疲劳条带间距逐渐加宽,可见与疲劳条带方向一致的二次裂纹,见图 3.5-5(d)、(e)。瞬断区呈韧窝形貌,见图 3.5-5(f)。由三种应力条件下的断口观察结果可知,随着疲劳应力增大,疲劳扩展区面积和临界裂纹长度逐渐减小,临界断裂应力逐渐增大,各扩展阶段对应的疲劳条带间距逐渐加宽。

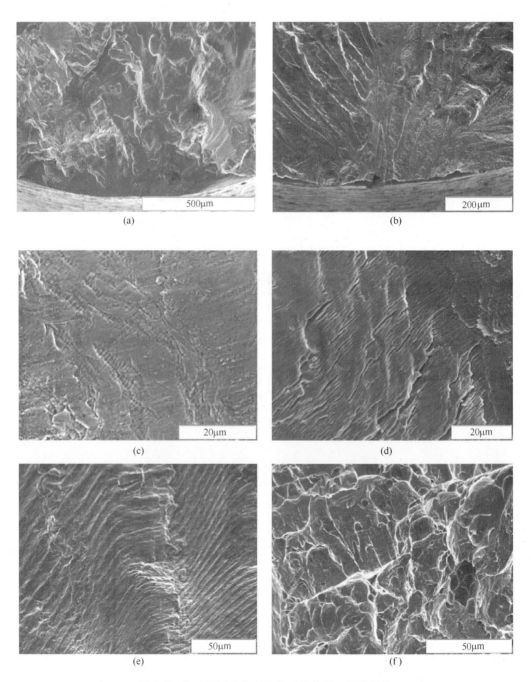

图 3.5 - 5　400℃旋转弯曲光滑疲劳断口微观形貌

(a)源区特征;(b)放射棱线特征;(c)扩展初期期条带及磨痕特征;
(d)扩展中期条带特征;(e)扩展后期条带特征;(f)瞬断区韧窝特征。

2. 旋转弯曲缺口疲劳

1) 室温,$K_t = 3$

(1) 宏观特征。三种应力条件下的断口宏观特征基本相同,疲劳裂纹在圆周上呈多处起源特征,瞬断区位于试样内部。随着疲劳应力增大,扩展区面积逐渐减小,并且疲劳台阶变得粗大,见图 3.5 - 6。

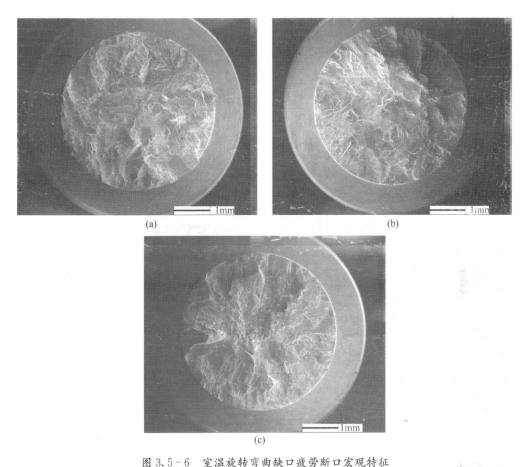

(a)   (b)

(c)

图 3.5 - 6　室温旋转弯曲缺口疲劳断口宏观特征

(a)σ_{max}＝180MPa，N_f＝1.23×10⁶；(b)σ_{max}＝230MPa，N_f＝2.7×10⁵；(c)σ_{max}＝300MPa，N_f＝7.0×10⁴。

（2）微观特征。 源区在圆周方向多处起源，呈线源特征，见图 3.5 - 7(a)。疲劳源区的小平面特征相对 400℃高温数量减少，见图 3.5 - 7(b)。裂纹扩展初期疲劳条带细密，见图 3.5 - 7(c)、(d)。随着裂纹的扩展，到疲劳扩展的中后期，疲劳条带间距逐渐加宽，可见与疲劳条带方向一致的二次裂纹，见图 3.5 - 7(e)。瞬断区呈韧窝形貌，见图 3.5 - 7(f)。由三种应力条件下的断口观察结果可知，随着疲劳应力增大，疲劳扩展区面积和临界裂纹长度逐渐减小，临界断裂应力逐渐增大，各扩展阶段对应的疲劳条带间距逐渐加宽。

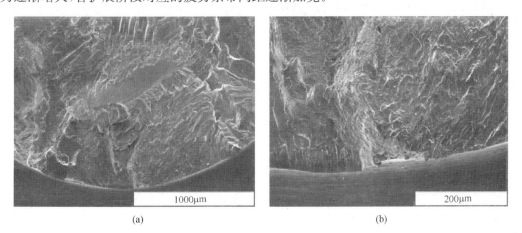

(a)   (b)

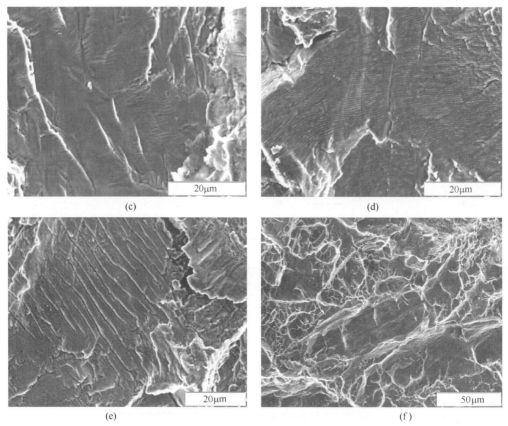

图 3.5-7　室温旋转弯曲缺口疲劳断口微观形貌

(a)源区特征；(b)源区放大特征；(c)平面上的疲劳条带特征；
(d)扩展初期条带特征；(e)扩展后期条带特征；(f)瞬断区韧窝特征。

2) 400℃, $K_t=3$

(1) 宏观特征。 两种应力条件下的断口宏观特征基本相同，疲劳裂纹在圆周上呈多处起源特征，源区小平面较多，瞬断区位于试样内部。随着疲劳应力增大，扩展区面积逐渐减小，并且疲劳台阶变得粗大，见图 3.5-8。

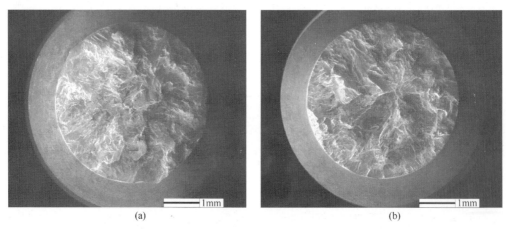

图 3.5-8　400℃旋转弯曲缺口疲劳断口宏观特征

(a)$\sigma_{max}=160MPa$, $N_f=2.95\times10^5$；(b)$\sigma_{max}=200MPa$, $N_f=1.2\times10^5$。

（2）微观特征。源区在圆周方向多处起源，呈线源特征，见图 3.5-9(a)。在源区和断口中部均有较多的小平面特征，类似羽毛状，见图 3.5-9(b)。平面上有明显的放射棱线，并且可见间距较宽的疲劳条带特征，见图 3.5-9(c)。裂纹扩展初期疲劳条带细密，并且在源区附件断口上可见磨损痕迹，见图 3.5-9(d)。随着裂纹的扩展，到疲劳扩展的中后期，疲劳条带间距逐渐加宽，可见与疲劳条带方向一致的二次裂纹，见图 3.5-9(e)。瞬断区呈韧窝形貌，见图 3.5-9(f)。由两种应力条件下的断口观察结果可知，随着疲劳应力增大，疲劳扩展区面积和临界裂纹长度逐渐减小，临界断裂应力逐渐增大，各扩展阶段对应的疲劳条带间距逐渐加宽。

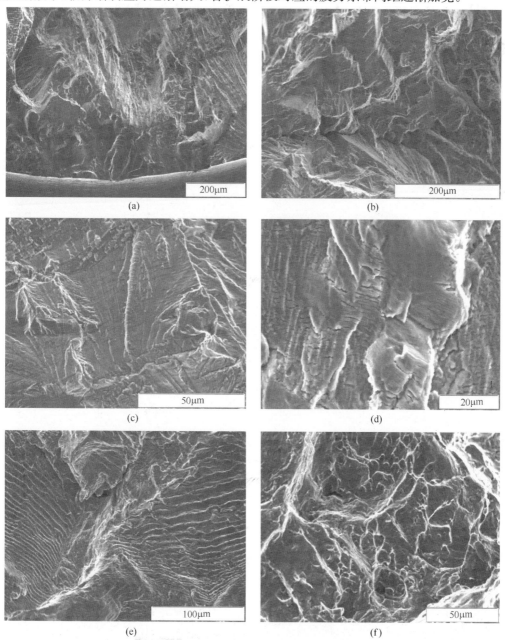

图 3.5-9　300℃旋转弯曲缺口疲劳断口微观形貌

(a)源区特征；(b)羽毛状平面特征；(c)平面上的放射棱线和疲劳条带特征；
(d)扩展初期条带特征；(e)扩展后期条带特征；(f)瞬断区韧窝特征。

3.6 YZTC4

3.6.1 概述

　　YZTC4 合金(优质 TC4 铸造合金)是一种中等强度典型的 α＋β 型两相钛合金,它含有 6%α 稳定元素铝和 4%β 稳定元素钒。该合金具有优异的综合性能,良好的工艺塑性和超塑性,可以进行各种形式压力加工成形、焊接和机械加工等,主要半成品有棒材、锻件和板材等,在航空和航天工业中获得广泛的应用。该合金长期工作温度为 400℃ 以下,用于制造航空发动机风扇及压气机的盘与叶片等构件。

3.6.2 组织结构

　　合金组织为等轴 α＋β,见图 3.6 - 1。

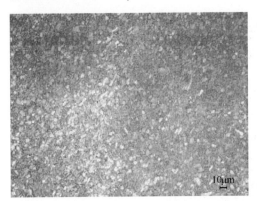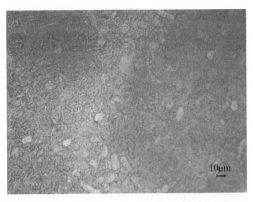

图 3.6 - 1　YZTC4 钛合金的金相组织

3.6.3 断口特征

1. 旋转弯曲光滑疲劳

1) 室温

(1) 宏观特征。三个应力条件下的断口宏观特征基本相同,见图 3.6 - 2,裂纹从试样表面

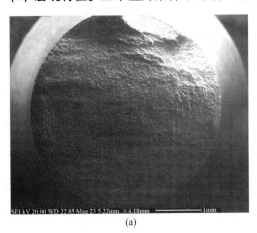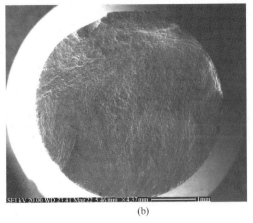

(a)　　　　　　　　　　　　　　　　　(b)

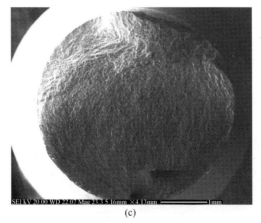

(c)

图 3.6 - 2　室温旋转弯曲光滑疲劳断口宏观特征

$(a)\sigma_{max}=460MPa, N_f=6.25\times10^5; (b)\sigma_{max}=520MPa, N_f=8.5\times10^4;$

$(c)\sigma_{max}=620MPa, N_f=5.5\times10^4$。

起源,扩展棱线明显,最后在试样一侧发生瞬断。整个断口平坦,疲劳扩展初期光亮平滑。随着疲劳应力增大,扩展区面积逐渐减小,从占断口面积的 70% 减小至 50%,临界裂纹长度也逐渐减小,从 2.0mm 减小至 1.0mm。

(2) 微观特征。裂纹起源于试样表面,未见明显的冶金缺陷,见图 3.6 - 3(a)。裂纹扩展初期的条带较密,见图 3.6 - 3(b)。随着裂纹的扩展,疲劳条带间距逐渐变宽,扩展中期和后期的断面上可见大量的二次裂纹,扩展后期主要为较宽的疲劳条带和韧窝的混合断裂特征,见图 3.6 - 3(c)、(d)。瞬断区为韧窝特征,见图 3.6 - 3(d)。由三个应力条件下的微观断口观察可知,随着疲劳应力的增大,疲劳扩展区面积和临界裂纹长度逐渐减小,随着临界断裂应力的增大,各扩展阶段对应的疲劳条带间距逐渐加宽。

2) 300℃

(1) 宏观特征。裂纹从试样的表面起始,在试样的一侧断裂,源区和扩展区较平坦,呈现高温氧化色,瞬断区较粗糙。三个应力水平相接近,扩展区面积占断口面积也相近,见图 3.6 - 4。

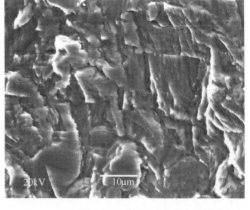

(a)　　　　　　　　　　　　　　　　　(b)

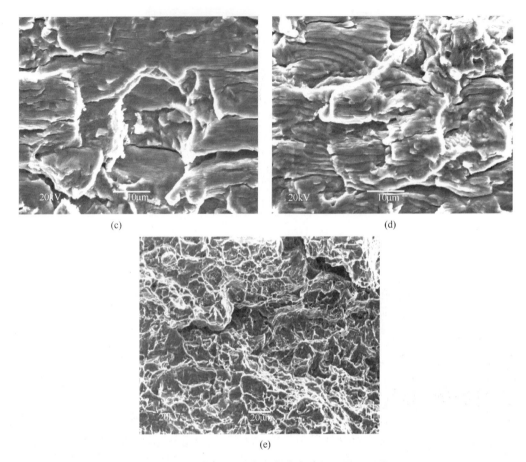

(c)   (d)

(e)

图 3.6 - 3   室温旋转弯曲光滑疲劳断口微观形貌

(a)源区特征;(b)扩展前期疲劳条带特征;(c)扩展中期疲劳条带特征;

(d)扩展后期疲劳条带特征;(e)瞬断区韧窝特征。

(2) 微观特征。断口为单源特征,并可见由该源发出的明显的放射棱线,见图 3.6 - 5(a)。疲劳裂纹扩展初期疲劳条带细密,见图 3.6 - 5(b)。随着疲劳裂纹的扩展,疲劳条带逐渐变宽,在扩展中期和后期可见大量的二次裂纹,见图 3.6 - 5(c)和 3.6 - 5(d)。瞬断区的韧窝特征见图 3.6 - 5(e)。

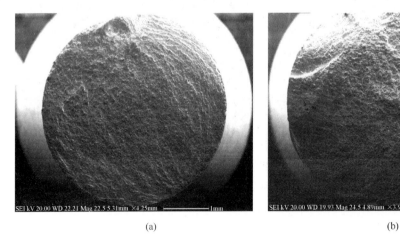

(a)   (b)

(c)

图 3.6-4 300℃旋转弯曲缺口疲劳断口宏观特征

(a)σ_{max}＝460MPa，N_f＝2.75×10⁵；(b)σ_{max}＝480MPa，N_f＝7×10⁴；

(c)σ_{max}＝500MPa，N_f＝6.5×10⁴。

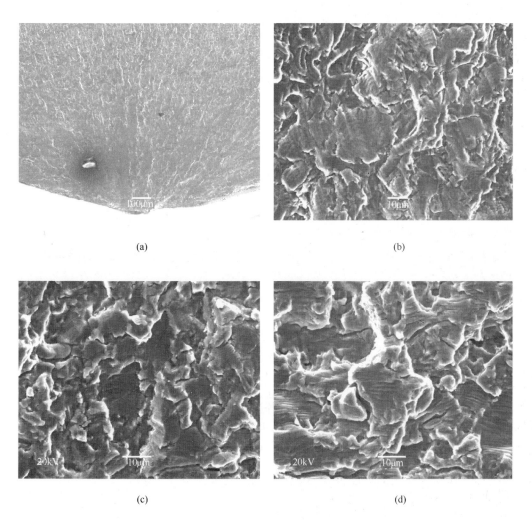

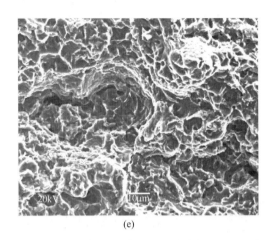
(e)

图 3.6－5　300℃旋转弯曲缺口疲劳断口微观形貌

(a)源区特征;(b)扩展前期条带特征;(c)扩展中期条带特征;
(d)扩展后期条带特征;(e)瞬断区韧窝特征。

3) 500℃

(1) 宏观特征。裂纹从试样表面起源,扩展棱线明显,最后在试样一侧发生瞬断。整个断口较平坦,疲劳扩展初期光亮平滑。随着疲劳应力增大,扩展区面积逐渐减小,从占断口面积的70%减小至60%,临界裂纹长度也逐渐减小,从 3.0mm 减小至 2.0mm,断口宏观形貌见图3.6－6。

(a)　　　　　　　　　　　　　　　　　(b)

图 3.6－6　500℃旋转弯曲光滑疲劳断口宏观特征

(a)$\sigma_{max}=180MPa$,$N_f=3\times10^6$;(b)$\sigma_{max}=200MPa$,$N_f=9.55\times10^5$。

(2) 微观特征。裂纹沿试样的表面起源,源区有磨损痕迹,见图 3.6－7(a)。在裂纹扩展初期、中期和后期的疲劳条带均非常细密,见图 3.6－7(b)~(d)。瞬断区的韧窝特征见图 3.6－7(e)。

2. 旋转弯曲缺口疲劳

1) 室温,$K_t=3$

(1) 宏观特征。三个应力条件下的断口宏观特征基本相同,见图 3.6－8,疲劳从缺口根部的四周起始向中部扩展,最后在断口中部附近发生断裂,疲劳区较平坦光滑,瞬断区较粗糙。随着疲劳应力增大,扩展区面积逐渐减小,从占断口面积的 90% 减小至 60%,临界裂纹长度也逐渐减小,从 3.0mm 减小至 1.5mm。

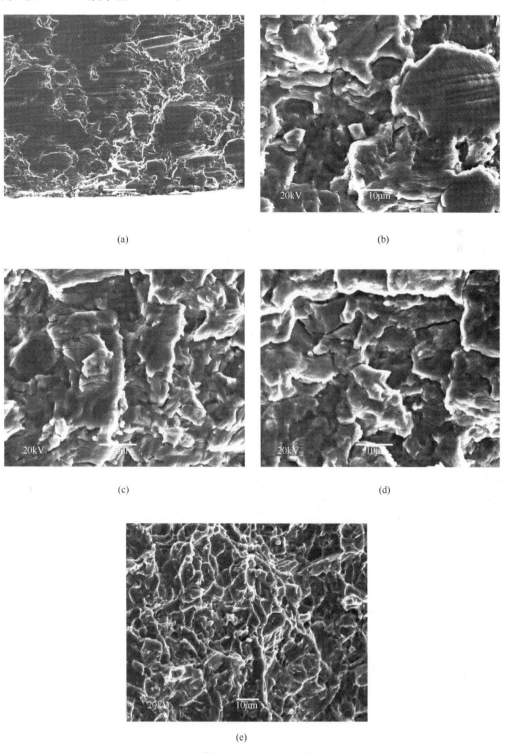

(a)

(b)

(c)

(d)

(e)

图 3.6-7　500℃旋转弯曲缺口疲劳断口微观形貌
(a)源区特征;(b)扩展前期条带特征;(c)扩展中期条带特征;
(d)扩展后期条带特征;(e)瞬断区韧窝特征。

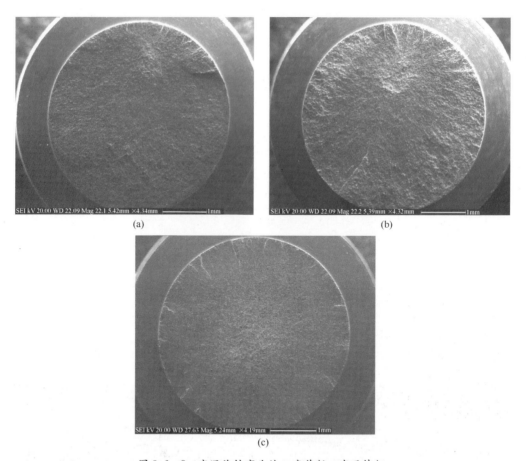

(a)

(b)

(c)

图 3.6 - 8 室温旋转弯曲缺口疲劳断口宏观特征

(a)σ_{max}＝190MPa，N_f＝1.02×10^6；(b)σ_{max}＝260MPa，N_f＝2.5×10^5；(c)σ_{max}＝600MPa，N_f＝5.0×10^3。

(2) 微观特征。 断口呈现多源断裂特征，可见明显的放射棱线，见图 3.6 - 9(a)。扩展初期的条带非常细密，见图 3.6 - 9(b)。随着裂纹的扩展，条带间距逐渐变宽，裂纹扩展中期可见不同方向扩展的疲劳条带，见图 3.6 - 9(c)。瞬断区呈现韧窝特征，见图 3.6 - 9(d)。由三个应力条件下的微观断口观察可知，随着疲劳应力的增大，疲劳扩展区面积和临界裂纹长度逐渐减小，随着临界断裂应力的增大，各扩展阶段对应的疲劳条带间距逐渐加宽。

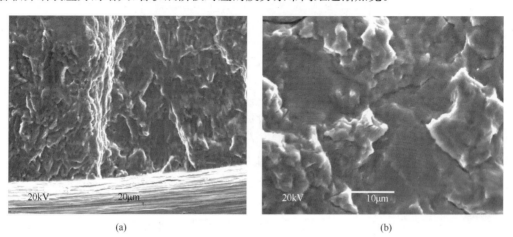

(a)

(b)

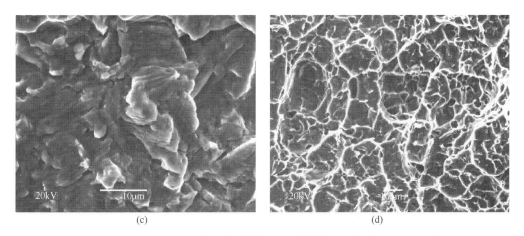

(c)　　　　　　　　　　　　　　(d)

图 3.6-9　室温旋转弯曲缺口疲劳断口微观形貌

(a)源区特征;(b)扩展前期条带特征;(c)扩展中期条带特征;(d)瞬断区韧窝特征。

2) 300℃,K_t=3

(1) 宏观特征。三个应力水平的疲劳断口特征基本相同,见图 3.6-10,疲劳裂纹从试样缺口的根部起始,向试样中心扩展,呈多源断裂特征,扩展棱线明显,最后在试样内部断裂。整个断口平坦,呈现高温氧化色。三个应力水平的断口扩展区面积相近。

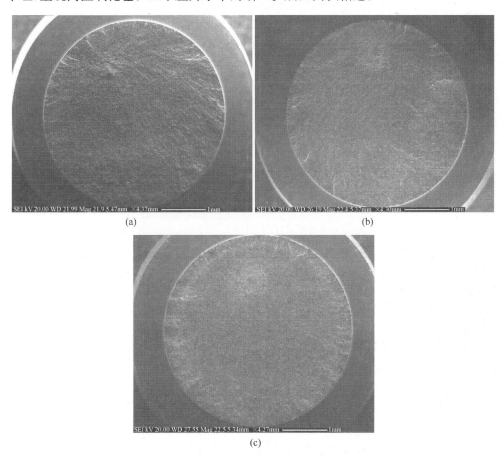

(a)　　　　　　　　　　　　　　(b)

(c)

图 3.6-10　300℃旋转弯曲缺口疲劳断口宏观特征

(a)σ_{max}=180MPa,N_f=3×10^6;(b)σ_{max}=200MPa,N_f=9.55×10^5;(c)σ_{max}=220MPa,N_f=7×10^4。

（2）微观特征。 断裂起始于试样缺口根部，源区可见摩擦痕迹，见图 3.6-11(a)。扩展区条带非常细密，在扩展中期和后期可见疲劳条带及二次裂纹特征，见图 3.6-11(b)、(c)和(d)。瞬断区的韧窝特征见图 3.6-11(e)。

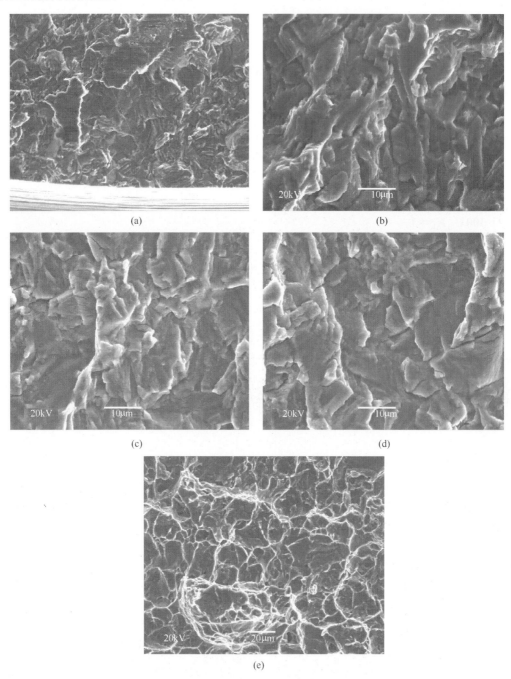

(a)

(b)

(c)

(d)

(e)

图 3.6-11　300℃旋转弯曲缺口疲劳断口微观形貌

(a)源区特征；(b)扩展前期条带特征；(c)扩展中期条带特征；
(d)扩展后期条带特征；(e)瞬断区韧窝特征。

3）500℃，$K_t = 3$

（1）宏观特征。 三个应力水平的疲劳断口特征基本相同，见图 3.6-12，疲劳裂纹从试样缺口的根部起始,向试样中心扩展,呈多源断裂特征,扩展棱线明显,最后在试样内部断裂。整个断口平坦,呈现高温氧化色。三个应力水平的断口扩展区面积相近。

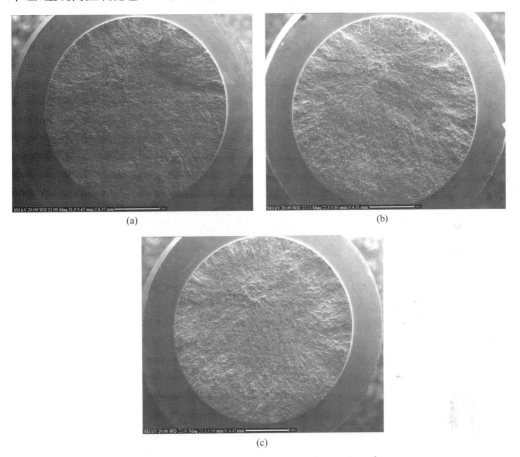

(a)

(b)

(c)

图 3.6-12　500℃旋转弯曲缺口疲劳断口宏观特征

(a)σ_{max}＝170MPa,N_f＝7.49×10^6;(b)σ_{max}＝190MPa,N_f＝1.55×10^5;

(c)σ_{max}＝200MPa,N_f＝6.5×10^4。

(2) 微观特征。裂纹沿试样表面起裂,向试样中心扩展,疲劳裂纹扩展初期、中期和后期的疲劳条带均非常细密,中期和后期可见二次裂纹和沿不同方向扩展的疲劳条带。瞬断区为韧窝特征,见图 3.6-13。

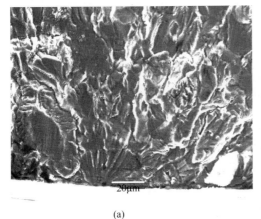

(a)

(b)

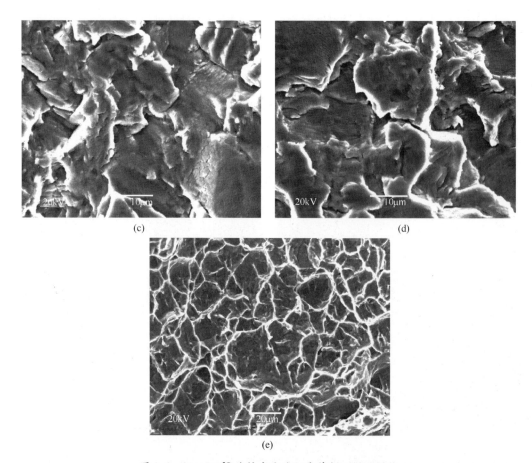

(c)　　　　　　　　　　　　　　　　　　　(d)

(e)

图 3.6-13　500℃旋转弯曲缺口疲劳断口微观形貌

(a)源区特征;(b)扩展前期条带特征;(c)扩展中期条带特征;(d)扩展后期条带特征;(e)瞬断区韧窝特征。

3.7　YZTA11

3.7.1　概述

　　YZTA11 合金是一种近 α 型钛合金,含有 α 稳定元素 Al 和同晶型 β 稳定元素 Mo 和 V。该合金具有较高的弹性模量和较低的密度,所以其比刚度是工业钛合金中最高的,该合金主要用于制造航空发动机高压压气机盘、叶片和机匣等。

3.7.2　组织结构

　　YZTA11 合金金相组织见图 3.7-1,由大量的 α 和少量的 β 相组成。

3.7.3　断口特征

1. 光滑高周疲劳

300℃,R=0.1

　　(1) 宏观特征。 三种应力条件下的断口宏观特征基本相同,疲劳扩展区呈浅黄褐色,瞬断区呈灰色。疲劳裂纹从试样表面一侧起源,呈单源特征,瞬断区位于另一侧。随着疲劳应力减小,扩展区面积逐渐增大,从占断口面积的 20％增大至 50％,见图 3.7-2。

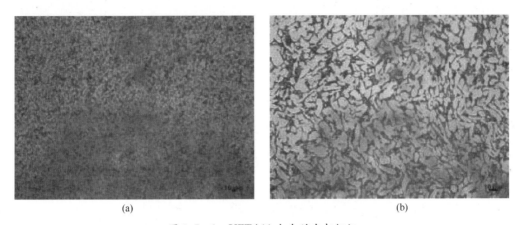

(a) (b)

图 3.7-1 YZTA11 合金的金相组织

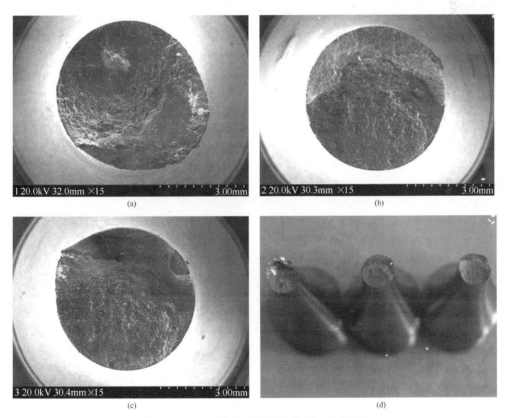

图 3.7-2 300℃高周光滑疲劳断口宏观特征

(a)σ_{max}＝575MPa,N_f＝8.648×10^6;(b)σ_{max}＝650MPa,N_f＝3.017×10^6;

(c)σ_{max}＝700MPa,N_f＝5.3×10^4;(d)断口宏观照片。

(2) 微观特征。源区呈单源特征,有明显的放射棱线,见图 3.7-3(a)。裂纹扩展初期疲劳条带细密,见图 3.7-3(b)。随着裂纹的扩展,到疲劳扩展的中后期,疲劳条带间距逐渐加宽,见图 3.7-3(c)、(d)。瞬断区呈韧窝断裂特征,见图 3.7-3(e)。由三种应力条件下的断口观察结果可知,随着疲劳应力增大,疲劳扩展区各扩展阶段对应的疲劳条带间距逐渐加宽。

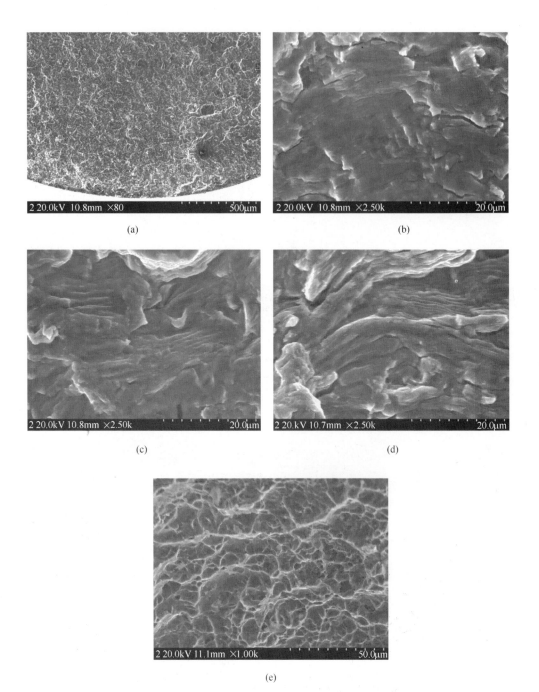

图 3.7-3 300℃高周光滑疲劳断口微观形貌

(a)源区特征;(b)扩展前期条带;(c)扩展中期条带;(d)扩展后期条带;(e)瞬断区韧窝。

2. 高周缺口疲劳

1) 室温,K_t＝3,R＝0.1

(1) 宏观特征。三种应力条件下的断口宏观特征基本相同,疲劳扩展区呈暗灰色,瞬断区呈灰色。疲劳裂纹从试样缺口根部一侧起源,呈多源特征,瞬断区位于另一侧。随着疲劳应力减小,扩展区面积变化不明显,见图3.7-4。

(a)   (b)

(c)   (d)

图 3.7-4　室温高周缺口疲劳断口宏观特征

(a)$\sigma_{max}=420MPa$, $N_f=5.2\times10^4$；(b)$\sigma_{max}=350MPa$, $N_f=2.05\times10^5$；

(c)$\sigma_{max}=250MPa$, $N_f=6.454\times10^6$；(d)断口宏观照片。

(2) 微观特征。源区呈多源特征,有明显的放射棱线,见图 3.7-5(a)。裂纹扩展初期疲劳条带较细密,见图 3.7-5(b)。随着裂纹的扩展,到疲劳扩展的中后期,疲劳条带间距逐渐加宽,可见二次裂纹,见图 3.7-5(c)、(d)。瞬断区呈韧窝断裂特征,见图 3.7-5(e)。由三种应力条件下的断口观察结果可知,随着疲劳应力增大,疲劳扩展区各扩展阶段对应的疲劳条带间距逐渐加宽。

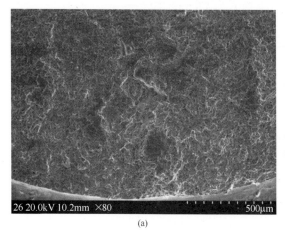

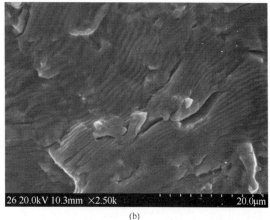

(a)   (b)

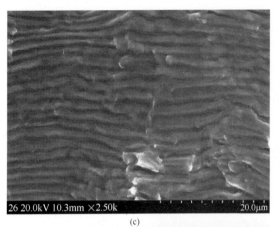
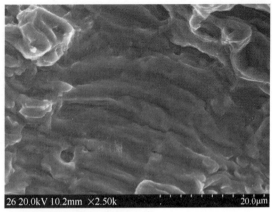

(c)   (d)

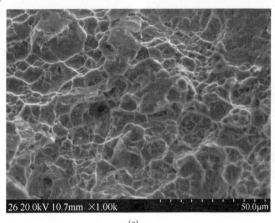

(e)

图 3.7-5 室温高周缺口疲劳断口微观形貌

(a)源区特征;(b)扩展前期条带特征;(c)扩展中期条带特征;

(d)扩展后期条带特征;(e)瞬断区特征。

2) 室温,$K_t=3$,$R=0.5$

(1) 宏观特征。 三种应力条件下的断口宏观特征基本相同,疲劳扩展区呈浅黄褐色,瞬断区呈灰色。疲劳裂纹从试样缺口根部一侧起源,呈多源特征,瞬断区位于另一侧。随着疲劳应力减小,扩展区面积逐渐增大,从占断口面积的 70% 增大至 95%,见图 3.7-6。

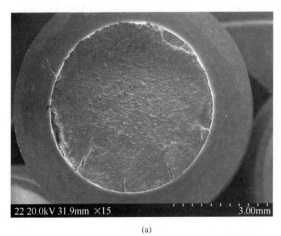

(a)   (b)

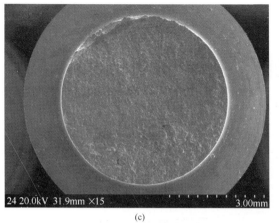

(c)

(d)

图 3.7-6　室温高周缺口疲劳断口宏观特征

(a)$\sigma_{max}=630MPa$，$N_f=7.5\times10^4$；(b)$\sigma_{max}=470MPa$，$N_f=2.74\times10^5$；

(c)$\sigma_{max}=330MPa$，$N_f=8.631\times10^6$；(d)断口宏观照片。

(2) 微观特征。源区呈多源特征，有明显的放射棱线，见图 3.7-7(a)。裂纹扩展初期疲劳条带较细密，见图 3.7-7(b)。随着裂纹的扩展，到疲劳扩展的中后期，疲劳条带间距逐渐加宽，可见二次裂纹，见图 3.7-7(c)、(d)。瞬断区呈韧窝断裂特征，见图 3.7-7(e)。由三种应力条件下的断口观察结果可知，随着疲劳应力增大，疲劳扩展区各扩展阶段对应的疲劳条带间距逐渐加宽。

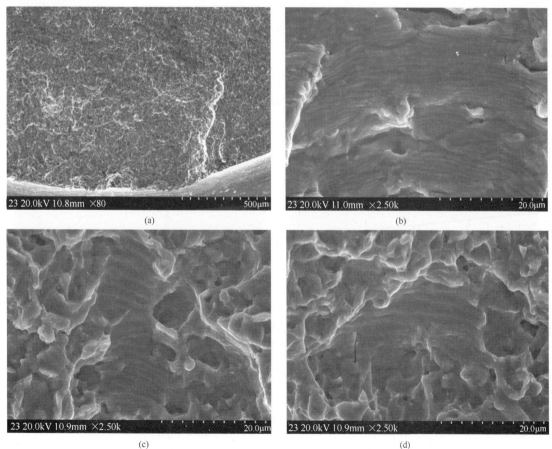

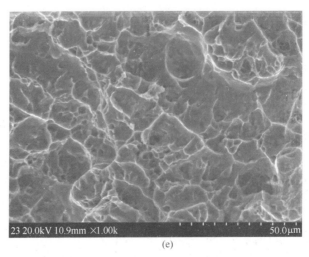

(e)

图 3.7 - 7　室温高周缺口疲劳断口微观形貌

(a)源区特征；(b)扩展前期条带特征；(c)扩展中期条带特征；(d)扩展后期条带特征；(e)瞬断区特征。

3）室温，$K_t=3$，$R=-1$

（1）宏观特征。 三种应力条件下的断口宏观特征基本相同，疲劳扩展区呈暗灰色，瞬断区呈灰色。疲劳裂纹从试样缺口根部一侧起源，呈多源特征，瞬断区位于另一侧。随着疲劳应力减小，扩展区面积逐渐增大，从占断口面积的 30% 增大至 90%，见图 3.7 - 8。

图 3.7 - 8　室温高周缺口疲劳断口宏观特征

(a)$\sigma_{max}=250$MPa，$N_f=6.4\times10^4$；(b)$\sigma_{max}=200$MPa，$N_f=2.03\times10^5$；(c)$\sigma_{max}=170$MPa，$N_f=9.05\times10^6$；(d)断口宏观照片。

（2）微观特征。 源区呈多源特征，可见明显的放射棱线，见图 3.7-9(a)。裂纹扩展初期疲劳条带细密，见图 3.7-9(b)。随着裂纹的扩展，到疲劳扩展的中后期，疲劳条带间距逐渐加宽，可见二次裂纹，见图 3.7-9(c)、(d)。瞬断区呈韧窝断裂特征，见图 3.7-9(e)。由三种应力条件下的断口观察结果可知，随着疲劳应力增大，疲劳扩展区各扩展阶段对应的疲劳条带间距逐渐加宽。

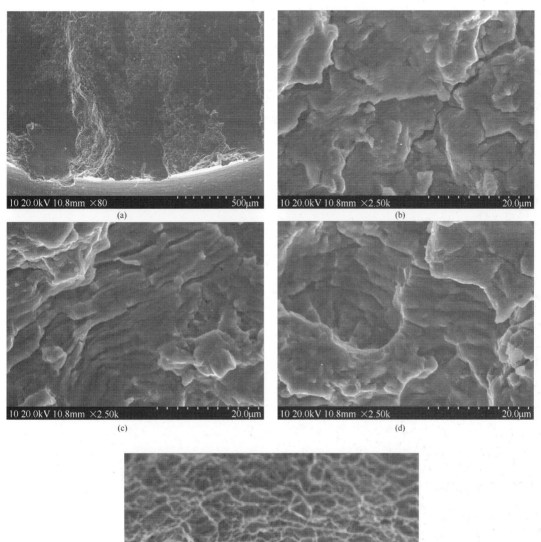

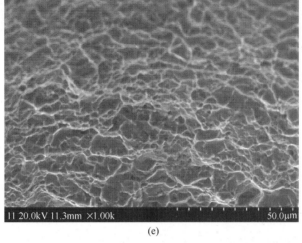

图 3.7-9　室温高周缺口疲劳断口微观形貌

(a)源区特征；(b)扩展前期条带特征；(c) 扩展中期条带特征；(d)扩展后期条带特征；(e)瞬断区特征。

4）300℃，$K_t=3$，$R=0.1$

（1）宏观特征。三种应力条件下的断口宏观特征基本相同，疲劳扩展区呈浅黄褐色，瞬断区呈灰色。疲劳裂纹从试样缺口根部一侧起源，呈多源特征，瞬断区位于另一侧。随着疲劳应力增大，扩展区面积逐渐减小，从占断口面积的80％减小至50％，见图3.7-10。

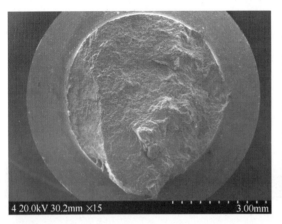

(a)

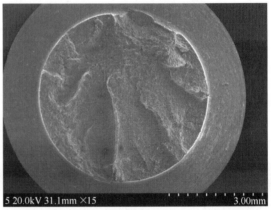

(b)

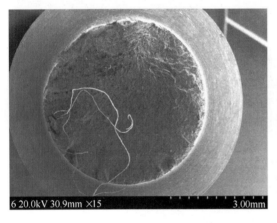

(c)

(d)

图 3.7-10　300℃高周缺口疲劳断口宏观特征

(a)$\sigma_{max}=270$MPa，$N_f=3.207\times10^6$；(b)$\sigma_{max}=350$MPa，$N_f=1.06\times10^5$；

(c)$\sigma_{max}=400$MPa，$N_f=3.0\times10^4$；(d)断口宏观照片。

（2）微观特征。源区呈多源特征，可见明显的放射棱线，见图3.7-11(a)。裂纹扩展初期疲劳条带细密，见图3.7-11(b)。随着裂纹的扩展，到疲劳扩展的中后期，疲劳条带间距逐渐加宽，见图3.7-11(c)、(d)。瞬断区呈韧窝断裂特征，见图3.7-11(e)。由三种应力条件下的断口观察结果可知，随着疲劳应力增大，疲劳扩展区各扩展阶段对应的疲劳条带间距逐渐加宽。

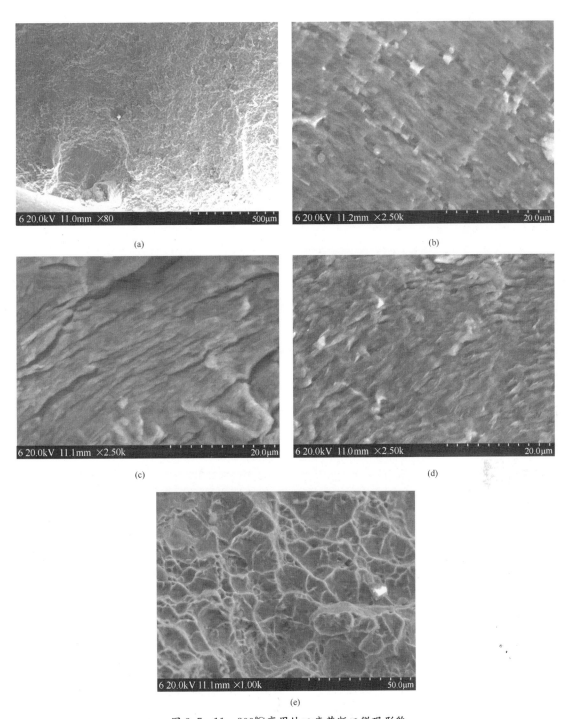

图 3.7-11　300℃高周缺口疲劳断口微观形貌

(a)源区特征；(b)扩展前期条带特征；(c)扩展中期条带特征；(d)扩展后期条带特征；(e)瞬断区特征。

5) 300℃，$k_t=3$，$R=0.5$

(1) 宏观特征。三种应力条件下的断口宏观特征基本相同，疲劳扩展区呈黄褐色，瞬断区呈灰色。疲劳裂纹从试样缺口根部一侧起源，呈多源特征，瞬断区位于另一侧。随着疲劳应力减小，扩展区面积逐渐增大，从占断口面积的 60% 增大至 80%，见图 3.7-12。

(a)

(b)

(c)

(d)

图 3.7-12 300℃高周缺口疲劳断口宏观特征

(a)$\sigma_{max}=550MPa$，$N_f=6.3\times10^4$；(b)$\sigma_{max}=450MPa$，$N_f=5.92\times10^5$；

(c)$\sigma_{max}=395MPa$，$N_f=7.488\times10^6$；(d)断口宏观照片。

(2) 微观特征。源区呈多源特征，可见明显的放射棱线，见图 3.7-13(a)。裂纹扩展初期疲劳条带细密，见图 3.7-13(b)。随着裂纹的扩展，到疲劳扩展的中后期，疲劳条带间距逐渐加宽，见图 3.7-13(c)、(d)。瞬断区呈韧窝断裂特征，见图 3.7-13(e)。由三种应力条件下的断口观察结果可知，随着疲劳应力增大，疲劳扩展区各扩展阶段对应的疲劳条带间距逐渐加宽。

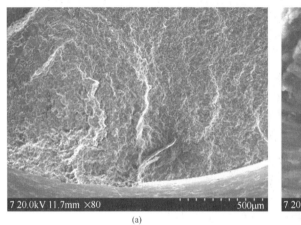

(a)

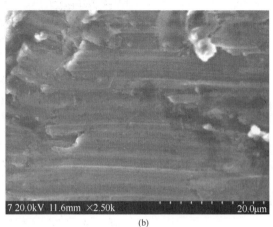

(b)

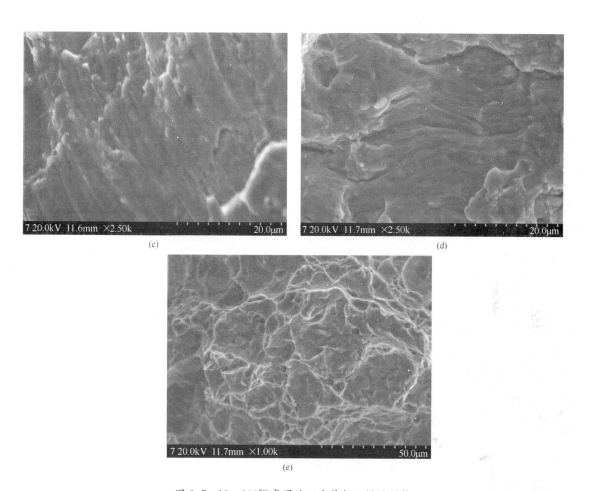

图 3.7 - 13　300℃高周缺口疲劳断口微观形貌

(a)源区特征；(b)扩展前期条带特征；(c)扩展中期条带特征；(d)扩展后期条带特征；(e)瞬断区特征。

6) 300℃, $k_t = 3$, $R = -1$

(1) 宏观特征。三种应力条件下的断口宏观特征基本相同，疲劳扩展区呈浅黄褐色，瞬断区呈灰色。疲劳裂纹从试样缺口根部一侧起源，呈多源特征，瞬断区位于另一侧。随着疲劳应力减小，扩展区面积逐渐增大，从占断口面积的 80％ 增大至 95％，见图 3.7 - 14。

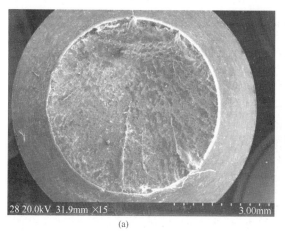

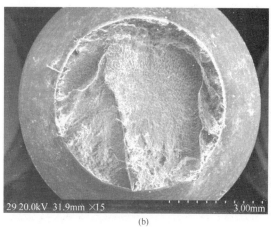

(a)　　　　　　　　　　　　　　　　　(b)

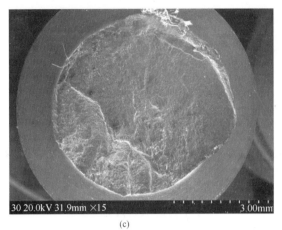

(c)

(d)

图 3.7-14　300℃高周缺口疲劳断口宏观特征

(a)$\sigma_{max}=230MPa$, $N_f=5.4\times10^4$; (b)$\sigma_{max}=170MPa$, $N_f=8.11\times10^5$; (c)$\sigma_{max}=128MPa$, $N_f=5.341\times10^6$; (d)断口宏观照片。

(2) 微观特征。 源区呈多源特征,有明显的放射棱线,见图 3.7-15(a)。裂纹扩展初期疲劳条带较细密,见图 3.7-15(b)。随着裂纹的扩展,到疲劳扩展的中后期,疲劳条带间距逐渐加宽,可见二次裂纹,见图 3.7-15(c)、(d)。瞬断区呈韧窝断裂特征,见图 3.7-15(e)。由三种应力条件下的断口观察结果可知,随着疲劳应力增大,疲劳扩展区各扩展阶段对应的疲劳条带间距逐渐加宽。

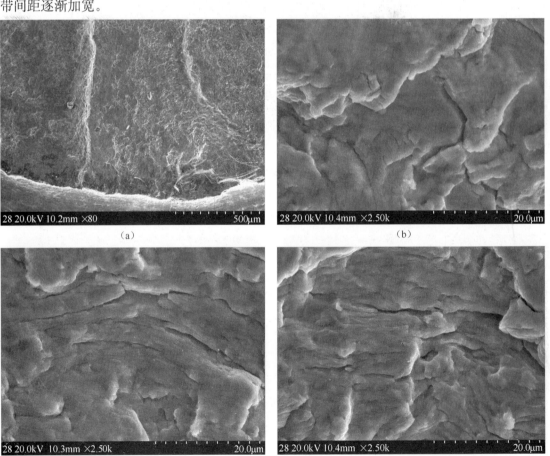

(a)

(b)

(c)

(d)

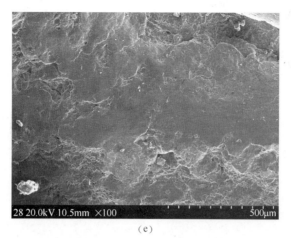

(e)

图 3.7-15　300℃高周缺口疲劳断口微观形貌

(a)源区特征；(b)扩展前期条带特征；(c)扩展中期条带特征；(d)扩展后期条带特征；(e)瞬断区特征。

7）400℃,$K_t=3$,$R=0.1$

（1）宏观特征。三种应力条件下的断口宏观特征基本相同，疲劳扩展区呈浅黄褐色，瞬断区呈灰色。疲劳裂纹从试样缺口根部一侧起源，呈多源特征，瞬断区位于另一侧。随着疲劳应力减小，扩展区面积逐渐增大，从占断口面积的60%增大至90%，见图3.7-16。

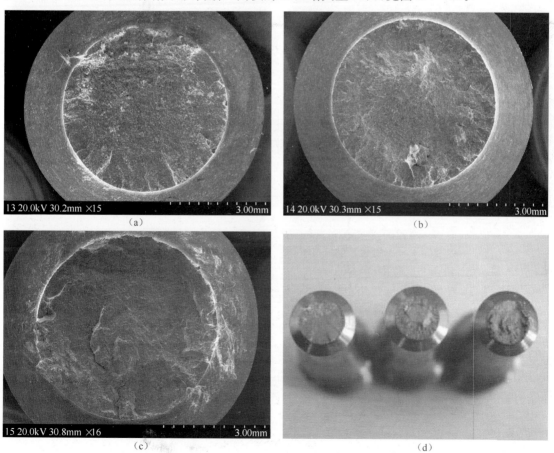

图 3.7-16　400℃高周缺口疲劳断口宏观特征

(a)$\sigma_{max}=400\text{MPa}$,$N_f=2.1\times10^4$；(b)$\sigma_{max}=335\text{MPa}$,$N_f=1.15\times10^5$；(c)$\sigma_{max}=270\text{MPa}$,$N_f=7.133\times10^6$；(d)断口宏观照片。

(2) 微观特征。源区呈多源特征,可见明显的放射棱线,见图 3.7 - 17(a)。裂纹扩展初期疲劳条带细密,见图 3.7 - 17(b)。随着裂纹的扩展,到疲劳扩展的中后期,疲劳条带间距逐渐加宽,可见二次裂纹,见图 3.7 - 17(c)、(d)。瞬断区呈韧窝断裂特征,见图 3.7 - 17(e)。由三种应力条件下的断口观察结果可知,随着疲劳应力增大,疲劳扩展区各扩展阶段处的疲劳条带间距逐渐加宽。

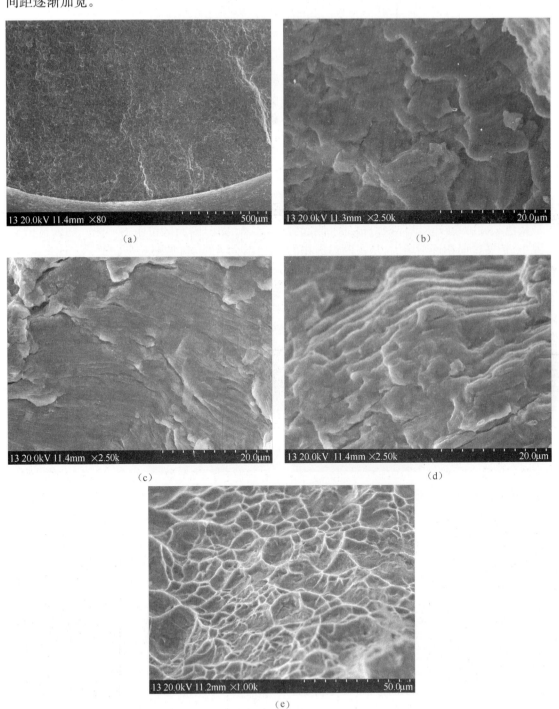

图 3.7 - 17 400℃高周缺口疲劳断口微观形貌

(a)源区特征;(b)扩展前期条带特征;(c)扩展中期条带特征;(d)扩展后期条带特征;(e)瞬断区特征。

8) 400℃，$K_t=3$，$R=0.5$

（1）宏观特征。 三种应力条件下的断口宏观特征基本相同，疲劳扩展区呈浅黄褐色，瞬断区呈灰色。疲劳裂纹从试样缺口根部一侧起源，呈多源特征，瞬断区位于另一侧。随着疲劳应力减小，扩展区面积逐渐增大，从占断口面积的 40% 增大至 70%，见图 3.7-18。

图 3.7-18　400℃高周缺口疲劳断口宏观特征

(a)$\sigma_{max}=550MPa$，$N_f=4.8\times10^4$；(b)$\sigma_{max}=460MPa$，$N_f=6.48\times10^5$；(c)$\sigma_{max}=410MPa$，$N_f=8.204\times10^6$；(d)断口宏观照片。

（2）微观特征。 源区呈多源特征，有明显的放射棱线，见图 3.7-19(a)。裂纹扩展初期疲劳条带较细密，见图 3.7-19(b)。随着裂纹的扩展，到疲劳扩展的中后期，疲劳条带间距逐渐加宽，可见二次裂纹。瞬断区呈韧窝断裂特征，见图 3.7-19(c)。由三种应力条件下的断口观察结果可知，随着疲劳应力增大，疲劳扩展区各扩展阶段处的疲劳条带间距逐渐加宽。

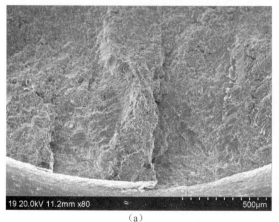

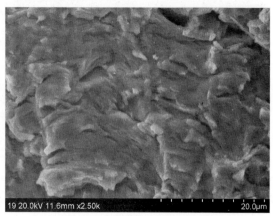

（a）　　　　　　　　　　　　（b）

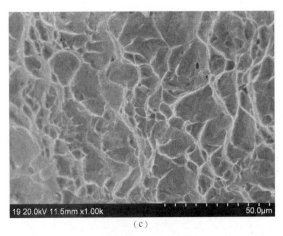

(c)

图 3.7-19 400℃高周缺口疲劳断口微观形貌

(a)源区特征;(b)扩展前期条带特征;(c)瞬断区特征。

9) 400℃,K_t＝3,R＝－1

(1) 宏观特征。 三种应力条件下的断口宏观特征基本相同,疲劳扩展区呈黄褐色,瞬断区呈灰色。疲劳裂纹从试样缺口根部一侧起源,呈多源特征,瞬断区位于另一侧。随着疲劳应力减小,扩展区面积逐渐增大,从占断口面积的 60% 增大至 90%,见图 3.7-20。

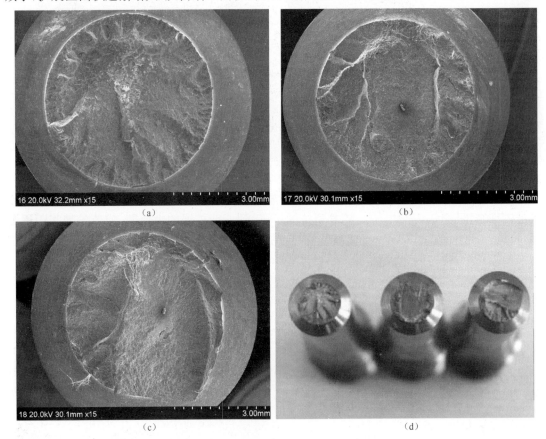

(a)   (b)

(c)   (d)

图 3.7-20 400℃高周缺口疲劳断口宏观特征

(a)σ_{max}＝250MPa,N_f＝4.6×10^4;(b)σ_{max}＝170MPa,N_f＝2.73×10^5;

(c)σ_{max}＝146MPa,N_f＝1.47×10^6;(d)断口宏观照片。

（2）微观特征。源区呈多源特征，可见明显的放射棱线，见图 3.7-21(a)。裂纹扩展初期疲劳条带细密，且有磨损的形貌见图 3.7-21(b)。随着裂纹的扩展，到疲劳扩展的中后期，疲劳条带间距逐渐加宽，可见二次裂纹。瞬断区呈韧窝断裂特征，见图 3.7-21(c)。由三种应力条件下的断口观察结果可知，随着疲劳应力增大，疲劳扩展区各扩展阶段处的疲劳条带间距逐渐加宽。

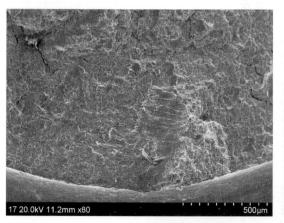
(a)

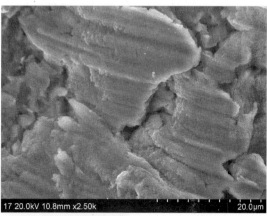
(b)

(c)

图 3.7-21　400℃高周缺口疲劳断口微观形貌
(a)源区特征；(b)扩展前期条带特征；(c)瞬断区特征。

3. 低周疲劳

1）室温，$R=-1$

（1）宏观特征。断口呈多源特征，无塑性变形，断面高差较大，疲劳扩展区面积较小，断口的大部分为瞬断区，其断面与受力面约呈 45°角，见图 3.7-22。断口呈银灰色。

（2）微观特征。断裂起源于表面，源区放射棱线清晰可见，见图 3.7-23(a)、(b)，断口擦伤痕迹较多，扩展区前期疲劳条带细，随着裂纹的扩展，在扩展前中后期疲劳条带逐渐变宽，扩展区后期可见二次裂纹，见图 3.7-23(c)、(d)、(e)，瞬断区为韧窝形貌，见图 3.7-23(f)。

2）100℃，$R=-1$

（1）宏观特征。断口呈多源特征，无塑性变形，应变幅越大，断口越粗糙，见图 3.7-24。断口呈暗灰色。

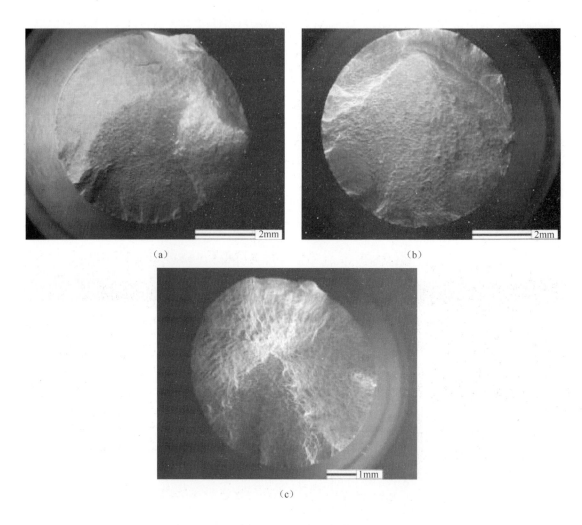

(a) (b)

(c)

图 3.7 - 22　室温下 $R=-1$ 低周疲劳断口宏观形貌

(a)$\Delta\varepsilon/2=0.6\%$,$N_\mathrm{f}=9106$;(b)$\Delta\varepsilon/2=0.8\%$,$N_\mathrm{f}=5495$;(c)$\Delta\varepsilon/2=1.2\%$,$N_\mathrm{f}=766$。

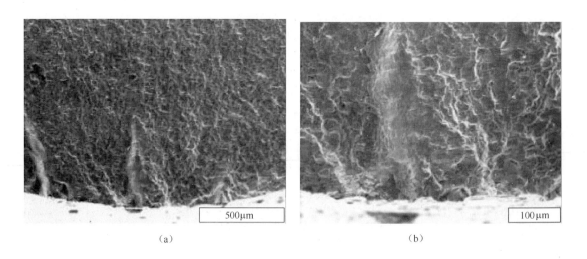

(a) (b)

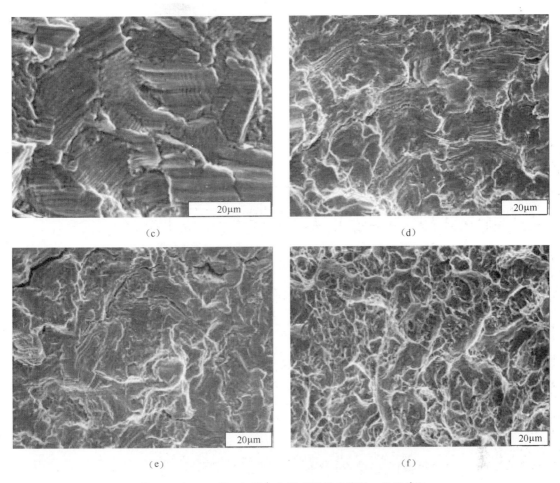

图 3.7 - 23 $\Delta\varepsilon/2=0.6\%$,室温下低周疲劳断口微观特征

(a)断口源区形貌;(b)疲劳源区高倍形貌;(c)扩展前期疲劳条带特征;
(d)扩展中期疲劳条带特征;(e)扩展后期疲劳条带特征;(f)瞬断区韧窝形貌。

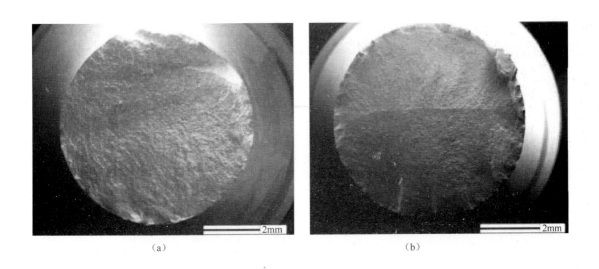

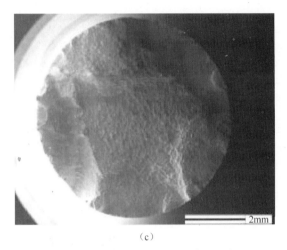

（c）

图 3.7 - 24　100℃，$R=-1$ 低周疲劳断口宏观形貌

(a)$\Delta\varepsilon/2=0.5\%$，$N_f=30778$；(b)$\Delta\varepsilon/2=0.7\%$，$N_f=8545$；(c)$\Delta\varepsilon/2=1.2\%$，$N_f=1450$。

（2）微观特征。疲劳起始于试样表面，断口擦伤严重，见图 3.7 - 25（a）、（b）。疲劳扩展区较小，可见疲劳条带，前期条带较细，随着裂纹的扩展，疲劳条带间距有所加宽，见图 3.7 - 25（c）、（d）、（e）。瞬断区为韧窝形貌，见图 3.7 - 25（f）。

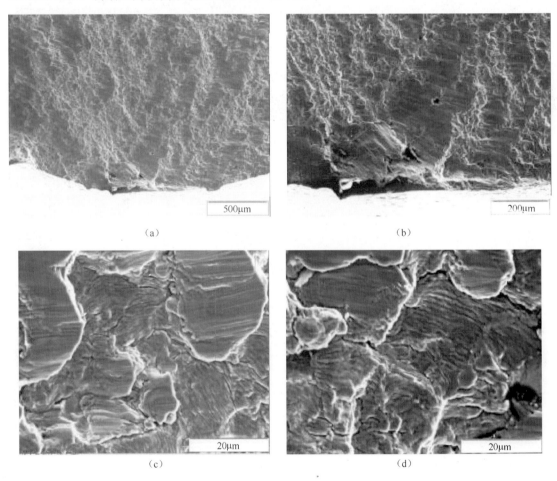

（a）　　　　　　　　　　　　　　　（b）

（c）　　　　　　　　　　　　　　　（d）

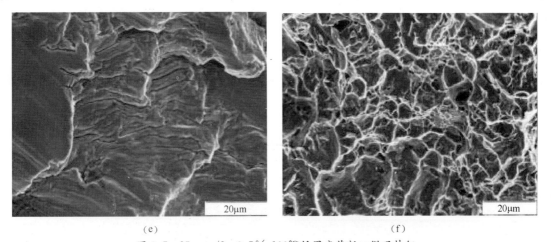

（e）　　　　　　　　　　　　　　　（f）

图 3.7 - 25　Δε/2＝0.5％，100℃低周疲劳断口微观特征

(a)断口源区低倍形貌；(b)源区高倍形貌；(c)扩展前期疲劳条带特征；

(d)扩展中期疲劳条带特征；(e)扩展后期疲劳条带特征；(f)瞬断区韧窝形貌。

3）300℃，R＝-1

（1）宏观特征。 断口呈多源特征,断口较粗糙,呈暗灰色随着应变幅的增大,断面高差增大,见图 3.7 - 26。

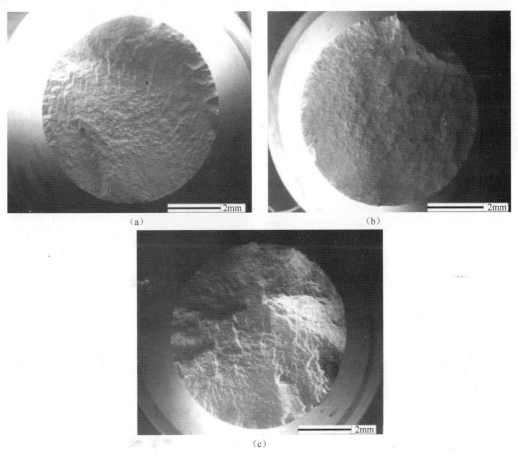

（a）　　　　　　　　　　　　　　　（b）

（c）

图 3.7 - 26　300℃，R＝-1低周疲劳断口宏观形貌

(a)Δε/2＝0.5％，N_f＝29300；(b)Δε/2＝0.7％，N_f＝7674；(c)Δε/2＝1.2％，N_f＝1355。

（2）微观特征。 裂纹起源于表面，源区放射棱线清晰可见，见图3.7-27(a)、(b)，断口可见较多擦伤痕迹，疲劳条带大部分分布于扩展区前、中期，见图3.7-27(c)、(d)、(e)，瞬断区为韧窝形貌，见图3.7-27(f)。

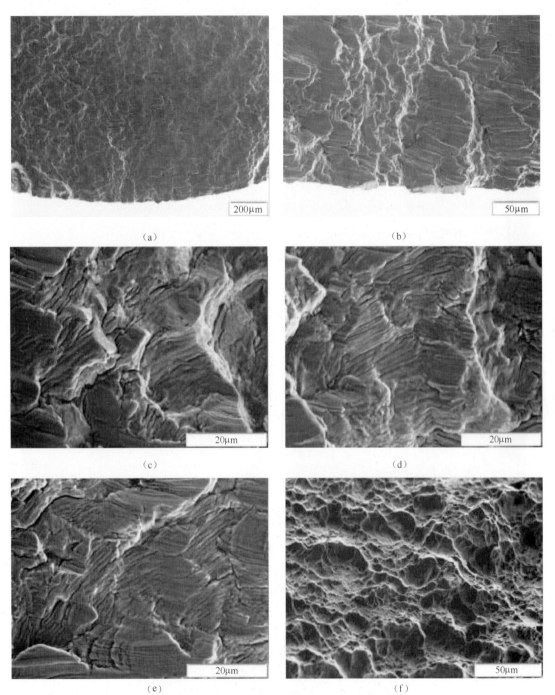

图 3.7-27 $\Delta\varepsilon/2=0.7\%$，300℃低周疲劳断口微观特征

(a)疲劳源区低倍形貌；(b)源区高倍形貌；(c)扩展区疲劳条带特征；

(d)扩展中期疲劳条带特征；(e)扩展后期疲劳条带特征；(f)瞬断区韧窝形貌。

4) 500℃ , R=-1

(1) 宏观特征。 断口呈多源特征,应变幅较低时,断口较平坦,应变幅较高时,断口较粗糙。断口可见明显的疲劳源区、扩展区和瞬断区,最后形成近45°的剪切唇区,见图3.7-28。断口呈黄色,低应变幅时源区呈紫色。

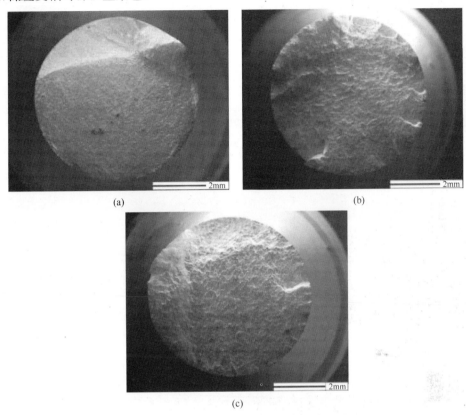

(a)　　　　　　　　　　(b)

(c)

图 3.7-28　500℃ , R=-1 低周疲劳断口宏观形貌

(a)Δε/2=0.45%,N_f=24900;(b)Δε/2=1.0%,N_f=1451;(c)Δε/2=1.3%,N_f=574。

(2) 微观特征。 疲劳起始于试样表面,疲劳区较平坦,见图3.7-29(a)、(b)。疲劳区较小,扩展区前期条带细、碎,疲劳扩展期可见疲劳条带和二次裂纹,随着裂纹的扩展,疲劳条带间距有所加宽,见图3.7-29(c)、(d)、(e)。瞬断区韧窝形貌较少,如图3.7-29(f)。

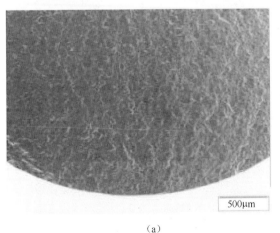

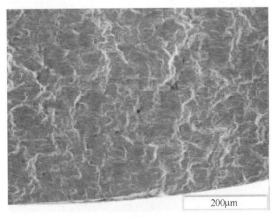

（a）　　　　　　　　　　（b）

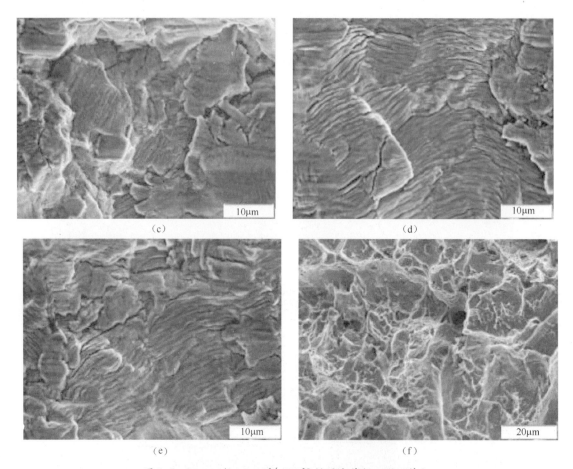

图 3.7-29 $\Delta\varepsilon/2=0.45\%$,500℃低周疲劳断口微观特征

(a)疲劳源区特征;(b)源区高倍形貌;(c)扩展前期疲劳条带特征;

(d)扩展中期疲劳条带特征;(e)扩展后期疲劳条带特征;(f)瞬断区韧窝形貌。

4. 旋转弯曲光滑疲劳

1) 100℃

(1) 宏观特征。断口源区起始于表面,多源或单源特征,可见放射棱线,瞬断区位于试样一侧,最终断裂区形成剪切唇特征,见图 3.7-30。

(a)　　　　　　　　　　　　　　(b)

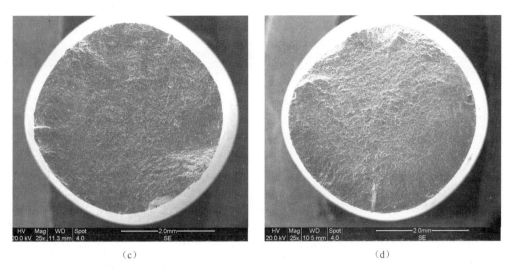

(c)   (d)

图 3.7 - 30   100℃旋转弯曲疲劳断口宏观形貌

(a)$\sigma_{max}=560MPa$,$N_f=5.0\times10^4$;(b)$\sigma_{max}=520MPa$,$N_f=1.45\times10^5$;

(c)$\sigma_{max}=480MPa$,$N_f=1.0\times10^5$;(d)$\sigma_{max}=520MPa$,$N_f=1.0\times10^5$。

(2) 微观特征。源区有放射棱线,见图 3.7 - 31(a),扩展区疲劳条带清晰,随着裂纹的扩展,条带间距逐渐变宽,也可见多处二次裂纹,见图 3.7 - 31(a)~(d),瞬断区为剪切断裂特征,

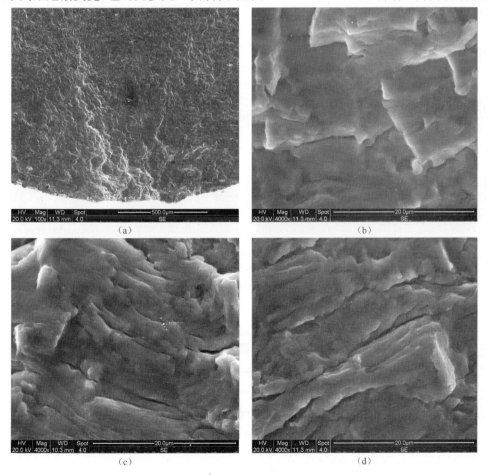

(a)   (b)

(c)   (d)

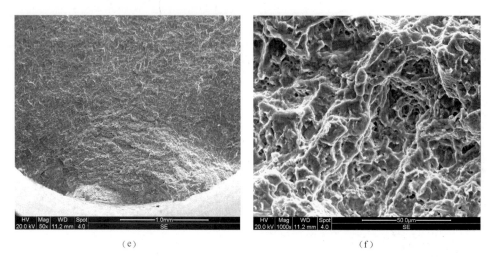

（e） （f）

图 3.7-31 100℃，σ_{max}=480MPa 时旋转弯曲疲劳断口微观特征

(a)疲劳源区特征；(b)扩展初期疲劳条带特征；(c)扩展中期疲劳条带特征；
(d)扩展后期疲劳条带及二次裂纹特征；(e)瞬断区的断裂特征；(f)瞬断韧窝形貌。

韧窝形貌，见图 3.7-31(e)、(f)。σ_{max}=560MPa 和 σ_{max}=520MPa 应力条件下的疲劳扩展条带形貌和二次裂纹形貌，见图 3.7-32。

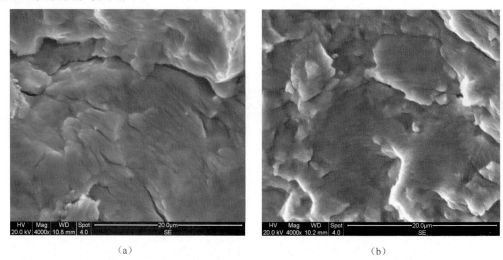

（a） （b）

图 3.7-32 100℃旋转弯曲光滑疲劳断口微观特征

(a)σ_{max}=560MPa 扩展期疲劳条带特征；(b)σ_{max}=520MPa 扩展期疲劳条带特征。

2) 300℃

(1) 宏观特征。疲劳裂纹起源于试样表面，断口源区因氧化呈浅黄色，随裂纹扩展颜色逐渐变浅。随施加载荷的不同，断口特征不同：较高应力下呈多源特征，源区疲劳台阶明显，瞬断区在中部附近；较低应力下为单源特征，瞬断区位于试样一侧。疲劳区相对较平坦、光滑，瞬断区较粗糙，见图 3.7-33。

(2) 微观特征。σ_{max}=470MPa 时疲劳呈单源特征，在源区可见明显的放射棱线特征，见图 3.7-34(a)，扩展初期疲劳条带细密，见图 3.7-34(b)，随着裂纹的扩展，条带间距逐渐变宽，也可见多处二次裂纹，见图 3.7-34(c)、(d)，瞬断区为韧窝特征，见图 3.7-34(e)。σ_{max}=600MPa 和 σ_{max}=500MPa 应力条件下的疲劳扩展条带形貌和二次裂纹形貌见图 3.7-35。

420

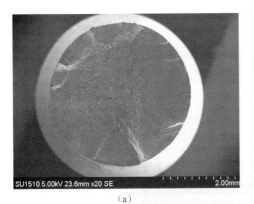
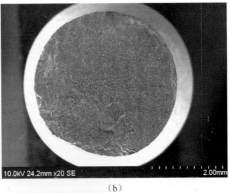

(a)

(b)

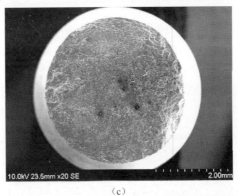

(c)

图 3.7 - 33　300℃旋转弯曲光滑疲劳断口宏观形貌

(a)σ_{max}＝600MPa，N_f＝1.5×10⁴；(b)σ_{max}＝500MPa，N_f＝6.1×10⁵；(c)σ_{max}＝470MPa，N_f＝5.74×10⁶。

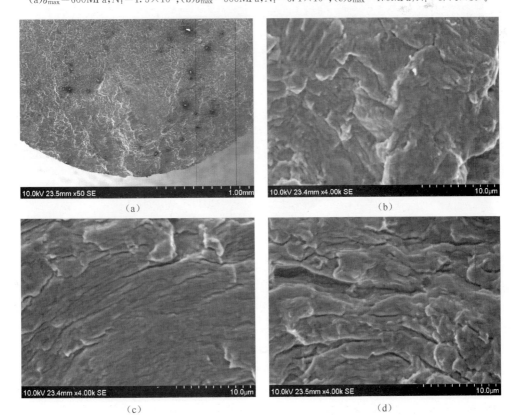

421

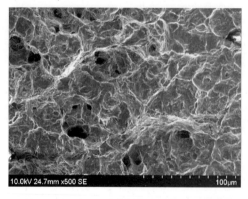

(e)

图 3.7 - 34　300℃，σ_{max} = 470MPa 时旋转弯曲光滑疲劳断口微观特征

(a)疲劳源区特征；(b)扩展初期疲劳条带特征；(c)扩展中期疲劳条带特征；
(d)扩展后期疲劳条带及二次裂纹特征；(e)瞬断韧窝形貌。

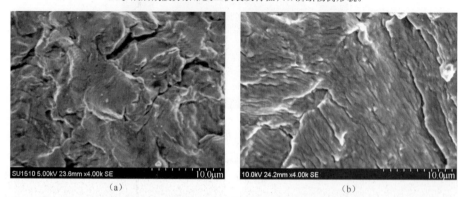

(a)　　　　　　　　　　　　(b)

图 3.7 - 35　300℃旋转弯曲光滑疲劳断口微观特征

(a)σ_{max} = 600MPa 扩展期疲劳条带特征；(b)σ_{max} = 500MPa 扩展期疲劳条带特征。

3) 500℃

(1) 宏观特征。试样侧表面因氧化而变色，断口疲劳区呈黄褐色，瞬断区为浅黄色。较高应力下疲劳裂纹起源于试样表面，为多源特征，疲劳台阶较多，断口高差较大，瞬断区位于中心处，见图 3.7 - 36(a)。较低应力下疲劳呈单源特征，有明显的放射棱线，瞬断区位于试样一侧，见图 3.7 - 36(b)、(c)。

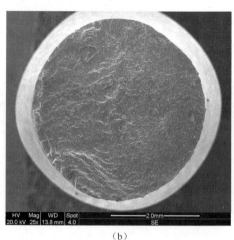

(a)　　　　　　　　　　　　(b)

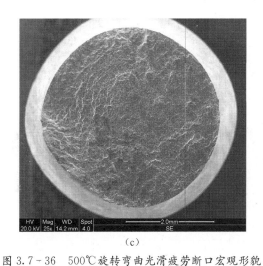

(c)

图 3.7 - 36　500℃旋转弯曲光滑疲劳断口宏观形貌

(a)σ_{max}=520MPa，N_f=2.5×10^4；(b)σ_{max}=480MPa，N_f=2.25×10^5；(c)σ_{max}=420MPa，N_f=6.72×10^6。

(2) 微观特征。 疲劳呈单源特征，在源区可见明显的放射棱线特征，见图 3.7 - 37(a)，扩展初期疲劳条带细密，见图 3.7 - 37(b)，随着裂纹的扩展，条带逐渐变宽，扩展后期主要为较宽的疲劳条带及二次裂纹，见图 3.7 - 37(c)、(d)，瞬断区为韧窝特征，见图 3.7 - 37(e)。σ_{max}=520MPa 和 σ_{max}=480MPa 应力条件下的疲劳扩展条带形貌和二次裂纹形貌见图 3.7 - 38。

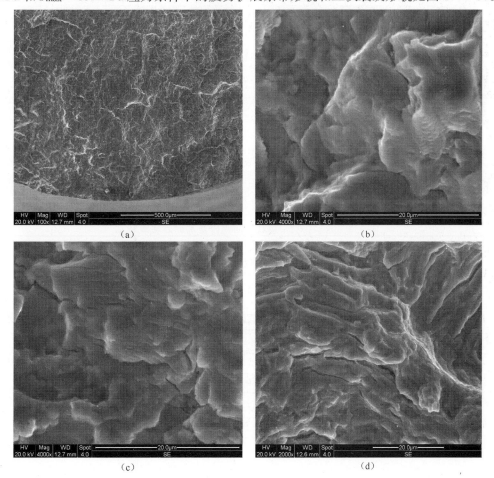

(a)　　　　　　　　　　　　　　　　(b)

(c)　　　　　　　　　　　　　　　　(d)

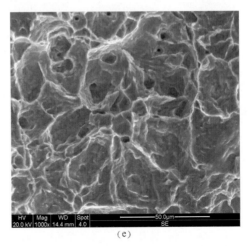

(e)

图 3.7-37　500℃，σ_{max}＝420MPa 时旋转弯曲光滑疲劳断口微观特征
(a)疲劳源区特征；(b)扩展初期疲劳条带特征；(c)扩展中期疲劳条带特征；
(d)扩展后期疲劳条带及二次裂纹特征；(e)瞬断韧窝形貌。

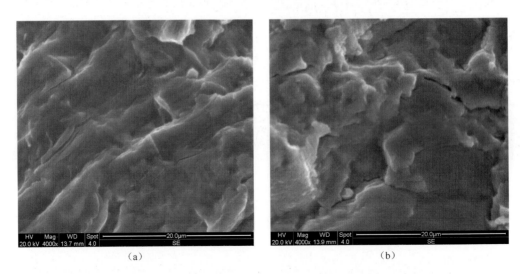

(a)　　　　　　　　　　　　　　　(b)

图 3.7-38　500℃，旋转弯曲光滑疲劳断口微观特征
(a)σ_{max}＝520MPa 扩展期疲劳条带特征；(b)σ_{max}＝480MPa 扩展期疲劳条带特征。

5. 缺口旋转弯曲疲劳

1）100℃，K_t＝3

（1）宏观特征。 裂纹从缺口根部起始，向试样中心扩展，多源，有放射棱线，断面粗糙，瞬断区在中部偏离中心一侧，见图 3.7-39。

（2）微观特征。 源区放射棱线明显，形貌见图 3.7-40(a)，扩展初期可见细密的疲劳条带，见图 3.7-40(b)，随着裂纹的扩展，扩展中期和后期可见较宽的疲劳条带和二次裂纹特征，见图 3.7-40(c)、(d)，疲劳扩展后期和瞬断区的交界清晰，瞬断区形貌明显，为韧窝特征，见图 3.7-40(e)、(f)。σ_{max}＝240MPa、σ_{max}＝180MPa 和 σ_{max}＝155MPa 应力条件下的疲劳扩展条带形貌和二次裂纹形貌见图 3.7-41。

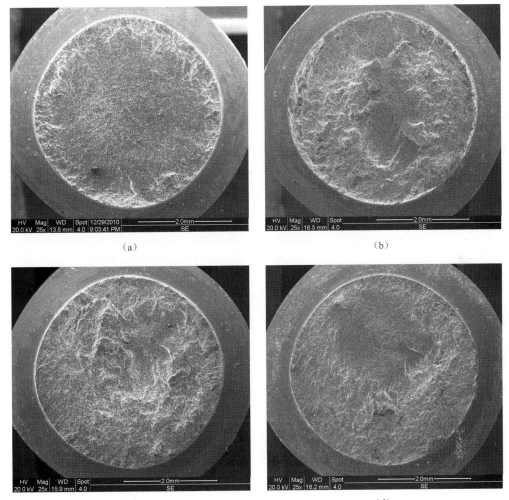

图 3.7 - 39　100℃, K_t = 3 旋转弯曲疲劳断口宏观形貌

(a)σ_{max} = 320MPa, N_f = 7.5 × 10^4; (b)σ_{max} = 240MPa, N_f = 4.4 × 10^5;

(c)σ_{max} = 180MPa, N_f = 1.2 × 10^6; (d)σ_{max} = 155MPa, N_f = 1.7 × 10^6。

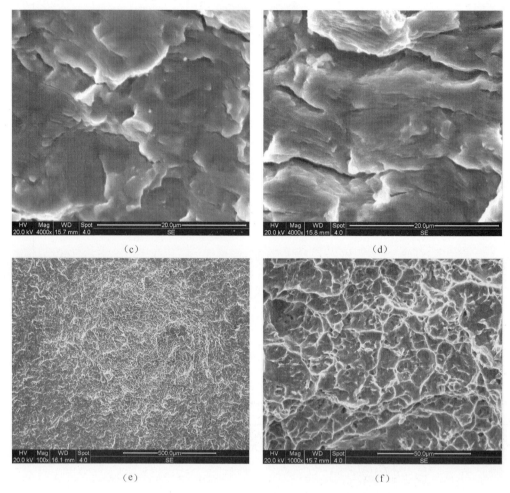

(c)　　　　　　　　　　　　　　　　(d)

(e)　　　　　　　　　　　　　　　　(f)

图 3.7-40　100℃,$K_t=3$,$\sigma_{max}=320$MPa 时旋转弯曲疲劳断口微观特征

(a)疲劳源区特征;(b)扩展初期疲劳条带特征;(c)扩展中期疲劳条带特征;
(d)扩展后期疲劳条带及二次裂纹特征;(e)瞬断区的断裂特征;(f)瞬断韧窝形貌。

(a)　　　　　　　　　　　　　　　　(b)

(c)

图 3.7 - 41 100℃ , $K_t=3$ 旋转弯曲疲劳断口微观特征

(a)$\sigma_{max}=240$MPa 扩展期疲劳条带特征;(b)$\sigma_{max}=180$MPa 扩展期疲劳条带特征;(c)$\sigma_{max}=155$MPa 扩展期疲劳条带特征。

2) 300℃ , $K_t=3$

(1) 宏观特征。 疲劳裂纹从试样缺口根部起源,呈多源向中部扩展,最后在靠近中部发生断裂。断面较粗糙,疲劳扩展区因氧化呈浅黄色,随施加应力的减小疲劳区面积减少。瞬断区颜色稍浅,较粗糙,见图 3.7 - 42。

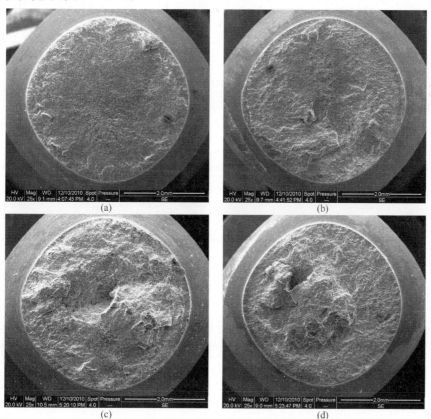

图 3.7 - 42 300℃ , $K_t=3$ 旋转弯曲疲劳断口宏观形貌

(a)$\sigma_{max}=320$MPa,$N_f=3.0\times10^4$;(b)$\sigma_{max}=180$MPa,$N_f=2.35\times10^5$;

(c)$\sigma_{max}=160$MPa,$N_f=7.7\times10^6$;(d)$\sigma_{max}=155$MPa,$N_f=4.15\times10^5$。

(2) 微观特征。源区可见从试样表面起始向内部扩展的放射棱线，见图 3.7-43(a)，源区附近疲劳条带细密，疲劳条带特征不明显，见图 3.7-43(b)，随着裂纹的向内扩展，条带间距逐渐变宽，二次裂纹也逐渐增多，见图 3.7-43(c)、(d)，疲劳扩展后期和瞬断区的交界明显，见图 3.7-43(e)，瞬断区为韧窝特征，见图 3.7-43(f)。$\sigma_{max}=180\text{MPa}$、$\sigma_{max}=160\text{MPa}$ 和 $\sigma_{max}=155\text{MPa}$ 应力条件下的疲劳扩展条带形貌和二次裂纹形貌，见图 3.7-44。

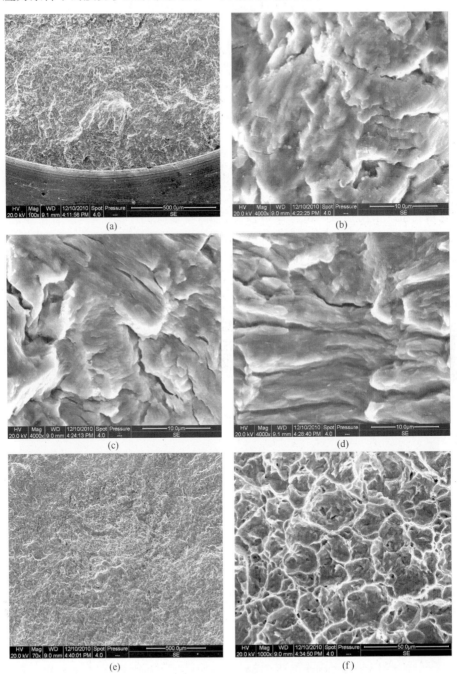

图 3.7-43　300℃，$K_t=3$，$\sigma_{max}=320\text{MPa}$ 时旋转弯曲疲劳断口微观特征
(a)疲劳源区特征；(b)源区附近疲劳条带特征；(c)扩展区疲劳条带及二次裂纹特征；
(d)扩展后期疲劳条带及二次裂纹特征；(e)瞬断区的断裂特征；(f)瞬断韧窝形貌。

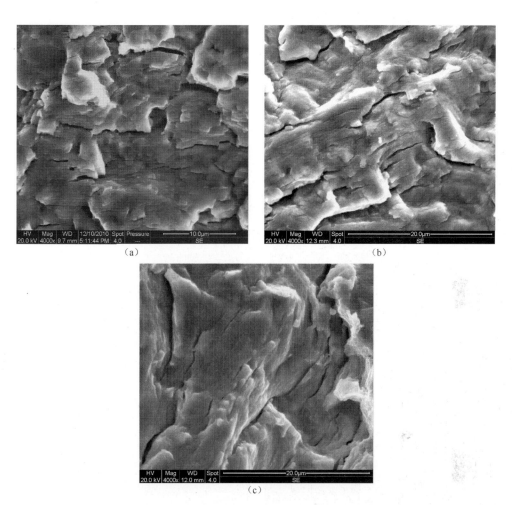

图 3.7 - 44 500℃,K_t＝3 旋转弯曲疲劳断口微观特征

(a)σ_{max}＝180MPa 扩展期疲劳条带特征；(b)σ_{max}＝160MPa 扩展期疲劳条带特征；(c)σ_{max}＝155MPa 扩展期疲劳条带特征。

3) 500℃,K_t＝3

(1) 宏观特征。 试样侧表面因氧化而变色,断口疲劳区呈黄褐色,瞬断区为浅黄色。疲劳裂纹均起源于试样缺口根部,从四周起源,为多源特征,向中部扩展,最后在中部发生断裂。疲劳区相对较平坦,瞬断区较粗糙。断口宏观形貌见图3.7－45。

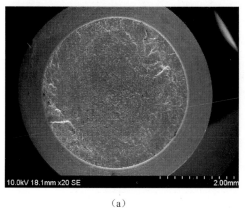

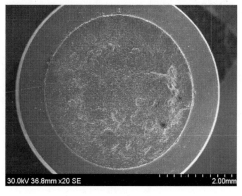

(a)

(b)

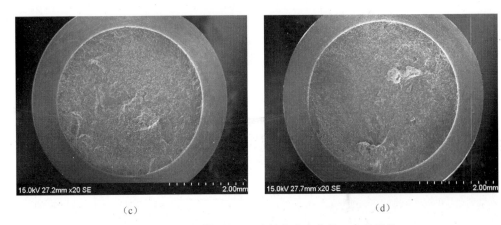

（c） （d）

图 3.7-45 500℃，$K_t=3$ 旋转弯曲疲劳断口宏观形貌

(a)$\sigma_{max}=280MPa$，$N_f=3.0\times10^4$；(b)$\sigma_{max}=220MPa$，$N_f=7.0\times10^4$；

(c)$\sigma_{max}=170MPa$，$N_f=7.5\times10^5$；(d)$\sigma_{max}=165MPa$，$N_f=4.05\times10^5$。

(2) 微观特征。 疲劳起源于试样表面，有明显的台阶，见图 3.7-46(a)，疲劳扩展初期就可见细密的疲劳条带和二次裂纹，见图 3.7-46(b)，随着裂纹的扩展，条带间距有所加宽，可见多处的二次裂纹，见图 3.7-46(c)、(d)，瞬断区面积较小，为韧窝特征，见图 3.7-46(e)、(f)。$\sigma_{max}=280MPa$、$\sigma_{max}=220MPa$ 和 $\sigma_{max}=165MPa$ 应力条件下的疲劳扩展条带形貌和二次裂纹形貌，见图 3.7-47。

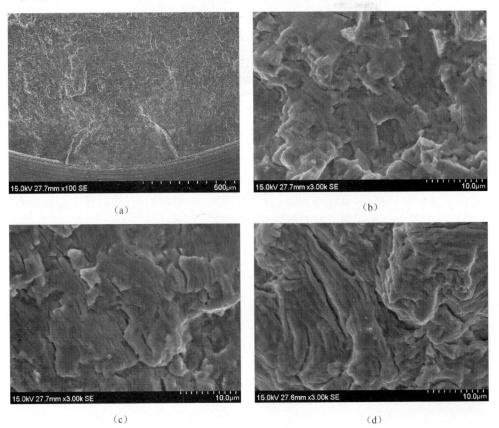

（a） （b）

（c） （d）

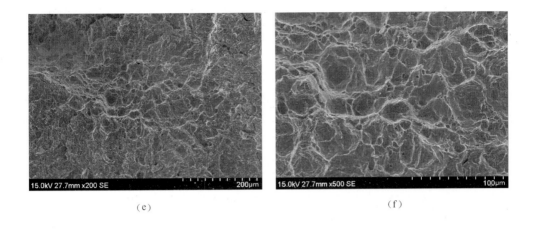

（e）　　　　　　　　　　　　　　（f）

图 3.7-46　500℃,K_t＝3,σ_{max}＝170MPa 时旋转弯曲疲劳断口微观特征

(a)疲劳源区特征;(b)扩展初期疲劳条带特征;(c)扩展中期疲劳条带特征;
(d)扩展后期疲劳条带及二次裂纹特征;(e)瞬断区的断裂特征;(f)瞬断韧窝形貌。

图 3.7-47　500℃,K_t＝3 旋转弯曲疲劳断口微观特征

(a)σ_{max}＝280MPa 扩展期疲劳条带特征;(b)σ_{max}＝220MPa 扩展期疲劳条带特征;
(c)σ_{max}＝165MPa 扩展期疲劳条带特征。

3.8 ZTA15

3.8.1 概述

ZTA15 钛合金的名义成分为 Ti - 6.5Al - 2Zr - 1Mo - 1V,属近 α 钛合金,与其相近为俄罗斯牌号 BT20。ZTA15 钛合金具有较高的强度、良好的热稳定性和焊接性能,目前主要用于飞机大型结构件及多种军工产品铸件。

3.8.2 组织结构

铸造 ZTA15 钛合金材料属近 α 钛合金,可只进行退火热处理。退火态的金相组织见图 3.8 - 1。退火处理的 ZTA15 钛合金进一步消除了偏析,组织更均匀。

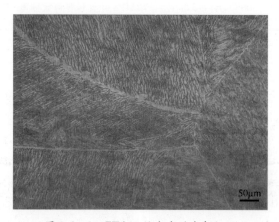

图 3.8 - 1 ZTA15 钛合金的金相组织

3.8.3 断口特征

1. 断裂韧度

(1) 宏观特征。三种温度下的断口宏观特征基本相同,断面上包括预制裂纹区和静拉伸区,预制裂纹区成弧形区。室温断口的预制裂纹长度在 2.48mm～4.52mm,200℃断口的预制裂纹长度在 2.43mm～4.76mm,300℃断口的预制裂纹长度在 2.53mm～4.37mm,400℃断口的预制裂纹长度在 2.96mm～4.64mm;随着温度增加,断口颜色由浅变深,在 400℃时,断口出现明显的氧化特征,呈黄色,见图 3.8 - 2。

(2) 微观特征。源区为线源特征,可见明显的放射棱线,见图 3.8 - 3(a)。裂纹扩展初期疲劳条带细密,见图 3.8 - 3(b)。随着裂纹扩展,疲劳扩展中后期的疲劳条带间距逐渐加宽,见图 3.8 - 3(c)、(d)。瞬断区的断裂特征为韧窝,见图 3.8 - 3(e)。在疲劳裂纹扩展区内有二次裂纹。由三种温度条件下的断口观察结果可知,随着温度升高,疲劳扩展区面积和临界裂纹长度逐渐增大,断口颜色由浅变深。

图 3.8-2　ZTA15 钛合金断裂韧性断口宏观形貌

(a)室温；(b)200℃；(c)300℃；(d)400℃；(e) 不同温度下疲劳断口的颜色变化。

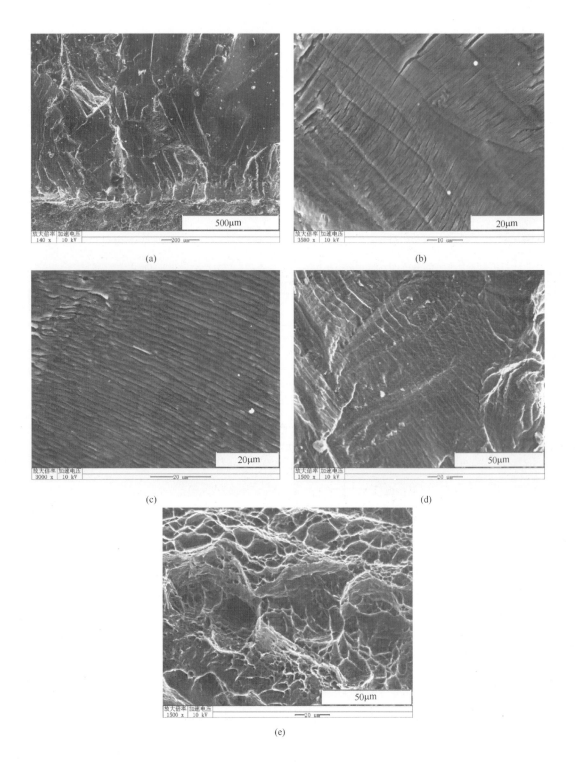

图 3.8-3　ZTA15 钛合金断裂韧性断口微观形貌

(a)源区特征;(b)扩展前期条带特征;(c)扩展中期条带特征;(d)扩展后期条带特征;(e)瞬断区韧窝特征。

2. 光滑高周疲劳

1）室温，$R=0.1$

（1）宏观特征。 从疲劳断口的低倍形貌来看,呈多源疲劳断裂特征,有一个主源,主疲劳源区光滑平坦,断口疲劳区由解理小平面组成,瞬断区粗糙,与疲劳区无明显界限,整个断口凹凸不平,呈现银灰色。主疲劳源起始于试样表面或亚表面,裂纹向试样中部扩展,见图 3.8-4。

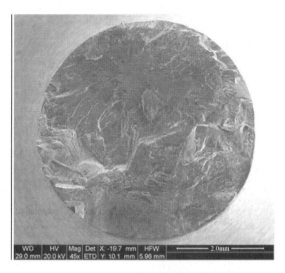

(a)

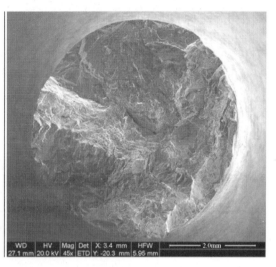

(b)

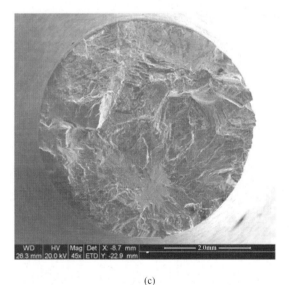

(c)

图 3.8-4　室温下 $R=0.1$ 时的轴向应力疲劳断口宏观形貌

(a)$\sigma_{max}=600\mathrm{MPa},N_f=2.28\times10^5$；(b)$\sigma_{max}=800\mathrm{MPa},N_f=2.9\times10^4$；

(c)$\sigma_{max}=900\mathrm{MPa},N_f=1.9\times10^4$。

（2）微观特征。 裂纹起始于表面或亚表面,源区和扩展区由多个解理面组成(图 3.8-5)。在疲劳扩展前、中期可见明显的疲劳条带和解理羽毛状特征,疲劳条带较细密,在疲劳扩展后期可见逐渐变宽的疲劳条带和韧窝,瞬断区主要为浅韧窝形貌特征(图 3.8-6)。

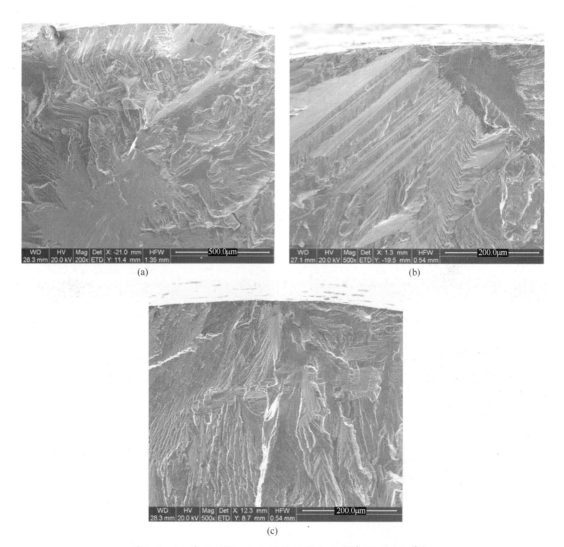

图 3.8-5　室温下 $R=0.1$ 时的轴向应力疲劳断口源区特征

(a)$\sigma_{max}=600MPa,N_f=2.28\times10^5$；(b)$\sigma_{max}=800MPa,N_f=2.9\times10^4$；(c)$\sigma_{max}=900MPa,N_f=1.9\times10^4$。

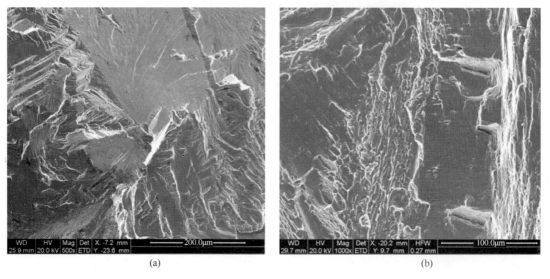

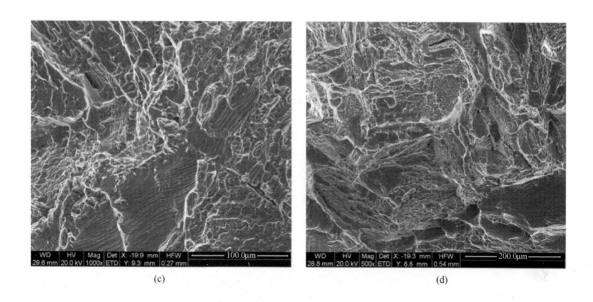

(c)　　　　　　　　　　　　　(d)

图 3.8-6　$\sigma_{max}=600MPa$，$N_f=2.28\times10^5$ 时的轴向应力疲劳断口微观形貌

(a)断口主疲劳源区；(b)扩展中期的疲劳条带；(c)扩展后期的疲劳条带和韧窝；(d)瞬断区的韧窝。

2) 室温，$R=-1$

(1) 宏观特征。 从疲劳断口的低倍形貌来看，疲劳裂纹源于试样表面，应力较小时为单源疲劳，疲劳面积较大，随着应力水平的增大，疲劳区面积减小，由单源变为多源疲劳，源区和扩展区有许多解理小平面，断口表面较粗糙，呈银灰色，见图3.8-7。

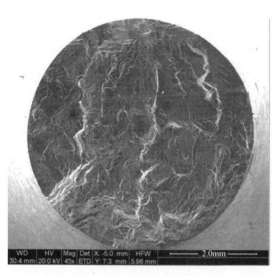

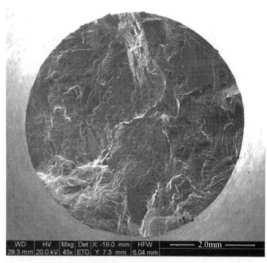

(a)　　　　　　　　　　　　　(b)

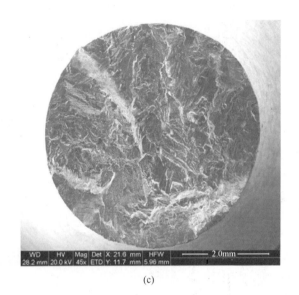

(c)

图 3.8-7　室温下 $R=-1$ 时的轴向应力疲劳断口宏观形貌

(a)$\sigma_{max}=350$MPa，$N_f=4.137\times10^6$；(b)$\sigma_{max}=400$MPa，$N_f=2.52\times10^5$；

(c)$\sigma_{max}=500$MPa，$N_f=2.92\times10^5$。

(2) 微观特征。裂纹起始于试样的表面，源区和扩展初期由多个解理面组成，可见明显的滑移特征(图 3.8-8(a))，在疲劳扩展中期可见细密的疲劳条带(图 3.8-8(b))，在疲劳扩展后期可见逐渐变宽的疲劳条带和解理羽毛状特征，并且存在二次裂纹(图 3.8-8(c))，瞬断区主要为浅韧窝形貌特征，并出现二次裂纹(图 3.8-8(d))。

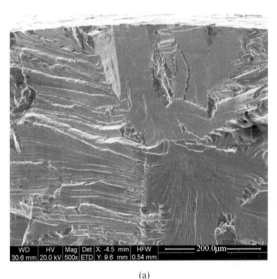

(a)

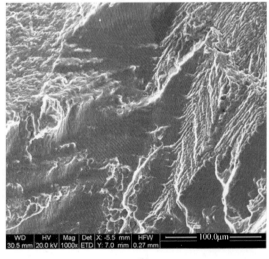

(b)

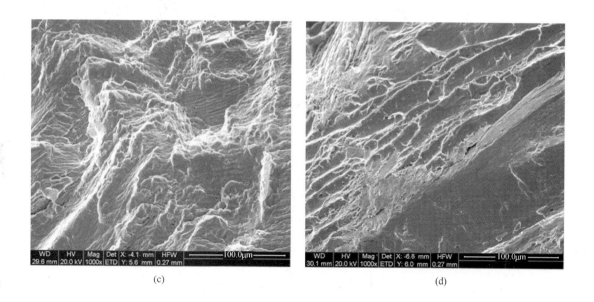

(c)   (d)

图 3.8-8 $\sigma_{\max} = 350 \text{ MPa}, N_f = 4.137 \times 10^6$ 时的轴向应力疲劳断口微观形貌

(a)断口疲劳源区；(b)扩展中期的疲劳条带；(c)扩展后期的疲劳条带和韧窝；(d)瞬断区的韧窝。

3) 200℃ ,R=0.1

(1) 宏观特征。从疲劳断口的低倍形貌来看，断口呈多源疲劳断裂特征，有一个主源，主疲劳源区光滑平坦，瞬断区较粗糙，与疲劳区无明显界限，整个断口凹凸不平，呈现灰色。主疲劳源起始于试样亚表面或表面，裂纹向试样内部扩展，最后断裂于试样另一侧，见图 3.8-9。

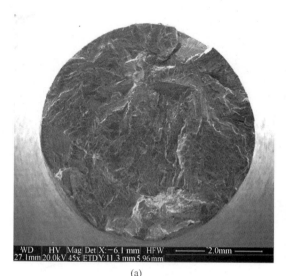

(a)   (b)

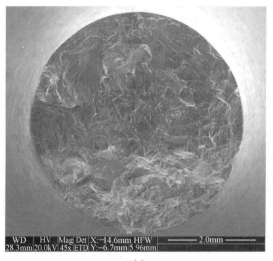

(c)

图 3.8-9　200℃下 $R=0.1$ 时的轴向应力疲劳断口宏观形貌

(a)$\sigma_{\max}=360\text{MPa}, N_f=4.53\times10^6$; (b)$\sigma_{\max}=450\text{MPa}, N_f=6.43\times10^5$; (c)$\sigma_{\max}=600\text{MPa}, N_f=3.47\times10^5$。

（2）微观特征。 裂纹起始于试样的亚表面，疲劳源区较平坦，可见从源区发散出来的放射棱线，源区附近有许多小的解理面，并存在二次裂纹（图 3.8-10(a)），在疲劳扩展前中期可见细密的疲劳条带（图 3.8-10(b)），在疲劳扩展后期可见逐渐变宽的疲劳条带、解理羽毛状特征和韧窝（图 3.8-10(c)），瞬断区主要为浅韧窝形貌特征，并出现二次裂纹（图 3.8-10(d)）。

4）200℃，$R=-1$

（1）宏观特征。 从疲劳断口的低倍形貌来看，疲劳裂纹源于试样表面，单源，源区和扩展区有许多解理小平面，疲劳扩展充分，疲劳扩展区约占断口的 4/5，裂纹在靠近一侧表面断裂，断口表面较粗糙，呈灰色，见图 3.8-11。

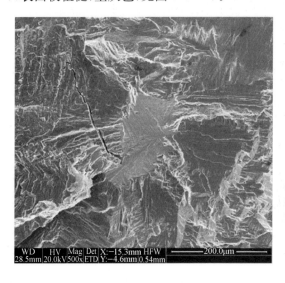

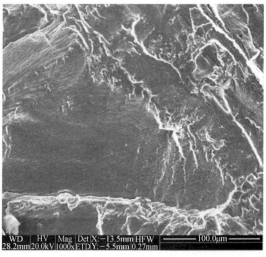

(a)　　　　　　　　　　　　　　　　　　(b)

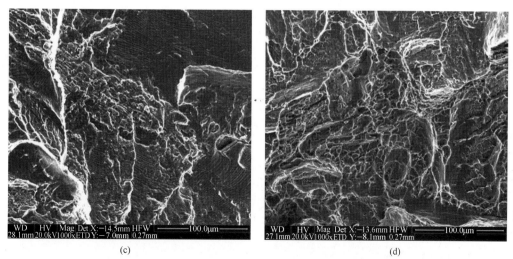

(c)　　　　　　　　　　　　　　　　　　(d)

图 3.8-10　σ_{max}＝600MPa，N_f＝3.47×10⁵ 时的轴向应力疲劳断口微观形貌

(a)断口主疲劳源区；(b)扩展中期的疲劳条带；(c)扩展后期的疲劳条带和韧窝；(d)瞬断区的韧窝。

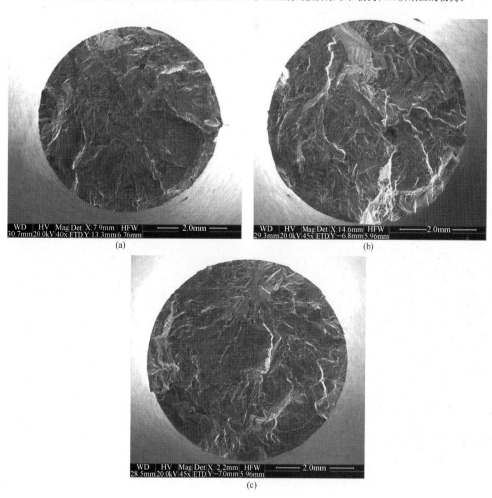

(a)　　　　　　　　　　　　　　　　　　(b)

(c)

图 3.8-11　200℃下 R＝−1 时的轴向应力疲劳断口宏观形貌

(a)试样 A，σ_{max}＝150MPa，N_f＝9.03×10⁶；(b)试样 B，σ_{max}＝250MPa，N_f＝1.59×10⁶；

(c)试样 C，σ_{max}＝350MPa，N_f＝2.69×10⁵。

441

(2) 微观特征。裂纹起始于试样的亚表面，断裂源区附近为解理台阶和河流花样，源区和扩展初期由多个解理面组成，有明显的滑移特征(图 3.8 - 12(a))，在疲劳扩展中期可见细密的疲劳条带(图 3.8 - 12(b))，在疲劳扩展后期可见逐渐变宽的疲劳条带(图 3.8 - 12(c))，瞬断区主要为浅韧窝形貌特征，并出现二次裂纹(图 3.8 - 12(d))。

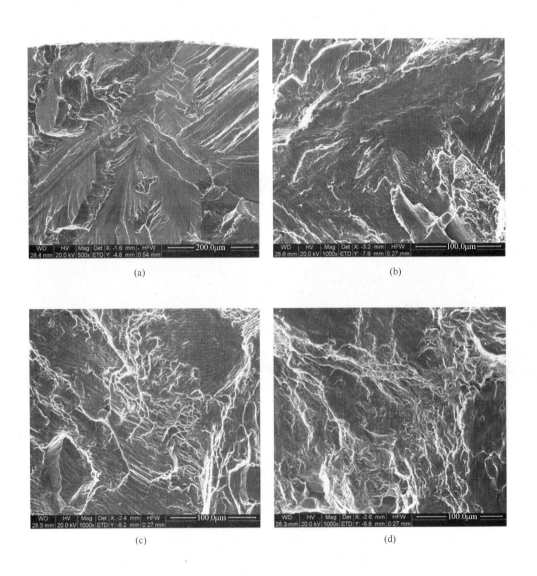

图 3.8 - 12　σ_{max}＝350MPa，N_f＝2.69×10^5 轴向应力疲劳断口微观形貌

(a)断口疲劳源区；(b)扩展中期的疲劳条带；(c)扩展后期的疲劳条带和韧窝；(d)瞬断区的韧窝。

3. 低周疲劳

1) 200℃，R＝0.1

(1) 宏观特征。从疲劳断口的低倍形貌来看，疲劳裂纹源于试样表面，多源，疲劳扩展区较平坦，疲劳扩展区约占断口的 4/5，裂纹在靠近一侧表面断裂，瞬断区为剪切断裂特征，应变幅越大，瞬断区也越大，整个断面有较大起伏，呈灰色，见图 3.8 - 13。

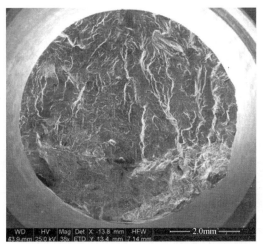

图 3.8－13　$\Delta\varepsilon/2=0.734\%$，$N_f=1172$ 轴向应力疲劳断口宏观形貌

（2）微观特征。裂纹起始于试样的表面，断裂源区可见放射线特征和解理特征(图 3.8－14 (a))，扩展区有疲劳条带和韧窝(图 3.8－14(b)和图 3.8－14(c))，瞬断区为韧窝特征(图 3.8－14(d))。

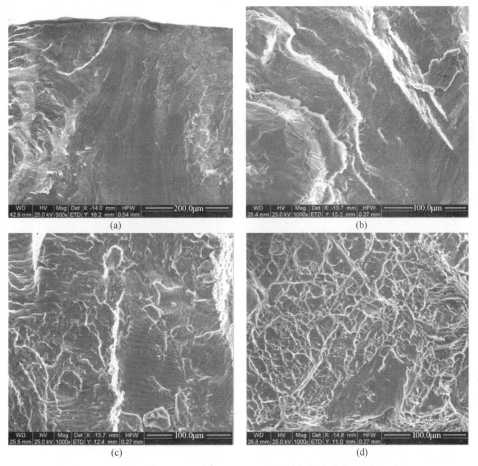

图 3.8－14　$\Delta\varepsilon/2=0.734\%$，$N_f=1172$ 轴向应力疲劳断口微观形貌

(a)断口主疲劳源区；(b)扩展中期的疲劳条带；(c)扩展后期的疲劳条带和韧窝；(d)瞬断区的韧窝。

2) 300℃,R=0.1

(1) 宏观特征。断口呈多源特征,粗糙不平,高低起伏,剪切唇区形状不规则,见图3.8-15。断口呈暗灰色。

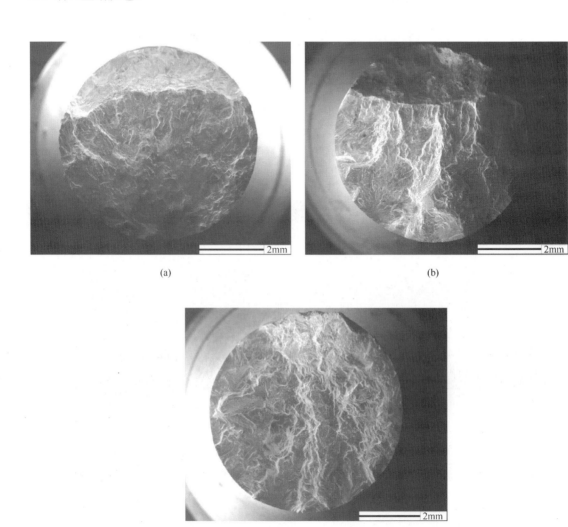

(a)   (b)

(c)

图 3.8-15 300℃,R=0.1 低周疲劳断口宏观形貌

(a)$\Delta\varepsilon/2=0.45\%$,$N_f=8936$;(b)$\Delta\varepsilon/2=0.675\%$,$N_f=2197$;(c)$\Delta\varepsilon/2=0.85\%$,$N_f=894$。

(2) 微观特征。断口多源起裂,裂纹起源于表面,见图3.8-16(a)、(b)。扩展区前期疲劳条带较浅,由于裂纹源较多,扩展区中期与后期位置不易确定,见图3.8-16(c)、(d)、(e)。瞬断区为韧窝形貌,见图3.8-16(f)。

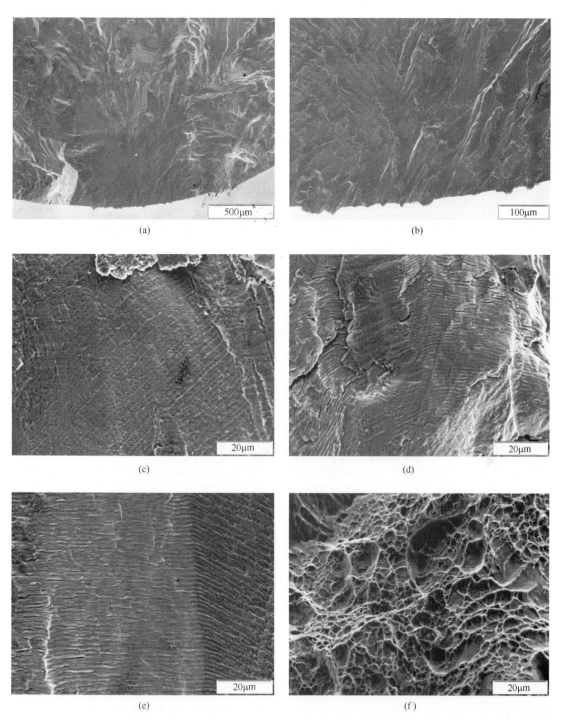

图 3.8－16　Δε/2＝0.45％,300℃下低周疲劳断口微观特征

(a)疲劳源区特征;(b)疲劳源区高倍特征;(c)扩展区疲劳条带特征;
(d)扩展中期疲劳条带特征;(e)扩展后期疲劳条带特征;(f)瞬断区韧窝形貌。

3) 300℃,R＝－1

（1）**宏观特征**。断裂起始于试样表面,呈多源特征,断口粗糙,由很多不同位向的平面组成,剪切唇区形状不规则,见图 3.8－17。

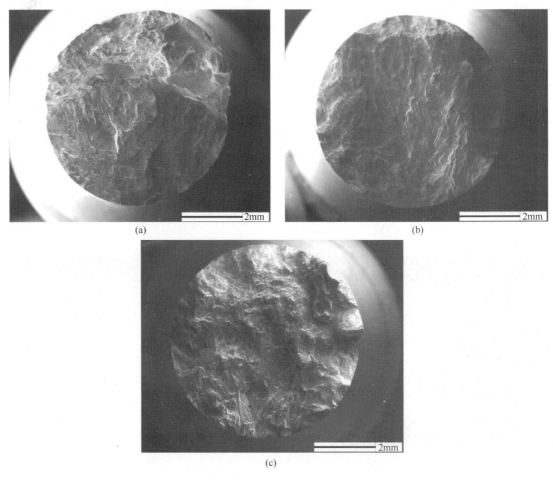

图 3.8-17　300℃,$R=-1$ 时低周疲劳断口宏观形貌

(a)$\Delta\varepsilon/2=0.4\%$,$N_f=25000$;(b)$\Delta\varepsilon/2=0.7\%$,$N_f=2041$;(c)$\Delta\varepsilon/2=0.9\%$,$N_f=859$。

(2) 微观特征。 疲劳起始于试样表面,源区可见解理特征,见图 3.8-18(a)、(b)。疲劳扩展前期疲劳条带细、碎,随着裂纹的扩展,疲劳条带间距有所加宽,扩展区后期疲劳条带粗,见图 3.8-18(c)、(d)、(e)。瞬断区为韧窝形貌,见图 3.8-18(f)。

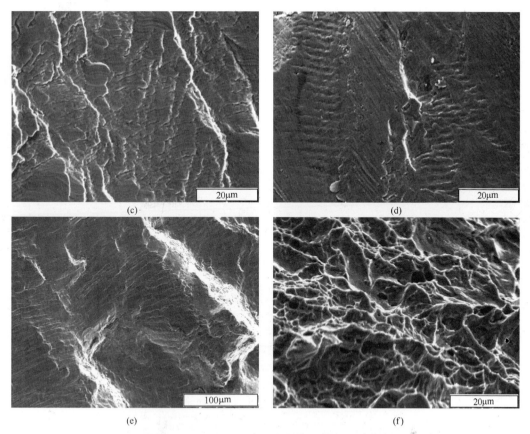

(c)　　　　　　　　　　　　　　　　　　(d)

(e)　　　　　　　　　　　　　　　　　　(f)

图 3.8 - 18　$\Delta\varepsilon/2 = 0.7\%$，300℃低周疲劳断口微观特征

(a)疲劳源区低倍特征；(b)源区高倍形貌；(c)扩展前期疲劳条带特征；
(d)扩展中期疲劳条带特征；(e)扩展后期疲劳条带特征；(f)瞬断区韧窝形貌。

4. 裂纹扩展

(1) 宏观特征。四种温度下的断口宏观特征基本相同，断口表面均很粗糙，疲劳裂纹从缺口表面起裂，为多源特征。随着温度增加，扩展区面积逐渐增大，由占断口面积的 65％增加至 69％；临界裂纹长度由 20.8mm 增加至 22mm；断口的颜色由浅变深，在 400℃时，断口出现明显的氧化特征，呈深黄色，见图 3.8 - 19。

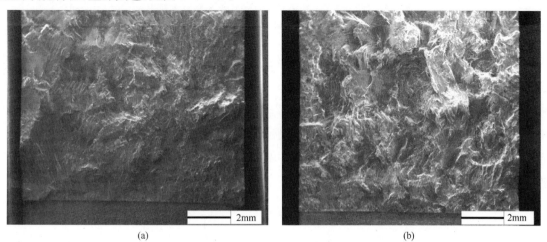

(a)　　　　　　　　　　　　　　　　　　(b)

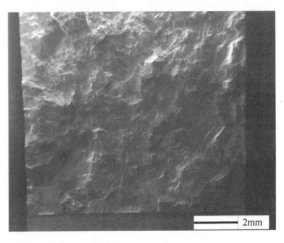

(c)   (d)

(e)

图 3.8 - 19 ZTA15 钛合金裂纹扩展速率断口宏观形貌

(a)室温;(b)200℃;(c)300℃;(d)400℃;(e)不同温度下疲劳断口的颜色变化。

(2) 微观特征。源区为线源特征,有明显的放射棱线,见图 3.8 - 20(a)。裂纹扩展初期疲劳条带细密,疲劳条带间距为 0.52 μm,见图 3.8 - 20(b)。随着裂纹扩展,疲劳扩展中后期的疲劳条带间距明显加宽,疲劳条带间距分别为 2.1 μm 和 6.78 μm,见图 3.8 - 20(c)、(d)。瞬断区的断裂特征为韧窝,见图 3.8 - 20(e)。在疲劳裂纹扩展区内有二次裂纹。由四种温度条件下的断口观察结果可知,随着温度升高,疲劳扩展区面积和临界裂纹长度逐渐减小,断口颜色逐渐加深。

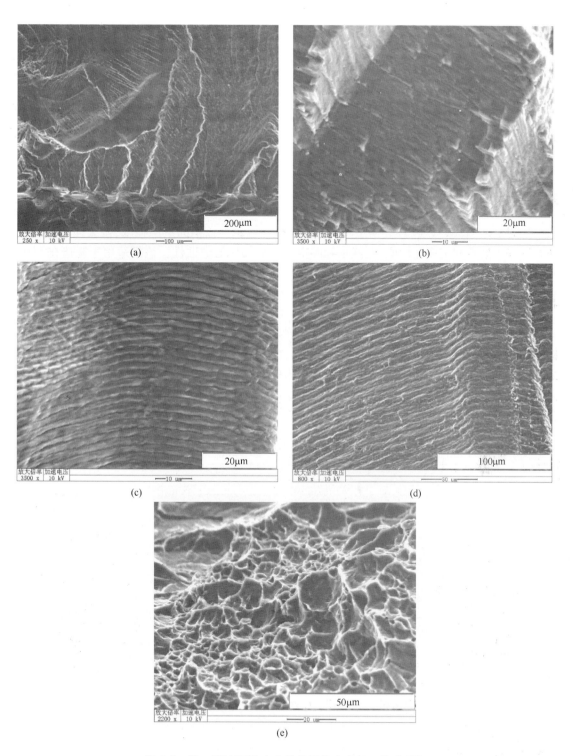

图 3.8 - 20　ZTA15 钛合金裂纹扩展速率断口微观形貌

(a)源区特征;(b)扩展前期条带特征;(c)扩展中期条带特征;

(d)扩展后期条带特征;(e)瞬断区韧窝特征。

第四章　航空发动机用合金钢断口特征

4.1　1Cr11Ni2W2MoV

4.1.1　概述

1Cr11Ni2W2MoV 是 12％铬型马氏体热强度不锈钢。该钢的室温强度、持久强度均较高，并有良好的韧性和抗氧化性能，在淡水和湿空气中有较好的耐蚀性。该钢适用于制造在 550℃ 以下及潮湿条件下工作的承力件，已用于制造多种航空发动机压气机盘、叶片等重要零件。

4.1.2　组织结构

1Cr11Ni2W2MoV 在淬火状态下的组织为板条马氏体＋少量 δ-铁素体。300℃回火析出针状的 $M_3C(Fe_3C)$ 型碳化物；400℃～500℃回火析出 M_7C_3（主要为 CrC_3）型碳化物，伴有少量的 M_2X 型碳化物析出；500℃～600℃回火析出的碳化物为 M_2X 和 $M_{23}C_6$；600℃以上回火析出的碳化物主要为 $M_{23}C_6$，并有聚集长大现象。具体相变温度见表 4.1-1。在淬火状态下的金相组织见图 4.1-1。

表 4.1-1　1Cr11Ni2W2MoV 的相变温度

相变点	Ac_1	Ac_3	M_s
θ/℃	735～785	885～920	279～345

(a)200×　　　　　　　　　　　　　　　(b)500×

图 4.1-1　1Cr11Ni2W2MoV 的金相组织特征

4.1.3　断口特征

1. 低周疲劳

1）室温，$R=0.1$

（1）宏观特征。试样裂纹由试样表面起源，呈多点起源特征，断口疲劳台阶明显。疲劳扩展面积约为断面的 20％到 60％,疲劳区相对较平坦,瞬断区高差较大,与疲劳区平坦面呈约 45°夹角,宏观形貌见图 4.1-2。

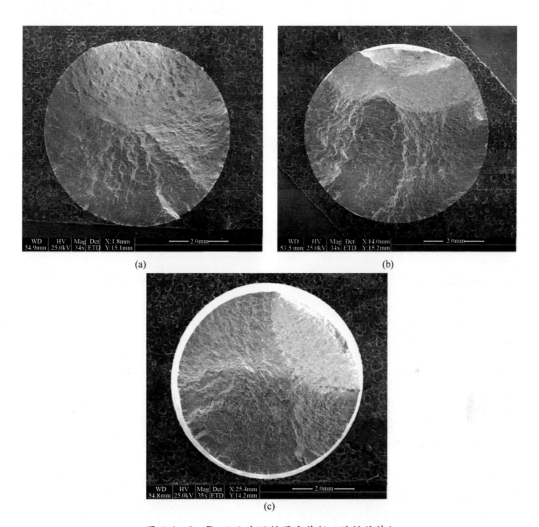

(a)

(b)

(c)

图 4.1-2　$R=0.1$ 室温低周疲劳断口的低倍特征

(a)$R=0.1$,室温,$\Delta\varepsilon=1.365\%$;(b)$R=0.1$,室温,$\Delta\varepsilon=1.620\%$;(c)$R=0.1$,室温,$\Delta\varepsilon=2.892\%$。

(2) 微观特征。$\Delta\varepsilon=1.620\%$ 主源区呈多源疲劳特征,有明显的放射棱线,见图 4.1-3(a)。裂纹扩展初期疲劳条带细密平直,条带宽度约为 $4\mu m$,见图 4.1-3(b)。随着裂纹的扩展,到疲劳扩展的中后期,疲劳条带逐渐加宽,达到了约 $5\mu m$,且条带断断续续,后期为条带与韧窝的混合形貌,条带宽度约为 $6\mu m \sim 8\mu m$,断面上可见大量的二次裂纹,见图 4.1-3(c)和图 4.1-3(d)。断口上可见较明显的疲劳和快速断裂的分界形貌,见图 4.1-3(e),瞬断区韧窝形貌见图 4.1-3(f)。随着应变的逐渐增大,疲劳扩展面积逐渐减小,但各扩展阶段对应的疲劳条带宽度略有增加,$\Delta\varepsilon=1.365\%$ 和 $\Delta\varepsilon=2.892\%$ 处裂纹扩展中期疲劳条带形貌见图 4.1-4。

2) 室温,$R=-1$

(1) 宏观特征。试样裂纹由试样表面起源,呈多点起源特征,断口疲劳台阶明显。疲劳区相对较平坦,瞬断区高差较大,与疲劳区平坦面呈约 45°,见图 4.1-5。

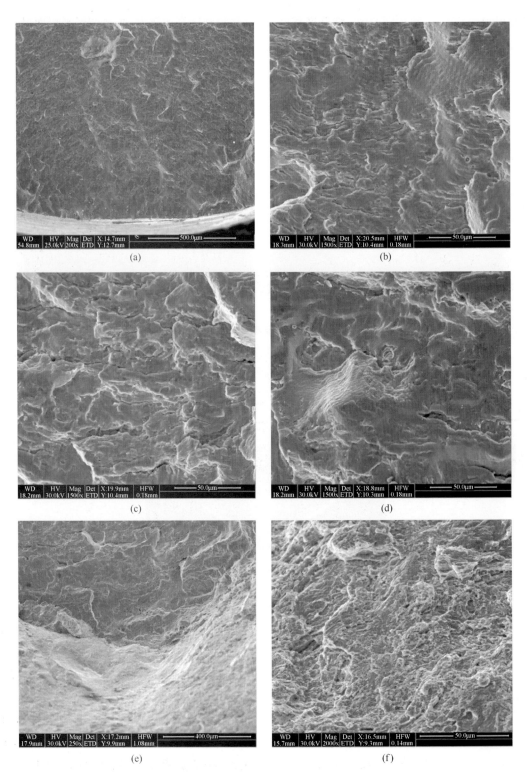

图 4.1-3 $R=0.1$,室温,$\Delta\varepsilon=1.620\%$断口微观形貌

(a)源区特征;(b)疲劳前期条带特征;(c)疲劳中期条带特征;(d)疲劳后期条带特征;
(e)疲劳期与瞬断区交界处形貌;(f)瞬断区特征。

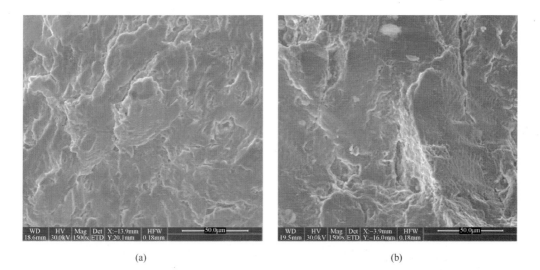

(a)

(b)

图 4.1-4　断口微观疲劳条带形貌

(a)R＝0.1,室温,$\Delta\varepsilon$＝1.365％疲劳扩展区条带特征;(b)R＝0.1,室温,$\Delta\varepsilon$＝2.892％疲劳扩展区条带特征。

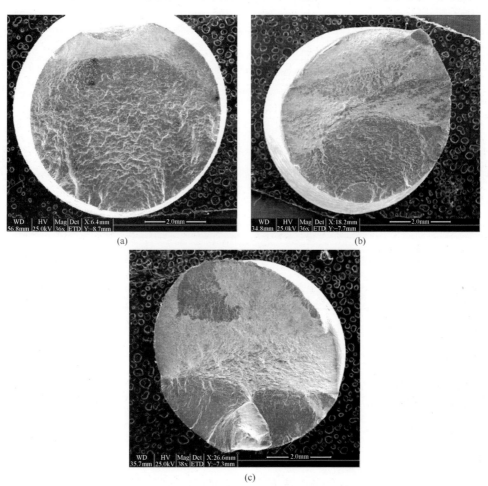

(a)

(b)

(c)

图 4.1-5　R＝-1室温低周疲劳断口的低倍特征

(a)R＝-1,室温,$\Delta\varepsilon$＝2.967％;(b)R＝-1,室温,$\Delta\varepsilon$＝1.731％;

(c)R＝0.1,室温,$\Delta\varepsilon$＝1.026％。

随着应变幅 $\Delta\varepsilon$ 逐渐增大，疲劳断口扩展面积逐渐减小，从 80% 减小到 20%，断面高差也逐渐变大。

(2) 微观特征。 在 $\Delta\varepsilon = 1.731\%$ 条件下，主源区呈多源疲劳特征，有明显的放射棱线，见图 4.1-6(a)。裂纹扩展初期疲劳岩条带细密平直，条带宽度约为 $2.5\mu m$，见图 4.1-6(b)。随着裂纹的扩展，到疲劳扩展的中后期，疲劳条带逐渐加宽，达到了约 $6\mu m$，且条带断断续续，后期为条带与韧窝的混合形貌，条带宽度约为 $8\mu m \sim 10\mu m$，断面上可见大量的二次裂纹，见图 4.1-6(c)和图 4.1-6(d)。断口上可见较明显的疲劳和快速断裂的分界形貌，见图 4.1-6(e)。瞬断区位韧窝形貌，见图 4.1-6(f)。随着应变的逐渐增大，疲劳扩展面积逐渐减小，各扩展阶段对应的疲劳条带宽度逐渐增加，$\Delta\varepsilon = 2.967\%$ 和 $\Delta\varepsilon = 1.026\%$ 处裂纹扩展中期疲劳条带形貌见图 4.1-7。

3) $T=500℃, R=0.1$

(1) 宏观特征。 由低倍形貌可以看出各条件下低周疲劳断口均为线源，见图 4.1-8。裂纹扩展区域为蓝色，相对较平坦，瞬断区为灰黑色，断面粗糙且与疲劳区呈 45°。$\Delta\varepsilon = 0.63\%$ 和 $\Delta\varepsilon = 1.639\%$ 扩展面积较小，约占断面的 50%，$\Delta\varepsilon = 2.235\%$ 疲劳面积约占整个断面的 80%。

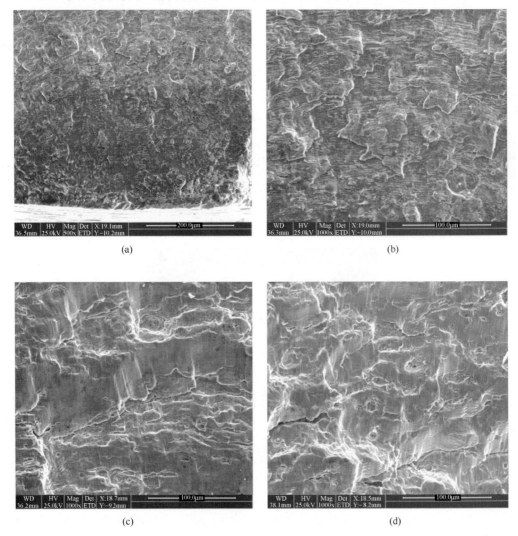

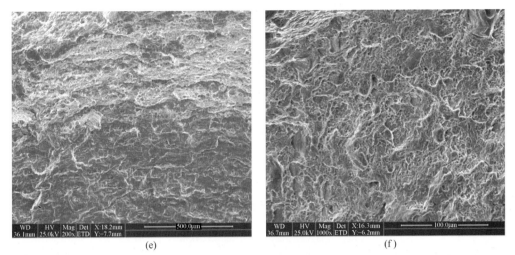

(e)   (f)

图 4.1-6 $R=-1$,室温,$\Delta\varepsilon=1.731\%$ 断口微观形貌

(a)源区特征;(b)疲劳前期条带特征;(c)疲劳中期条带特征;(d)疲劳后期条带特征;

(e)疲劳期与瞬断区交界处形貌;(f)瞬断区韧窝特征。

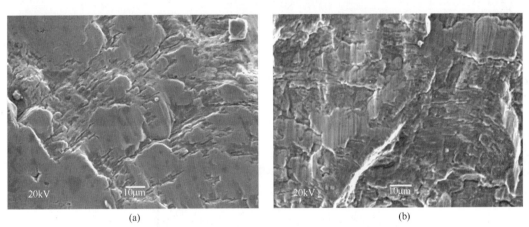

(a)   (b)

图 4.1-7 断口微观疲劳条带形貌

(a)$R=-1$,室温,$\Delta\varepsilon=2.967\%$疲劳扩展区条带特征;(b)$R=-1$,室温,$\Delta\varepsilon=1.026\%$疲劳扩展区条带特征。

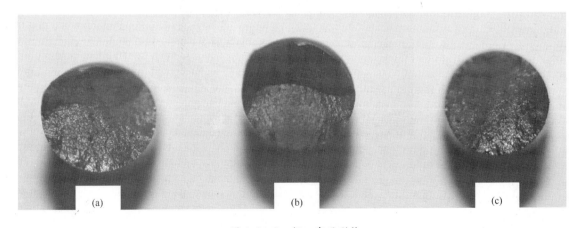

(a)   (b)   (c)

图 4.1-8 断口宏观形貌

(a)$R=0.1$,$T=500℃$,$\Delta\varepsilon=1.639\%$;(b)$R=0.1$,$T=500℃$,$\Delta\varepsilon=0.630\%$;(c)$R=-1$,$T=500℃$,$\Delta\varepsilon=2.235\%$。

（2）微观特征。沿试样周边起源，主源区呈多源疲劳特征，有明显的放射棱线，见图4.1-9。离源区很近处就可见疲劳条带形貌，见图4.1-10(a)。裂纹扩展初期疲劳条带细密平直，见图4.1-10(b)。随着裂纹的扩展，到疲劳扩展的中后期，疲劳条带逐渐加宽，后期为条带与韧窝的混合形貌，断面上可见大量的二次裂纹，见图4.1-10(c)、(d)。断口上可见较明显的疲劳和快速断裂的分界形貌，瞬断区为韧窝，见图4.1-10(e)。随着应变的逐渐增大，各扩展阶段对应的疲劳条带宽度略有增加，$\Delta\varepsilon = 0.630\%$ 和 $\Delta\varepsilon = 2.236\%$ 处裂纹扩展期疲劳条带形貌见图4.1-11。

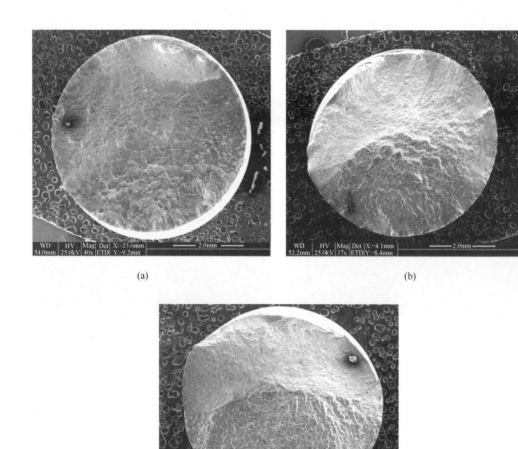

(a)

(b)

(c)

图4.1-9　$R=-1$，$T=500℃$低周疲劳断口的低倍特征

(a)$\Delta\varepsilon = 2.403\%$；(b)$\Delta\varepsilon = 2.076\%$；(c)$\Delta\varepsilon = 0.855\%$。

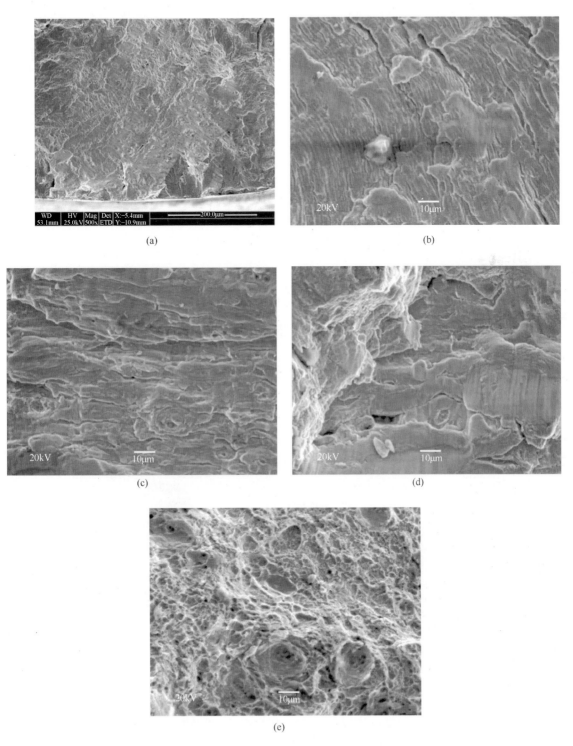

图 4.1-10　$R=-1, T=500℃, \Delta\varepsilon=2.076\%$ 断口微观形貌

(a)源区特征；(b)疲劳前期条带特征；(c)疲劳中期条带特征；(d)疲劳后期条带特征；(e)瞬断韧窝特征。

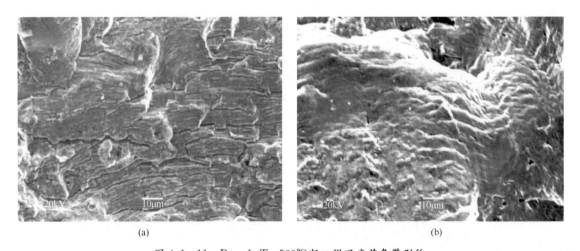

(a)   (b)

图 4.1-11 $R=-1$,$T=500℃$断口微观疲劳条带形貌

(a)$\Delta\varepsilon=2.403\%$疲劳扩展区条带特征;(b)$\Delta\varepsilon=0.855\%$疲劳扩展区条带特征。

4) $T=500℃$,$R=-1$

(1)宏观特征。试样裂纹由试样表面起源,呈多点起源特征,断口疲劳台阶明显,见图 4.1-12。

$\Delta\varepsilon=2.403\%$疲劳试样断口高差较大,整个断口几乎呈一个大斜面,平坦区面积较小,约占整个断口的 20%,整个断口均为灰黑色,见图 4.1-12(a)。

$\Delta\varepsilon=2.076\%$疲劳断口平坦扩展区面积约占整个断口的 50%,为深蓝色,另外一半区域为瞬断区,断面粗糙,呈暗红色,见图 4.1-12(b)。

$\Delta\varepsilon=0.855\%$疲劳断口平坦扩展区面积约占整个断口的 60%,为深蓝色,其它另外 40%为瞬断区,断面粗糙,呈暗红色,见图 4.1-12(c)。

(a)   (b)   (c)

图 4.1-12 1Cr11Ni2W2MoV 的宏观形貌

(a)$R=-1$,$T=500℃$,$\Delta\varepsilon=2.403\%$;(b)$R=-1$,$T=500℃$,$\Delta\varepsilon=2.076\%$;(c)$R=-1$,$T=500℃$,$\Delta\varepsilon=0.855\%$。

(2)微观特征。由低倍形貌可以看出各条件下低周疲劳断口均为线源,见图 4.1-13。$\Delta\varepsilon=2.403\%$扩展面积较小,$\Delta\varepsilon=2.076\%$和 $\Delta\varepsilon=0.855\%$扩展面积较大,随着裂纹的扩展,疲劳条带逐渐变宽,并出现二次裂纹,瞬断区为韧窝特征,断口各阶段处形貌见图 4.1-14。不同应变条

458

件下的断口扩展区条带清晰,二次裂纹明显,随着应变的增大,分别在疲劳前期、中期、后期的疲劳条带逐渐增大。不同条件下疲劳扩展区条带形貌见图4.1-15。

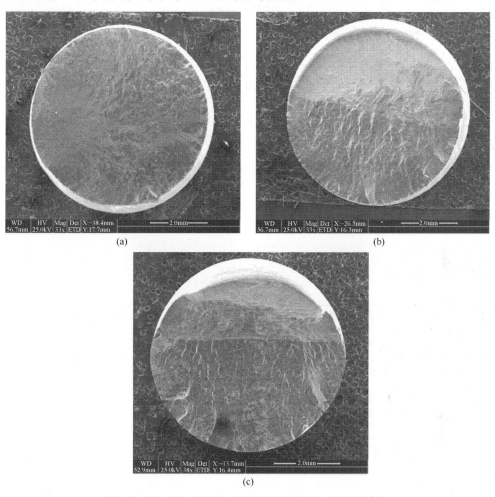

(a)

(b)

(c)

图 4.1-13　$R=-1$,$T=500℃$低周疲劳断口的低倍特征

(a)$R=-1$,$T=500℃$,$\Delta\varepsilon=2.403\%$;(b)$R=-1$,$T=500℃$,$\Delta\varepsilon=2.076\%$;(c)$R=-1$,$T=500℃$,$\Delta\varepsilon=0.855\%$。

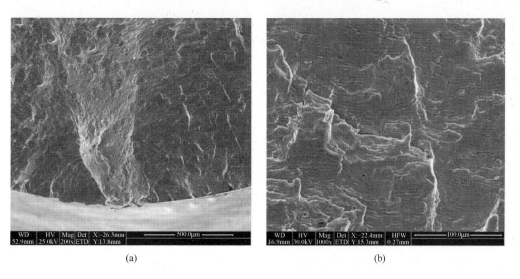

(a)

(b)

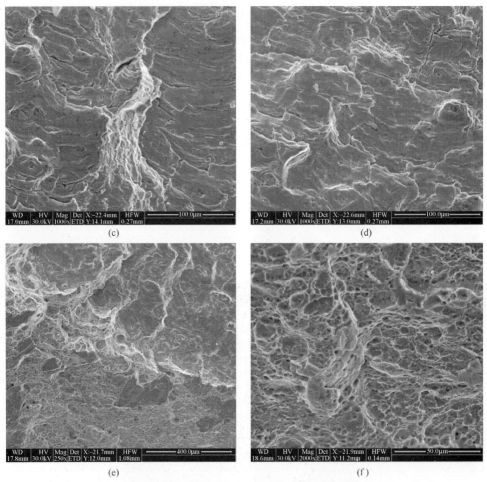

图 4.1-14 $R=-1$, $T=500℃$, $\Delta\varepsilon=2.076\%$断口微观形貌

(a)源区特征；(b)疲劳前期条带特征；(c)疲劳中期条带特征；(d)疲劳后期条带特征；

(e)疲劳期与瞬断区交界处形貌；(f)瞬断区特征。

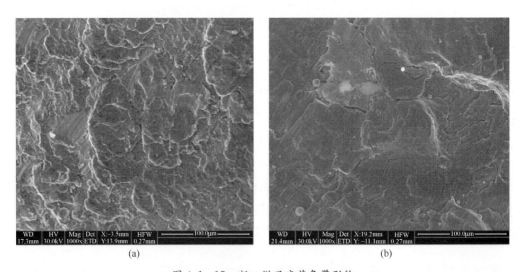

图 4.1-15 断口微观疲劳条带形貌

(a)$R=-1$, $T=500℃$, $\Delta\varepsilon=2.403\%$疲劳扩展区条带特征；(b)$R=-1$, $T=500℃$, $\Delta\varepsilon=0.855\%$疲劳扩展区条带特征。

4.2　16Cr3NiWMoVNbE

4.2.1　概述

16Cr3NiWMoVNbE属于特级优质钢,具有淬透性高、晶粒长大倾向低等优异的综合性能,其使用温度可达350℃,不仅可以渗碳处理,也可以氮化处理。该钢的研制成功,满足了我国新一代航空发动机对齿轮的需求。

4.2.2　组织结构

16Cr3NiWMoVNbE钢经过920℃淬火、350℃回火的显微组织以回火马氏体为主,组织均匀,见图4.2-1;920℃原始奥氏体晶粒度为8级~9级,晶粒细小均匀。

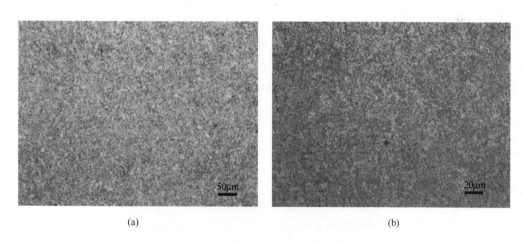

(a) (b)

图4.2-1　16Cr3NiWMoVNbE的金相组织特征

(a)200×;(b)500×。

4.2.3　断口特征

1. 光滑拉伸

(1) 宏观特征。三个拉伸断口的宏观特征基本相同,均为杯锥状断口,整体较粗糙,四周光滑表面为剪切唇区,中心为纤维区,粗糙不平,无明显的放射棱线。

三个拉伸断口纤维区面积几乎相当,常温拉伸断口呈灰色,200℃和300℃下断口呈灰黑色,见图4.2-2。

(2) 微观特征。三个温度下的拉伸断口微观特征基本相同,断口纤维区均为穿晶断裂,呈等轴韧窝断裂特征,见图4.2-3(a)、(b)、(c),由于16Cr3NiWMoVNbE材料晶粒细密,未见明显塑性变形痕迹;剪切唇区微观形貌均为剪切韧窝断裂特征(见图4.2-3(d)、(e)、(f))。

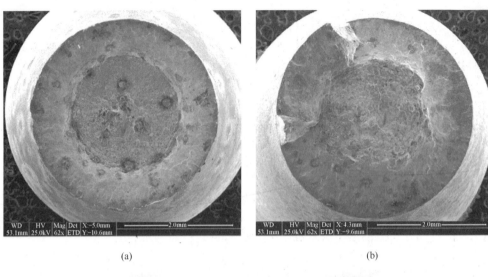

(a)

(b)

(c)

图 4.2-2 16Cr3NiWMoVNbE 光滑拉伸断口宏观形貌

(a)室温;(b)200℃;(c)300℃。

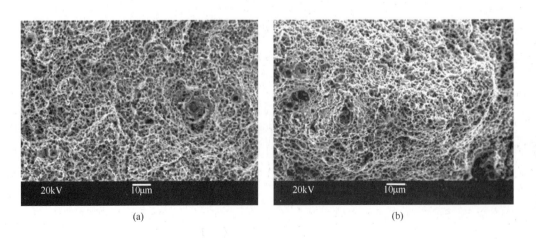

(a)

(b)

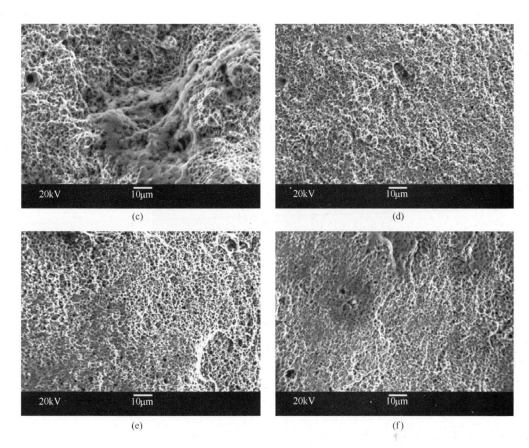

图 4.2-3　16Cr3NiWMoVNbE 光滑拉伸断口微观形貌

(a)室温断口纤维区等轴韧窝；(b)200℃断口纤维区等轴韧窝；(c)300℃断口纤维区等轴韧窝；
(d)室温剪切唇区剪切韧窝；(e)200℃剪切唇区剪切韧窝；(f)300℃剪切唇区剪切韧窝。

2. 缺口拉伸

(1) 宏观特征。 裂纹从缺口根部起始，断面粗糙，室温断口呈灰色，200℃和 300℃断口呈灰黑色，见图 4.2-4。

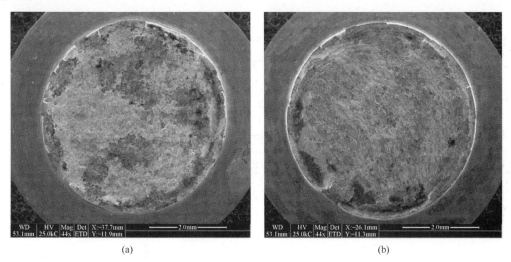

(a)　　　　　　　　　　　　　　　　　(b)

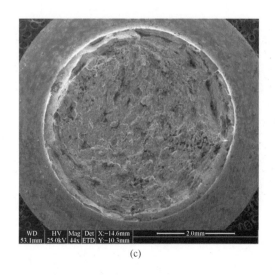

(c)

图 4.2-4　16Cr3NiWMoVNbE 缺口拉伸断口宏观形貌

(a)室温，$\sigma_{bH}=2195MPa$；(b)200℃，$\sigma_{bH}=2106MPa$；(c)300℃，$\sigma_{bH}=2189MPa$。

(2) 微观特征。 微观观察主要为韧窝特征，韧窝的大小和深度随着温度的升高稍有变大和变深，室温断口中心、边缘韧窝均较小、较浅，见图 4.2-5(a)、(b)。200℃和 300℃断口心部韧窝较大，边缘韧窝相对较小，见图 4.2-5(c)～(f)。

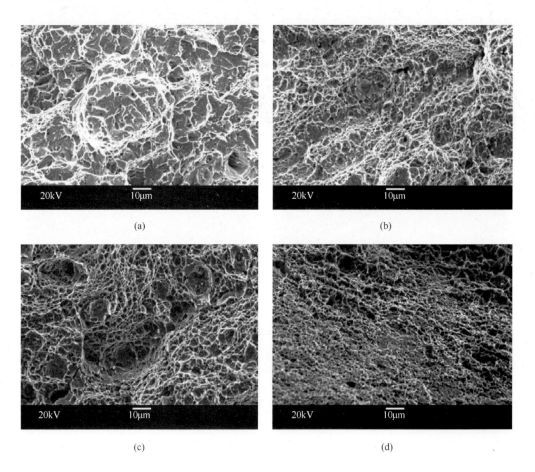

(a)

(b)

(c)

(d)

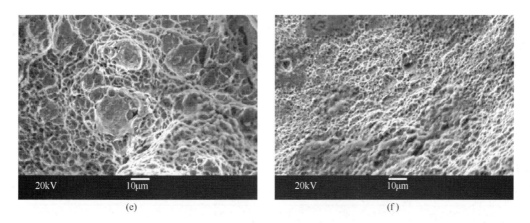

(e)   (f)

图 4.2-5　缺口拉伸断口微观形貌

(a)室温中心韧窝;(b)室温边缘韧窝;(c)200℃中心韧窝;(d)200℃边缘韧窝;(e)300℃中心韧窝;(f)300℃边缘韧窝。

3. 扭转

(1) 宏观特征。 断口平齐,断面可见明显扭剪摩擦痕迹,最后瞬断面积较小,位置趋于中心,断面未见明显塑性变形。断面颜色,室温时呈银白色、200℃呈灰色、300℃呈蓝色(见图 4.2-6)。

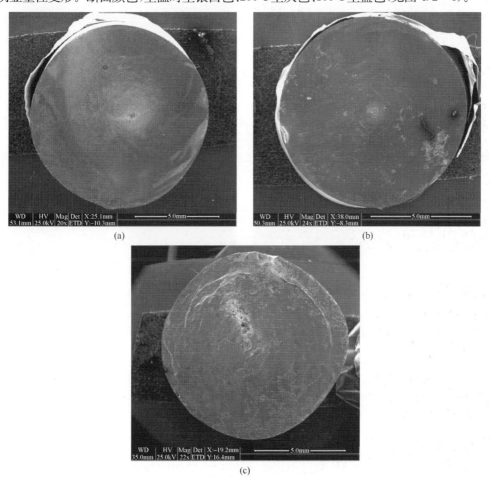

(a)   (b)

(c)

图 4.2-6　扭转剪切断口宏观形貌

(a)室温,$\tau_b = 1121$MPa,$\tau_{0.3} = 834$MPa;(b)200℃,$\tau_b = 1124$MPa,$\tau_{0.3} = 765$MPa;(c)300℃,$\tau_b = 1272$MPa,$\tau_{0.3} = 706$MPa。

（2）微观特征。断裂特征主要为韧窝,由于剪切变形和摩擦的作用韧窝均较浅并有不同程度的变形,室温状态和200℃状态下断面中心为正常韧窝,边缘韧窝剪切变形较明显,见图 4.2 - 7(a)～(d)。300℃状态下断面中心为等轴韧窝较大,边缘韧窝剪切变形更明显,见图 4.2 - 7(e)～(f)。

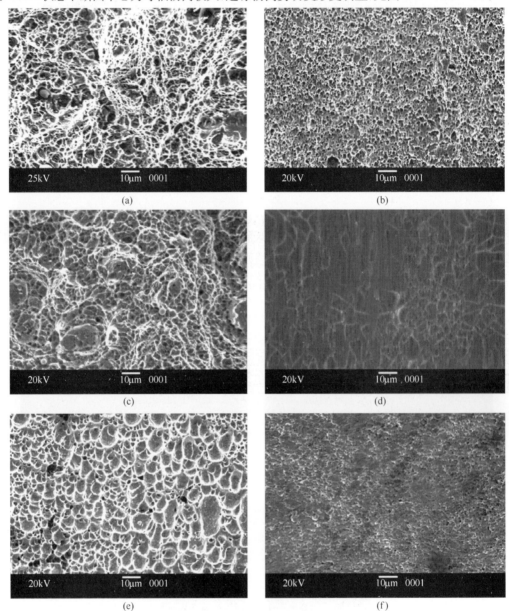

图 4.2 - 7　扭转剪切断口微观形貌
(a)室温中心韧窝;(b)室温边缘剪切变形韧窝;(c)200℃中心等轴韧窝;
(d)200℃边缘拉长剪切韧窝;(e)300℃中心等轴韧窝;(f)300℃边缘拉长剪切韧窝。

4. 高周光滑疲劳

1）200℃,$R=0.1$

（1）宏观特征。断口呈灰色,断口无明显塑性变形,断面高差较大,疲劳裂纹起始于断口一侧表面,向另一侧扩展,疲劳扩展面积较小,约占整个断口的 30%,断口的大部分为瞬断区,其断面与轴线方向约呈45°,见图 4.2 - 8。

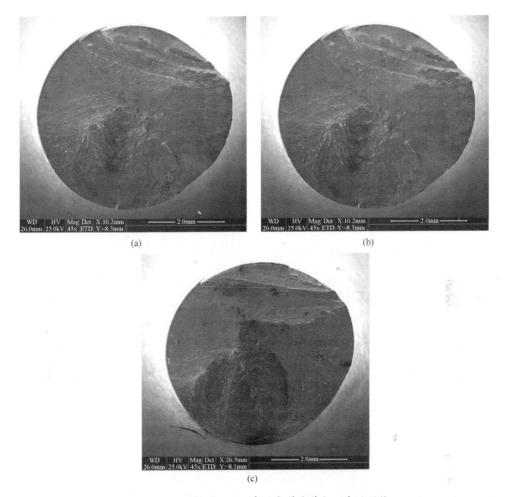

图 4.2-8　200℃，$R=0.1$ 高周光滑疲劳断口宏观形貌

(a)$\sigma_{max}=1300MPa$，$N_f=2.4\times10^4$；(b)$\sigma_{max}=1200MPa$，$N_f=6.02\times10^5$；(c)$\sigma_{max}=1100MPa$，$N_f=2.56\times10^6$。

(2) 微观特征。裂纹起源于表面，呈点源，见图 4.2-9(a)。随着裂纹的扩展，在扩展前中后期疲劳条带逐渐变宽，见图 4.2-9(b)、(c)、(d)。疲劳区与瞬断区有明显的分界，见图 4.2-9(e)。瞬断区为韧窝形貌，见图 4.2-9(f)。不同应力下的疲劳条带形貌见图 4.2-10，疲劳条带随着应力的增加而逐渐加宽。

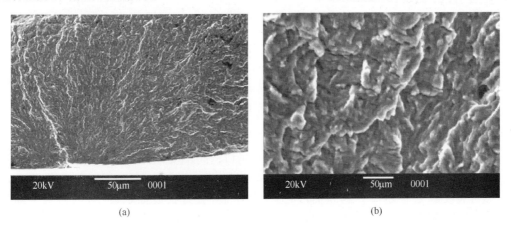

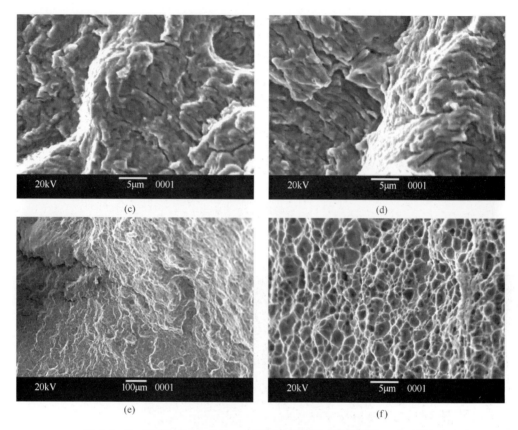

图 4.2-9 200℃,$R=0.1$,$\sigma_{max}=1300$MPa 高周光滑疲劳断口微观特征

(a)疲劳源区特征;(b)扩展前期疲劳条带特征;(c)扩展中期疲劳条带特征;

(d)扩展后期疲劳条带特征;(e)疲劳扩展区与瞬断区交界处形貌;(f)瞬断韧窝形貌。

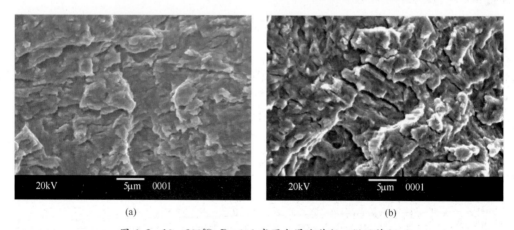

图 4.2-10 200℃,$R=0.1$ 高周光滑疲劳断口微观特征

(a)$\sigma_{max}=1200$MPa 扩展期疲劳条带特征;(b)$\sigma_{max}=1100$MPa 扩展期疲劳条带特征。

2) 200℃,$R=0.5$

(1) 宏观特征。$\sigma_{max}=1550$MPa 断口与拉伸断口相同,呈杯锥状,可见一定的塑性变形,裂纹从断面表面起源。$\sigma_{max}=1525$MPa、$\sigma_{max}=1500$MPa 断口呈灰色,断口无塑性变形,断面高差较大,疲劳裂纹起始于断口一侧表面,向另一侧扩展,疲劳扩展面积较小,约占整个断口的 20%,断口的大部分为瞬断区,其断面与受力面约呈 45°,见图 4.2-11。

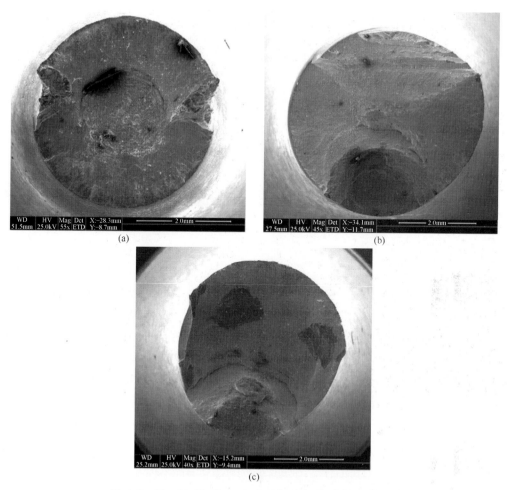

图 4.2-11　200℃，$R=0.5$ 高周光滑疲劳断口宏观形貌

(a)$\sigma_{max}=1550MPa$，$N_f=4.2\times10^4$；(b)$\sigma_{max}=1525MPa$，$N_f=4.3\times10^4$；(c)$\sigma_{max}=1500MPa$，$N_f=5.96\times10^4$。

（2）微观特征。断口呈点源，位于断口表面，低高倍形貌见图 4.2-12(a)~(b)。裂纹扩展各阶段疲劳条带平直、细密，条带宽度约为 $1\mu m\sim2\mu m$，见图 4.2-12(c)、(d)、(e)，在疲劳扩展后期，可见条带＋韧窝形貌特征。瞬断区为韧窝特征，见图 4.2-12(f)。最大应力为 $\sigma_{max}=1525MPa$ 时高周光滑疲劳断口微观特征见图 4.2-13，条带宽度较 1500MPa 时稍有增加。

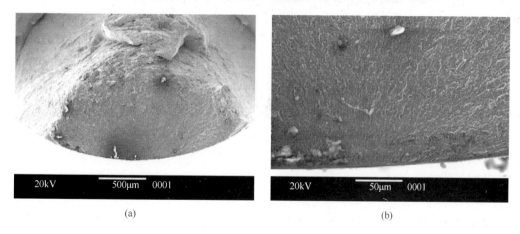

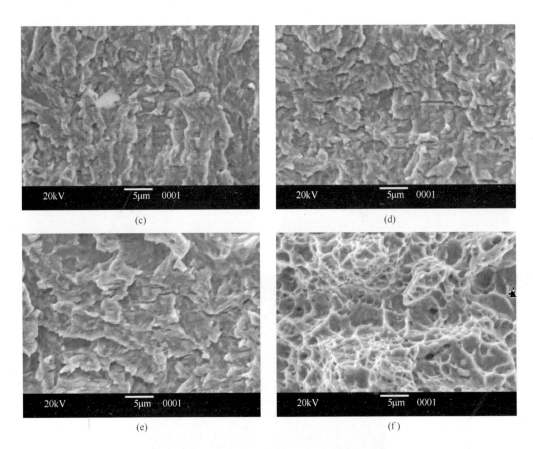

图 4.2-12　200℃,R＝0.1,σ_{max}＝1500MPa 高周光滑疲劳断口微观特征

(a)疲劳源区低倍特征;(b)源区高倍形貌;(c)扩展前期疲劳条带特征;
(d)扩展中期疲劳条带特征;(e)扩展后期疲劳条带特征;(f)瞬断韧窝形貌。

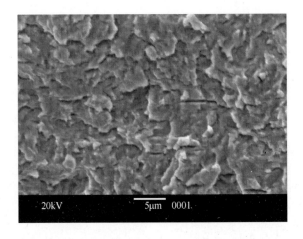

图 4.2-13　200℃,R＝0.1,σ_{max}＝1525MPa 高周光滑疲劳断口微观特征

3) 200℃,R＝-1

(1) 宏观特征。裂纹起源于表面一侧,呈点源,扩展区平坦且面积较小,约占断面 20%～50%,呈灰黑色,瞬断区断面与轴向成 45°,见图 4.2-14。

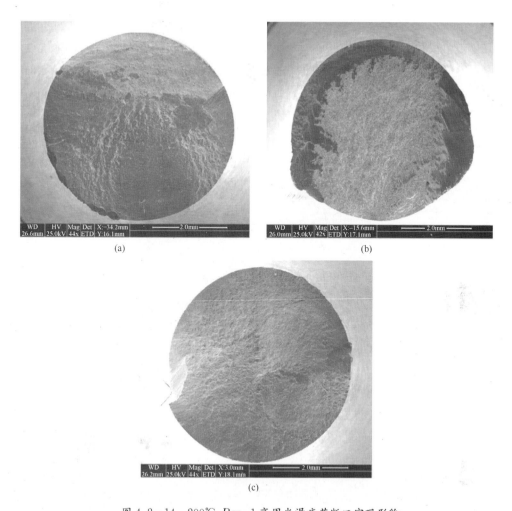

图 4.2-14 200℃,$R=-1$高周光滑疲劳断口宏观形貌

(a)$\sigma_{max}=850MPa$,$N_f=3.9\times10^4$;(b)$\sigma_{max}=750MPa$,$N_f=5.02\times10^5$;(c)$\sigma_{max}=600MPa$,$N_f=7.71\times10^6$。

(2) 微观特征。$\sigma_{max}=850MPa$条件下源区起始于表面,形貌见图 4.2-15(a),呈解理特征,疲劳扩展前、中期可见细密疲劳条带和二次裂纹,见图 4.2-15(b)~(c),$\sigma_{max}=850MPa$疲劳条带宽度约为 $0.5\mu m\sim0.7\mu m$,疲劳扩展后期条带较宽,达到了 $4.2\mu m$,见图 4.2-15(d),瞬断区为韧窝特征。$\sigma_{max}=750MPa$ 和 $\sigma_{max}=600MPa$ 扩展期疲劳条带特征见图 4.2-16。

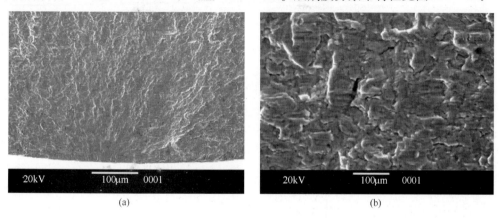

(a)　　　　　　　　　　　(b)

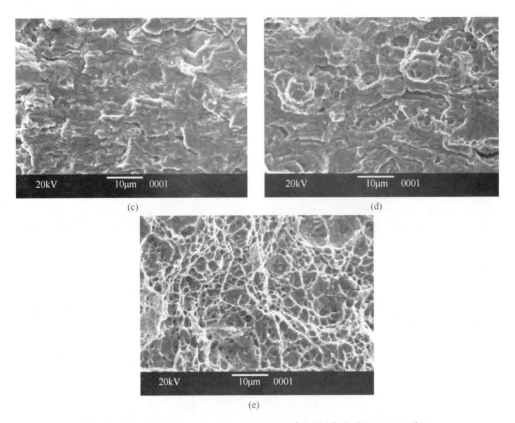

图 4.2 - 15　200℃，$R=-1$，$\sigma_{max}=850$MPa 高周光滑疲劳断口微观特征

(a)疲劳点源特征；(b)扩展前期疲劳条带特征；(c)扩展中期疲劳条带特征；(d)扩展后期疲劳条带特征；(e)瞬断韧窝形貌。

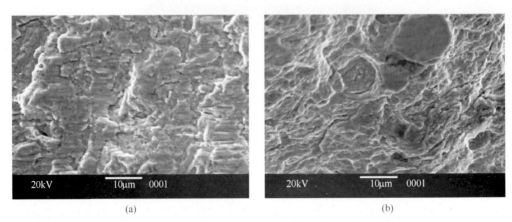

图 4.2 - 16　200℃，$R=-1$ 高周光滑疲劳断口微观特征

(a)$\sigma_{max}=750$MPa 扩展期疲劳条带特征；(b)$\sigma_{max}=600$MPa 扩展期疲劳条带特征。

4) 300℃，$R=0.1$

(1) **宏观特征。**裂纹起源于表面一侧，呈单个点源或两个点源，扩展区粗糙，约 20%～50%，瞬断区形成两个剪切断裂区域与轴向成 45°，见图 4.2 - 17。

随着应力的下降断口颜色逐渐变深，$\sigma_{max}=1350$MPa 应力下断口呈淡黄色，扩展面积较小，约为整个断口的 20%，$\sigma_{max}=1250$MPa 下断口呈棕黄色，扩展面积约为整个断口的 30%，$\sigma_{max}=1150$MPa 下断口呈紫色，扩展面积约为整个断口的 50%。

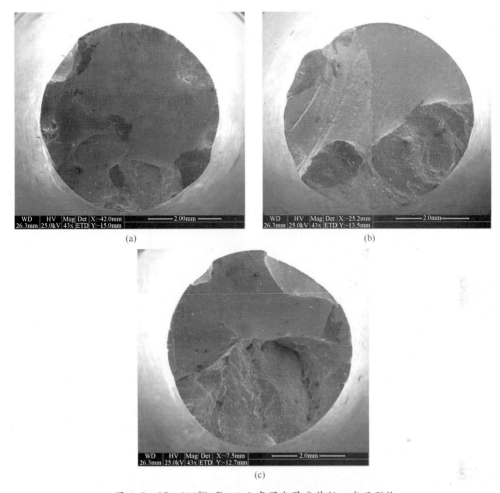

图 4.2-17　300℃，R＝0.1高周光滑疲劳断口宏观形貌

(a)σ_{max}＝1350MPa，N_f＝1.39×10⁵；(b)σ_{max}＝1250MPa，N_f＝6.27×10⁵；(c)σ_{max}＝1150MPa，N_f＝7.481×10⁶。

（2）微观特征。 σ_{max}＝1350MPa下断口呈点源，为准解理特征，疲劳扩展前期疲劳条带细密，中期可见疲劳条带和少量的二次裂纹，见图4.2-18(b)、(c)，σ_{max}＝1350MPa疲劳条带宽度约为0.4μm～0.8μm，疲劳扩展后期二次裂纹较多，疲劳条带宽度约1μm，见图4.2-18(d)，疲劳扩展区与瞬断区交界处明显，见图4.2-18(e)，瞬断区为韧窝特征，见图4.2-18(f)。σ_{max}＝1250MPa 和 σ_{max}＝1150MPa扩展期疲劳条带特征见图4.2-19。

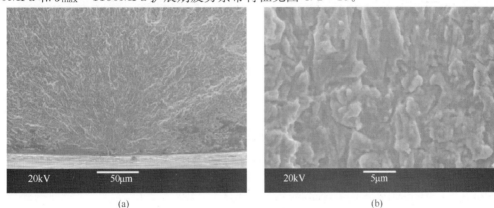

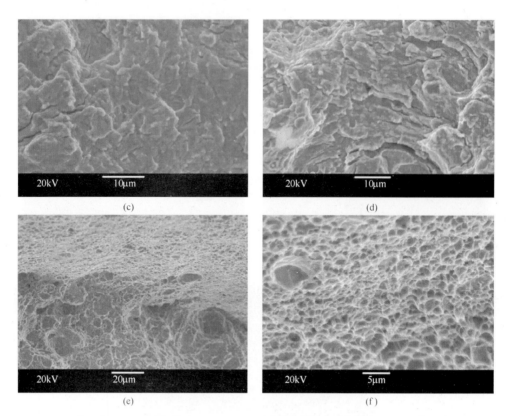

图 4.2 - 18　300℃，$R=0.1$，$\sigma_{max}=1350$MPa 高周光滑疲劳断口微观特征

(a) 疲劳源区特征；(b)扩展前期疲劳条带特征；(c)扩展中期疲劳条带特征；

(d)扩展后期疲劳条带及二次裂纹特征；(e)疲劳扩展区与瞬断区交界处形貌；(f)瞬断韧窝形貌。

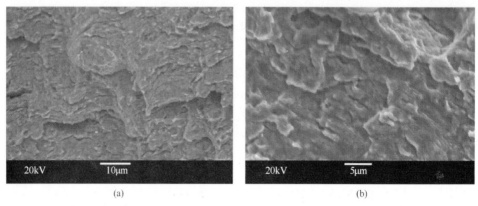

图 4.2 - 19　300℃，$R=0.1$高周光滑疲劳断口微观特征

(a)$\sigma_{max}=1250$MPa 扩展期疲劳条带特征；(b)$\sigma_{max}=1150$MPa 扩展期疲劳条带特征。

5) 300℃，$R=0.5$

(1) 宏观特征。 从疲劳扩展面积来看，$\sigma_{max}=1650$MPa 应力下疲劳扩展面积较大，约占整个断口的1/2，$\sigma_{max}=1600$MPa、$\sigma_{max}=1550$MPa 应力下疲劳面积较小，约占整个断口面积的10%；从断口裂纹扩展来看，裂纹均从断口一侧向另一侧扩展，$\sigma_{max}=1650$MPa 应力下断口为小线源，$\sigma_{max}=1600$MPa、$\sigma_{max}=1550$MPa 应力下断口为点源；从断口颜色上来看，$\sigma_{max}=1650$MPa、$\sigma_{max}=1600$MPa 下均为淡黄色，而 $\sigma_{max}=1550$MPa 下为棕黄色。从瞬断形貌进行观

察,瞬断区形成的剪切断裂区域与轴向成 $45°$,$\sigma_{max}=1600$MPa 应力下为双剪切断裂,而 $\sigma_{max}=1600$MPa、$\sigma_{max}=1550$MPa 应力下为单剪切断裂,见图 4.2-20。

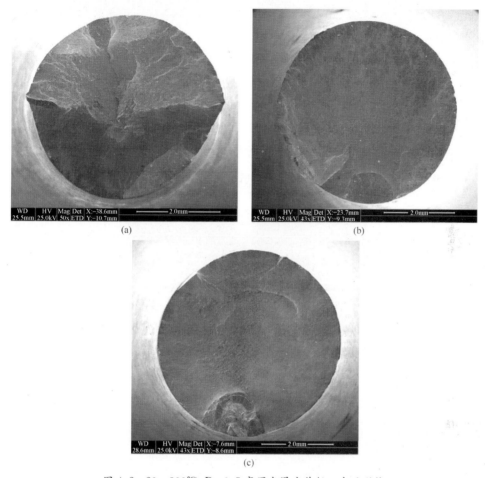

图 4.2-20　300℃,$R=0.5$ 高周光滑疲劳断口宏观形貌

(a)$\sigma_{max}=1650$MPa,$N_f=9\times10^3$;(b)$\sigma_{max}=1600$MPa,$N_f=2.25\times10^4$;(c)$\sigma_{max}=1550$MPa,$N_f=6.969\times10^6$。

(2) 微观特征。裂纹呈点源,源区为解理形貌,见图 4.2-21(a)。源区附近疲劳前期条带细密,随着裂纹的扩展,疲劳条带逐渐加宽,二次裂纹也逐渐增多,疲劳扩展后期为条带+韧窝形貌,见图 4.2-21(b)、(c)、(d)。瞬断区为韧窝形貌,韧窝均匀细密,见图 4.2-21(e)。$\sigma_{max}=1550$MPa 和 $\sigma_{max}=1650$MPa 条件下扩展期疲劳条带特征见图 4.2-22。

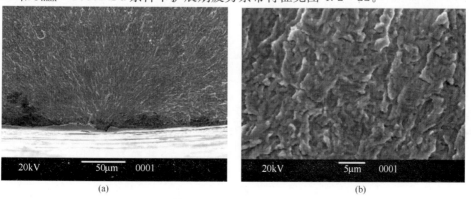

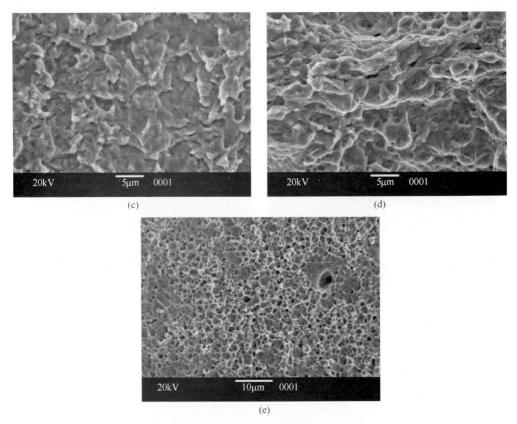

图 4.2-21　300℃,$R=0.5$,$\sigma_{max}=1600$MPa 高周光滑疲劳断口微观特征

(a)疲劳源区特征;(b)扩展前期疲劳条带特征;(c)扩展中期疲劳条带特征;(d)扩展后期疲劳条带特征;(e)瞬断韧窝形貌。

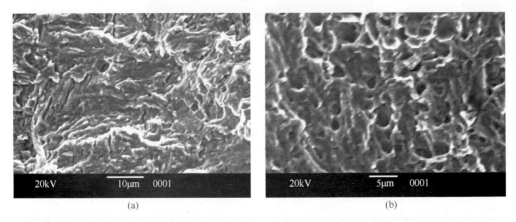

图 4.2-22　300℃,$R=0.5$ 高周光滑疲劳断口微观特征

(a)$\sigma_{max}=1550$MPa 扩展期疲劳条带特征;(b)$\sigma_{max}=1650$MPa 扩展期疲劳条带特征。

6) 300℃,$R=-1$

(1) 宏观特征。裂纹呈点源,疲劳扩展阶段断面平坦,瞬断区与轴向呈约 45°,瞬断区可见明显的摩擦痕迹。随着疲劳应力的增加,扩展面积变化不大,均占断口 30%～40%。从断口颜色上分析,$\sigma_{max}=950$MPa 下断面为淡黄色,$\sigma_{max}=800$MPa 下断面为深蓝色,$\sigma_{max}=700$MPa 下断面为淡蓝色,见图 4.2-23。

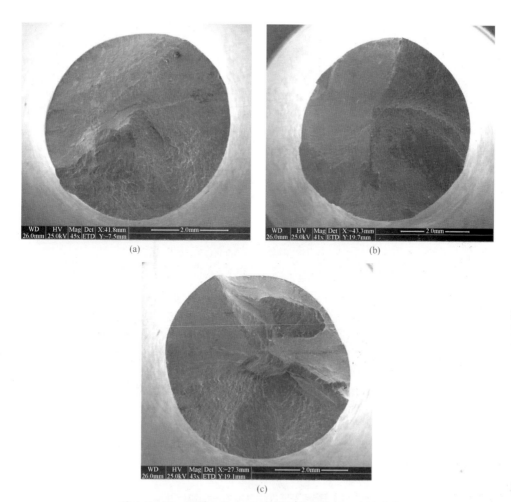

图 4.2 - 23　300℃,$R=-1$ 高周光滑疲劳断口宏观形貌

(a)$\sigma_{max}=950\text{MPa}$,$N_f=1.6\times10^4$;(b)$\sigma_{max}=800\text{MPa}$,$N_f=1.82\times10^4$;(c)$\sigma_{max}=700\text{MPa}$,$N_f=5.805\times10^6$。

(2) 微观特征。裂纹呈点源,位于近表面,源区处可见夹杂形貌,源区附近摩擦严重,呈解理特征,见图 4.2 - 24(a)~(b)。扩展区疲劳条带弯曲、断续,二次裂纹明显,见图 4.2 - 24(c)、(d)、(e)。疲劳扩展区与瞬断区有明显的分界,见图 4.2 - 24(f),瞬断区为韧窝形貌,见图 4.2 - 24(g)。$\sigma_{max}=950\text{MPa}$ 和 $\sigma_{max}=800\text{MPa}$ 应力条件下,扩展期疲劳条带和二次裂纹形貌见图 4.2 - 25。

(a)　　　　　　　　　　　　　　　　(b)

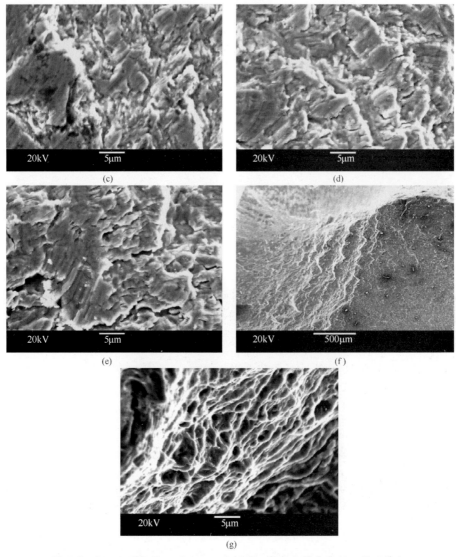

图 4.2-24 300℃,R=-1,σ_{max}=700MPa 高周光滑疲劳断口微观特征

(a)疲劳源区低倍特征;(b)疲劳源区高倍特征;(c)扩展前期疲劳条带特征;(d)扩展中期疲劳条带特征;

(e)扩展后期疲劳条带及二次裂纹特征;(f)疲劳扩展区与瞬断区交界处形貌;(g)瞬断韧窝形貌。

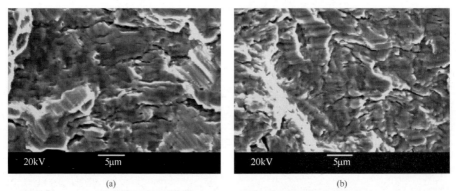

图 4.2-25 300℃,R=-1 高周光滑疲劳断口微观特征

(a)σ_{max}=950MPa 扩展期疲劳条带特征;(b)σ_{max}=800MPa 扩展期疲劳条带特征。

5. 高周缺口疲劳

1）200℃，$R=0.1$，$K_t=3$

（1）宏观特征。 裂纹从缺口根部起源，起源后向中部扩展，最后在一侧处发生断裂，疲劳源区附近疲劳台阶较多，疲劳区相对较平坦、光滑，其面积约占整个断口的 1/2，瞬断区较粗糙，可见摩擦痕迹，见图 4.2-26。

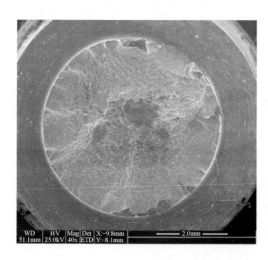
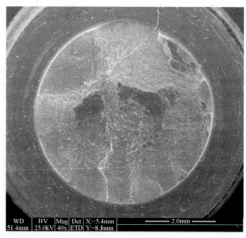

(a)   (b)

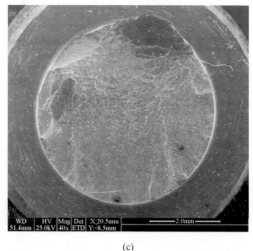

(c)

图 4.2-26　200℃，$R=0.1$ 高周缺口疲劳断口宏观形貌

(a)$\sigma_{max}=800\text{MPa}$，$N_f=1.86\times10^4$；(b)$\sigma_{max}=650\text{MPa}$，$N_f=6.5\times10^4$；(c)$\sigma_{max}=500\text{MPa}$，$N_f=1.953\times10^6$。

（2）微观特征。 疲劳呈多源特征，在主源区可见明显的放射棱线特征，见图 4.2-27(a)。扩展前期疲劳条带细密，见图 4.2-27(b)。随着裂纹的向内扩展，条带间距逐渐变宽，也可见多处二次裂纹，见图 4.2-27(c)、(d)。疲劳扩展后期和瞬断区的交界明显，瞬断区可见摩擦痕迹，见图 4.2-27(e)。瞬断区为韧窝特征，见图 4.2-27(f)。$\sigma_{max}=800\text{MPa}$ 和 $\sigma_{max}=500\text{MPa}$ 应力条件下的疲劳条带形貌和二次裂纹形貌见图 4.2-28。

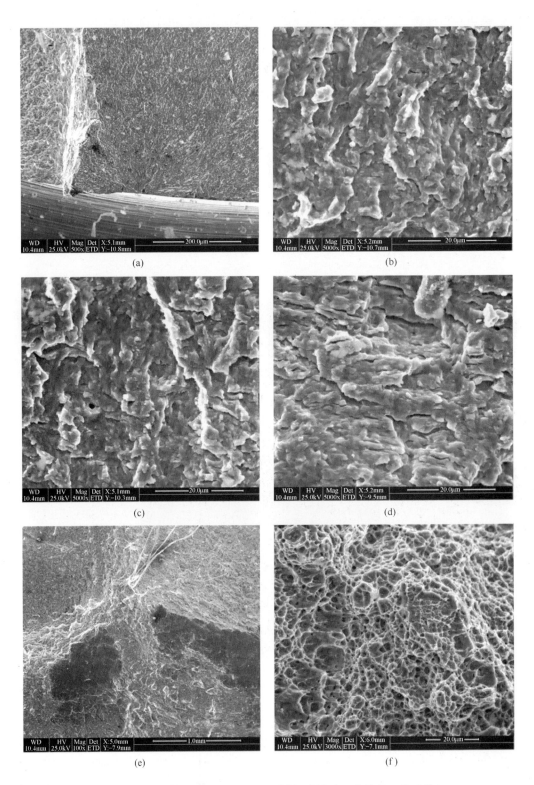

图 4.2 - 27　200℃，$R=0.1$，$\sigma_{max}=650$MPa 高周缺口疲劳断口微观特征

(a)疲劳源区特征；(b)扩展前期疲劳条带特征；(c)扩展中期疲劳条带特征；(d)扩展后期疲劳条带及二次裂纹特征；

(e)疲劳扩展区与瞬断区交界处形貌；(f)瞬断韧窝形貌。

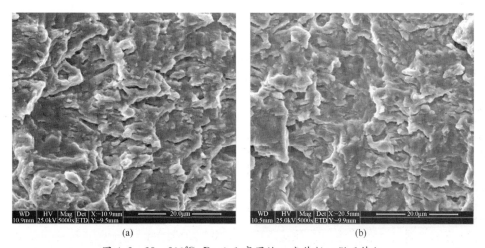

(a)

(b)

图 4.2 - 28　200℃, R＝0.1 高周缺口疲劳断口微观特征

(a)σ_{max}＝800MPa 扩展期疲劳条带特征;(b)σ_{max}＝500MPa 扩展期疲劳条带特征。

2) 200℃, R＝0.5, K_t＝3

(1) 宏观特征。 裂纹从缺口根部起源,向中部扩展,最后在一侧处发生断裂,疲劳源区附近疲劳台阶较多,随着应力的增大,疲劳台阶数量逐渐增加,疲劳区相对较平坦、光滑,其面积约占整个断口的 1/3,瞬断区较粗糙,可见摩擦痕迹,见图 4.2 - 29。

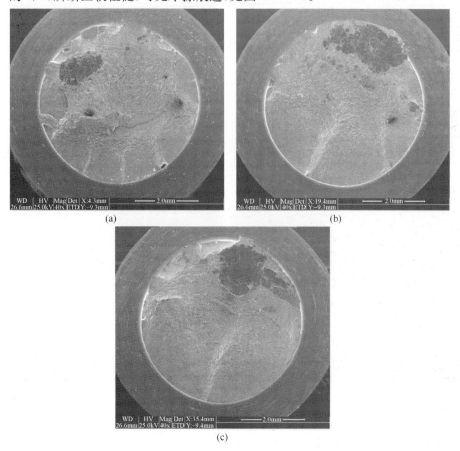

(a)

(b)

(c)

图 4.2 - 29　200℃, R＝0.5 高周缺口疲劳断口宏观形貌

(a)σ_{max}＝1000MPa, N_f＝4.57×10^4;(b)σ_{max}＝850MPa, N_f＝6.8×10^4;(c)σ_{max}＝700MPa, N_f＝7.8×10^4。

(2) 微观特征。疲劳呈多源特征,在主源区可见明显的放射棱线特征,见图 4.2 - 30 (a)～(b)。扩展前期疲劳条带细密,见图 4.2 - 30(c)。随着裂纹的向内扩展,条带间距逐渐变宽,也可见多处二次裂纹,见图 4.2 - 30(d)～(e)。瞬断区为韧窝特征,见图 4.2 - 30 (f)。$\sigma_{max} = 850$MPa 和 $\sigma_{max} = 700$MPa 应力条件下的疲劳扩展条带形貌和二次裂纹形貌见图4.2 - 31。

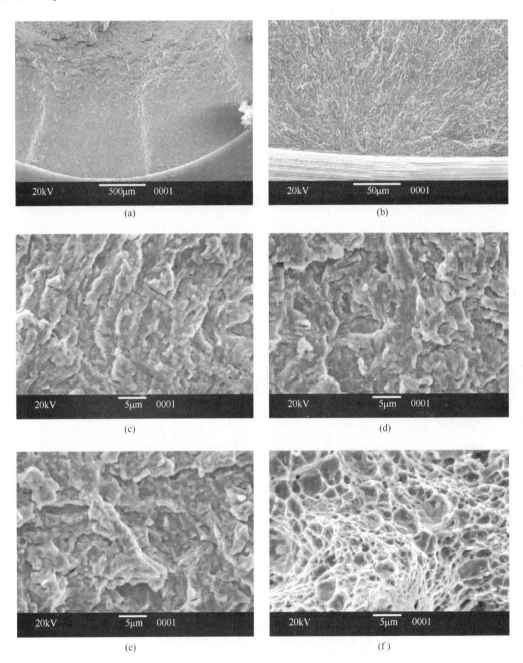

图 4.2 - 30 200℃,$R = 0.5$,$\sigma_{max} = 1000$MPa 高周缺口疲劳断口微观特征

(a)疲劳源区低倍特征;(b)源区高倍形貌;(c)扩展前期疲劳条带特征;(d)扩展中期疲劳条带特征;
(e)扩展后期疲劳条带及二次裂纹特征;(f)瞬断韧窝形貌。

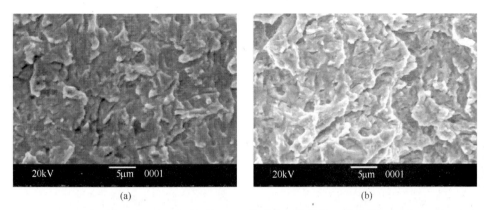

(a)   (b)

图 4.2－31　200℃,R＝0.5 高周缺口疲劳断口微观特征

(a)σ_{max}＝850MPa 扩展期疲劳条带特征;(b)σ_{max}＝700MPa 扩展期疲劳条带特征。

3) 200℃,R＝－1,K_t＝3

(1) 宏观特征。 裂纹从缺口根部起源,向中部扩展,最后在一侧处发生断裂。疲劳源区附近疲劳台阶较多,随着应力的增大,疲劳台阶数量逐渐增加,疲劳区断面颜色逐渐变淡,σ_{max}＝500MPa 应力下断面呈灰色,σ_{max}＝340MPa 和 σ_{max}＝280MPa 应力下断面呈淡棕色。疲劳区相对较平坦、光滑,其面积约占整个断口的 2/3,瞬断区较粗糙,可见摩擦痕迹,见图 4.2－32。

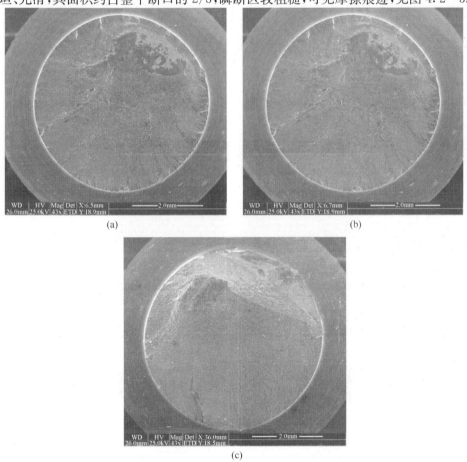

(a)   (b)

(c)

图 4.2－32　200℃,R＝－1 高周缺口疲劳断口宏观形貌

(a)σ_{max}＝500MPa,N_f＝1.55×10⁴;(b)σ_{max}＝340MPa,N_f＝9.1×10⁴;(c)σ_{max}＝280MPa,N_f＝3.109×10⁶。

（2）微观特征。 疲劳呈多源特征，在主源区可见明显的放射棱线特征，为准解理形貌，见图 4.2 - 33(a)。扩展前期疲劳条带细密，见图 4.2 - 33(b)。随着裂纹的向内扩展，条带间距逐渐变宽，在扩展中后期可见方向不同的疲劳条带、条带加韧窝形貌及大量的二次裂纹形貌，见图 4.2 - 33(c)～(d)。瞬断区为韧窝特征，见图 4.2 - 33(e)。$\sigma_{max}=500$MPa 和 $\sigma_{max}=280$MPa 应力条件下的疲劳扩展条带形貌和二次裂纹形貌见图 4.2 - 34。

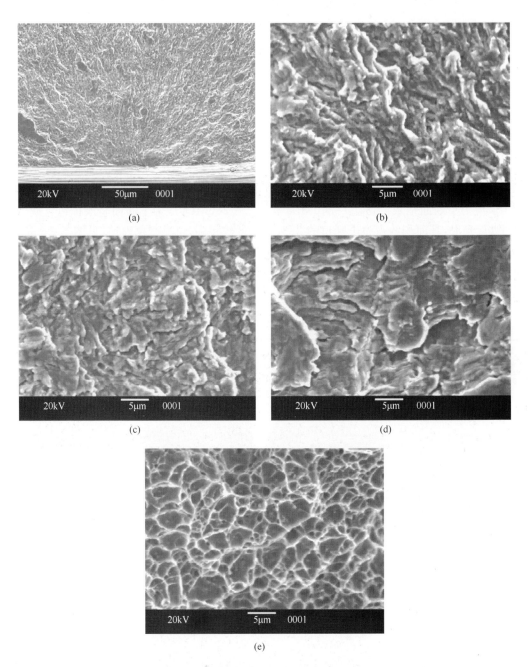

图 4.2 - 33　200℃，$R=-1$，$\sigma_{max}=340$MPa 高周缺口疲劳断口微观特征

(a)疲劳源区特征；(b)扩展前期疲劳条带特征；(c)扩展中期疲劳条带特征；

(d)扩展后期疲劳条带特征；(e)瞬断韧窝形貌。

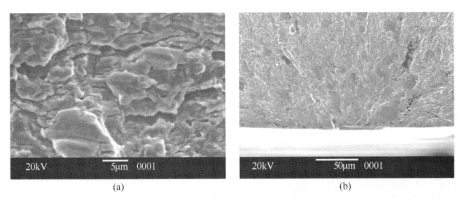

(a)   (b)

图 4.2 - 34   200℃, $R=-1$ 高周缺口疲劳断口微观特征

(a)$\sigma_{max}=500MPa$ 扩展期疲劳条带特征;(b)$\sigma_{max}=280MPa$ 扩展期疲劳条带特征。

4) 300℃, $R=0.1$, $K_t=3$

(1) 宏观特征。裂纹从缺口根部起源,向中部扩展,最后在一侧处发生断裂。疲劳源区附近疲劳台阶较多,随着应力的增大,疲劳台阶数量逐渐增加,疲劳区断面颜色变化较大,$\sigma_{max}=700MPa$ 应力下断面呈深蓝色,$\sigma_{max}=650MPa$ 应力下断面呈淡棕色,$\sigma_{max}=550MPa$ 应力下断面呈棕色。疲劳区相对较平坦、光滑,其面积约占整个断口的 70%,瞬断区较粗糙,可见摩擦痕迹,见图 4.2 - 35。

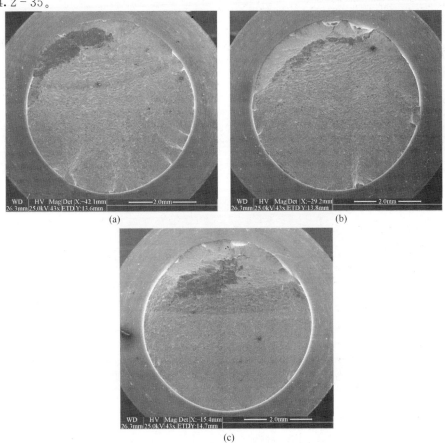

图 4.2 - 35   300℃, $R=0.1$ 高周缺口疲劳断口宏观形貌

(a)$\sigma_{max}=700MPa$, $N_f=1.9\times10^4$;(b)$\sigma_{max}=650MPa$, $N_f=6.4\times10^4$;(c)$\sigma_{max}=550MPa$, $N_f=4.414\times10^6$。

（2）微观特征。 疲劳呈多源特征，位于试样表面，在主源区可见明显的放射棱线特征，见图 4.2 - 36(a)。扩展前期疲劳条带细密，条带与条带之间较难分隔开来，见图 4.2 - 36(b)。随着裂纹的向内扩展，条带间距逐渐变宽，且条带也较清晰，在扩展中后期为条带加韧窝形貌及大量的二次裂纹形貌，见图 4.2 - 36(c)～(d)。瞬断区为韧窝特征，见图 4.2 - 36(e)。$\sigma_{max}=$ 700MPa 和 $\sigma_{max}=550$MPa 应力条件下的疲劳扩展条带形貌和二次裂纹形貌见图 4.2 - 37。

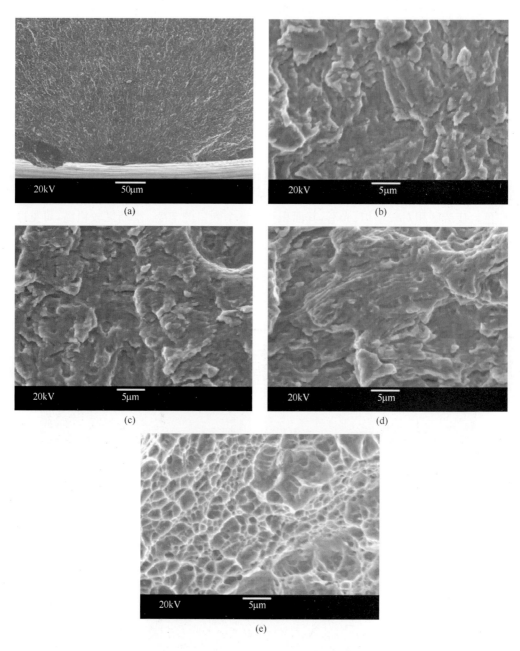

图 4.2 - 36　300℃，$R=0.1$，$\sigma_{max}=650$MPa 高周缺口疲劳断口微观特征
(a)疲劳源区特征；(b)扩展前期疲劳条带特征；(c)扩展中期疲劳条带特征；
(d)扩展后期疲劳条带特征；(e)瞬断韧窝形貌。

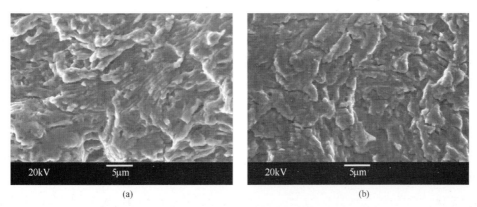

图 4.2 - 37　300℃，$R=0.1$ 高周缺口疲劳断口微观特征

(a)$\sigma_{max}=700$MPa 扩展期疲劳条带特征；(b)$\sigma_{max}=550$MPa 扩展期疲劳条带特征。

5) 300℃，$R=0.5$，$K_t=3$

(1) 宏观特征。 裂纹从缺口根部起源，向中部扩展，最后在一侧处发生断裂。疲劳源区附近疲劳台阶较多，随着应力的增大，疲劳台阶数量逐渐增加，疲劳区断面颜色变化不大，均呈淡棕色，且 $\sigma_{max}=900$MPa、$\sigma_{max}=800$MPa 应力下断面淡棕色稍微较深些。疲劳区相对较平坦、光滑，其面积约占整个断口的 30%，瞬断区较粗糙，可见摩擦痕迹，见图 4.2 - 38。

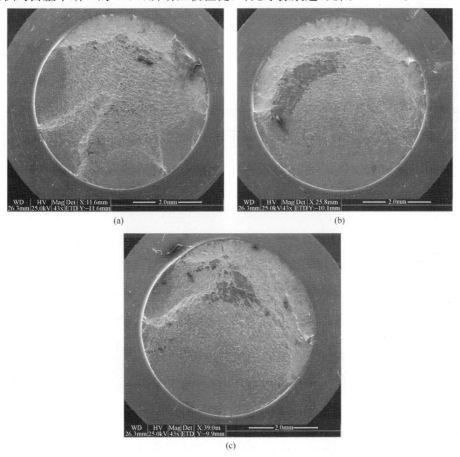

图 4.2 - 38　300℃，$R=0.5$ 高周缺口疲劳断口宏观形貌

(a)$\sigma_{max}=1000$MPa，$N_f=2.4\times10^4$；(b)$\sigma_{max}=900$MPa，$N_f=4.28\times10^5$；(c)$\sigma_{max}=800$MPa，$N_f=1.637\times10^6$。

（2）微观特征。疲劳呈多源特征，位于试样表面，在主源区可见明显的放射棱线特征，见图 4.2 - 39（a）。扩展前期疲劳条带细密，条带与条带之间较难分隔开来，见图 4.2 - 39（b）。随着裂纹的向内扩展，条带间距逐渐变宽，且条带也较清晰，在扩展中后期为条带加韧窝形貌见图 4.2 - 39（c）～（d）。瞬断区为韧窝特征，见图 4.2 - 39（e）。$\sigma_{max}=1000$MPa 和 $\sigma_{max}=800$MPa 应力条件下的疲劳扩展条带形貌见图 4.2 - 40。

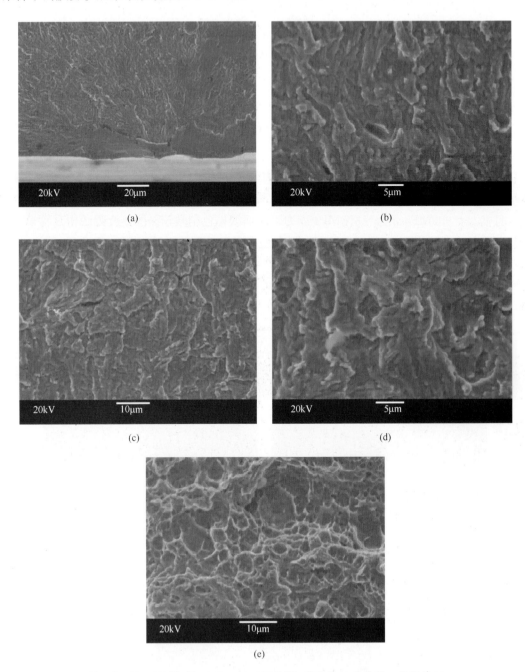

图 4.2 - 39　300℃，$R=0.5$，$\sigma_{max}=900$MPa 高周缺口疲劳断口微观特征
(a)疲劳源区特征；(b)扩展前期疲劳条带特征；(c)扩展中期疲劳条带特征；
(d)扩展后期疲劳条带及二次裂纹特征；(e)瞬断韧窝形貌。

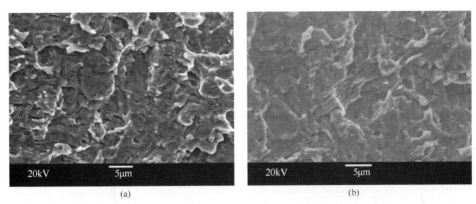

图 4.2-40　300℃，R＝0.5 高周缺口疲劳断口微观特征

(a)σ_{max}＝1000MPa 扩展期疲劳条带特征；(b)σ_{max}＝800MPa 扩展期疲劳条带特征。

6）300℃，R＝-1，K_t＝3

（1）宏观特征。 裂纹从缺口根部起源，向中部扩展，最后在一侧处发生断裂。疲劳源区附近疲劳台阶较多，随着应力的增大，疲劳台阶数量逐渐增加，疲劳区断面颜色变化较大，σ_{max}＝500MPa、σ_{max}＝340MPa 应力下断面呈淡棕色，σ_{max}＝300MPa 应力下断面呈蓝色。疲劳区相对较平坦、光滑，其面积约占整个断口的 1/2，瞬断区较粗糙，可见摩擦痕迹，见图 4.2-41。

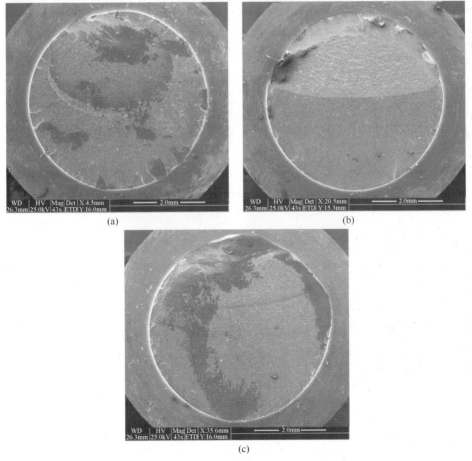

图 4.2-41　300℃，R＝-1 高周缺口疲劳断口宏观形貌

(a)σ_{max}＝500MPa，N_f＝1.67×10^4；(b)σ_{max}＝340MPa，N_f＝6.3×10^4；(c)σ_{max}＝300MPa，N_f＝5.61×10^6。

（2）微观特征。疲劳呈多源特征,位于试样表面,在主源区可见明显的放射棱线特征,见图4.2－42(a)。扩展前期疲劳条带细密,条带与条带之间较难分隔开来,见图4.2－42(b)。随着裂纹的向内扩展,条带间距逐渐变宽,且条带也较清晰,在扩展中后期为条带和大量的二次裂纹形貌见图4.2－42(c)～(d)。疲劳扩展区与瞬断区交界明显,见图4.2－42(e)。瞬断区为韧窝特征,见图4.2－42(f)。$\sigma_{max}=500\mathrm{MPa}$ 和 $\sigma_{max}=300\mathrm{MPa}$ 应力条件下的疲劳扩展条带形貌见图4.2－43。

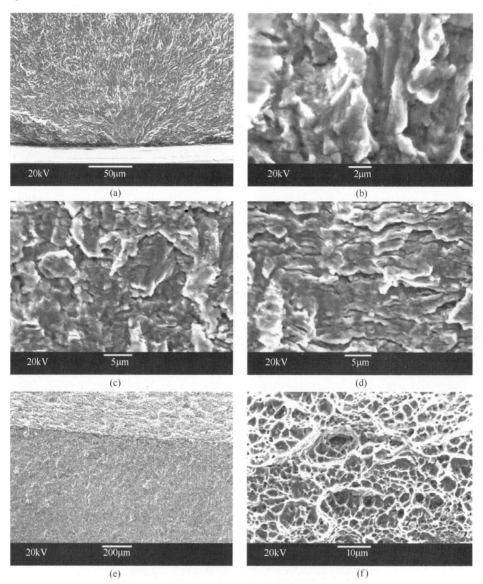

图4.2－42　300℃,$R=-1$,$\sigma_{max}=340\mathrm{MPa}$ 高周缺口疲劳断口微观特征
(a)疲劳源区特征;(b)扩展前期疲劳条带特征;(c)扩展中期疲劳条带特征;
(d)扩展后期疲劳条带及二次裂纹特征;(e)疲劳扩展区与瞬断区交界处形貌;(f)瞬断韧窝形貌。

6. 光滑扭转疲劳

1）200℃

（1）宏观特征。200℃下的光滑扭转疲劳断口平坦,呈灰色,旋转磨痕明显,呈比较典型的

图 4.2-43　300℃,$R=-1$高周缺口疲劳断口微观特征

(a)$\sigma_{max}=500$MPa 扩展期疲劳条带特征；(b)$\sigma_{max}=300$MPa 扩展期疲劳条带特征。

轮辐状断裂特征,断裂基本起始试样的周边,见图 4.2-44。扩展区呈现摩擦痕迹,瞬断区为较小圆形,位置偏于试样一侧。随着应力的逐渐减小,瞬断面积逐渐减小。

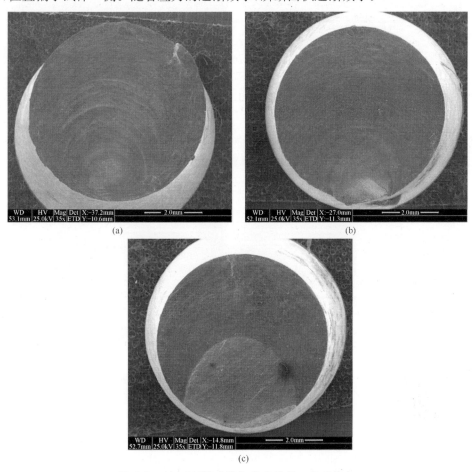

图 4.2-44　200℃光滑扭转疲劳断口宏观特征

(a)$\sigma_{max}=660$MPa,$N_f=9819$；(b)$\sigma_{max}=580$MPa,$N_f=21513$；(c)$\sigma_{max}=540$MPa,$N_f=293361$。

(2) 微观特征。疲劳起始于试样周边,见图 4.2-45(a)。在扩展区可见少量的疲劳条带及大量的摩擦痕迹以及旋转开裂碾痕，见图 4.2-45(b)。瞬断区为韧窝特征，见图 4.2-45(c)～(d)。σ_{max}＝580MPa 和 σ_{max}＝540MPa 扩展期疲劳条带及摩擦形貌见图 4.2-46。

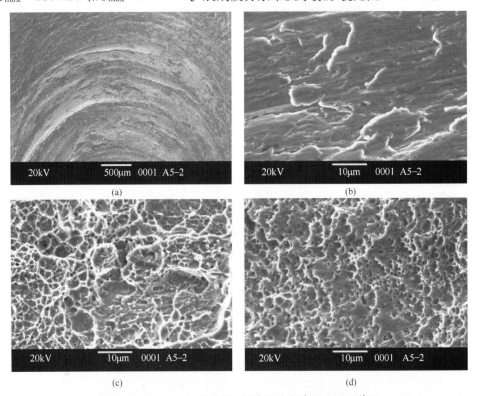

图 4.2-45　σ_{max}＝660MPa 光滑扭转疲劳断口微观特征

(a)疲劳源区特征；(b)扩展期疲劳条带特征；(c)扩展区与瞬断区交界处韧窝形貌；(d)瞬断区变形韧窝。

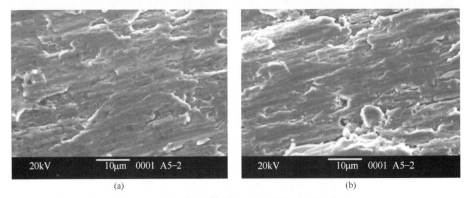

图 4.2-46　200℃光滑扭转疲劳断口微观特征

(a)σ_{max}＝580MPa 扩展期疲劳条带及摩擦形貌；(b)σ_{max}＝540MPa 扩展期疲劳条带及摩擦形貌。

2）300℃

（1）宏观特征。300℃下的光滑扭转疲劳断口平坦，旋转磨痕明显，呈比较典型的轮辐状断裂特征，断裂基本起始试样的周边，扩展区呈现摩擦痕迹，瞬断区为较小圆形，位于中部偏于试样一侧。随着应力的逐渐减小，瞬断面积逐渐减小，见图 4.2-47。

各应力下断面颜色有所不同，σ_{max}＝780MPa 应力下断面为灰色，σ_{max}＝700MPa 应力下断面为淡棕色，σ_{max}＝600MPa 应力下断面为深蓝色。

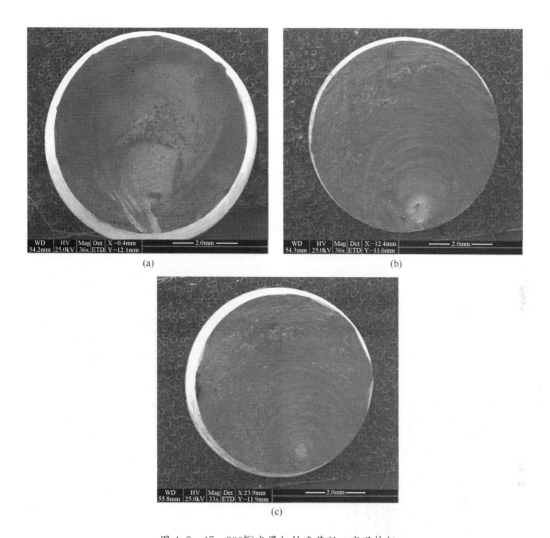

图 4.2－47　300℃光滑扭转疲劳断口宏观特征

(a)σ_{max}＝780MPa，N_f＝4483；(b)σ_{max}＝700MPa，N_f＝23423；(c)σ_{max}＝600MPa，N_f＝656907。

(2) 微观特征。 疲劳起始于试样周边，见图 4.2－48(a)。在扩展区可见大量的周向和径向疲劳条带及大量的摩擦痕迹和旋转开裂的碾痕，见图 4.2－48(b)、(c)。瞬断区为韧窝特征，见图 4.2－48(d)。σ_{max}＝780MPa 和 σ_{max}＝600MPa 扩展期疲劳条带及摩擦形貌见图 4.2－49。

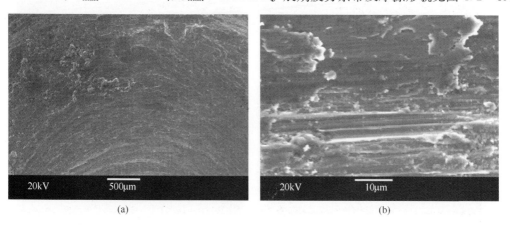

(a)　　　　　　　　　　　　　(b)

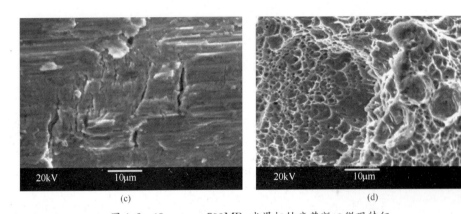

图 4.2-48 $\sigma_{max}=700MPa$ 光滑扭转疲劳断口微观特征

(a)疲劳源区特征;(b)扩展期周向疲劳条带及摩擦特征;(c)扩展期径向疲劳条带及摩擦特征;(d)瞬断区变形韧窝。

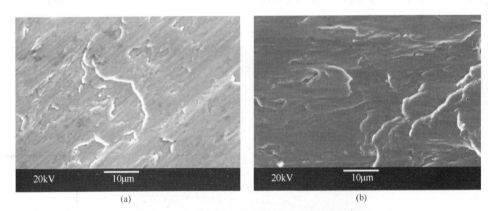

图 4.2-49 300℃光滑扭转疲劳断口微观特征

(a)$\sigma_{max}=780MPa$ 扩展期疲劳条带及摩擦形貌;(b)$\sigma_{max}=600MPa$ 扩展期疲劳条带及摩擦形貌。

7. 缺口扭转疲劳

1) 200℃

(1) 宏观特征。 200℃下的缺口扭转疲劳断口平坦,旋转磨痕明显,沿试样周边起裂,呈比较典型的轮辐状断裂特征,扩展区呈现摩擦痕迹,瞬断区较小,为圆形,位于内部偏于试样一侧。随着应力的逐渐减小,瞬断面积逐渐减小,见图 4.2-50。各应力下断面颜色有所不同,$\sigma_{max}=780MPa$ 应力下断面为灰黑色,$\sigma_{max}=700MPa$、$\sigma_{max}=600MPa$ 应力下断面为银灰色。

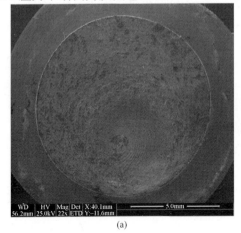
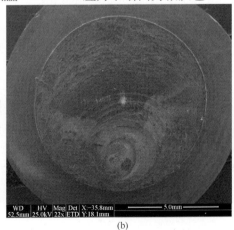

(a)

(b)

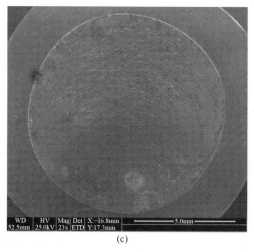

(c)

图 4.2－50　200℃缺口扭转疲劳断口宏观特征

(a)σ_{max}＝1080MPa，N_f＝3082；(b)σ_{max}＝834MPa，N_f＝13781；(c)σ_{max}＝600MPa，N_f＝20759。

(2) 微观特征。疲劳起始于试样周边，扩展区呈磨擦痕迹，见图 4.2－51(a)。在扩展区可见大量的周向和径向疲劳条带、大量的摩擦痕迹及二次裂纹形貌，见图 4.2－51(b)、(c)。瞬断区为韧窝特征，见图 4.2－51(d)。σ_{max}＝1080MPa 和 σ_{max}＝600MPa 扩展期疲劳条带及摩擦形貌见图 4.2－52。

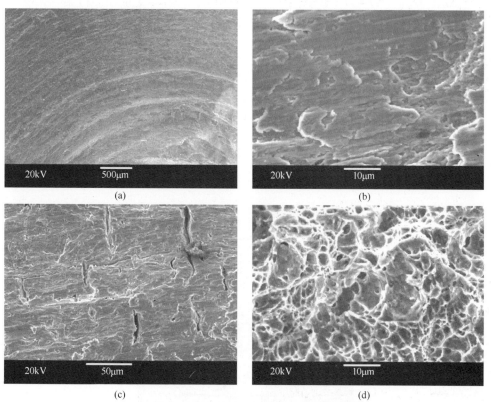

图 4.2－51　σ_{max}＝834MPa 光滑扭转疲劳断口微观特征

(a)疲劳源区特征；(b)扩展期摩擦低倍形貌；(c)扩展期周向疲劳条带及摩擦特征；
(d)扩展期径向疲劳条带及大量二次裂纹形貌。

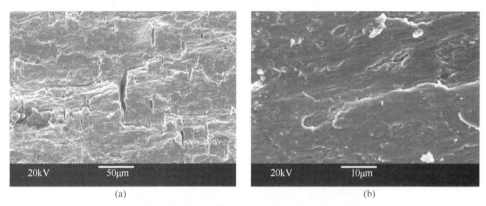

图 4.2-52　200℃缺口扭转疲劳断口微观特征

(a)σ_{max}＝1080MPa 扩展期疲劳条带及二次裂纹形貌；(b)σ_{max}＝600MPa 扩展期疲劳条带及摩擦形貌。

2）300℃

(1) 宏观特征。200℃下的缺口扭转疲劳断口平坦，旋转磨痕明显，沿试样周边起裂，呈比较典型的轮辐状断裂特征，扩展区呈现摩擦痕迹，瞬断区较小，为圆形，其中应力为 1020MPa 下的断口瞬断区处于断口中部，约占断口的 1/3，应力为 780MPa 和 660 MPa 下的瞬断区面积较小，位于内部偏于试样一侧，见图 4.2-53。各应力下断面颜色几乎接近，各应力下疲劳扩展断面为灰黑色，瞬断区为灰色。

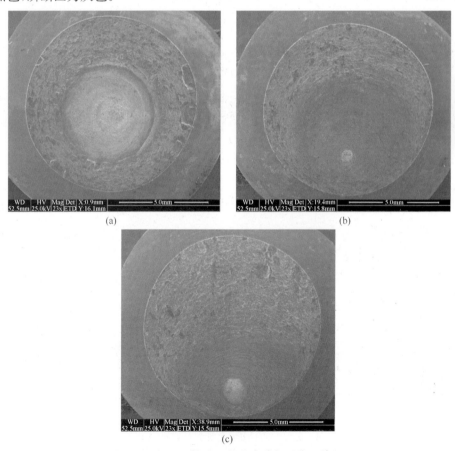

图 4.2-53　300℃缺口扭转疲劳断口宏观特征

(a)σ_{max}＝1020MPa，N_f＝5184；(b)σ_{max}＝780MPa，N_f＝44190；(c) σ_{max}＝660MPa，N_f＝21031。

(2) 微观特征。 疲劳起始于试样周边,扩展区呈摩擦痕迹,见图 4.2-54(a)。在扩展区可见大量的周向和径向疲劳条带、大量的摩擦痕迹及二次裂纹形貌,见图 4.2-54(b)、(c)、(d)。瞬断区为韧窝特征,见图 4.2-54(e)~(f)。σ_{max}=1020MPa 和 σ_{max}=780MPa 扩展期疲劳条带及摩擦形貌见图 4.2-55。

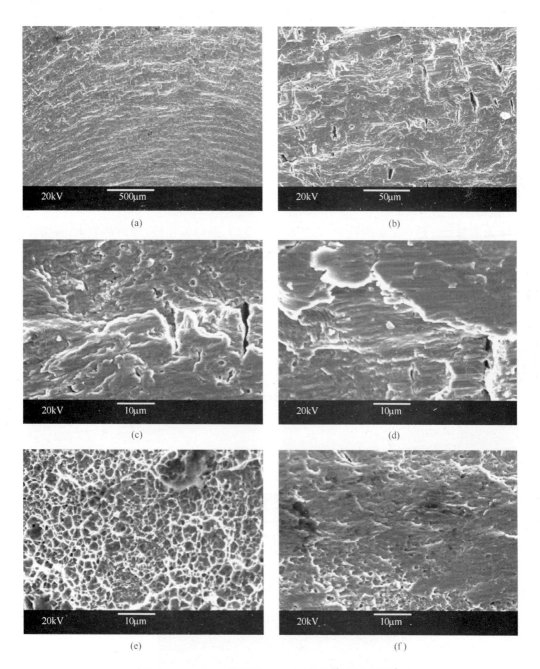

图 4.2-54　σ_{max}=660MPa 缺口扭转疲劳断口微观特征

(a)疲劳源区特征;(b)扩展期摩擦形貌;(c)扩展期疲劳低倍特征及二次裂纹;

(d)扩展区周向疲劳条带及二次裂纹;(e)瞬断韧窝形貌;(f)瞬断区变形韧窝。

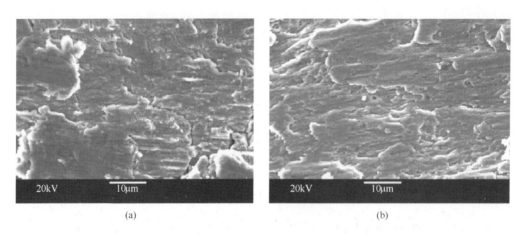

(a) 　　　　　　　　　　　　　　　　　　　(b)

图 4.2-55　300℃缺口扭转疲劳断口微观特征

(a)σ_{max}＝1020MPa 扩展期疲劳条带及摩擦形貌；(b)σ_{max}＝780MPa 扩展期疲劳条带及摩擦形貌。

8. 低周疲劳

1）室温，R＝-1

（1）宏观特征。 断口呈多源特征，无明显塑性变形，断口较粗糙，断面高差大，疲劳扩展区面积较小，断口的大部分为瞬断区，其断面与轴线约呈 45°，见图 4.2-56。断口呈银灰色。

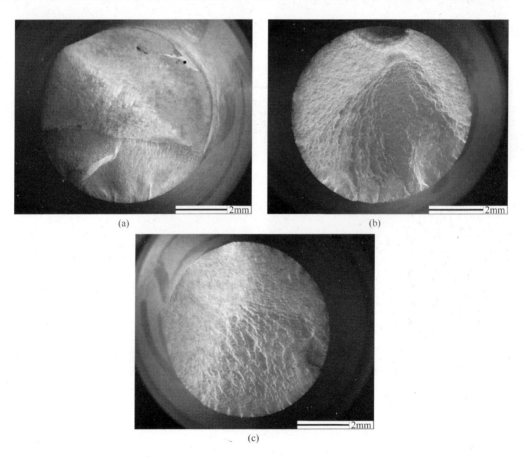

(a) 　　　　　　　　　　　　　　　　　　　(b)

(c)

图 4.2-56　室温，R＝-1低周疲劳断口宏观形貌

(a)$\Delta\varepsilon/2$＝0.45％，N_f＝20856；(b)$\Delta\varepsilon/2$＝0.75％，N_f＝2621；(c)$\Delta\varepsilon/2$＝0.95％，N_f＝1255。

（2）微观特征。源区呈多源特征,裂纹起源于表面,源区可见疲劳台阶,见图4.2-57(a)、(b)。疲劳区较小,可见二次裂纹,疲劳条带特征不明显,随着裂纹的扩展,在扩展前中后期疲劳条带逐渐变宽,见图4.2-57(c)、(d)、(e)。瞬断区为韧窝形貌,见图4.2-57(f)。

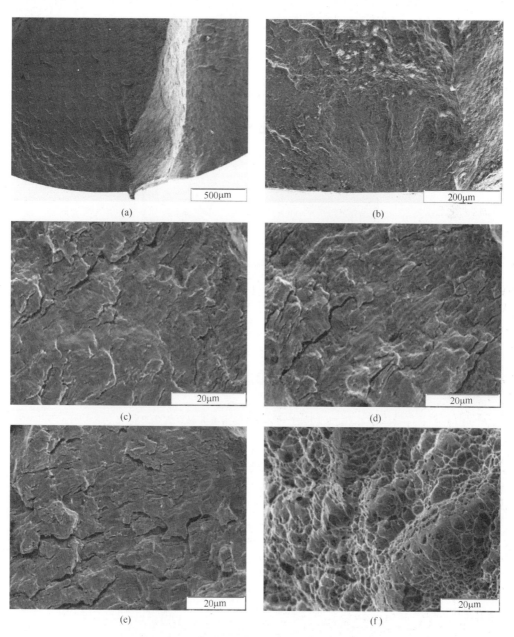

图4.2-57 $\Delta\varepsilon/2=0.45\%$,室温低周疲劳断口微观特征

(a)疲劳源区特征;(b)疲劳源区高倍特征;(c)扩展前期疲劳条带特征;
(d)扩展中期疲劳条带特征;(e)扩展后期疲劳条带特征;(f)瞬断区韧窝形貌。

2）100℃,$R=-1$

（1）宏观特征。断口呈多源特征,断口粗糙,断面高差大,瞬断区与受力方向约呈45°,面积较大,见图4.2-58。断口呈银灰色。

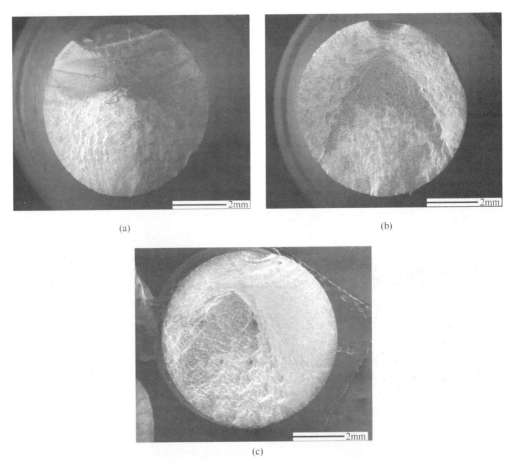

(a)   (b)

(c)

图 4.2 - 58   100℃,$R=-1$ 低周疲劳断口宏观形貌

(a)$\Delta\varepsilon/2=0.4\%$,$N_f=89544$;(b)$\Delta\varepsilon/2=0.6\%$,$N_f=6256$;(c)$\Delta\varepsilon/2=0.95\%$,$N_f=605$。

(2) 微观特征。断口呈多源特征,疲劳起始于试样表面,源区放射棱线清晰可见,见图 4.2 - 59(a)~(b)。疲劳区较小,擦伤情况严重,可见二次裂纹,疲劳条带特征不明显,见图 4.2 - 59 (c)、(d)、(e)。瞬断区为韧窝形貌,见图 4.2 - 59(f)。

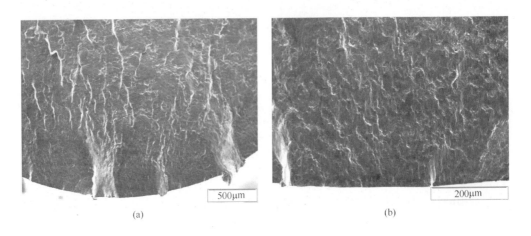

(a)   (b)

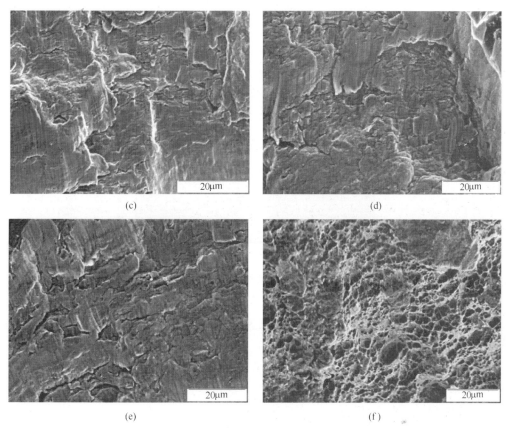

(c)

(d)

(e)

(f)

图 4.2-59　$\Delta\varepsilon/2=0.6\%$，100℃低周疲劳断口微观特征

(a)疲劳源区低倍特征；(b)源区高倍形貌；(c)扩展前期疲劳条带特征；

(d)扩展中期疲劳条带特征；(e)扩展后期疲劳条带特征；(f)瞬断区韧窝形貌。

3）200℃

（1）宏观特征。沿试样一侧周边起源，呈多源特征，断裂可见明显的几个区域，扩展区可见棱线，瞬断区位于另一侧，为剪切断裂特征，瞬断面与轴向呈约 45°，随着应变幅增大，其剪切瞬断区也增大，见图 4.2-60。

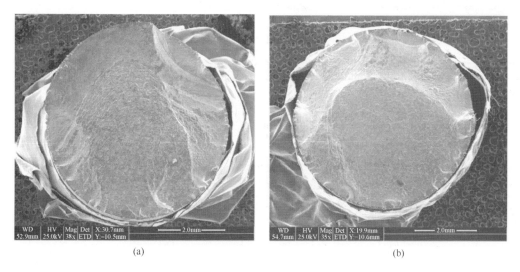

(a)

(b)

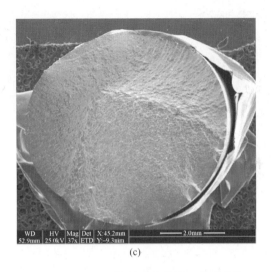

(c)

图 4.2 - 60　200℃低周疲劳断口宏观形貌

(a)$\Delta\varepsilon/2=1.176\%$，$N_f=277$；(b)$\Delta\varepsilon/2=0.821\%$，$N_f=1090$；(c)$\Delta\varepsilon/2=0.538\%$，$N_f=6895$。

（2）微观形貌。200℃低周疲劳断口呈多源特征，见图 4.2 - 61(a)。源区附近磨损严重，有解理特征，在源区附近即可看到疲劳条带，见图 4.2 - 61(b)。扩展区在不同阶段形成疲劳条带，条带较宽，见图 4.2 - 61(c)、(d)。扩展后期为条带与韧窝混合形貌，见图 4.2 - 61(e)。瞬断区为韧窝形貌，见图 4.2 - 61(f)。$\Delta\varepsilon/2=1.176\%$ 和 $\Delta\varepsilon/2=0.538\%$ 应力幅下疲劳条带形貌见图 4.2 - 62。

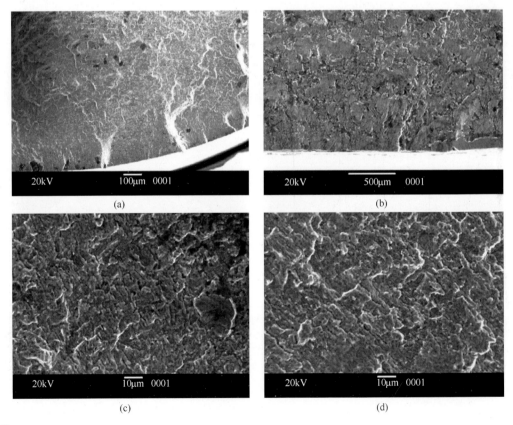

(e)

(f)

图 4.2-61　$\Delta\varepsilon/2=0.821\%$，200℃低周疲劳疲劳断口微观特征

(a)疲劳源区特征；(b)源区高倍疲劳条带形貌；(c)扩展前期疲劳条带；(d)扩展中期疲劳条带及二次裂纹；
(e)扩展后期疲劳条带与韧窝混合形貌；(f)瞬断韧窝形貌。

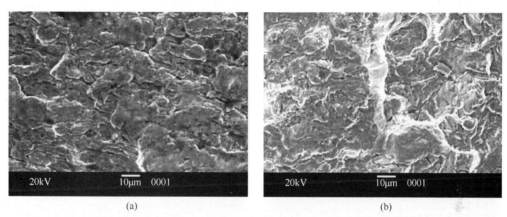

(a)

(b)

图 4.2-62　200℃低周疲劳疲劳断口微观特征

(a)$\Delta\varepsilon/2=1.176\%$，$N_f=277$ 扩展期疲劳条带；(b)$\Delta\varepsilon/2=0.538\%$，$N_f=6895$ 扩展期疲劳条带。

4）200℃，$R=-1$

(1) 宏观特征。 断口呈多源特征，无明显塑性变形，断口有明显的疲劳源区、扩展区和瞬断区，疲劳区较平坦、瞬断区较粗糙，最后形成近 45°的剪切唇区，断面高差大，见图 4.2-63。断口呈暗灰色。

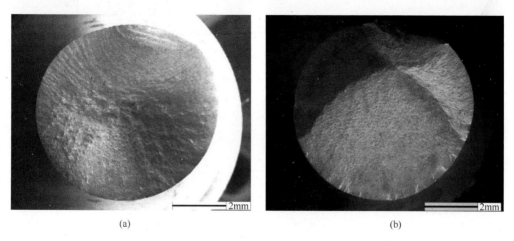

(a)

(b)

(c)

图 4.2-63　200℃，$R=-1$ 低周疲劳断口宏观形貌

(a)$\Delta\varepsilon/2=0.5\%$，$N_f=16753$；(b)$\Delta\varepsilon/2=0.7\%$，$N_f=2767$；(c)$\Delta\varepsilon/2=0.9\%$，$N_f=1011$。

(2) 微观特征。 断口呈多源特征，裂纹起源于表面，见图 4.2-64(a)、(b)。疲劳区较小，擦伤情况严重，可见二次裂纹，疲劳条带特征不明显，见图 4.2-64(c)、(d)、(e)。瞬断区为韧窝形貌，见图 4.2-64(f)。

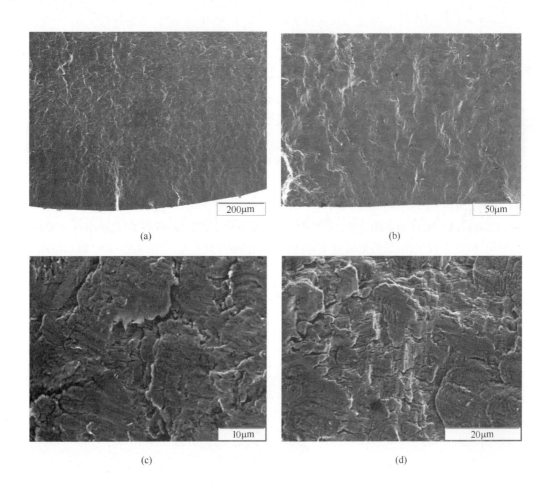

(a)

(b)

(c)

(d)

504

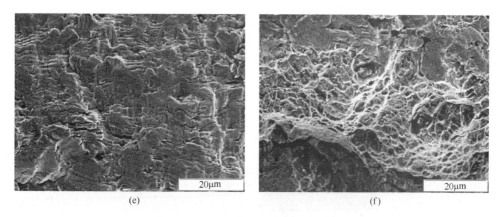

(e)

(f)

图 4.2-64　Δε/2=0.7%,200℃低周疲劳断口微观特征

(a)疲劳源区特征;(b)源区解理特征;(c)扩展区疲劳条带特征;

(d)扩展中期疲劳条带特征;(e)扩展后期疲劳条带特征;(f)瞬断区韧窝形貌。

5）300℃,R=-1

（1）宏观特征。沿试样一侧周边起源,呈多源特征,断口疲劳台阶明显,断裂可见明显的几个区域,扩展区可见棱线,瞬断区位于另一侧,为剪切断裂特征,瞬断面与轴向呈约45°,随着应变幅增大,其剪切瞬断区也增大,见图 4.2-65,断口颜色逐渐变浅,Δε/2=0.54%疲劳扩展区为蓝色,Δε/2=0.66%疲劳扩展区为淡蓝色,Δε/2=0.914%疲劳扩展区为灰色。

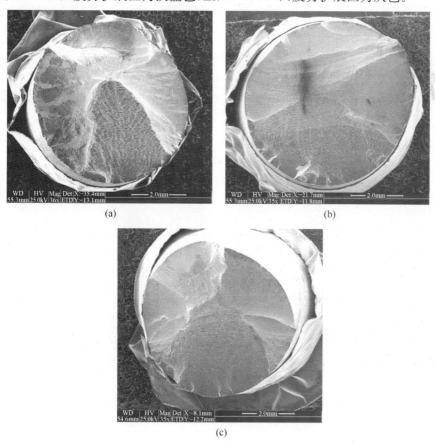

(a)　　　　　　　　　　　　　　　(b)

(c)

图 4.2-65　300℃低周疲劳断口宏观形貌

(a)Δε/2=0.914%,N_f=255;(b)Δε/2=0.66%,N_f=863;(c)Δε/2=0.54%,N_f=2661。

505

(2) 微观形貌。300℃低周疲劳断口呈多源特征,见图 4.2－66(a)。源区附近可见解理特征和疲劳条带特征,见图 4.2－66(b)。扩展区在不同阶段形成疲劳条带,条带较宽,见图 4.2－66(c)～(d)。扩展后期为条带与韧窝混合形貌,见图 4.2－66(e)。瞬断区为韧窝形貌,见图 4.2－66(f)。$\Delta\varepsilon/2=0.914\%$ 应力变幅下条带较宽,几乎整个断口均为条带和韧窝的混合形貌,见图 4.2－67(a)。$\Delta\varepsilon/2=0.66\%$ 应力变幅下疲劳条带形貌见图 4.2－67(b)。

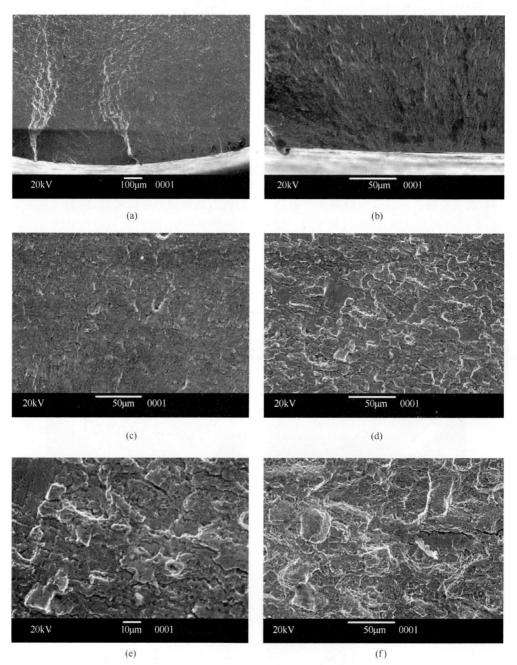

图 4.2－66　$\Delta\varepsilon/2=0.54\%$,300℃低周疲劳疲劳断口微观特征
(a)疲劳源区特征;(b)源区高倍形貌;(c)扩展前期疲劳条带;(d)扩展中期疲劳条带及二次裂纹;
(e)扩展后期疲劳条带与韧窝混合形貌;(f)瞬断韧窝形貌。

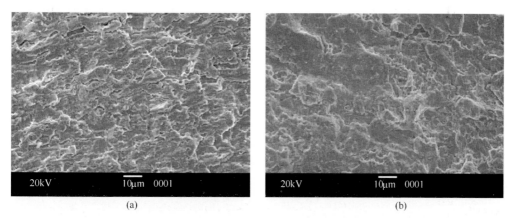

(a)   (b)

图 4.2-67 300℃低周疲劳断口微观特征

(a)$\Delta\varepsilon/2=0.914\%$,$N_f=255$ 扩展期疲劳条带；(b)$\Delta\varepsilon/2=0.66\%$,$N_f=863$ 扩展期疲劳条带。

6）300℃，$R=-1$

（1）宏观特征。断口呈多源特征，断口可见明显的疲劳源区、扩展区和瞬断区。疲劳区较平坦，瞬断区较粗糙，最后形成近 45°的剪切唇区，见图 4.2-68。断面高差大，断口呈暗黄色。

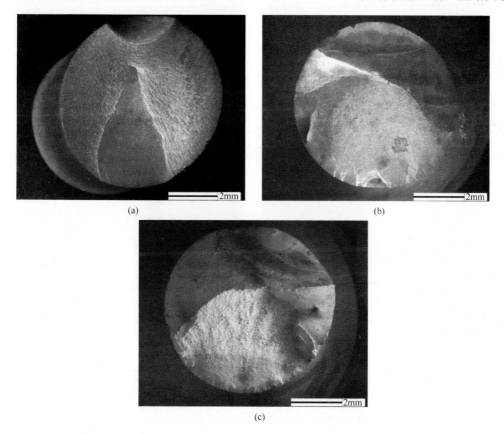

(a)   (b)

(c)

图 4.2-68 300℃，$R=-1$低周疲劳断口宏观形貌

(a)$\Delta\varepsilon/2=0.5\%$,$N_f=10068$；(b)$\Delta\varepsilon/2=0.7\%$,$N_f=1203$；(c)$\Delta\varepsilon/2=0.9\%$,$N_f=313$。

（2）微观特征。断口呈多源特征，疲劳起始于试样表面，源区可见疲劳台阶，见图 4.2-69（a）、（b）。断口表面有擦伤和氧化痕迹，疲劳扩展区可见疲劳条带和二次裂纹，随着裂纹的扩展,疲劳条带间距有所加宽,见图 4.2-69(c)、(d)、(e)。瞬断区为韧窝形貌,见图 4.2-69(f)。

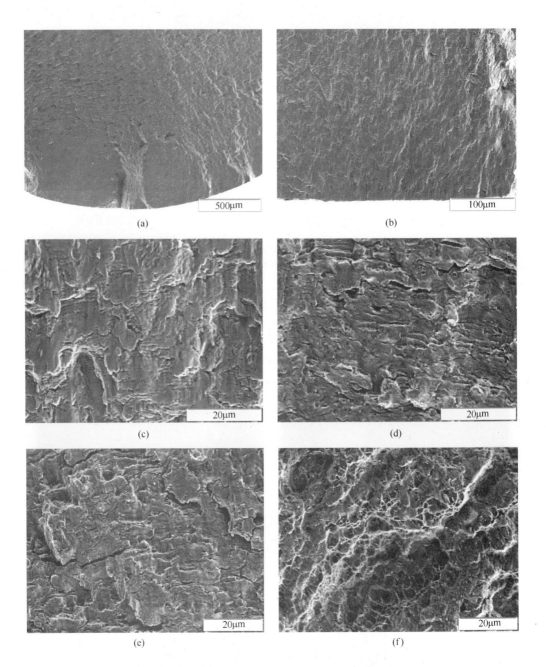

图 4.2-69　$\Delta\varepsilon/2=0.7\%$,300℃低周疲劳断口微观特征
(a)疲劳源区低倍特征;(b)源区高倍形貌;(c)扩展前期疲劳条带特征;
(d)扩展中期疲劳条带特征;(e)扩展后期疲劳条带特征;(f)瞬断区韧窝形貌。

7) 350℃,$R=-1$

(1) 宏观特征。 断口呈多源特征,断口有明显的疲劳源区、扩展区和瞬断区。疲劳区较平坦,瞬断区较粗糙,最后形成近 45°的剪切唇区,瞬断区面积较大,断面高差大,见图 4.2-70。断口呈紫色,源区呈蓝色。

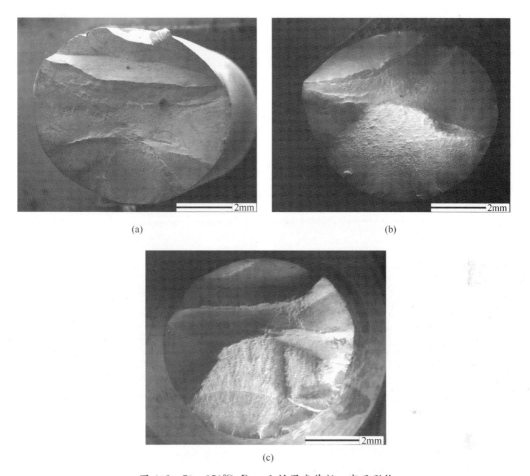

(a)　　　　　　　　　　　　　(b)

(c)

图 4.2-70　350℃,R=-1 低周疲劳断口宏观形貌

(a)$\Delta\varepsilon/2$=0.5%,N_f=21554;(b)$\Delta\varepsilon/2$=0.7%,N_f=884;(c)$\Delta\varepsilon/2$=0.9%,N_f=237。

（2）微观特征。断口呈多源特征,疲劳起始于试样表面,源区放射棱线清晰可见,见图 4.2-71(a)、(b)。疲劳区小,断口表面有氧化痕迹,疲劳扩展区条带较碎,可见二次裂纹,随着裂纹的扩展,疲劳条带间距有所加宽,见图 4.2-71(c)、(d)、(e)。瞬断区为韧窝形貌,见图 4.2-71(f)。

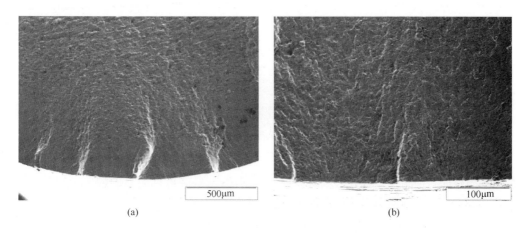

(a)　　　　　　　　　　　　　(b)

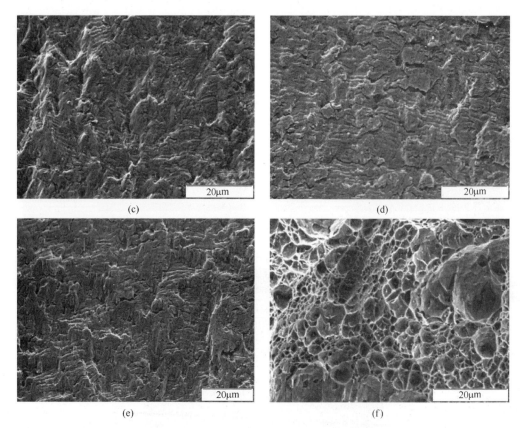

图 4.2-71 Δε/2＝0.7‰,350℃低周疲劳断口微观特征

(a)疲劳源区低倍特征;(b)源区高倍形貌;(c)扩展前期疲劳条带特征;

(d)扩展中期疲劳条带特征;(e)扩展后期疲劳条带特征;(f)瞬断区韧窝形貌。

9. 裂纹扩展(da/dN)

1) 100℃,R＝0.1

(1) 宏观特征。整个断口由预制疲劳裂纹区、疲劳裂纹扩展区和瞬断区组成。预制疲劳裂纹区从缺口根部呈多源起裂,呈月牙形,其深度约为 1.14mm,可见疲劳弧线。疲劳裂纹扩展区平坦、光滑,呈银灰的亮光色,面积较大,约占整个断面的 80%,瞬断区较粗糙,呈暗灰色,与疲劳区的分界明显,断口宏观形貌见图 4.2-72。

图 4.2-72 100℃、R＝0.1 时裂纹扩展试验断口宏观形貌

(2) 微观特征。预制疲劳裂纹区从缺口根部呈多源开裂,并可见明显的疲劳裂纹弧线分界,见图 4.2-73(a)、(b)。在疲劳裂纹扩展区内,裂纹从预制裂纹处起始,裂纹扩展前期疲劳条带形貌见图 4.2-73(c),条带宽度约为 0.4μm。裂纹扩展前期疲劳条带及二次裂纹形貌见图 4.2-

510

73(d),条带宽度约为 4.2μm。裂纹扩展后期为条带与韧窝混合形貌,可见大量的二次裂纹,条带宽度约为 1.5μm,见图 4.2-73(e)。瞬断期为大量的二次裂纹形貌,见图 4.2-73(f)。

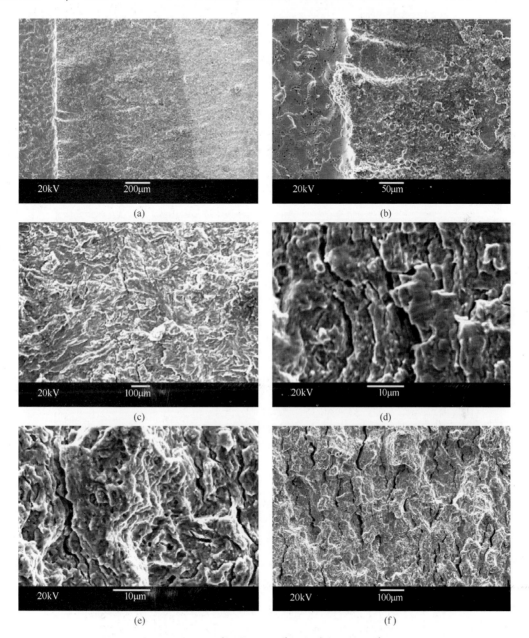

图 4.2-73　100℃,R=0.1 裂纹扩展断口微观特征
(a)预制裂纹区低倍形貌;(b)预制裂纹线源高倍形貌;(c)裂纹扩展前期疲劳条带形貌;
(d)裂纹扩展中期疲劳条带形貌;(e)裂纹扩展后期条带和韧窝混合形貌;(f)瞬断区大量的二次裂纹形貌。

2) 200℃,R=0.1

(1) 宏观特征。整个断口由预制疲劳裂纹区、疲劳裂纹扩展区和瞬断区组成。预制疲劳裂纹区从缺口根部呈多源起裂,呈月牙形,呈灰黑色,其深度约为 1mm。疲劳裂纹扩展区平坦、光滑,呈银灰的亮光色,面积较大,约占整个断面的 70%,瞬断区较粗糙,呈暗灰色,与疲劳区的分界明显,断口宏观形貌见图 4.2-74。

图 4.2 - 74 200℃、R=0.1裂纹扩展试验断口宏观形貌

(2) 微观特征。 预制疲劳裂纹区从缺口根部呈多源开裂,并可见明显的疲劳裂纹弧线分界,见图 4.2 - 75(a)、(b)。在疲劳裂纹扩展区内,裂纹从预制弧线处起始,裂纹扩展前期疲劳条带形貌见图 4.2 - 75(c),条带宽度约为 0.4μm。裂纹扩展中期疲劳条带及二次裂纹形貌见图 4.2 - 75(d),条带宽度约为 0.6μm。裂纹扩展后期条带加宽,条带宽度约为 0.8μm,见图 4.2 - 75(e)。瞬断区韧窝及二次裂纹形貌,见图 4.2 - 75(f)。

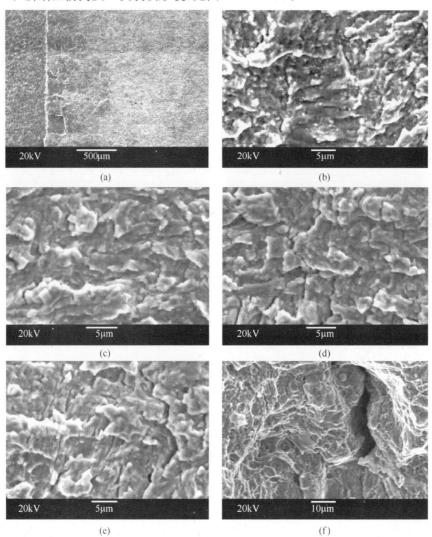

图 4.2 - 75 200℃、R=0.1裂纹扩展断口微观特征

(a)预制裂纹区低倍形貌;(b)预制裂纹条带高倍形貌;(c)裂纹扩展前期疲劳条带形貌;

(d)裂纹扩展中期疲劳条带形貌;(e)裂纹扩展后期条带及二次裂纹形貌;(f)瞬断区韧窝及二次裂纹形貌。

3) 300℃，R＝0.1

（1）宏观特征。整个断口由预制疲劳裂纹区、疲劳裂纹扩展区和瞬断区组成。预制疲劳裂纹区从缺口根部呈多源起裂，疲劳裂纹扩展区平坦、光滑，呈深蓝色，面积较大，约占整个断面的60%，瞬断区较粗糙，与疲劳扩展区有一定高差，呈红棕色，与疲劳区的分界明显，断口宏观形貌见图4.2-76。

图 4.2-76　300℃、R＝0.1 裂纹扩展试验断口宏观形貌

（2）微观特征。预制疲劳裂纹区从缺口根部呈多源开裂，并可见明显的疲劳裂纹弧线，见图4.2-77(a)、(b)。在疲劳裂纹扩展区内，裂纹从预制弧线处起始，裂纹扩展前期疲劳条带形貌见图4.2-77(c)，条带宽度约为1.47μm。裂纹扩展前期疲劳条带及二次裂纹形貌见图4.2-77(d)，条带宽度约为1.72μm。裂纹扩展后期条带加宽，条带宽度约为3.84μm，见图4.2-77(e)。300℃各扩展阶段的疲劳条带宽度较100℃和200℃有较大的增加。瞬断期韧窝形貌见图4.2-77(f)。

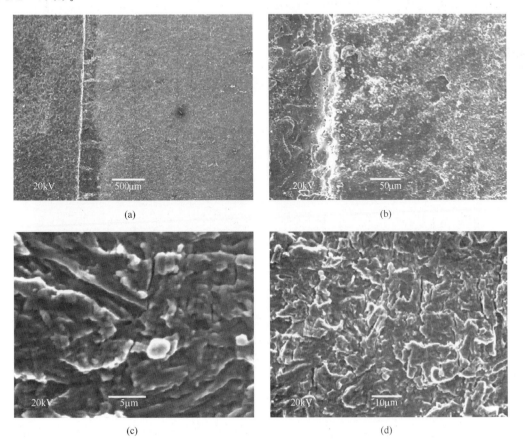

(a)　　　　　　　　　　　　　　　(b)

(c)　　　　　　　　　　　　　　　(d)

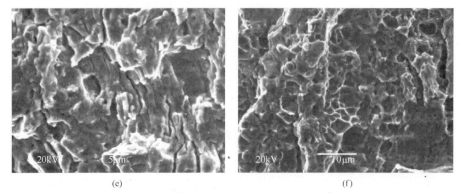

(e)　　　　　　　　　　　　　　(f)

图 4.2-77　300℃,R=0.1裂纹扩展断口微观特征

(a)预制裂纹区低倍形貌；(b)预制裂纹区高倍形貌；(c)裂纹扩展前期疲劳条带形貌；
(d)裂纹扩展中期条带形貌；(e)裂纹扩展后期条带及二次裂纹形貌；(f)瞬断区韧窝形貌。

4.3　35Ni4Cr2MoA

4.3.1　概述

　　35Ni4Cr2MoA 是一种超高强度钢。该钢淬火加高温回火或低温回火,可获得高强度或超高强度两个级别,可在截面上获得均匀的高强度和高韧性、塑性配合,具有低的冷脆转变温度和高的疲劳强度等。该钢无明显的回火脆性,切削性能中等,冷塑性变形和焊接性能较差,一般尺寸的零件可在空气中淬火,对缺口及腐蚀环境较敏感。通常不作焊接件使用,如特种部件必须焊接时,应选用真空电子束焊接。该钢适于制造截面较大的、承载疲劳载荷的关键部件,如轴类、接头、专用螺栓、起落架零部件等。

4.3.2　组织结构

　　正火加高温回火状态组织为回火索氏体,淬火组织主要为板条马氏体及少量下贝氏体和残余奥氏体,调质状态则为回火索氏体。正火加高温回火状态后的金相组织见图 4.3-1。

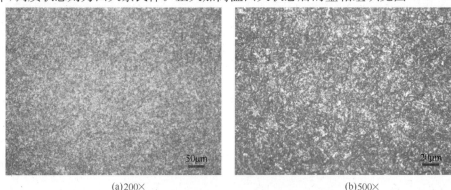

(a)200×　　　　　　　　　　　　　(b)500×

图 4.3-1　35Ni4Cr2MoA 的金相组织特征

4.3.3　断口特征

1. 光滑拉伸

(1) 宏观特征。两个拉伸断口的宏观特征基本相同,均为杯锥状断口,整体较粗糙,四周光

滑表面为剪切唇区,中心为纤维区,粗糙不平,室温下拉伸断口有明显的放射线,160℃下拉伸断口无明显的放射棱线。两个拉伸断口纤维区面积几乎相当,约占整个断口的40%,常温拉伸断口呈灰色,160℃下断口呈灰黑色,见图4.3-2。

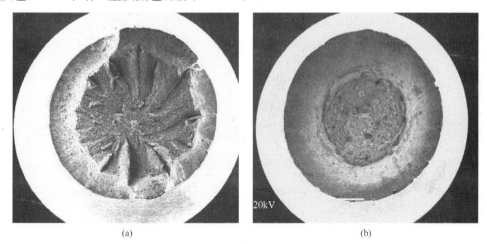

图 4.3-2　35Ni4Cr2MoA 光滑拉伸断口宏观形貌
(a)室温;(b)160℃。

(2) 微观特征。两个温度下的拉伸断口微观特征基本相同,断口纤维区均为穿晶断裂,呈等轴韧窝断裂特征,见图 4.3-3(a)、(b)。由于 35Ni4Cr2MoA 材料晶粒细密,未见明显塑性变形痕迹;剪切唇区微观形貌均为剪切韧窝断裂特征,见图 4.3-3(c)、(d)。

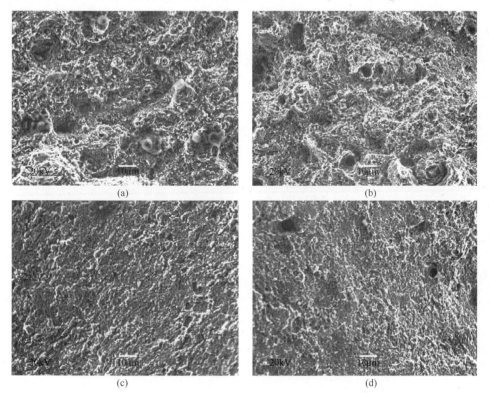

图 4.3-3　35Ni4Cr2MoA 光滑拉伸断口微观形貌
(a)室温断口纤维区等轴韧窝;(b)160℃断口纤维区等轴韧窝;(c)室温剪切唇区剪切韧窝;(d)160℃剪切唇区剪切韧窝。

2. 缺口拉伸

(1) 宏观特征。 裂纹从缺口根部起始,断面粗糙,室温断口呈灰色,160℃断口呈灰黑色,见图 4.3-4。

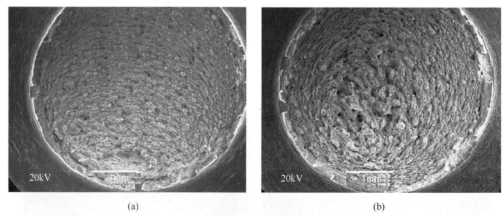

(a)   (b)

图 4.3-4   35Ni4Cr2MoA 缺口拉伸断口宏观形貌

(a)室温;(b)160℃。

(2) 微观特征。 微观观察主要为韧窝特征,韧窝的大小和深度随着温度的升高稍有变大和变深。室温断口中心、边缘韧窝均较小、较浅,边缘和心部断口均为等轴韧窝,见图 4.3-5(a)、(b)。160℃断口韧窝相对较大,边缘和心部均为等轴韧窝,见图 4.3-5(c)、(d)。

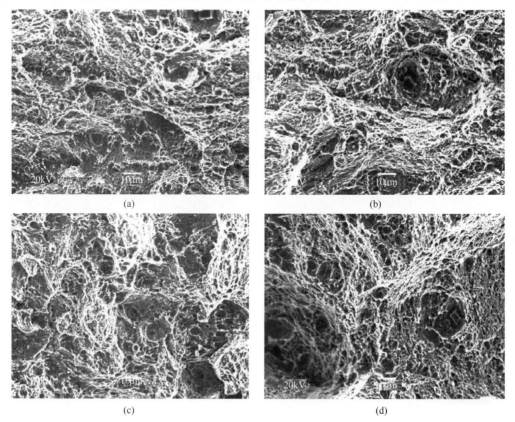

(a)   (b)

(c)   (d)

图 4.3-5   35Ni4Cr2MoA 缺口拉伸断口微观形貌

(a)室温断口边缘等轴韧窝;(b)室温断口心部等轴韧窝;(c)160℃断口边缘等轴韧窝;(d)160℃断口心部等轴韧窝。

3. 扭转

（1）宏观特征。 断口平齐，断面可见明显扭剪摩擦痕迹，最后瞬断面积较小，位置趋于中心，断面基本无塑性变形。断面颜色，室温时呈银白色，160℃呈灰色（图4.3-6）。

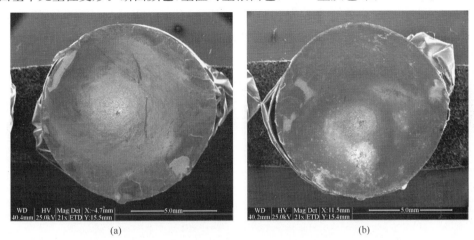

图4.3-6　扭转剪切断口宏观形貌

(a)室温，τ_b＝984MPa，$\tau_{0.3}$＝732MPa；(b)160℃，τ_b＝954MPa，$\tau_{0.3}$＝654MPa。

（2）微观特征。 断裂特征主要为韧窝，由于剪切变形和摩擦的作用韧窝均较浅并有不同程度的变形，室温状态和160℃状态下断面中心为等轴韧窝，见图4.3-7(a)、(b)。边缘韧窝剪切变形较明显，见图4.3-7(c)、(d)。

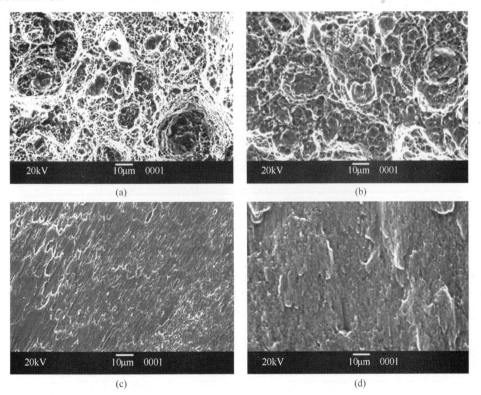

图4.3-7　35Ni4Cr2MoA缺口拉伸断口微观形貌

(a)室温断口心部等轴韧窝；(b)160℃断口心部等轴韧窝；(c)室温断口边缘剪切韧窝；(d)160℃断口边缘剪切韧窝。

4. 低周疲劳

1）室温，$R=-1$

（1）宏观特征。断口呈多源特征，无明显塑性变形，断口有明显的疲劳源区、扩展区和瞬断区。疲劳区较平坦，瞬断区较粗糙，最后形成近 45°的剪切唇区，随着应变幅增大，瞬断区逐渐增大，断面高差增大，见图 4.3-8。断口呈银灰色。

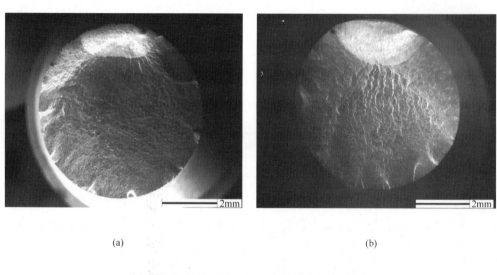

(a)　　　　　　　　　　　　　　(b)

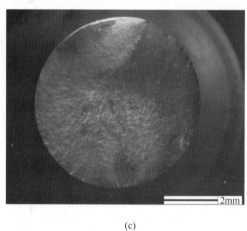

(c)

图 4.3-8　室温，$R=-1$ 时低周疲劳断口宏观形貌
(a)$\Delta\varepsilon/2=0.4\%$，$N_f=24900$；(b) $\Delta\varepsilon/2=0.59\%$，$N_f=3325$；
(c)$\Delta\varepsilon/2=0.79\%$，$N_f=1075$。

（2）微观特征。源区呈多源特征，裂纹起源于表面，源区放射棱线清晰可见，见图 4.3-9 (a)、(b)。断口表面擦伤严重，可见二次裂纹，扩展区前期疲劳条带细、密，随着裂纹的扩展，在扩展前中后期疲劳条带逐渐变宽，见图 4.3-9(c)、(d)、(e)。瞬断区为韧窝形貌，见图 4.3-9 (f)。

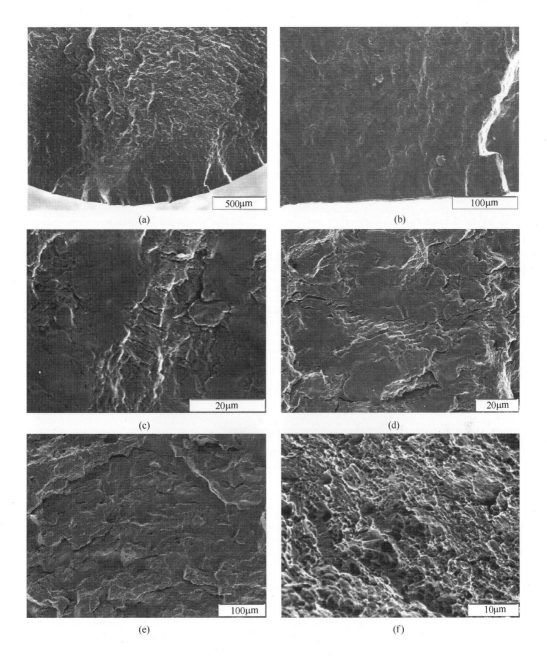

图 4.3-9 Δε/2＝0.79％,室温低周疲劳断口微观特征

(a)疲劳源区低倍特征;(b)疲劳源区高倍特征;(c)扩展前期疲劳条带特征;
(d)扩展中期疲劳条带特征;(e)扩展后期疲劳条带特征;(f)瞬断区韧窝形貌。

2) 100℃ ,*R*＝－1

(1) 宏观特征。 断口呈多源特征,断口可见疲劳源区、扩展区和瞬断区。疲劳区较平坦、面积较小,瞬断区面积较大,形成近 45°的剪切唇区,断面高差较大,见图 4.3－10。断口呈银灰色。

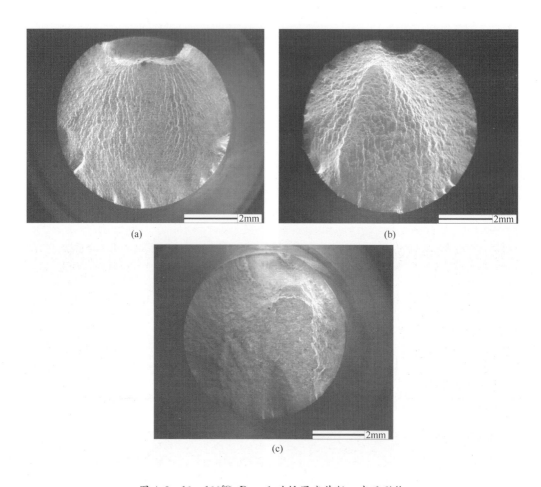

图 4.3-10　100℃，$R=-1$ 时低周疲劳断口宏观形貌

(a)$\Delta\varepsilon/2=0.4\%$，$N_f=32196$；(b) $\Delta\varepsilon/2=0.6\%$，$N_f=4324$；

(c)$\Delta\varepsilon/2=0.8\%$，$N_f=1147$。

（2）微观特征。源区为多源特征，疲劳起始于试样表面，见图 4.3-11(a)、(b)。疲劳扩展区可见疲劳条带，擦伤严重，前期条带较细，随着裂纹的扩展，疲劳条带间距逐渐加宽，见图 4.3-11(c)、(d)、(e)。瞬断区为韧窝形貌，见图 4.3-11(f)。

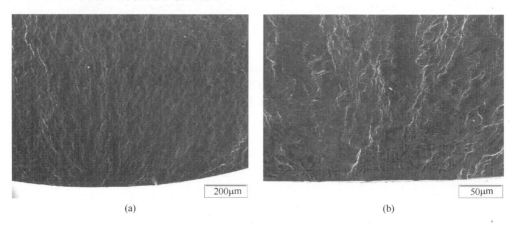

(a)　　　　　　　　　　　　　　　　　　　(b)

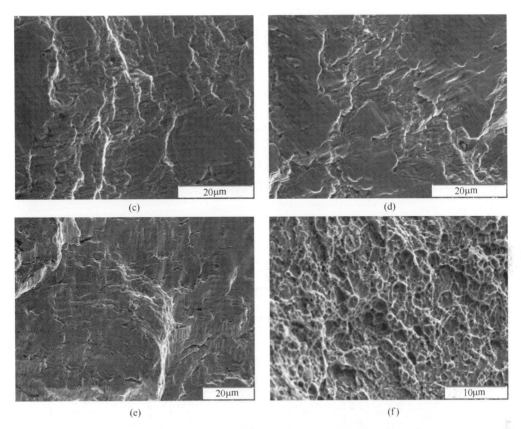

(c)　　　　　　　　　　　　　　　(d)

(e)　　　　　　　　　　　　　　　(f)

图 4.3 - 11　Δε/2＝0.4％,100℃低周疲劳断口微观特征

(a)疲劳源区低倍特征;(b)源区高倍形貌;(c)扩展前期疲劳条带特征;
(d)扩展中期疲劳条带特征;(e)扩展后期疲劳条带特征;(f)瞬断区韧窝形貌。

3) 160℃,R＝-1

(1) 宏观特征。断口呈多源特征,无明显塑性变形,断面较粗糙,断面高差大,疲劳台阶明显可见,瞬断区与施力方向约呈 45°,面积较大,占整个断口的 60％以上,见图 4.3 - 12。断口呈暗灰色。

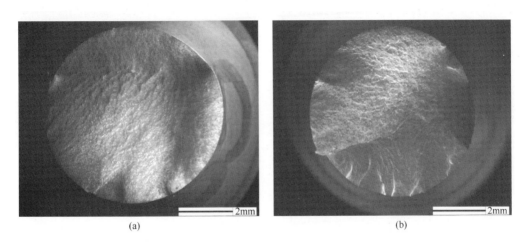

(a)　　　　　　　　　　　　　　　(b)

521

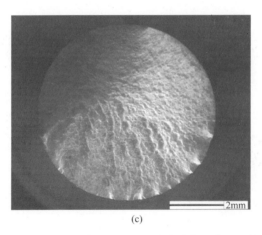

(c)

图 4.3-12 160℃, $R=-1$ 低周疲劳断口宏观形貌

(a)$\Delta\varepsilon/2=0.4\%$, $N_f=26380$; (b)$\Delta\varepsilon/2=0.6\%$, $N_f=3126$;

(c)$\Delta\varepsilon/2=0.8\%$, $N_f=1165$。

(2) 微观特征。裂纹起源于表面,源区放射棱线清晰可见,见图 4.3-13(a)、(b)。断口表面擦伤严重,疲劳区可见轮胎痕迹和二次裂纹,见图 4.3-13(c)、(d)、(e)。瞬断区韧窝形貌不明显,见图 4.3-13(f)。

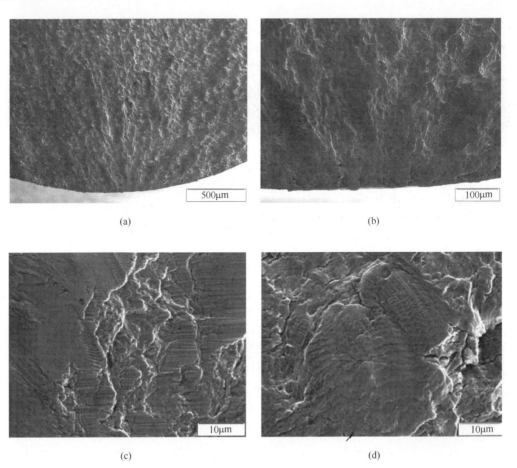

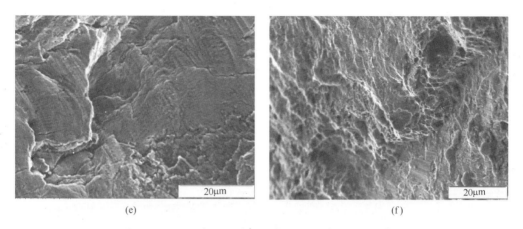

(e)　　　　　　　　　　　　　　　　　(f)

图 4.3-13　Δε/2＝0.4％,160℃低周疲劳断口微观特征

(a)疲劳源区特征;(b)源区解理特征;(c)扩展区轮胎特征和擦伤痕迹;
(d)轮胎痕迹;(e)轮胎痕迹;(f)瞬断区韧窝形貌。

4) 200℃,R＝-1

(1) 宏观特征。断口呈多源特征,断口有疲劳源区、扩展区和瞬断区。断口较粗糙,断面高差大,疲劳台阶明显可见,瞬断区与施力方向约呈45°,瞬断区面积较大,见图4.3-14。断口呈暗灰色。

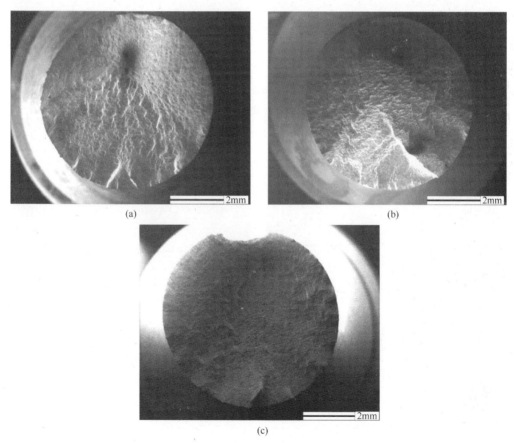

(a)　　　　　　　　　　　　　　　　　(b)

(c)

图 4.3-14　200℃,R＝-1低周疲劳断口宏观形貌

(a)Δε/2＝0.4％,N_f＝27266;(b)Δε/2＝0.6％,N_f＝2938;(c)Δε/2＝0.8％,N_f＝1295。

(2) 微观特征。 断口呈多源特征,疲劳起始于试样表面,疲劳台阶清晰可见,见图 4.3 - 15 (a)～(b)。疲劳区较小,断口较平,疲劳条带特征不明显,可见二次裂纹,随着裂纹的扩展,疲劳条带间距有所加宽,见图 4.3 - 15(c)、(d)、(e)。瞬断区韧窝形貌不明显,见图 4.3 - 15(f)。

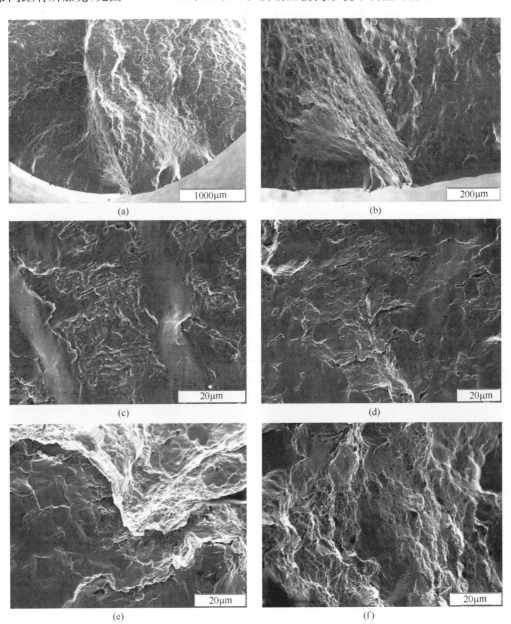

图 4.3 - 15 $\Delta\varepsilon/2=0.6\%$,200℃低周疲劳断口微观特征
(a)疲劳源区低倍特征;(b)源区高倍形貌;(c)扩展前期疲劳条带特征;
(d)扩展中期疲劳条带特征;(e)扩展后期疲劳条带特征;(f)瞬断区韧窝形貌。

5. 旋转弯曲光滑疲劳

1) 室温

(1) 宏观特征。 断口呈多源特征,无明显塑性变形,断面较粗糙,断口高差较大。瞬断区与受力面约呈 45°,面积较大,占整个断口的 60%以上,见图 4.3 - 16。断口呈银灰色。

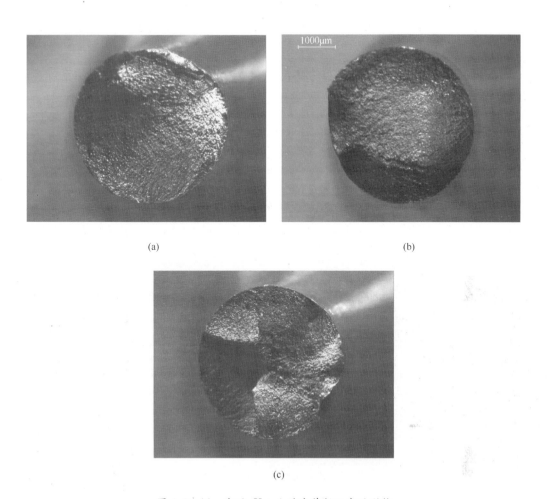

(a)   (b)

(c)

图 4.3-16　室温，K_t＝1 时疲劳断口宏观形貌

(a)σ_{max}＝670MPa，N_f＝2.60×10⁵；(b)σ_{max}＝760MPa，N_f＝2.00×10⁵；(c)σ_{max}＝840MPa，N_f＝7.50×10⁴。

（2）微观特征。源区呈多源特征，裂纹起源于试样表面，源区放射棱线清晰可见，见图 4.3-17(a)、(b)。断口表面擦伤严重，扩展区前期疲劳条带细、密，并可见二次裂纹，见图 4.3-17(c)。随着裂纹的扩展，在扩展前中后期疲劳条带逐渐变宽，见图 4.3-17(d)、(e)。瞬断区为韧窝形貌，见图 4.3-17(f)。

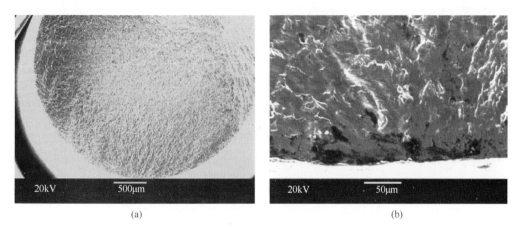

(a)   (b)

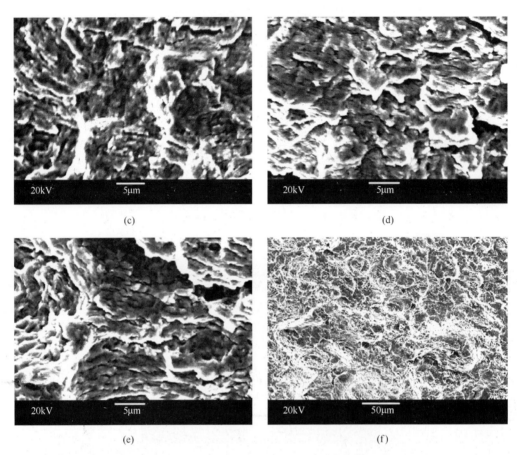

(c)　　　　　　　　　　　　　　　(d)

(e)　　　　　　　　　　　　　　　(f)

图 4.3 - 17　σ_{max} ＝670MPa,室温低周疲劳断口微观特征

(a)疲劳源区特征;(b)疲劳源区高倍特征;(c)扩展前期疲劳条带特征;
(d)扩展中期疲劳条带特征;(e)扩展后期疲劳条带特征;(f)瞬断区韧窝形貌。

2) 160℃

(1) 宏观特征。断口呈多源特征,无明显塑性变形,断面较粗糙,断口有明显的疲劳源区、扩展区和瞬断区。疲劳区较平坦、瞬断区较粗糙,随着应变幅增大,瞬断区逐渐增大,断面高差增大,见图 4.3 - 18。断口呈暗灰色。

(a)　　　　　　　　　　　　　　　(b)

(c)

图 4.3-18 160℃, K_t=1 时疲劳断口宏观形貌

(a)σ_{max}=660MPa, N_f=6.6×10⁶ ; (b)σ_{max}=700MPa, N_f=1.1×10⁵ ; (c)σ_{max}=760MPa, N_f=8.5×10⁴ 。

(2) 微观特征。源区呈多源特征,疲劳裂纹起源于表面,可见明显的放射棱线特征,见图 4.3-19(a)、(b)。断面擦伤较严重,扩展区前期疲劳条带细、密,并可见二次裂纹,见图 4.3-19 (c)。随着裂纹的扩展,在扩展前中后期疲劳条带逐渐变宽,见图 4.3-19(d)、(e)。瞬断区为韧窝形貌,见图 4.3-19(f)。

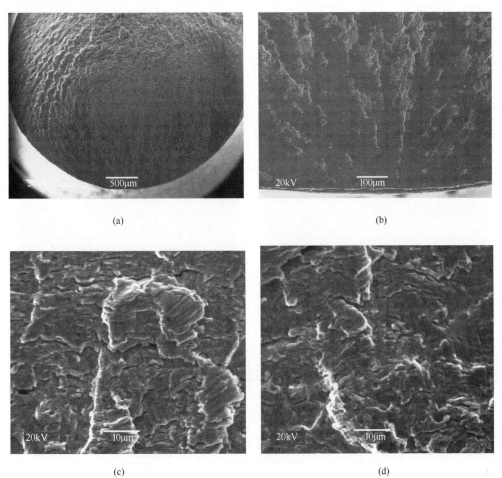

(a)

(b)

(c)

(d)

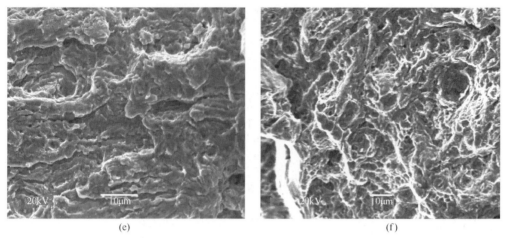

(e)	(f)

图 4.3-19　$\sigma_{\max}=660\text{MPa}$,160℃低周疲劳断口微观特征

(a)疲劳源区低倍特征;(b)疲劳源区高倍特征;(c)扩展前期疲劳条带特征;

(d)扩展中期疲劳条带特征;(e)扩展后期疲劳条带特征;(f)瞬断区韧窝形貌。

6. 旋转弯曲缺口疲劳

1）室温,$K_t=3$

（1）宏观特征。断口平齐、呈多源特征,无明显塑性变形,断口有明显的疲劳源区、扩展区和瞬断区。疲劳区较平坦,随着应力幅增大,瞬断区面积逐渐增大,见图4.3-20。断口大部分区域呈银灰色,瞬断区颜色呈灰黑色。

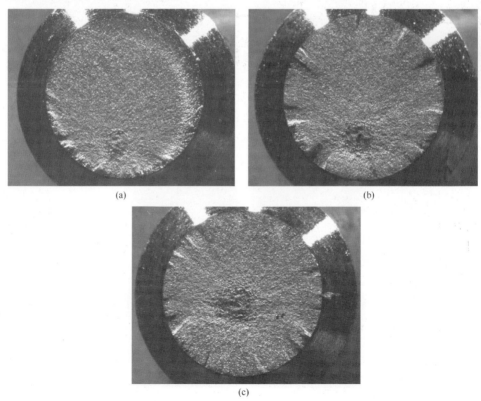

(a)	(b)

(c)

图 4.3-20　室温,$K_t=3$疲劳断口宏观形貌

(a)$\sigma_{\max}=240\text{MPa}$,$N_f=5.9\times10^5$;(b)$\sigma_{\max}=300\text{MPa}$,$N_f=1.6\times10^5$;(c)$\sigma_{\max}=400\text{MPa}$,$N_f=5.0\times10^4$。

（2）微观特征。源区呈多源，裂纹起源于试样表面，源区放射棱线清晰可见，见图 4.3 - 21（a）～（b）。扩展区前期疲劳条带细、密，并可见二次裂纹，见图 4.3 - 21（c）。随着裂纹的扩展疲劳条带逐渐变宽，见图 4.3 - 21（d）～（e）。瞬断区为韧窝形貌，见图 4.3 - 21（f）。

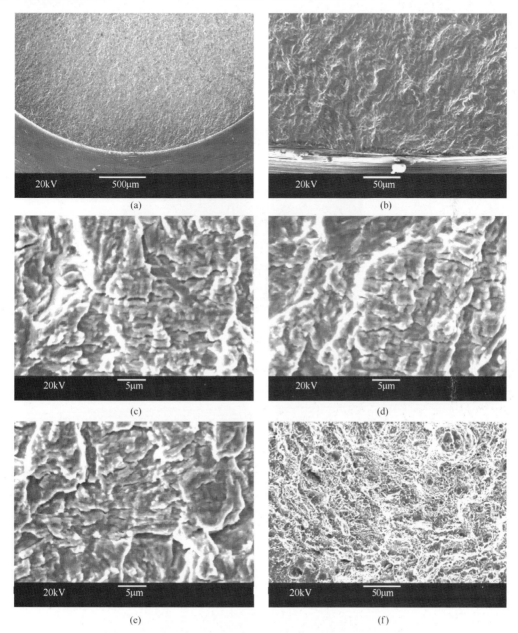

图 4.3 - 21　σ_{max}＝240MPa，室温低周疲劳断口微观特征

（a）疲劳源区低倍特征；（b）疲劳源区高倍特征；（c）扩展前期疲劳条带特征；
（d）扩展中期疲劳条带特征；（e）扩展后期疲劳条带特征；（f）瞬断区韧窝形貌。

2）160℃，K_t＝3

（1）宏观特征。断口平齐、呈多源特征，无明显塑性变形，断口有明显的疲劳源区、扩展区和瞬断区。疲劳区较平坦，随着应力幅增大，瞬断区面积逐渐增大，见图 4.3 - 22。断口大部分区域呈银灰色，瞬断区颜色呈灰黑色。

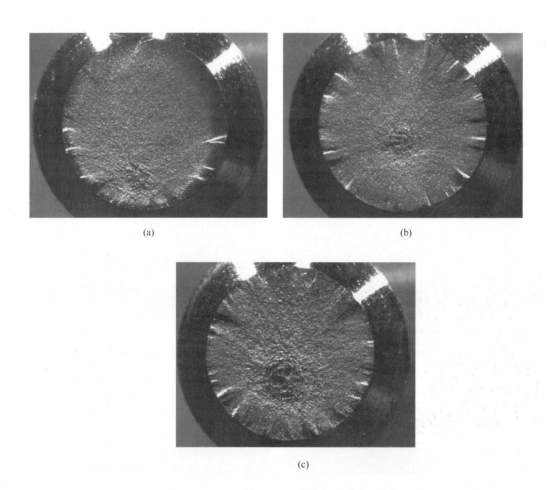

(a)

(b)

(c)

图 4.3 - 22　160℃, K_t = 3 疲劳断口宏观形貌

(a)σ_{max}=210MPa, N_f=6.75×10⁵;(b)σ_{max}=260MPa, N_f=1.85×10⁵;(c)σ_{max}=420MPa, N_f=3.5×10⁴。

(2) 微观特征。 源区呈多源,疲劳裂纹起源于试样表面,可见明显的放射棱线和疲劳台阶,见图 4.3 - 23(a)、(b)。前期疲劳条带较细,并可见二次裂纹,见图 4.3 - 23(c)。随着裂纹的扩展,疲劳条带间距逐渐变宽,见图 4.3 - 23(d)、(e)。瞬断区为韧窝形貌,见图 4.3 - 23(f)。

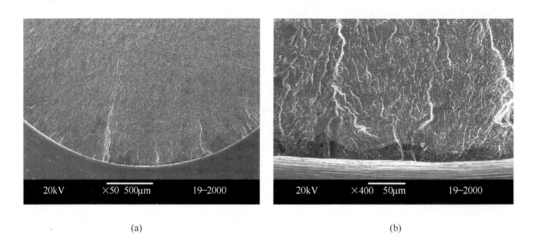

(a)

(b)

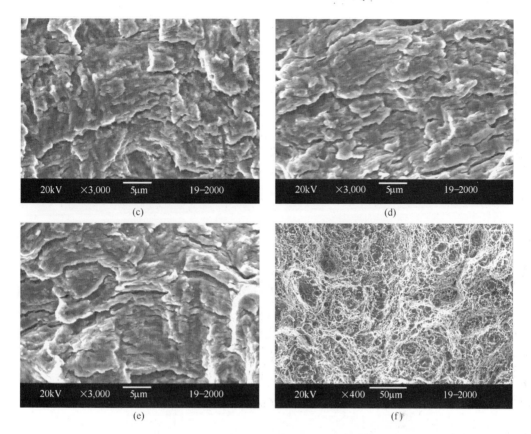

图 4.3 - 23　$\sigma_{max}=420\text{MPa}$，室温低周疲劳断口微观特征

(a)疲劳源区低倍特征；(b)疲劳源区高倍特征；(c)扩展前期疲劳条带特征；
(d)扩展中期疲劳条带特征；(e)扩展后期疲劳条带特征；(f)瞬断区韧窝形貌。

7. 裂纹扩展(da/dN)

1）室温

（1）宏观特征。整个断口由预制疲劳裂纹区、疲劳裂纹扩展区和瞬断区组成。预制疲劳裂纹区从缺口根部呈多源起裂，其深度约为 1mm，可见疲劳弧线。疲劳裂纹扩展区平坦、光滑，呈银灰的亮光色，面积较大，约占整个断面的 60%，瞬断区较粗糙，呈暗灰色，与疲劳区的分界明显，断口宏观形貌见图 4.3 - 24。

图 4.3 - 24　室温裂纹扩展试验断口宏观形貌

（2）微观特征。预制疲劳裂纹区从缺口根部呈多源开裂，并可见明显的疲劳裂纹弧线分界，见图 4.3 - 25(a)、(b)。在室温条件下，裂纹从预制弧线处起始可见疲劳条带形貌，裂纹扩展前期疲劳条带细密，见图 4.3 - 25(c)，条带宽度约为 0.3μm。裂纹扩展前期疲劳条带及二次

裂纹形貌,见图 4.3-25(d),条带宽度约为 $0.5\mu m$。裂纹扩展后期为条带较前期宽,且可见大量的二次裂纹,条带宽度约为 $0.8\mu m$,见图 4.3-25(e)。瞬断期为韧窝形貌,见图 4.3-25(f)。

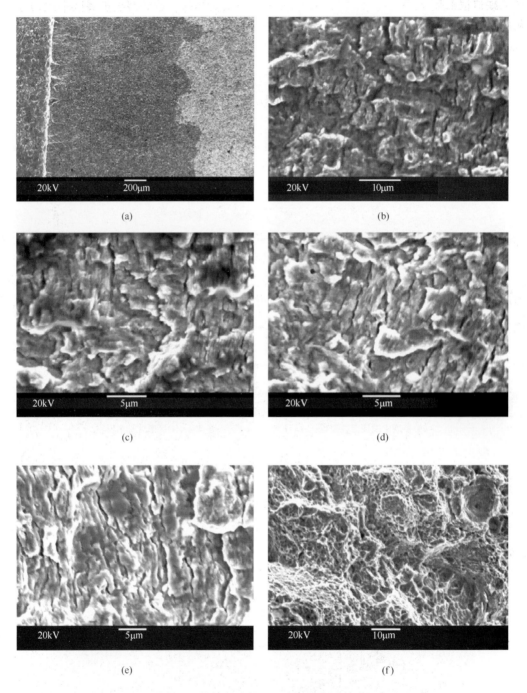

(a)

(b)

(c)

(d)

(e)

(f)

图 4.3-25 室温断口裂纹扩展微观特征

(a)预制裂纹区低倍形貌;(b)预制裂纹线源高倍形貌;(c)裂纹扩展前期疲劳条带形貌;
(d)裂纹扩展中期疲劳条带形貌;(e)裂纹扩展后期条带形貌;(f)瞬断区韧窝形貌。

2）160℃

（1）宏观特征。 整个断口由预制疲劳裂纹区、疲劳裂纹扩展区和瞬断区组成。预制疲劳裂纹区从缺口根部呈多源起裂，其深度约为 1mm，可见疲劳弧线。疲劳裂纹扩展区平坦、光滑，呈银灰的亮光色，面积较大，约占整个断面的 50%，瞬断区较粗糙，呈暗灰色，与疲劳区的分界明显，如果断口放置时间较长，断面出现了明显的锈蚀现象，宏观形貌见图 4.3-26。

图 4.3-26　160℃断口裂纹扩展试验宏观形貌

（2）微观特征。 预制疲劳裂纹区从缺口根部呈多源开裂，并可见明显的疲劳裂纹弧线分界，见图 4.3-27(a)、(b)。在室温条件下，裂纹从预制弧线处起始可见疲劳条带形貌，裂纹扩展前期疲劳条带细密，见图 4.3-27(c)，条带宽度约为 $0.3\mu m$。裂纹扩展中期疲劳条带及少量二次裂纹形貌，见图 4.3-27(d)，条带宽度约为 $0.5\mu m$。裂纹扩展后期为条带较前期宽，且可见大量的二次裂纹，条带宽度约为 $1.2\mu m$，见图 4.3-27(e)。瞬断期为韧窝形貌，见图 4.3-27(f)。

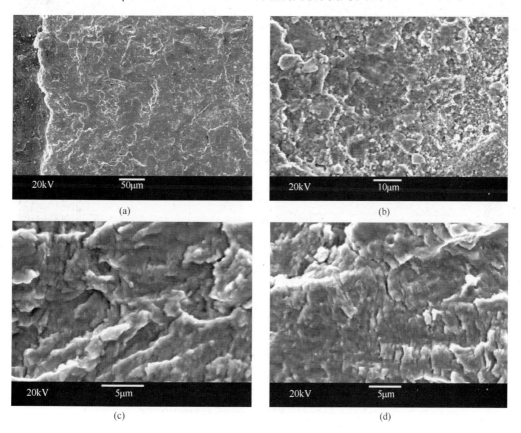

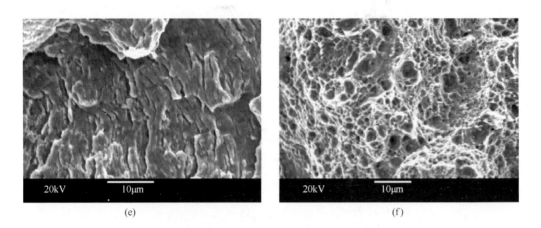

(e)

(f)

图 4.3-27 160℃断口裂纹扩展微观特征

(a)预制裂纹区低倍形貌；(b)预制区磨损高倍形貌；(c)裂纹扩展前期疲劳条带形貌；(d)裂纹扩展中期疲劳条带形貌；
(e)裂纹扩展后期条带形貌；(f)瞬断期韧窝形貌。